微 积 分

谢小良 赵军产 刘春生 主 编
万前红 陈建文 廖云华 副主编

電子工業出版社
Publishing House of Electronics Industry
北京 · BEIJING

内 容 简 介

本书在我校多年使用的微积分教案基础上，吸收了广大授课师生的意见，并根据专业学习与考研要求，结合经济社会发展实际，对相关章节进行了局部调整和修改，着重介绍了微积分的基本理论和方法，既注重结合工业工程、经济管理专业实际，又考虑部分考研升造学生的需要，具有一定的深度和广度，内容丰富，条理清楚，重点突出，难点分散，书中每章均配有一定量的习题，便于学生自学与巩固提高，使读者进一步加深数学思想与数学文化的理解。

本书可作为高等学校理工科非数学类专业和经管类专业本科生的数学课教材或教学参考书，也可供科学研究与工程技术人员学习参考。

图书在版编目（CIP）数据

微积分 / 谢小良，赵军产，刘春生主编. -- 北京 ：电子工业出版社，2025. 7. -- ISBN 978-7-121-49615-8

Ⅰ. O172

中国国家版本馆 CIP 数据核字第 2025BK0599 号

责任编辑：孟　宇
印　　刷：三河市良远印务有限公司
装　　订：三河市良远印务有限公司
出版发行：电子工业出版社
　　　　　北京市海淀区万寿路 173 信箱　邮编：100036
开　　本：787×1092　1/16　印张：20.5　字数：551 千字
版　　次：2025 年 7 月第 1 版
印　　次：2025 年 7 月第 1 次印刷
定　　价：59.80 元

凡所购买电子工业出版社图书有缺损问题，请向购买书店调换。若书店售缺，请与本社发行部联系，联系及邮购电话：（010）88254888，88258888。

质量投诉请发邮件至 zlts@phei.com.cn，盗版侵权举报请发邮件至 dbqq@phei.com.cn。

本书咨询联系方式：mengyu@phei.com.cn

前　言

微积分是一门研究变化、运动的学科，它涉及极限、微分学和积分学理论及其应用。这门学科不仅是数学的重要组成部分，更是众多自然科学、工程技术和经济学等领域不可或缺的基础工具。微积分的内容丰富而深刻，它的发展历程充满了人类智慧的结晶，对人类历史的发展进程产生了巨大的影响。“微积分”课程已成为高等教育中最重要、最基础的课程之一，高等院校特别是工商、财经类高校都十分重视微积分课程教学，现已将这门课程作为众多专业的必修课程之一。

本书编写旨在为广大微积分学习者提供一本系统、全面、易于理解的微积分教材。在编写过程中，我们总结了我校从事微积分教学近 30 年的教学经验，提炼了微积分课程教学的教改成果，同时借鉴、参考了国内外众多优秀的微积分教材，力求使本书既符合教育部的教学大纲要求，又能够满足不同层次学习者的需求。本书对应的“微积分”课程经过我校多年的建设和发展，现已成功立项为湖南省一流课程，是相关教学改革与实践成果，连续三次获得湖南省教学成果奖。

本书的主要内容包括函数、极限与连续、导数与微分、微分中值定理与导数的应用、不定积分、定积分、多元函数微分学、二重积分、无穷级数、微分方程与差分方程。这些内容不仅涵盖微积分的基本概念和原理，还注重微积分在解决实际问题中的应用。此外，本书还着重阐述一些经济管理学进行数量分析所需的常用概念、方法及其数学模型，如边际函数、弹性函数、库存函数、成本函数等，以便学习者更好地将微积分知识应用于实际生活中。

在编写过程中，特别注重教材的可读性和易用性。本书采用清晰、准确、平易近人的语言来表述概念和原理，并配备丰富的例题和习题，以帮助学习者巩固所学知识并提高解题能力。同时，还注重理论与实践的结合，通过实际案例和问题的引入，使学习者能够更好地理解和掌握微积分的基础知识与基本技能。

对于微积分的学习，我们建议学习者首先要建立扎实的函数概念，理解变量间关系的表述方式。然后，要逐步掌握极限、微分和积分等基本工具，并能够运用这些工具去分析和解决实际问题。在学习过程中，要注重对基本概念和原理的理解，同时也要注重解题方法和技巧的训练。此外，还应注重培养逻辑思维能力和探索创新能力，进一步提升数学文化素养与数学应用能力，以便更好地应对自然和社会未来的各种挑战。

本书由谢小良教授、赵军产教授和刘春生老师主编，万前红博士、陈建文博士、廖云华博士任副主编，全书由谢小良教授、湖南大学罗汉教授和湖南理工学院周小强教授主审。具体章节编写人员为第 1 章：刘春生，第 2 章：陈建文，第 3 章：施会强，第 4 章：张文、张健，第 5 章：李芸，第 6 章：万前红，第 7 章：吴爱轩，第 8 章：王仲梅，第 9 章：廖云华，第 10 章：曾甲生，附录：赵军产。我们真诚地希望本书能够成为广大学习者的工具书，帮助他们系统地掌握微积分的理论与方法，提高综合素质和能力水平，为学习者今后进一步的专业学习和考研奠定牢固的基础。

由于编者水平有限，若有不妥与疏忽之处，恳请各位专家、同行和学习者对本书提出宝贵的意见和建议，以便我们对本书做进一步的改进和完善。

编者

2025 年 6 月

目　录

第1章　函　　数

函数是现代数学的基本概念之一，是微积分的主要研究对象．函数的一些基本知识在中学数学中已经学习过，本章将对函数的概念进行系统复习和必要补充，并介绍常用经济函数及其应用，为今后的学习打下必要的基础．由于我们所提及的变量通常都在实数范围内取值，因此本书涉及的函数均在实数范围内讨论，此类型的函数也称为实函数．

1.1　函数的概念

1.1.1　区间与邻域

初等数学中已经介绍过集合的相关概念．通常用$\mathbb{N}$表示自然数集，$\mathbb{Z}$表示整数集，$\mathbb{Q}$表示有理数集，$\mathbb{R}$表示实数集，这些数集之间的关系如下：

$$\mathbb{N}\subset\mathbb{Z}\subset\mathbb{Q}\subset\mathbb{R}.$$

区间是用得较多的一类数集．设a和b都是实数，且$a<b$，数集

$$\{x|a<x<b\}$$

为**开区间**，记作(a,b)，即

$$(a,b)=\{x|a<x<b\}.$$

a和b称为开区间(a,b)的**端点**．

数集$\{x|a\leqslant x\leqslant b\}$称为**闭区间**．记作$[a,b]$，即

$$[a,b]=\{x|a\leqslant x\leqslant b\}.$$

a和b也称为闭区间$[a,b]$的端点．

数集

$$[a,b)=\{x|a\leqslant x<b\}\text{和}(a,b]=\{x|a<x\leqslant b\}$$

为**半开半闭区间**．

以上这些区间都称为**有限区间**．数$b-a$称为**区间的长度**．此外还有**无限区间**：

$$(-\infty,+\infty)=\{x|-\infty<x<+\infty\},$$

$$(-\infty,b]=\{x|-\infty<x\leqslant b\},$$

$$(-\infty,b)=\{x|-\infty<x<b\},$$

$$[a,+\infty)=\{x|a\leqslant x<+\infty\},$$

$$(a,+\infty)=\{x|a<x<+\infty\},$$

等等．这里记号“$-\infty$”与“$+\infty$”分别表示“负无穷大”与“正无穷大”．

以后如果遇到所做的论述对不同类型的区间都适用，为了避免重复，就用“区间I”代表各种类型的区间．

邻域也是一个经常遇到的概念．

设a和δ是两个实数，且$\delta>0$，则数集

$$\{x||x-a|<\delta\}$$

称为点 a 的 δ **邻域**，记作 $U(a,\delta)$，即 $U(a,\delta)=\{x||x-a|<\delta\}$．称点 a 为该**邻域的中心**，δ 为这**邻域的半径**．

由绝对值的性质知，$U(a,\delta)=\{x|a-\delta<x<a+\delta\}$，由此看出，$U(a,\delta)$ 也就是开区间 $(a-\delta,a+\delta)$，这个开区间以点 a 为中心，而长度为 2δ（图 1.1）．

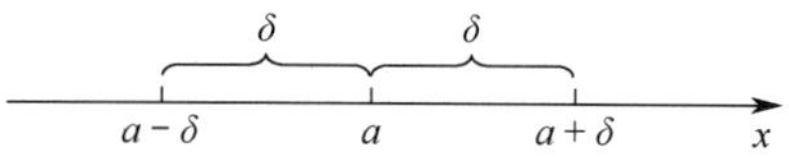

图 1.1

若把邻域 $U(a,\delta)$ 的中心去掉，所得到的邻域称为点 a 的**去心 δ 邻域**，记作 $\mathring{U}(a,\delta)$，即

$$\mathring{U}(a,\delta)=\{x|0<|x-a|<\delta\}.$$

通常 δ 是比较小的正数，所以点 a 的 δ 邻域表示的是点 a 临近的点组成的集合．

当不需要特别辨明邻域的半径 δ 时，$U(a,\delta)$ 可简记为 $U(a)$，$\mathring{U}(a,\delta)$ 可简记为 $\mathring{U}(a)$．

1.1.2 函数的概念

函数是描述变量间相互依赖关系的一种数学模型．

所谓变量是指在某一变化过程中不断变化的量．在任何一种自然现象或任何一种经济活动中，各变量的变化不是孤立的，而是彼此联系并遵循一定的变化规律，这种变量之间的依赖关系就是数学上要讨论的函数关系．

例如，在匀速直线运动中，设物体运动的时间为 t，运动的距离为 s，假定开始运动的时刻 $t=0$，物体的运动速度为 v，则变量 s 与 t 之间的关系由数学模型 $s=vt$ 给定．

定义 1.1 设 x 和 y 是两个变量，D 是一个给定的非空数集．如果按照某个法则 f，对于每个数 $x\in D$，变量 y 都有唯一确定的值与它相对应，则称这个对应法则 f 为定义在 D 上的函数，记作 $y=f(x)$，其中 x 称为**自变量**，y 称为**因变量**，数集 D 称为这个函数的**定义域**，记作 D_f，即 $D=D_f$．

对每个 $x\in D$，按照对应法则 f，总有唯一确定的值 y 与之对应，这个值称为函数 f 在点 x 处的**函数值**，记作 $f(x)$，即 $y=f(x)$．因变量与自变量的这种相依关系通常称为**函数关系**．

当自变量 x 遍取 D 的所有数值时，对应的函数值 $f(x)$ 的全体组成的集合称为函数 f 的**值域**，记为 R_f，即

$$R_f=\{y|y=f(x),x\in D\}.$$

从函数的定义不难看出，定义域和对应法则是构成函数的两个基本要素，如果两个函数的定义域和对应法则都分别相同，则这两个函数就是相同的，否则就是不同的．

函数的定义域通常按以下两种情形来确定：一种是对有实际背景的函数，根据实际背景中的变量的实际意义确定．例如，球的体积 V 与半径 r 之间的函数关系是

$$V=\frac{4}{3}\pi r^3,\quad r\in(0,+\infty).$$

这个函数的定义域就是区间 $(0,+\infty)$；另外一种是抽象地用算式表达的函数，通常约定这种函数的定义域是使得算式有意义的一切实数组成的集合，这种定义域称为函数的**自然定义域**．

例如，函数 $y=\ln(1-x^2)$ 的（自然）定义域是开区间 $(-1,1)$．

表示函数的主要方法有三种：**图形法、列表法、解析法（公式法）**.

从几何上看，在平面直角坐标系中，点集

$$\{(x,y)\mid y=f(x),x\in D_f\}$$

称为函数 $y=f(x),x\in D_f$ 的**图形**（图 1.2）.

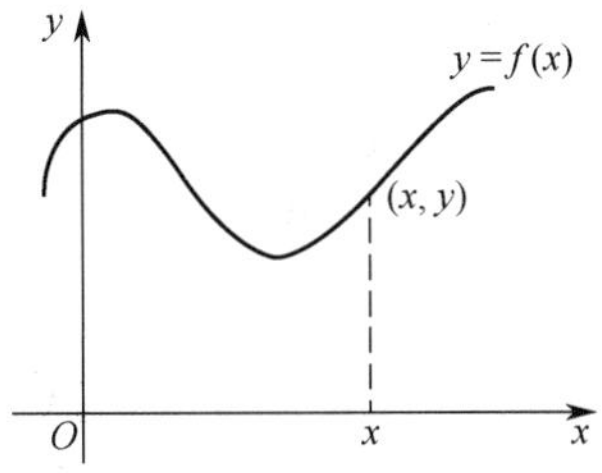

图 1.2

函数 $y=f(x)$ 的图形通常是一条曲线， $y=f(x)$ 也称为这条曲线的方程．这样，函数的一些特性常常可通过其几何图形得到；相反，有时也可通过函数对一些几何问题进行理论探讨．

现列举一些关于函数的具体例子．

例 1.1　求函数 $y=\sqrt{1-x}+\dfrac{1}{\sqrt{x^2-4}}$ 的定义域.

解　要使数学式子有意义，x 必须满足

$$\begin{cases}1-x\geqslant 0,\\ x^2-4>0,\end{cases}\quad 即\ x<-2$$

因此函数的定义域为 $(-\infty,-2)$.

例 1.2　判断下面函数是否相同，并说明理由.

（1） $y=x+1$ 与 $y=\dfrac{x^2-1}{x-1}$;

（2） $y=x^3$ 与 $y=(x^2)^{\frac{3}{2}}$;

（3） $y=1$ 与 $y=\sin^2 x+\cos^2 x$;

（4） $y=3x+1$ 与 $x=3y+1$.

解　（1）不相同，因为 $y=x+1$ 的定义域是 $(-\infty,+\infty)$ ，而 $y=\dfrac{x^2-1}{x-1}$ 的定义域是 $(-\infty,1)\cup(1,+\infty)$.

（2）不相同，虽然 $y=x^3$ 与 $y=(x^2)^{\frac{3}{2}}$ 的定义域都是 $(-\infty,+\infty)$ ，但对应法则不同，$y=(x^2)^{\frac{3}{2}}=|x|^3$.

（3）相同．虽然这两个函数的表现形式不同，但它们的定义域 $(-\infty,+\infty)$ 与对应法则均相同，所以这两个函数相同.

（4）相同．虽然它们的自变量与因变量所用的字母不同，但其定义域 $(-\infty,+\infty)$ 和对应法则均相同，所以这两个函数相同.

例 1.3　**绝对值函数**

$$y=|x|=\begin{cases}x, & x\geqslant 0\\ -x, & x<0\end{cases}$$

的定义域 $D_f=(-\infty,+\infty)$ ，值域 $R_f=[0,+\infty)$ ，它的图形如图 1.3所示.

例 1.4　**符号函数**

$$y=\operatorname{sgn} x=\begin{cases}-1, & x<0\\ 0, & x=0\\ 1, & x>0\end{cases}$$

的定义域 $D_f=(-\infty,+\infty)$，值域 $R_f=\{-1,0,1\}$，它的图形如图 1.4 所示．对于任意的实数 x，下列关系成立

$$x=|x|\cdot\operatorname{sgn} x \text{ 或 } |x|=x\cdot\operatorname{sgn} x$$

例 1.5 设 x 为任一实数，不超过 x 的最大整数称为 x 的整数部分，记作 $[x]$，例如，$[0.5]=0$，$[\sqrt{2}]=1$，$[-1.5]=-2$．把 x 看作变量，则函数

$$y=[x]$$

的定义域 $D_f=(-\infty,+\infty)$，值域 $R_f=\mathrm{Z}$．它的图形如图 1.5 所示．

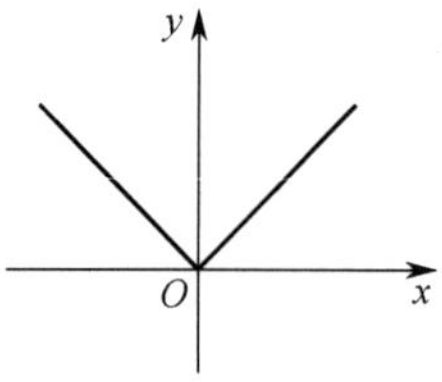

图 1.3

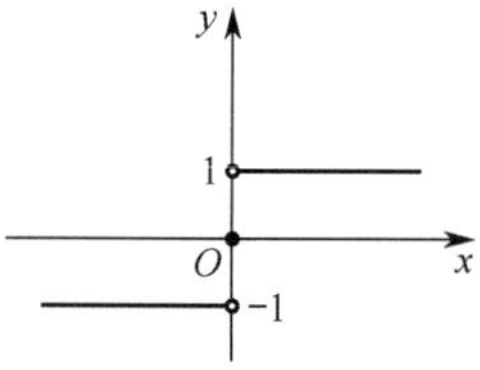

图 1.4

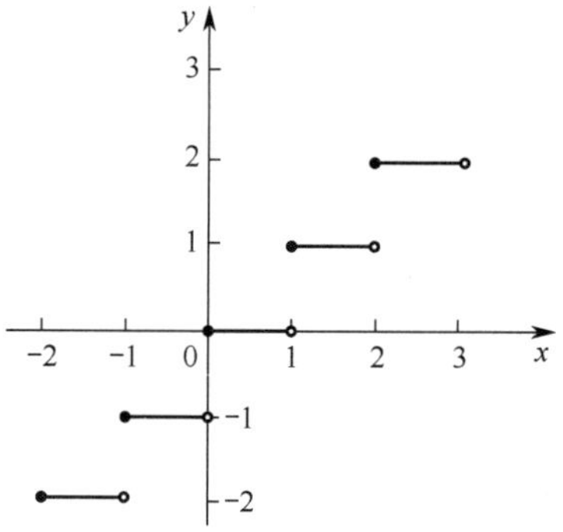

图 1.5

1.1.3 函数的几种特性

1．函数的有界性

定义 1.2 设函数 $f(x)$ 的定义域为 D，数集 $I\subset D$，如果存在一个正数 M_1，使得对于任一 $x\in I$，都有

$$f(x)\leqslant M_1,$$

则称函数 $f(x)$ 在 I 上**有上界**，而 M_1 称为函数 $f(x)$ 在 I 上的一个**上界**．如果存在一个正数 M_2，使得对于任一 $x\in I$，都有

$$f(x)\geqslant M_2,$$

则称函数 $f(x)$ 在 I 上**有下界**，而 M_2 称为函数 $f(x)$ 在 I 上的一个**下界**．如果存在一个正数 M，使得对于任一 $x\in I$，都有

$$|f(x)|\leqslant M,$$

则称函数 $f(x)$ 在 I 上**有界**，也称 $f(x)$ 是 I 上的**有界函数**．如果这样的正数 M 不存在，就称函数 $f(x)$ 在 I 上**无界**，也称 $f(x)$ 是 I 上的**无界函数**．这就是说，对于任何正数 M，总存在 $x_1\in I$ 使得 $|f(x_1)|>M$，则函数 $f(x)$ 在 I 上无界．

容易证明，函数 $f(x)$ 在 I 上有界的充分必要条件是它在 I 上既有上界又有下界．

例如，函数 $y=\sin x$ 在 $(-\infty,+\infty)$ 内是有界的，因为无论 x 取任何实数，$|\sin x|\leqslant 1$ 都能成立；而函数 $y=x^2$ 在 $(-\infty,+\infty)$ 内是无界函数，因为它只有下界而无上界．

例 1.6　证明函数 $f(x)=\dfrac{x}{1+x^2}$ 在 $(-\infty,+\infty)$ 内是有界的.

证　因为 $1+x^2\geqslant 2|x|$，故

$$|f(x)|=\left|\frac{x}{x^2+1}\right|=\frac{|x|}{1+x^2}\leqslant\frac{|x|}{2|x|}=\frac{1}{2}$$

对一切 $x\in(-\infty,+\infty)$ 都成立，因此函数 $f(x)=\dfrac{x}{1+x^2}$ 在 $(-\infty,+\infty)$ 内是有界的.

2．函数的奇偶性

定义 1.3　设函数 $y=f(x)$ 的定义域 D 关于原点对称，如果对于任一 $x\in D$，

$$f(-x)=-f(x)$$

恒成立，则称 $f(x)$ 为**奇函数**．如果对于任一 $x\in D$，

$$f(-x)=f(x)$$

恒成立，则称 $f(x)$ 为**偶函数**.

例如，由定义容易验证，$y=x^2+1$ 是偶函数，$y=x^3$ 是奇函数，而 $y=\sin x+\cos x$ 是非奇非偶函数.

在平面直角坐标系中，奇函数的图形关于原点对称（图 1.6），偶函数的图形关于 y 轴对称（图 1.7）.

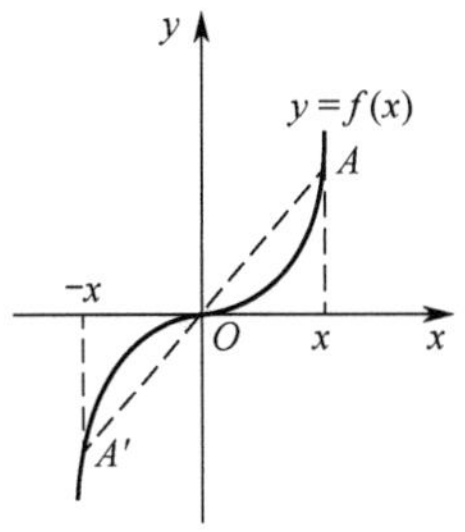

图 1.6

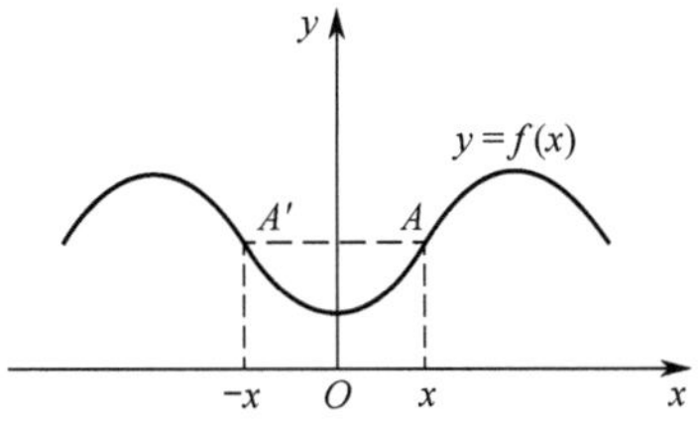

图 1.7

例 1.7　讨论函数 $f(x)=\ln(x+\sqrt{1+x^2})$ 的奇偶性.

解　因函数 $f(x)=\ln(x+\sqrt{1+x^2})$ 的定义域 $(-\infty,+\infty)$ 关于原点对称，且

$$f(-x)=\ln(-x+\sqrt{1+x^2})=\ln\left[\frac{(\sqrt{1+x^2}-x)(\sqrt{1+x^2}+x)}{\sqrt{1+x^2}+x}\right]=\ln\left(\frac{1}{\sqrt{1+x^2}+x}\right)$$

$$=-\ln(\sqrt{1+x^2}+x)=-f(x).$$

所以，$f(x)$ 是 $(-\infty,+\infty)$ 内的奇函数.

注：此题也可以利用 $f(x)+f(-x)=\ln(x+\sqrt{1+x^2})+\ln(-x+\sqrt{1+x^2})=0$ 易知 $f(x)$ 是奇函数.

3．函数的单调性

定义 1.4　设函数 $f(x)$ 的定义域为 D，区间 $I\subset D$，如果对于区间 I 内的任意两点 x_1 和 x_2，当 $x_1<x_2$ 时，恒有

$$f(x_1)\leqslant f(x_2),$$

则称函数 $f(x)$ 在 I 上**单调递增**（图 1.8）．此时，区间 I 称为**单调递增区间**；若上述不等式中的不等号为严格不等号（即 $f(x_1)<f(x_2)$），则称为**严格单调递增**．

如果对于区间 I 内的任意两点 x_1 及 x_2，当 $x_1<x_2$ 时，恒有

$$f(x_1)\geqslant f(x_2),$$

则称函数 $f(x)$ 在 I 上**单调递减**(图 1.9)，此时，区间 I 称为**单调递减区间**．若上述不等式中的不等号为严格不等号（即 $f(x_1)>f(x_2)$），则称为**严格单调递减**．

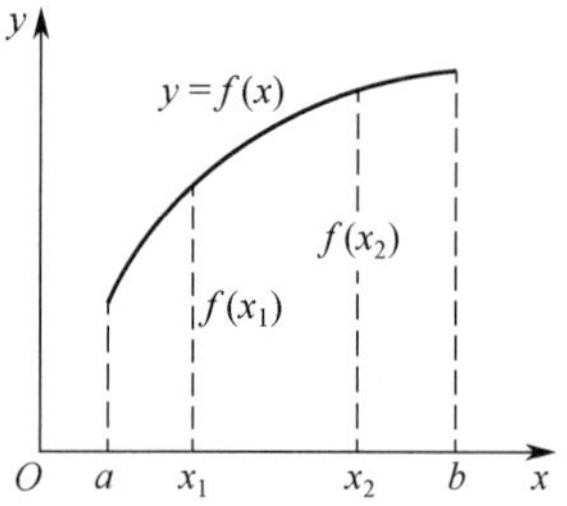

图 1.8

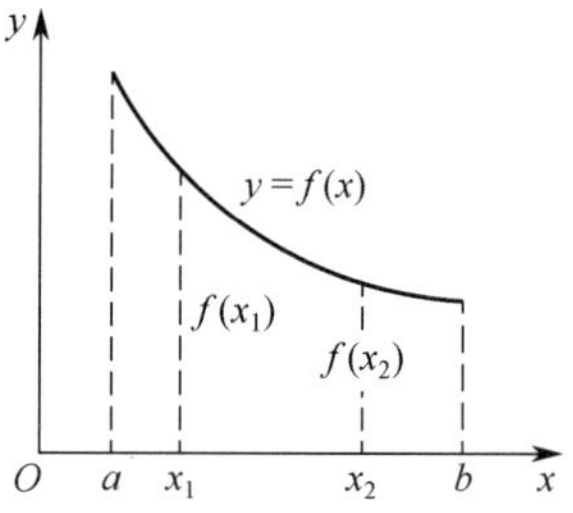

图 1.9

单调递增和单调递减的函数统称为**单调函数**，单调递增区间和单调递减区间统称为**单调区间**．

4．函数的周期性

定义 1.5 设函数 $f(x)$ 的定义域为 D，若存在一个常数 $T\neq 0$，使得对于任一 $x\in D$ 有 $(x\pm T)\in D$，且

$$f(x+T)=f(x)$$

恒成立，则称 $f(x)$ 为**周期函数**，T 称为函数 $f(x)$ 的**周期**，周期函数的周期通常是指它的**最小正周期**．

例如，$y=\sin x+\cos x$ 是周期为 2π 的周期函数，而 $y=\tan x$ 是周期为 π 的周期函数．

注意，并非每个周期函数都有最小正周期．下面的函数就属于这种情形．

例 1.8 狄利克雷（Dirichlet）函数

$$D(x)=\begin{cases}1, & x\in Q;\\ 0, & x\in Q^c.\end{cases}$$

容易验证这是一个周期函数，任何非零有理数都是它的周期．因为不存在最小的正有理数，所以它没有最小正周期．

习题 1.1

1．求下列函数的定义域：

（1）$y=\dfrac{x}{x^2-1}$；　　（2）$y=\dfrac{1}{1-x^2}+\sqrt{x+2}$；

（3）$y=\sqrt{\sin x}+\sqrt{16-x^2}$；　　（4）$y=\ln(2-x)+\sqrt{3+2x-x^2}$．

2．若 $f(x+1)=x^2-3x+2$，求 $f(x), f(x-1)$.

3．设

$$f(x)=\begin{cases}x-1, & -2\leqslant x<0,\\ x+1, & 0\leqslant x\leqslant 2,\end{cases}$$

求 $f(-1), f(0), f(1), f(x-1)$.

4. 指出下列函数中哪些是奇函数，哪些是偶函数，哪些是非奇非偶函数？

（1） $f(x)=x^3\cos x$；　　（2） $f(x)=\dfrac{e^x+e^{-x}}{2}$；

（3） $f(x)=\sin x+\cos x$；　　（4） $f(x)=\sin x+e^x-e^{-x}$.

5. 设下列函数的定义域均为 $(-a,a)$，证明：

（1）两个奇函数的和仍为奇函数；两个偶函数的和仍为偶函数；

（2）两个奇函数的积为偶函数，一个奇函数一个偶函数的乘积为奇函数；

（3）任一函数都可表示为一个奇函数与一个偶函数的和.

6. 证明：函数 $y=\dfrac{x}{1-x}$ 在 $(1,+\infty)$ 内是单调递增的函数.

7.（1）设函数 $f(x)$ 是周期 T 的周期函数，试求函数 $f(2x+3)$ 的周期；

（2）若 $f(2x-1)=f(2x+1)(\forall x\in R)$，讨论 $f(x)$ 是否为周期函数.

8. 验证函数 $f(x)=\dfrac{1}{x}$ 在开区间 $(0,1)$ 内无界，在开区间 $(1,2)$ 内有界.

9. 讨论函数 $f(x)=\dfrac{\sqrt{1+x}-1}{\sqrt{1+x}+1}$ 在其定义域内是否有界.

1.2　反函数与复合函数

1.2.1　反函数

定义 1.6　设函数 $y=f(x)$ 的定义域为 D，值域为 W，如果对于 W 中的任一数值 y，都有 D 中唯一的一个数值 x 与 y 对应，且满足关系式

$$f(x)=y\ .$$

这里如果把 y 看作自变量，x 看作因变量，则上述对应关系可以确定一个新函数

$$x=\varphi(y)\ \text{（或者记为 } x=f^{-1}(y)\text{）}.$$

这个新函数称为函数 $y=f(x)$ 的**反函数**．反函数的定义域为 W，值域为 D．相对于反函数，函数 $y=f(x)$ 称为**直接函数**.

由于函数的表示法只与定义域和对应关系有关，而与自变量和因变量用什么字母表示无关，且习惯上常用字母 x 表示自变量，用字母 y 表示因变量，这样 $y=f(x)$ 的反函数通常写为 $y=f^{-1}(x)$.

在平面坐标系中，函数 $y=f(x)$ 的图形与其反函数 $y=f^{-1}(x)$ 的图形关于直线 $y=x$ 对称（图 1.10）．这是由于互为反函数的两个函数的因变量与自变量互换的缘故．若 (a,b) 是 $y=f(x)$ 图形上的一点，则 (b,a) 就是 $y=f^{-1}(x)$ 图形上的点，而 xOy 平面上点 (a,b) 与点 (b,a) 关于直线 $y=x$ 对称.

利用这一特性，由函数 $y=f(x)$ 的图形就很容易作出它的反函数 $y=f^{-1}(x)$ 的图形．例

如，$y=2^x$ 与 $y=\log_2 x$ 互为反函数，它们的图形如图 1.11 所示.

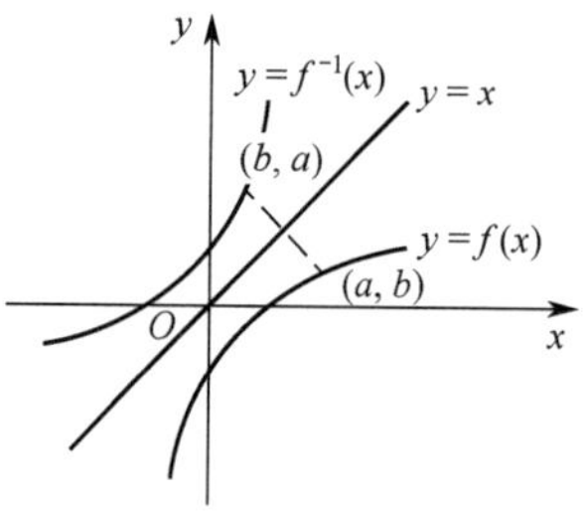

图 1.10

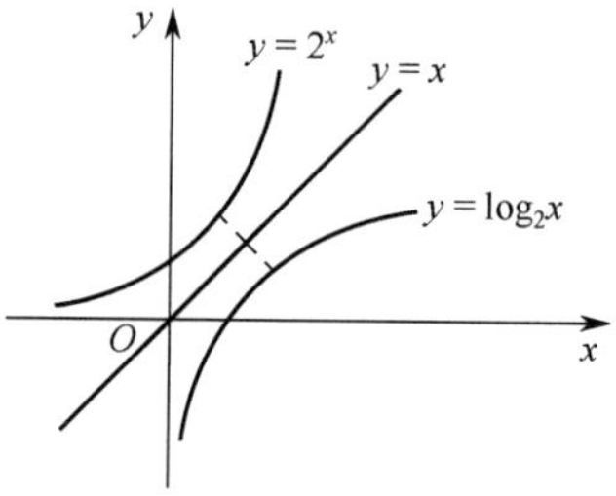

图 1.11

值得注意的是，并不是所有函数都存在反函数，例如，函数 $y=x^2$ 的定义域为 $(-\infty,+\infty)$，值域为 $(-\infty,+\infty)$，但对每个 $y\in(0,+\infty)$，有两个 x 值与之对应，因此 $y=x^2$ 不存在反函数.

定理 1.1 若 $f(x)$ 是定义在 D 上的单调函数，且 $f(x)$ 的值域为 W，则 $f(x)$ 的反函数 $f^{-1}(x)$ 必定存在，且 $f^{-1}(x)$ 也是 W 上的单调函数.

证 不妨设 $f(x)$ 在 D 上单调递增，现在来证明 $f^{-1}(x)$ 在 W 上也是单调递增的.

任取 $y_1,y_2\in W$，且 $y_1<y_2$，按照 $f(x)$ 的定义，对于 y_1，在 D 内存在唯一的 x_1，使得 $f(x_1)=y_1$，于是 $f^{-1}(y_1)=x_1$；对于 y_2，在 D 内存在唯一的 x_2，使得 $f(x_2)=y_2$，于是 $f^{-1}(y_2)=x_2$.

如果 $x_1>x_2$，则由 $f(x)$ 单调递增，必有 $y_1>y_2$；如果 $x_1=x_2$，则显然有 $y_1=y_2$，这两种情形都与假设 $y_1<y_2$ 不符，故必有 $x_1<x_2$，即 $f^{-1}(y_1)<f^{-1}(y_2)$，这就证明了 $f^{-1}(x)$ 在 W 上是单调递增的.

注：不单调的函数不一定没有反函数，例如 $f(x)=\begin{cases}x, & x\leqslant 0\\ 1-x, & 0<x<1\end{cases}$，显然它在 $(-\infty,1)$ 内不单调，但它有反函数 $f^{-1}(x)=\begin{cases}x, & x\leqslant 0;\\ 1-x, & 0<x<1.\end{cases}$

求反函数的一般步骤为：由方程 $y=f(x)$ 解出 $x=f^{-1}(y)$，再将 x 与 y 对换，即得所求的反函数为 $y=f^{-1}(x)$.

例 1.9 求函数 $y=\dfrac{1-\sqrt{1+4x}}{1+\sqrt{1+4x}}$ 的反函数.

解 因 $y=\dfrac{1-\sqrt{1+4x}}{1+\sqrt{1+4x}}=-1+\dfrac{2}{1+\sqrt{1+4x}}>-1$，且由 $1+\sqrt{1+4x}\geqslant 1$ 可得，

$$y=-1+\frac{2}{1+\sqrt{1+4x}}\leqslant 1.$$

所以，$y=\dfrac{1-\sqrt{1+4x}}{1+\sqrt{1+4x}}$ 的值域为 $(-1,1]$.

令 $u=\sqrt{1+4x}$，则 $y=\dfrac{1-u}{1+u}$，故 $u=\dfrac{1-y}{1+y}$，即 $\sqrt{1+4x}=\dfrac{1-y}{1+y}$，解得

$$x=\frac{1}{4}\left[\left(\frac{1-y}{1+y}\right)^2-1\right]=-\frac{y}{(1+y)^2}.$$

交换变量 x、y，即可得所求的反函数

$$y=-\frac{x}{(1+x)^2}(-1<x\leqslant 1).$$

1.2.2　复合函数

定义 1.7　设函数 $y=f(u)$ 的定义域为 D_f，而函数 $u=\varphi(x)$ 的定义域为 D_φ，若

$$R_\varphi \cap D_f \neq \varnothing,$$

则称 $y=f[\varphi(x)]$ 为 x 的**复合函数**．其中 x 称为自变量，y 称为因变量，u 称为中间变量．

不是任何两个函数都可以复合成一个复合函数．例如 $y=\sqrt{u}$ 的定义域为 $D_f=[0,+\infty)$，而 $u=-x^2-1$ 的值域为 $R_\varphi=[-\infty,-1]$，显然 $R_\varphi \cap D_f=\varnothing$，故这两个函数不能构成复合函数．

例 1.10　设 $y=f(u)=\ln u$，$u=g(u)=\tan x$，求 $f[g(x)]$．

解　$f[g(x)]=\ln(\tan x)$，定义域为 $D=\left\{x \middle| k\pi<x<\left(k+\frac{1}{2}\right)\pi, k\in \mathrm{Z}\right\}$．

例 1.11　指出下列复合函数的复合过程：

（1）$y=\sqrt{1+x^2}$；　　（2）$y=\sqrt{\sin^2 x}$；　　（3）$y=\ln^2(1+\sqrt{1+x^2})$．

解　（1）$y=\sqrt{1+x^2}$ 由 $y=\sqrt{u}$ 和 $u=1+x^2$ 复合而成；

（2）$y=\sqrt{\sin^2 x}$ 由 $y=\sqrt{u}$、$u=v^2$ 和 $v=\sin x$ 复合而成；

（3）$y=\ln^2(1+\sqrt{1+x^2})$ 由 $y=u^2$、$u=\ln v$、$v=1+w$、$w=\sqrt{s}$ 和 $s=1+x^2$ 复合而成．

例 1.12　设 $f(x)=\dfrac{x}{x+1}\ (x\neq -1)$，求 $f[f(x)]$．

解　$$f[f(x)]=\frac{f(x)}{f(x)+1}=\frac{\frac{x}{x+1}}{\frac{x}{x+1}+1}=\frac{x}{2x+1}\left(x\neq -1,-\frac{1}{2}\right).$$

例 1.13　设

$$f(x)=\begin{cases}2^x, & x<1;\\ x, & x\geqslant 1.\end{cases}\quad g(x)=\begin{cases}x+2, & x<0;\\ x^2-1, & x\geqslant 0.\end{cases}$$

求 $f[g(x)]$．

解　将 $g(x)$ 代入 $f(x)$ 即得

$$f[g(x)]=\begin{cases}2^{g(x)}, & g(x)<1;\\ g(x), & g(x)\geqslant 1.\end{cases}$$

（1）当 $g(x)<1$ 时，有下面两种情形：

当 $x<0$ 时，$g(x)=x+2<1$，可得 $x<-1$；

当 $x\geqslant 0$ 时，$g(x)=x^2-1<1$，可得 $0\leqslant x<\sqrt{2}$．

（2）当 $g(x)\geqslant 1$ 时，有下面两种情形：

当 $x<0$ 时，$g(x)=x+2\geqslant 1$，可得 $-1\leqslant x<0$；

当 $x\geqslant 0$ 时，$g(x)=x^2-1\geqslant 1$，可得 $x\geqslant\sqrt{2}$.

综合以上可得所求复合函数为

$$f[g(x)]=\begin{cases}2^{x+2}, & x<-1;\\ x+2, & -1\leqslant x<0;\\ 2^{x^2-1}, & 0\leqslant x<\sqrt{2};\\ x^2-1, & x\geqslant\sqrt{2}.\end{cases}$$

习题 1.2

1．求下列函数的反函数：

（1） $y=\dfrac{2^x}{2^x+1}$；（2） $y=\dfrac{10^x+10^{-x}}{10^x-10^{-x}}+1$.

2．已知符号函数

$$\operatorname{sgn}x=\begin{cases}1, & x>0,\\ 0, & x=0,\\ -1, & x<0,\end{cases}$$

求 $y=(1+x^2)\operatorname{sgn}x$ 的反函数.

3．指出下列复合函数的复合过程：

（1） $y=2^{\sin x}$；（2） $y=\lg(x^2+1)$；（3） $y=\sqrt{\cos(x^2-1)}$.

4．设函数

$$f(x)=\begin{cases}x+2, & x<-1;\\ -x, & |x|\leqslant 1;\\ x-2, & x>1,\end{cases}$$

求 $f(2x+1)$ 的表达式.

5．设

$$f(x)=\begin{cases}1, & |x|<1;\\ 0, & |x|=1;\\ -1, & |x|>1,\end{cases}\quad g(x)=2^x,$$

求 $f[g(x)]$，$g[f(x)]$，$f[f(x)]$.

1.3 基本初等函数、初等函数

1.3.1 基本初等函数

幂函数、指数函数、对数函数、三角函数、反三角函数统称为**基本初等函数**，它们是研究各种函数的基础．为了读者学习的方便，下面对这几类函数做简单介绍．

1．幂函数

幂函数 $y=x^\mu$（μ 是常数），其定义域随 μ 而异，但无论 μ 为何值，函数在 $(0,+\infty)$ 内

总是有定义的.

当 $\mu>0$ 时，$y=x^{\mu}$ 在 $[0,+\infty)$ 上是单调递增的，其图形过点 $(0,0)$ 及点 $(1,1)$，图 1.12 给出了 $\mu=\dfrac{1}{2}$，$\mu=1$，$\mu=2$ 时幂函数在第一象限的图形.

当 $\mu<0$ 时，$y=x^{\mu}$ 在 $[0,+\infty)$ 上是单调递减的，其图形通过点 $(1,1)$，图 1.13 给出了 $\mu=-\dfrac{1}{2}$，$\mu=-1$，$\mu=-2$ 时幂函数在第一象限的图像.

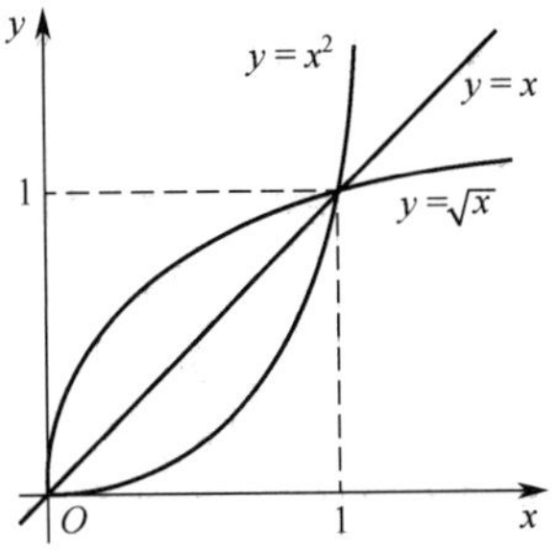

图 1.12

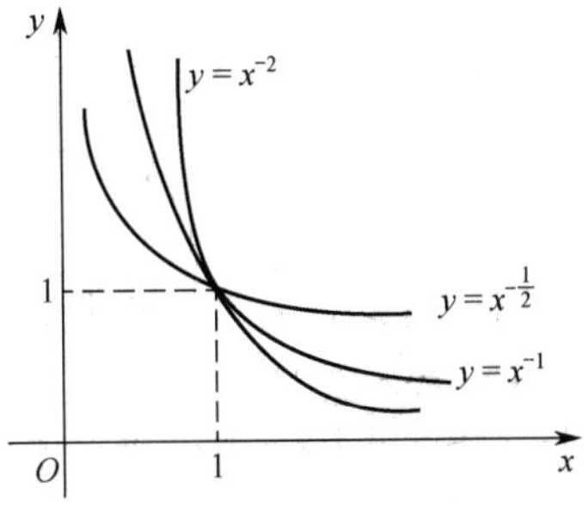

图 1.13

2．指数函数

指数函数 $y=a^x$（a 是常数，且 $a>0$，$a\neq1$），其定义域为 $(-\infty,+\infty)$．其图形过点（0，1）．因为 $a>0$，所以无论 x 取什么值，$a^x>0$，于是指数函数 $y=a^x$ 的图形总在 x 轴上方.

当 $a>1$ 时，$y=a^x$ 是单调递增的；当 $0<a<1$ 时，$y=a^x$ 是单调递减的，如图 1.14 所示.

以常数 $\mathrm{e}=2.71828182\cdots$ 为底的指数函数 $y=\mathrm{e}^x$ 是科技和经济中常用的指数函数.

3．对数函数

指数函数 $y=a^x$ 的反函数称为对数函数，记为 $y=\log_a x$（a 是常数，且 $a>0$，$a\neq1$），其定义域为 $(0,+\infty)$，其图形过点（1, 0）.

当 $a>1$ 时，$y=\log_a x$ 是单调递增的；当 $0<a<1$ 时，$y=\log_a x$ 是单调递减的，如图 1.15 所示.

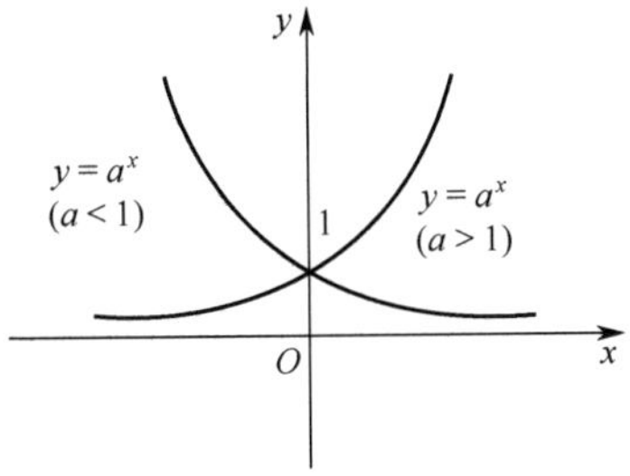

图 1.14

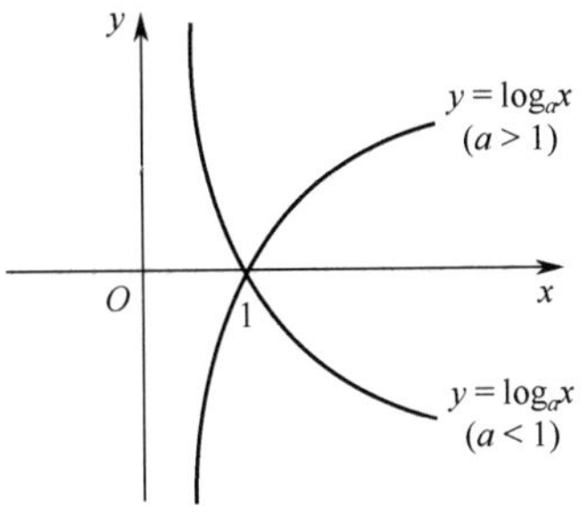

图 1.15

以 e 为底的对数函数称为**自然对数函数**，记为 $y=\ln x$.

4．三角函数

常用的三角函数如下：

（1）**正弦函数** $y=\sin x$，其定义域为 $(-\infty,+\infty)$，值域为 $[-1,1]$，是奇函数及以 2π 为周

期的周期函数（图 1.16）.

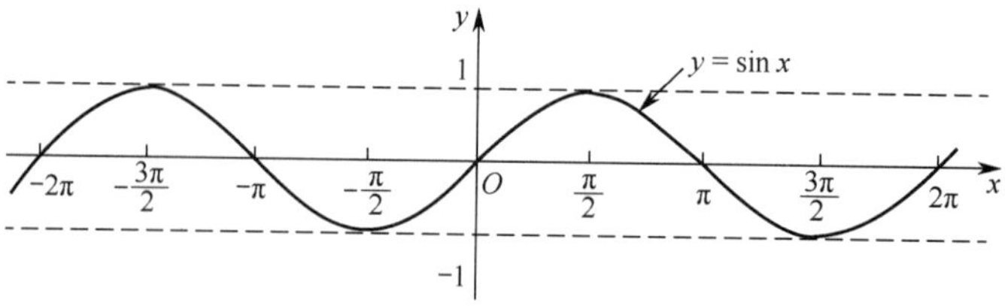

图 1.16

（2）**余弦函数** $y=\cos x$，其定义域为 $(-\infty,+\infty)$，值域为 $[-1,1]$，是偶函数及以 2π 为周期的周期函数（图 1.17）.

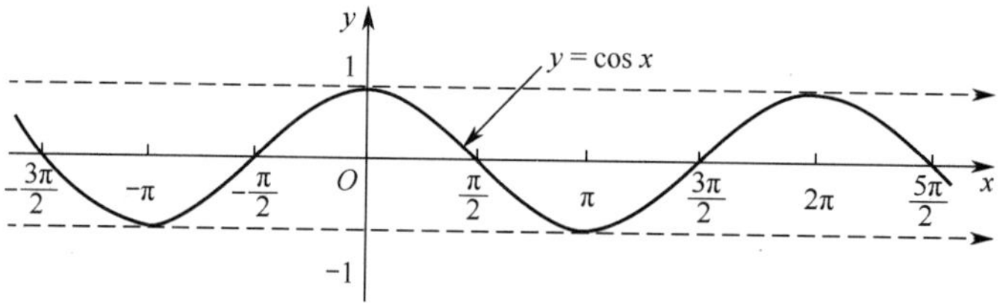

图 1.17

（3）**正切函数** $y=\tan x$，其定义域为 $\left\{x \middle| x\neq k\pi+\dfrac{\pi}{2},k\in \mathrm{Z}\right\}$，值域为 $(-\infty,+\infty)$，是奇函数及以 π 为周期的周期函数（图 1.18）.

（4）**余切函数** $y=\cot x$，其定义域为 $\{x|x\neq k\pi,k\in \mathrm{Z}\}$，值域为 $(-\infty,+\infty)$，是奇函数及以 π 为周期的周期函数（图 1.19）.

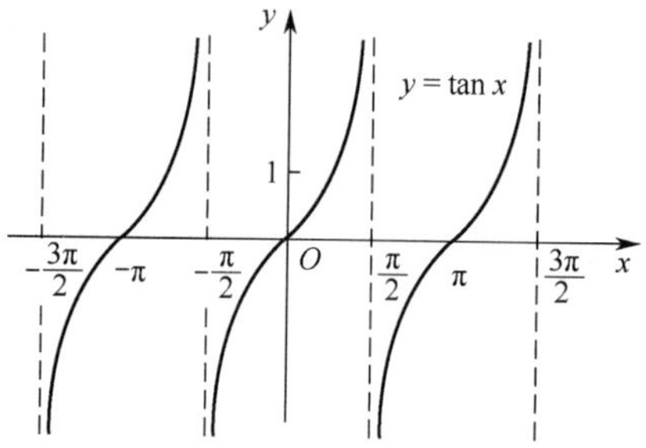

图 1.18

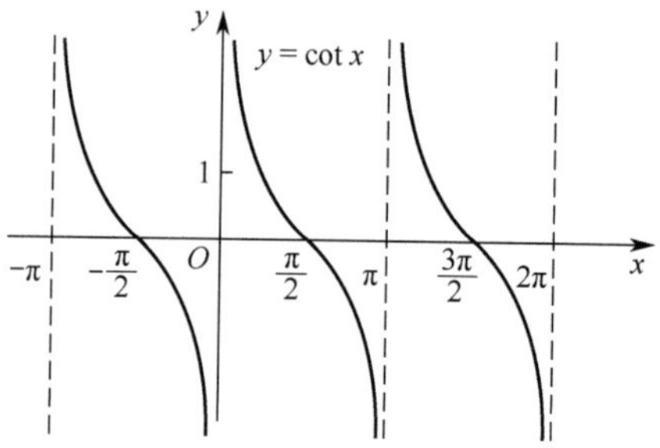

图 1.19

（5）**正割函数** $y=\sec x=\dfrac{1}{\cos x}$，其定义域为 $\left\{x \middle| x\neq k\pi+\dfrac{\pi}{2},k\in \mathrm{Z}\right\}$，值域为 $(-\infty,-1]\cup[1,+\infty)$，是偶函数及以 2π 为周期的周期函数.

（6）**余割函数** $y=\csc x=\dfrac{1}{\sin x}$，其定义域为 $\{x|x\neq k\pi,k\in \mathrm{Z}\}$，值域为 $(-\infty,-1]\cup[1,+\infty)$，是奇函数及以 2π 为周期的周期函数.

5. 反三角函数

三角函数的反函数称为反三角函数，由于三角函数 $y=\sin x$，$y=\cos x$，$y=\tan x$，

$y=\cot x$ 分别在其定义域范围内没有反函数，为了得到它们的反函数，对于这些函数限定在某个单调区间内来讨论.

例如，$y=\sin x$ 在闭区间 $\left[-\dfrac{\pi}{2},\dfrac{\pi}{2}\right]$ 上单调递增，从而存在反函数，称此反函数为反正弦函数的**主值**，记作 $y=\arcsin x$. 通常称 $y=\arcsin x$ 为**反正弦函数**，其定义域为 $[-1,1]$，值域为 $\left[-\dfrac{\pi}{2},\dfrac{\pi}{2}\right]$. 反正弦函数 $y=\arcsin x$ 在 $[-1,1]$ 上是单调递增的，其图形如图 1.20 中实线部分所示. 类似地，可以定义其他三个反三角函数：

（1）**反余弦函数** $y=\arccos x$，定义域为 $[-1,1]$，值域为 $[0,\pi]$，在 $[-1,1]$ 上是单调递减的，其图形如图 1.21 中实线部分所示.

（2）**反正切函数** $y=\arctan x$，定义域为 $(-\infty,+\infty)$，值域为 $\left(-\dfrac{\pi}{2},\dfrac{\pi}{2}\right)$，在 $(-\infty,+\infty)$ 内是单调递增的，其图形如图 1.22 中实线部分所示.

（3）**反余切函数** $y=\operatorname{arc}\cot x$，定义域为 $(-\infty,+\infty)$，值域为 $(0,\pi)$，在 $(-\infty,+\infty)$ 内是单调递减的，其图形如图 1.23 中实线部分所示.

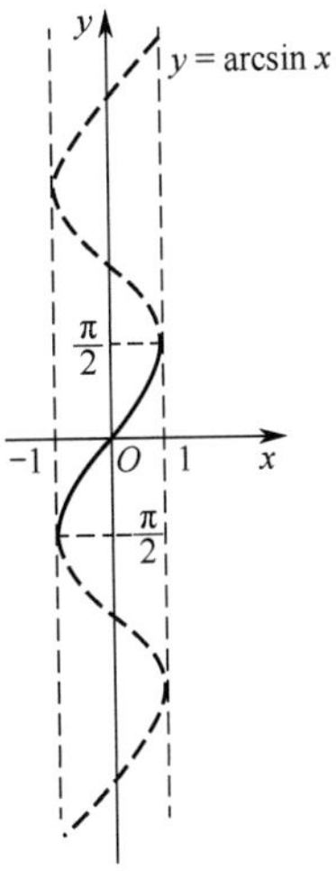

图 1.20

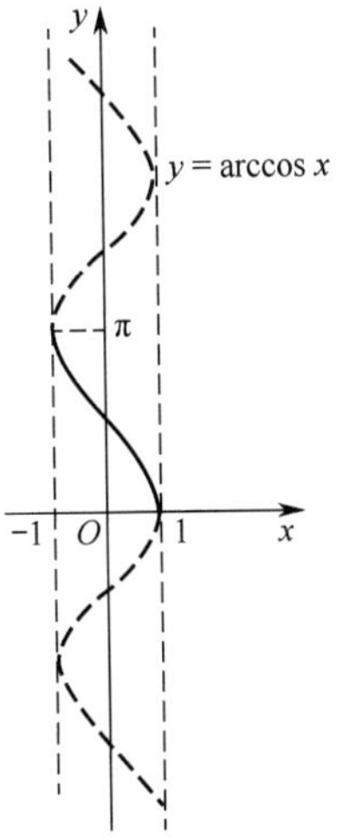

图 1.21

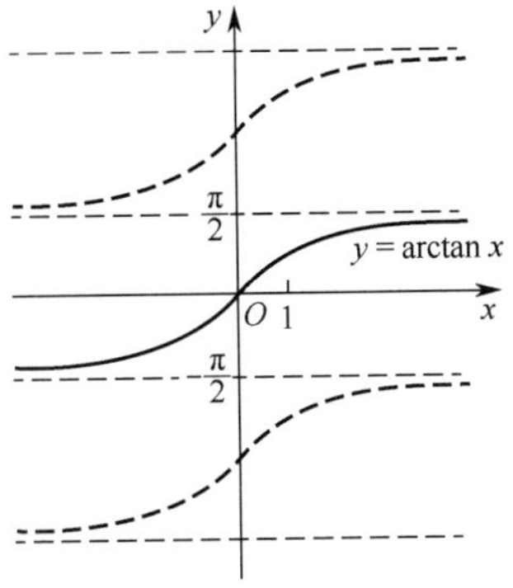

图 1.22

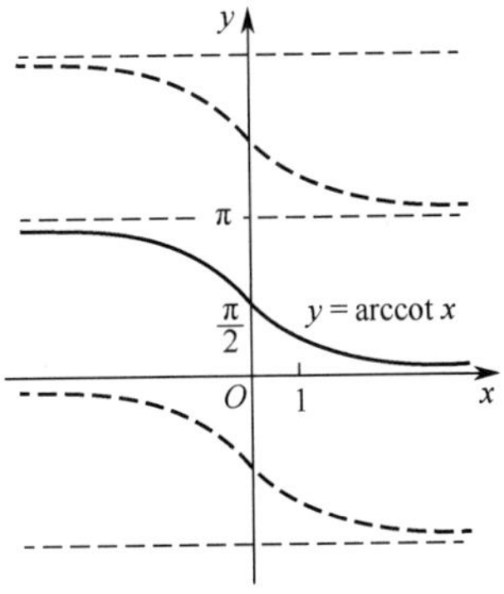

图 1.23

例 1.14　求下列函数的定义域

（1）$f(x)=\arcsin(2x-3)$；　　（2）$f(x)=\ln(x^2-1)+\arccos\dfrac{x-1}{3}$.

解　（1）由 $-1\leqslant 2x-3\leqslant 1$ 解得 $1\leqslant x\leqslant 2$，所以 $f(x)=\arcsin(2x-3)$ 的定义域是 $[1,2]$；

（2）要使 $f(x)$ 有意义，显然 x 要满足：

$$\begin{cases}x^2-1>0,\\ -1\leqslant\dfrac{x-1}{3}\leqslant 1,\end{cases}$$

即

$$\begin{cases}x<-1\text{或}x>1,\\ -2\leqslant x\leqslant 4,\end{cases}$$

所以 $f(x)$ 的定义域为 $D_f=[-2,-1)\cup(1,4]$.

1.3.2 初等函数

由常数和基本初等函数经过有限次四则运算和有限次复合而构成，并能用一个式子表示的函数，称为**初等函数**.

初等函数的基本特征：在函数定义的区间内，初等函数的图形是不间断的，如符号函数 $y=\operatorname{sgn}x$、取整函数 $y=[x]$ 不是初等函数，但 $y=\sin x^2$， $y=\sqrt{\sin x}$ 等都是初等函数，而分段函数

$$f(x)=\begin{cases}x+3, & x\geqslant 0;\\ x^2, & x<0,\end{cases}$$

不是初等函数，因为它在定义域内不能用一个解析式表示，但分段函数

$$f(x)=\begin{cases}x, & x\geqslant 0;\\ -x, & x<0,\end{cases}$$

是初等函数，因为它是绝对值函数，可看作由 $y=\sqrt{u}$ 和 $u=x^2$ 复合而成.

习题 1.3

1. 求下列函数的定义域：

（1） $y=\arccos(3x-2)$；

（2） $f(x)=\ln(x+1)+\arcsin\dfrac{2x-1}{3}$；

（3） $f(x)=\ln(1-x^2)+\tan 2x$.

2. 设 $f(x)=\sin x$， $f[g(x)]=1-x^2$，求 $g(x)$ 及其定义域.

3. 已知 $f(x)$ 的定义域为 $[0,1]$，求下列函数的定义域：

（1） $f(x^2)$； （2） $f(\sin x)$； （3） $f(x+a)+f(x-a)(a>0)$.

4. 求 $y=\sin x$ 在下列各区间的反三角函数

（1） $x\in\left[\dfrac{\pi}{2},\pi\right]$； （2） $x\in\left[\dfrac{3\pi}{2},2\pi\right]$.

1.4 常用经济函数及其应用

在经济分析中，经常需要用数学方法解决实际问题，其做法是首先建立变量之间的函数关系，即构建该问题的数学模型，然后分析模型（函数）的特性．本节将介绍几种常用的经济函数及其应用.

这里介绍几个常用的经济学名词.

利息是指借款者向贷款者支付的报酬；本金是指存款或者贷款计算利息之前的原始金额；本利和是指本金和利息的和.

利息是根据本金的数额按一定比例计算出来的．利息又有存款利息、贷款利息、债券利息、贴现利息等几种主要形式．利息的主要计算方式有两种：一是单利，是指按照固定

的本金计算利息，即本金固定；二是复利，是指在计算第二次本金时里面要包括第一次产生的利息，所以又称利滚利.

1.4.1　单利与复利

1．单利计算公式

设初始本金为 p（元），银行年利率为 r. 则

第一年末本利和为 $s_1 = p + rp = p(1+r)$；

第二年末本利和为 $s_2 = p(1+r) + rp = p(1+2r)$；

$$\cdots$$

第 n 年末的本利和为 $s_n = p(1+nr)$.

2．复利计算公式

设初始本金为 p（元），银行年利率为 r，则

第一年末本利和为 $s_1 = p + rp = p(1+r)$；

第二年末本利和为 $s_2 = p(1+r) + rp(1+r) = p(1+r)^2$；

$$\cdots$$

第 n 年末的本利和为 $s_n = p(1+r)^n$.

例 1.15　现有初始本金 1000 元，若银行年储蓄利率为 5%，问:

（1）按单利计算，3 年末的本利和为多少？

（2）按复利计算，3 年末的本利和为多少？

（3）按复利计算，需多少年能使本利和超过初始本金的一倍？

解　（1）已知 $p = 1000$ ，$r = 0.05$，由单利计算公式得

$$s_3 = p(1+3r) = 1000 \times (1 + 3 \times 0.05) = 1150 \text{（元）},$$

即 3 年末的本利和为 1150 元.

（2）由复利计算公式得

$$s_3 = p(1+r)^3 = 1000 \times (1+0.05)^3 \approx 1157.6 \text{（元）}.$$

（3）若 n 年后的本利和超过初始本金的一倍，即要

$$s_n = p(1+r)^n > 2p ,$$

因 $r = 0.05$ ，则 $n\ln 1.05 > \ln 2$ ，即 $n > \dfrac{\ln 2}{\ln 1.05} \approx 14.2$ ，即需 15 年能使本利和超过初始本金的一倍.

1.4.2　需求函数、供给函数与市场均衡

1．需求函数

需求函数是指在某一特定时期内，市场上某种商品的各种可能的购买量和决定这些购买量的诸因素之间的数量关系.

假定其他因素（如消费者的货币收入、偏好和相关商品的价格等）不变，则决定某种商品需求量的因素就是这种商品的**价格**. 此时，需求函数表示的就是商品需求量和价格这两个经济量之间的数量关系

$$Q = f_d(P)$$

其中，Q 表示需求量，P 表示价格.

一般来说，当商品提价时，需求量会减少；当商品降价时，需求量就会增加，因此需求函数为单调递减函数.

在理想情况下，商品的生产应该既满足市场需要又不造成积压，这时需求多少就销售多少，销售多少就生产多少，即产量等于销售量，也等于需求量.

需求函数的反函数 $P = f_d^{-1}(Q)$ 称为**价格函数**，习惯上将价格函数也统称为需求函数.

2．供给函数

供给函数是指在某一特定时期内，市场上某种商品的各种可能的供给量和决定这些供给量的诸因素之间的数量关系．若 Q_s 表示供给量，P 表示价格，则供给函数为

$$Q_s = f_s(P).$$

一般来说，当商品的价格提高时，商品的供给量将会相应增加；因此供给函数是关于价格的单调递增函数.

3．市场均衡

对一种商品而言，如果需求量等于供给量，则这种商品就达到了**市场均衡**．以线性需求函数和线性供给函数为例，令

$$Q_d = Q_s,$$

即

$$aP + b = cP + d,$$

求得

$$P = \frac{d-b}{a-c} \equiv P_0,$$

这个价格 P_0 称为该商品的**市场均衡价格**.

市场均衡价格就是需求函数和供给函数两条直线的交点的横坐标．当市场价格高于市场均衡价格时，将出现**供过于求**的现象，而当市场价格低于市场均衡价格时，将出现**供不应求**的现象．当市场均衡时，有

$$Q_d = Q_s = Q_0,$$

称 Q_0 为**市场均衡数量**.

根据市场的不同情况，需求函数与供给函数还可能是二次函数、多项式函数或指数函数等．但其基本规律是相同的，通常都可找到相应的**市场均衡点** (P_0, Q_0).

例 1.16　设某商品的需求函数和供给函数分别为

$$Q_d = 170 - 4P, Q_s = 16P - 10,$$

求该商品的市场均衡价格和市场均衡数量.

解　由均衡条件 $Q_d = Q_s$ 得

$$170 - 4P = 16P - 10,$$

即

$$P = 9.$$

因此，市场均衡价格为 $P_0 = 9$.

市场均衡数量为

$$Q_0 = 16P_0 - 10 = 134.$$

例 1.17　某批发商每次以 150 元/件的价格将 500 件衣服批发给零售商，在这个基础上零售商每次多进 100 件衣服，则批发价相应降低 2 元，批发商最大批发量为每次 1000 件，试将衣服批发价格表示为批发量的函数，并求零售商每次进 900 件衣服时的批发价格.

解　由题意看出，所求函数的定义域为[500,1000]．已知每次多进 100 件，价格减少 2 元，设每次进衣服 x 件，则每次批发价减少 $\frac{2}{100}(x-500)$ 元/件，于是所求函数为

$$P(x)=150-\frac{2}{100}(x-500)=150-\frac{2x-1000}{100}=160-\frac{x}{50}.$$

于是，当 $x=900$ 时，$P=160-\frac{900}{50}=142$（元/件）.

即零售商每次进 900 件衣服时的批发价格为 142 元/件.

1.4.3　成本函数、收入函数与利润函数

1．成本函数

产品成本是以货币形式表现的企业生产和销售产品的全部费用支出，**成本函数**表示费用总额与产量（或销售量）之间的依赖关系，产品成本可分为**固定成本**和**变动成本**两部分．所谓固定成本，是指在一定时期内不随产量变化的那部分成本，如厂房及设备折旧费、保险费等；所谓变动成本，是指随产量变化而变化的那部分成本，如材料费、燃料费、提成费等．一般地，以货币计值的（总）成本 C 是产量 x 的函数，即

$$C=C(x)(x\geqslant 0),$$

称为**成本函数**．当产量 $x=0$ 时，对应的成本函数值 $C(0)$ 就是产品的固定成本值.

成本函数是单调递增函数，其图形称为**成本曲线**.

在讨论总成本的基础上，还要进一步讨论均摊在单位产量上的成本，均摊在单位产量上的成本称为**平均单位成本**，设 $C(x)$ 为成本函数，称

$$\overline{C}=\frac{C(x)}{x}\ (x>0)$$

为**平均单位成本函数**或**平均成本函数**.

2．收入函数与利润函数

销售某种产品的收入 R 等于产品的单位价格 P 乘以销售量 x，即 $R=P\cdot x$，称其为**收入函数**.

销售利润 L 等于收入 R 减去成本 C，即 $L=R-C$，称其为**利润函数**.

当 $L=R-C>0$ 时，生产者盈利；

当 $L=R-C<0$ 时，生产者亏损；

当 $L=R-C=0$ 时，生产者盈亏平衡，使 $L(x)=0$ 的点 x_0 称为**盈亏平衡点**（又称为**保本点**）.

例 1.18　某产品总成本 C（万元）为年产量 x 吨的函数

$$C=C(x)=a+bx^2,$$

其中 a,b 为待定常数．已知固定成本为 400（万元），且当年产量 $x=100$（吨）时，总成本 $C=500$（万元），试将平均单位成本 $\overline{C}$ 表示为年产量 x 的函数.

解　由于总成本 $C=C(x)=a+bx^2$，从而当产量 $x=0$ 时的总成本 $C(0)=a$，说明常数

项 a 为固定成本，因此确定常数

$$a=400.$$

再将已知条件：$x=100$ 时，$C=500$ 代入到总成本 C 的表达式中，得到

$$500=400+b\cdot 100^2.$$

从而确定常数

$$b=\frac{1}{100}.$$

于是得到总成本函数表达式

$$C=C(x)=400+\frac{x^2}{100},$$

所以平均单位成本

$$\bar{C}=\bar{C}(x)=\frac{C(x)}{x}=\frac{400}{x}+\frac{x}{100}\ (x>0).$$

例 1.19 某厂每年生产 Q 台某商品的平均单位成本为

$$\bar{C}=\bar{C}(Q)=\left(Q+6+\frac{20}{Q}\right)\text{（万元/台）},$$

商品销售价格 $P=30$（万元/台），试将每年商品全部销售后获得总利润 L 表示为年产量 Q 的函数.

解 每年生产 Q 台产品，以价格 $P=30$（万元/台）销售，获得总收入为

$$R=R(Q)=PQ=30Q,$$

又生产 Q 台商品的总成本为

$$C=C(Q)=Q\bar{C}(Q)=Q\left(Q+6+\frac{20}{Q}\right)=Q^2+6Q+20.$$

所以总利润为

$$L=L(Q)=R(Q)-C(Q)=30Q-(Q^2+6Q+20).$$

化简得

$$L=-Q^2+24Q-20(Q>0).$$

例 1.20 某产品总成本 C 元为日产量 x（千克）的函数

$$C=C(x)=\frac{1}{9}x^2+6x+100,$$

产品销售价格为 P（元/千克），它与产量 x 的关系为

$$P=P(x)=46-\frac{1}{3}x.$$

（1）试将平均单位成本表示为日产量 x 的函数；

（2）试将每日产品全部销售后获得的总利润 L 表示为日产量 x 的函数.

解 （1）平均单位成本

$$\bar{C}=\bar{C}(x)=\frac{C(x)}{x}=\frac{1}{9}x+6+\frac{100}{x}(x>0).$$

（2）生产 x 千克产品，以价格 p（元/千克）销售，获得的总收入为

$$R = R(x) = xp(x) = x\left(46 - \frac{1}{3}x\right) = -\frac{1}{3}x^2 + 46x.$$

又已知生产 x 千克产品的总成本为

$$C = C(x) = \frac{1}{9}x^2 + 6x + 100,$$

所以总利润

$$L = L(x) = R(x) - C(x) = \left(-\frac{1}{3}x^2 + 46x\right) - \left(\frac{1}{9}x^2 + 6x + 100\right),$$

化简得

$$L(x) = -\frac{4}{9}x^2 + 40x - 100 (0 < x < 138).$$

这里因产量 $x > 0$；又由于销售价格 $p > 0$，即 $46 - \frac{1}{3}x > 0$，得到 $x < 138$，因此函数定义域为 $0 < x < 138$.

例 1.21 已知某商品的成本函数与收入函数分别是

$$C(x) = 12 + 3x + x^2, \quad R = 11x,$$

其中 x 表示产销量，试求该商品的盈亏平衡点，并说明盈亏情况.

解 利润函数

$$L(x) = R(x) - C(x) = 11x - (12 + 3x + x^2) = 8x - 12 - x^2 = (x-2)(6-x),$$

由 $L = 0$ 得到两个盈亏平衡点分别为 $x_1 = 2$，$x_2 = 6$.

分析 $L(x)$，可见当 $x < 2$ 时亏损；当 $2 < x < 6$ 时盈利；而当 $x > 6$ 时又转为亏损.

习题 1.4

1．现有初始本金 100 元，若银行年储蓄利率为 7%，问：

（1）按单利计算，3 年末的本利和为多少？

（2）按复利计算，3 年末的本利和为多少？

（3）按复利计算，需多少年能使本利和超过初始本金的一倍？

2．某种商品的供给函数和需求函数分别为

$$Q_d = 25P - 10, \quad Q_s = 200 - 5P,$$

求该商品的市场均衡价格和市场均衡数量.

3．某批发商每次以 160 元/台的价格将 500 台电扇批发给零售商，在这个基础上，零售商每次多进 100 台电扇，则批发价相应降低 2 元，批发商最大批发量为每次 1000 台，试将电扇批发价格表示为批发量的函数，并求零售商每次进 800 台电扇时的批发价格.

4．某工厂生产某产品，每日最多生产 200 单位，它的日固定成本为 150 元，生产一个单位产品的可变成本为 16 元，求该厂日总成本函数及平均成本函数.

5．某工厂生产某产品年产量为 x 台，每台售价 500 元，当年产量超过 800 台时，超过部分只能按 9 折出售. 这样可多售出 200 台，如果再多生产，本年就销售不出去了，求出本年的收益（入）函数.

6．已知某厂生产一个单位产品时，可变成本为 15 元，每天的固定成本为 2000 元，如这种产品出厂价为 20 元，求：

（1）利润函数；

（2）若不亏本，该厂每天至少生产多少单位这种产品.

7. 某企业生产一种新产品，在定价时不单是根据生产成本而定，还要请各销售单位来出价，即他们愿意以什么价格来购买，根据调查得出需求函数为 $x=-900P+45000$. 该企业生产该产品的固定成本是 270000 元，而单位产品的可变成本为 10 元，求：

（1）利润函数；

（2）为获得最大利润，出厂价格应为多少？

8. 已知某产品的成本函数与收入函数分别是

$$C(x)=5-4x+x^2, \quad R=2x,$$

其中 x 表示产量，试求该商品的盈亏平衡点，并说明盈亏情况.

习题 1

（A）

一、单项选择题

1. 设 $f(x)$ 的定义域为[0,4]，则 $f(x^2)$ 的定义域是（　　）.

（A）[0,4]　　（B）[−2,2]　　（C）[0,16]　　（D）[0,2]

2. 设 $f(x^2)$ 的定义域为[0,4]，则 $f(x)$ 的定义域是（　　）.

（A）[0,4]　　（B）[−2,2]　　（C）[0,16]　　（D）[0,2]

3. 函数 $f(x)=\dfrac{e^x-e^{-x}}{2}$ 的反函数是（　　）.

（A）奇函数　　（B）偶函数　　（C）即是奇函数，又是偶函数　　（D）非奇非偶函数

4. $y=\tan x$ 在区间 $\left(\dfrac{3\pi}{2},2\pi\right)$ 内的反函数为（　　）.

（A） $x=\arctan y$　　（B） $x=\pi-\arctan y$

（C） $x=2\pi+\arctan y$　　（D） $x=2\pi-\arctan y$

5. 已知 $f(x)$ 在 $(-\infty,+\infty)$ 内单调递减且不为零，则下列函数中一定单调的是（　　）.

（A） $f^2(x)$　　（B） $\dfrac{1}{f(x)}$　　（C） $f(-x)$　　（D） $xf(x)$

二、解答题

6. 求函数 $f(x)=\ln(\ln\ln x)+\sqrt{100-x^2}$ 及 $g(x)=\dfrac{\arccos\lg(3-x)}{\sqrt{4-3x-x^2}}$ 的定义域.

7. 判断 $f(x)=\begin{cases}x(1+x), & x<0\\ x(1-x), & x>0\end{cases}$ 的奇偶性.

8. 求 $f(x)=\begin{cases}x, & x<1\\ x^2, & 1\leqslant x\leqslant 4\\ 2^x, & x>4\end{cases}$ 的反函数.

9．设 $f(x)=\begin{cases}1+x, & x<0;\\ 1, & x\geqslant 0.\end{cases}$ 试求 $f[f(x)]$．

10．证明 $f(x)=1+x^2-\sqrt{1+x^2+x^4}$ 在 $(-\infty,+\infty)$ 内有界．

（B）

1．下列说法不正确的是（　　）．

（A）周期函数不一定存在最小正周期

（B）若 $f(x)$ 为周期函数，则 $|f(x)|$ 必为周期函数

（C）若 $|f(x)|$ 为周期函数，则 $f(x)$ 必为周期函数

（D）若 $f(x)$ 满足 $f(x)=f(2a-x)=f(2b-x)$ $(b>a)$，则 $f(x)$ 必为周期函数

2．设 $f(x)=\begin{cases}1, & x>0;\\ 0, & x\leqslant 0.\end{cases}$ $g(x)=\begin{cases}x-1, & x\geqslant 1;\\ 1-x, & x<1.\end{cases}$ 则 $g[f(x)]=$（　　）．

（A）$1+f(x)$　　（B）$1-f(x)$　　（C）$f(x)-1$　　（D）$f(x)$

3．下列函数是奇函数的是（　　），是偶函数的是（　　）．

（A）$y=\dfrac{e^x-1}{e^x+1}\ln\dfrac{1-x}{1+x}(-1<x<1)$　　（B）$y=\ln(x+\sqrt{1+x^2})$

（C）$y=\dfrac{e^x-e^{-x}}{2}+\cos x$　　（D）$y=\dfrac{e^x+e^{-x}}{x}+\sin x$

4．设 $f(x)=\begin{cases}1, & |x|\leqslant 1\\ 0, & |x|>1\end{cases}$ 则 $f[f(x)]=$______________．

5．已知 $g(x)=1-e^{-x}(0\leqslant x<1)$，$f(x)$ 是以 2 为周期的奇函数，且在 $[0,1)$ 上有 $f(x)=g(x)$，则在 $[-2,2)$ 上，$f(x)=$________．

6．设函数 $f(x)$ 的定义域为 $(-\infty,+\infty)$ 上的奇函数，$f(1)=k$，且对任意 x 满足 $f(x+2)-f(2)=f(x)$.

（1）求 $f(2)$ 与 $f(5)$；

（2）问 k 为何值时，$f(x)$ 是以 2 为周期的函数．

7．设 $f\left(\dfrac{x+1}{x-1}\right)=3f(x)-2x$，求 $f(x)$．

8．设 $f(x)$ 满足 $f(x+1)[1-f(x)]=1+f(x)(\forall x\in R)$，且 $f(x)\neq 0$，

（1）证明 $T=1$，$T=2$ 均不是 $f(x)$ 的周期；　　（2）求出 $f(x)$ 的一个周期．

第 2 章　极限与连续

极限概念是微积分的理论基础，极限方法是微积分的基本分析方法，因此，掌握、运用好极限方法是学好微积分的关键．连续是函数的一个重要性态．本章将介绍极限与连续的基本知识和有关的基本方法，为后续学习打下必要的基础．

2.1　数列的极限

2.1.1　数列极限的定义

极限的思想是由求某些实际问题的精确解而产生的．例如，我国古代数学家刘徽利用圆内接正多边形来推算圆面积的方法——割圆术，就是极限思想在几何学上的应用，也是我国关于极限思想记载的最早记录．

极限是研究变量的变化趋势的基本工具，微积分中的很多基本概念，如连续、导数、定积分等都是建立在极限工具上的．极限方法也是研究函数的一种最基本的方法．

定义 2.1　数列是定义在自然数集 $\mathbb{N}$ 上的函数，记为 $x_n = f(n)(n=1,2,3,\cdots)$．由于全部自然数可以排成一列，因此数列就是按顺序排列的一串数：

$$x_1,x_2,x_3,\cdots,x_n,\cdots$$

可以简记为 $\{x_n\}$．数列中的每个数均称为数列的项，其中 x_n 称为数列的**通项**（或**一般项**）．

在几何上，数列 $\{x_n\}$ 可以看作数轴上的一个动点，它依次取数轴上的点 $x_1,x_2,x_3,\cdots,$ $x_n,\cdots$（图 2.1）．

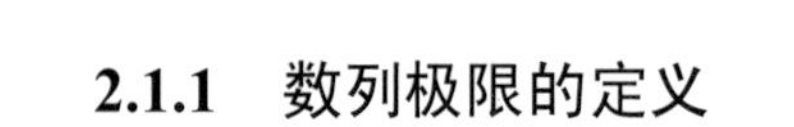

图 2.1

我们想知道的是：当 n 无限增大时（即 $n\to\infty$，符号"→"读作"趋向于"），对应的 $x_n = f(n)$ 是否能无限接近于某个确定的数值？如果能的话，这个数值等于多少？

定义 2.2　对于数列 $\{x_n\}$，如果当 n 无限增大时，通项 x_n 的值无限接近于一个确定的常数 A，则称 A 为数列 $\{x_n\}$ 当 n 趋向于无穷大时的极限，记为

$$\lim_{n\to\infty} x_n = A \text{ 或者 } x_n \to A(n\to\infty)\ .$$

此时，也称数列 $\{x_n\}$ 收敛于 A，而称 $\{x_n\}$ 为**收敛**数列．如果一个数列的极限不存在，则称该数列是**发散**的．

例如，对于数列 $\left\{\dfrac{1}{2^n}\right\}$，即为

$$\frac{1}{2},\frac{1}{4},\frac{1}{8},\cdots,\frac{1}{2^n}\cdots$$

不难看出，当 n 无限增大时，$\dfrac{1}{2^n}$ 无限接近于 0，故该数列收敛于 0；

对于数列 $\{(-1)^{n+1}\}$，即为

$$1,-1,1,\cdots,(-1)^{n+1}\cdots$$

不难看出，当 n 无限增大时，$(-1)^{n+1}$ 不会无限接近于任何一个确定的常数，故该数列是发散的；

对于数列 $\{2n\}$，即为

$$2,4,6,\cdots,2n,\cdots$$

不难看出，当 n 无限增大时，$2n$ 无限增大，故该数列是发散的.

有了对数列极限的直观了解后，我们来考察如何用精确、定量化的数学语言来给出数列极限的定义.

我们知道，两个数 a 与 b 之差的绝对值 $|b-a|$ 可以用来度量这两个数之间的接近程度，$|b-a|$ 越小，a 与 b 越接近.

现考察数列 $\{x_n\}=\left\{\dfrac{1}{n+1}\right\}$ 的变化趋势，由于 $|x_n-0|=\left|\dfrac{1}{n+1}-0\right|=\dfrac{1}{n+1}$，由此可见，当 n 越来越大时，$\dfrac{1}{n+1}$ 越来越小，从而 x_n 就越来越接近于 1．因为只要 n 足够大，$|x_n-0|$ 即 $\dfrac{1}{n+1}$ 可以小于任意给定的正数，所以说当 n 无限增大时，x_n 无限接近于 1．例如，若要使 $|x_n-0|=\left|\dfrac{1}{n+1}-0\right|=\dfrac{1}{n+1}<\dfrac{1}{100}$，只要 $n>99$ 即可．这意味着数列 $\left\{\dfrac{1}{n+1}\right\}$ 从第 100 项开始，后面所有的项都能使不等式 $|x_n-1|<\dfrac{1}{100}$ 成立．同样，若要使 $|x_n-0|=\dfrac{1}{n+1}<\dfrac{1}{10000}$，只要 $n>9999$ 即可．这意味着数列从第 10000 项开始，后面所有的项都能使不等式 $|x_n-1|<\dfrac{1}{10000}$ 成立.

一般地，若要 $|x_n-0|<\varepsilon$（其中 ε 是任意给定的一个充分小的正数），即 $\dfrac{1}{n+1}<\varepsilon$，得 $n>\dfrac{1}{\varepsilon}-1$，这表示对于项数 $n>\dfrac{1}{\varepsilon}-1$ 以后的各项，总有 $|x_n-0|<\varepsilon$ 成立．由于 ε 是任意给定的充分小的正数，不等式 $|x_n-0|<\varepsilon$ 就刻画了数列 $\left\{\dfrac{1}{n+1}\right\}$ 的极限为 0 这个事实.

定义 2.3　如果对于任意给定的正数 ε（无论它多么小），总存在正整数 N，使得对于 $n>N$ 的一切 x_n，都有不等式 $|x_n-A|<\varepsilon$ 成立，则称常数 A 为数列 $\{x_n\}$ 当 $n\to\infty$ 时的极限，或称数列 $\{x_n\}$ **收敛于** A，记为

$$\lim_{n\to\infty}x_n=A \text{ 或者 } x_n\to A(n\to\infty).$$

否则，称数列是**发散的**，也可以说 $\lim\limits_{n\to\infty}x_n$ 不存在.

关于数列极限的定义需要注意以下两点：

（1）上面定义正数 ε 可以任意给定这个条件很重要，只有这样，不等式 $|x_n-A|<\varepsilon$ 才能表达出 x_n 与 A 无限接近的意思；

（2）上面定义中的正整数 N 一般是与任意给定的正数 ε 有关的，它随着 ε 的给定而选定.

我们给出"数列$\{x_n\}$的极限为A"的一个几何解释.

将常数A及数列$x_1, x_2, x_3, ,\cdots, x_n, \cdots$在数轴上用它们的对应点表示出来，再在数轴上做点$A$的$\varepsilon$邻域即开区间$(A-\varepsilon, A+\varepsilon)$（图 2.2）.

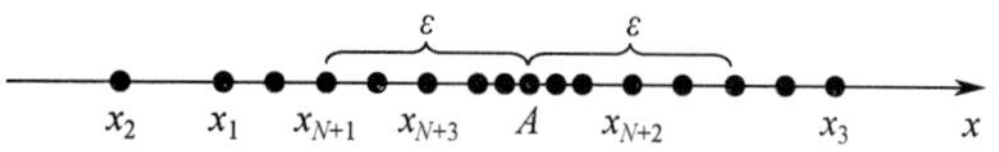

图 2.2

由于不等式$|x_n - A| < \varepsilon$等价于$A-\varepsilon < x_n < A+\varepsilon$，所以当$n > N$时，所有的点$x_n$都落在开区间$(A-\varepsilon, A+\varepsilon)$内，而至多只有$N$个点在这个区间之外.

为了表达方便，引入记号"$\forall$"表示"对于任意给定的"，记号"$\exists$"表示"存在". 于是，数列$\lim\limits_{n\to\infty} x_n = A$的定义可表达为

$\forall \varepsilon > 0$，$\exists$正整数N，当$n > N$时，都有$|x_n - A| < \varepsilon$，则$\lim\limits_{n\to\infty} x_n = A$.

数列极限的定义并未直接提供如何去求解数列的极限，以后会讲到极限的求法. 下面只先举几个例子说明极限的概念.

例 2.1 证明数列

$$2，\frac{1}{2}，\frac{4}{3}，\frac{3}{4}，\cdots，\frac{n+(-1)^{n-1}}{n}，\cdots$$

的极限是 1.

证 对$\forall \varepsilon > 0$，要使$|x_n - 1| = \left|\frac{n+(-1)^{n-1}}{n} - 1\right| = \frac{1}{n} < \varepsilon$，只要$n > \frac{1}{\varepsilon}$，因此可取正整数$N = \left[\frac{1}{\varepsilon}\right] + 1$，这里，$\left[\frac{1}{\varepsilon}\right]$表示不超过$\frac{1}{\varepsilon}$的最大整数，则$\forall \varepsilon > 0$，$\exists N = \left[\frac{1}{\varepsilon}\right] + 1$，当$n > N$时就有

$$\left|\frac{n+(-1)^{n-1}}{n} - 1\right| < \varepsilon,$$

即

$$\lim_{n\to\infty} \frac{n+(-1)^{n-1}}{n} = 1.$$

例 2.2 证明：$\lim\limits_{n\to\infty} \frac{2n+3}{n} = 2$.

证 对$\forall \varepsilon > 0$，要使$|x_n - 2| = \left|\frac{2n+3}{n} - 2\right| = \frac{3}{n} < \varepsilon$，只要$n > \frac{3}{\varepsilon}$即可，因此可取正整数$N = \left[\frac{3}{\varepsilon}\right] + 1$，这里，$\left[\frac{3}{\varepsilon}\right]$表示不超过$\frac{3}{\varepsilon}$的最大整数，则$\forall \varepsilon > 0$，$\exists N = \left[\frac{3}{\varepsilon}\right] + 1$，当$n > N$时就有

$$\left|\frac{2n+3}{n} - 2\right| < \varepsilon,$$

即

$$\lim_{n\to\infty} \frac{2n+3}{n} = 2.$$

例 2.3　证明：$\lim\limits_{n\to\infty}\dfrac{\sqrt{n^2+a^2}}{n}=1$.

证　对 $\forall\varepsilon>0$，要使 $\left|\dfrac{\sqrt{n^2+a^2}}{n}-1\right|=\dfrac{a^2}{n(\sqrt{n^2+a^2}+n)}<\dfrac{a^2}{n^2}<\varepsilon$，只要 $n>\sqrt{\dfrac{a^2}{\varepsilon}}$ 即可，所以可取正整数 $N=\left[\sqrt{\dfrac{a^2}{\varepsilon}}\right]+1$，这里，$\left[\sqrt{\dfrac{a^2}{\varepsilon}}\right]$ 表示不超过 $\sqrt{\dfrac{a^2}{\varepsilon}}$ 的最大整数，则 $\forall\varepsilon>0$，$\exists N=\left[\sqrt{\dfrac{a^2}{\varepsilon}}\right]+1$，当 $n>N$ 时，就有

$$\left|\frac{\sqrt{n^2+a^2}}{n}-1\right|<\varepsilon,$$

即

$$\lim_{n\to\infty}\frac{\sqrt{n^2+a^2}}{n}=1.$$

2.1.2　数列极限的性质

1．数列极限的唯一性

定理 2.1　若数列 $\{x_n\}$ 收敛，则其极限唯一.

证　（反证法）设数列 $\{x_n\}$ 收敛，但极限不唯一：$\lim\limits_{n\to\infty}x_n=a$，$\lim\limits_{n\to\infty}x_n=b$，且 $a\neq b$，不妨设 $a<b$，由极限定义，取 $\varepsilon=\dfrac{b-a}{2}$，由 $\lim\limits_{n\to\infty}x_n=a$，则 $\exists$ 正整数 N_1，当 $n>N_1$ 时，有

$$|x_n-a|<\frac{b-a}{2},$$

即

$$\frac{3a-b}{2}<x_n<\frac{a+b}{2},$$

由 $\lim\limits_{n\to\infty}x_n=b$，则 $\exists$ 正整数 N_2，当 $n>N_2$ 时，有

$$|x_n-b|<\frac{b-a}{2},$$

即

$$\frac{a+b}{2}<x_n<\frac{3b-a}{2},$$

取 $N=\max\{N_1,N_2\}$，则当 $n>N$ 时，不等式

$$\frac{3a-b}{2}<x_n<\frac{a+b}{2} \text{ 与 } \frac{a+b}{2}<x_n<\frac{3b-a}{2}$$

应同时成立，显然矛盾．该矛盾证明了收敛数列 $\{x_n\}$ 的极限必唯一.

2．数列极限的有界性

定义 2.4　设有数列 $\{x_n\}$，若 $\exists M>0$，使对一切 $n=1,2,\cdots$，有

$$|x_n|\leqslant M,$$

则称数列$\{x_n\}$是**有界**的，否则称它是**无界**的.

例如，数列$\left\{\dfrac{1}{n^2+1}\right\}$有界；数列$\{n^2\}$无界.

定理 2.2 若数列$\{x_n\}$收敛，则数列$\{x_n\}$有界.

证 设$\lim\limits_{n\to\infty} x_n = a$，由极限定义，对于$\varepsilon = 1$，$\exists$正整数$N$，当$n > N$时，

$$|x_n - a| < 1,$$

都成立，于是，当$n > N$时，

$$|x_n| = |x_n - a + a| \leqslant |x_n - a| + |a| < 1 + |a|,$$

取$M = \max\{1+|a|, |x_1|, |x_2|, \cdots, |x_N|\}$，则有$|x_n| \leqslant M$，对一切$n = 1, 2 \cdots$成立，即$\{x_n\}$有界.

定理 2.2 的逆命题不成立，例如，数列$\{(-1)^n\}$有界，但它不收敛.

推论 无界数列必发散.

3．数列极限的保号性

定理 2.3 若$\lim\limits_{n\to\infty} x_n = a$，且$a > 0$（或$a < 0$），则$\exists$正整数$N$，当$n > N$时，$x_n > 0$（或$x_n < 0$）.

证 只证明$a > 0$的情形. 由极限定义，对于$\varepsilon = \dfrac{a}{2} > 0$，$\exists$正整数$N$，当$n > N$时，有

$$|x_n - a| < \frac{a}{2},$$

从而

$$x_n > \frac{a}{2} > 0,$$

推论 如果数列$\{x_n\}$从某项开始有$x_n \geqslant 0$（或$x_n \leqslant 0$），且$\lim\limits_{n\to\infty} x_n = a$，则$a \geqslant 0$（或$a \leqslant 0$）.

证 设数列$\{x_n\}$从第N_1项开始有$x_n \geqslant 0$，即当$n > N_1$时，有$x_n \geqslant 0$. 现在用反证法证明.

若$\lim\limits_{n\to\infty} x_n = a < 0$，则由定理 2.3，$\exists$正整数$N_2$，当$n > N_2$时，有$x_n < 0$，取$N = \max\{N_1,\ N_2\}$，当$n > N$时，有$x_n < 0$，但假定有$x_n \geqslant 0$，得到矛盾，故必有$a \geqslant 0$.

同理可证数列$\{x_n\}$从某项开始有$x_n \leqslant 0$的情形.

4．收敛数列与其子数列间的关系

在数列$\{x_n\}$中任意抽取无限多项并保持这些项在原数列$\{x_n\}$中的先后顺序，这样得到的一个数列称为原数列$\{x_n\}$的一个**子数列**（或**子列**）.

例如，将数列$\{n\}$的奇数项抽取得到的新数列（称为奇数子列）为

$$1,\ 3,\ 5,\ 7,\ \cdots,$$

偶数项抽取得到的新数列（称为偶数子列）为

$$2,\ 4,\ 6,\ 8,\ \cdots.$$

定理 2.4 如果数列$\{x_n\}$收敛于a，则它的任意一个子数列也收敛，且极限也是a.

该定理的证明由数列极限的定义容易得到.

由定理 2.4 可知，如果数列 $\{x_n\}$ 有两个子数列收敛，但收敛于不同的极限，则数列 $\{x_n\}$ 是发散的.

例如，数列 $\left\{\sin\left(n\pi+\dfrac{\pi}{2}\right)\right\}$ 的奇数子数列

$$\sin\left(\pi+\frac{\pi}{2}\right),\quad \sin\left(3\pi+\frac{\pi}{2}\right),\quad \sin\left(5\pi+\frac{\pi}{2}\right),\quad \cdots,$$

收敛于 -1，而它的偶数子数列

$$\sin\left(2\pi+\frac{\pi}{2}\right),\quad \sin\left(4\pi+\frac{\pi}{2}\right),\quad \sin\left(6\pi+\frac{\pi}{2}\right),\quad \cdots,$$

收敛于 1，因此数列 $\left\{\sin\left(n\pi+\dfrac{\pi}{2}\right)\right\}$ 是发散的.

习题 2.1

1．观察下列数列的变化趋势，写出其极限：

（1）$x_n=\dfrac{n}{n+1}$；　　（2）$x_n=2-(-1)^n$；

（3）$x_n=3+(-1)^n\dfrac{1}{n}$；　　（4）$x_n=\dfrac{1}{n^2}-1$．

2．判断下列说法是否正确：

（1）收敛数列一定有界；

（2）有界数列一定收敛；

（3）无界数列一定发散；

（4）极限大于 0 的数列的所有项也一定大于 0．

3．用数列极限的定义证明下列极限：

（1）$\lim\limits_{n\to\infty}\dfrac{n+(-1)^{n-1}}{n}=1$；　（2）$\lim\limits_{n\to\infty}\dfrac{n^2-2}{n^2+n+1}=1$；　（3）$\lim\limits_{n\to\infty}\dfrac{5+2n}{1-3n}=-\dfrac{2}{3}$．

2.2　函数的极限

2.2.1　函数极限的定义

1．自变量趋向无穷大时函数的极限

自变量趋向无穷大是指 $|x|$ 无限增大，它包含两方面：一是 $x>0$ 无限增大，二是 $x<0$ 且 $|x|$ 无限增大．先看一个例子：

当 $|x|$ 无限增大（或称 x 趋向于无穷大，记为 $x\to\infty$）时，考察函数 $f(x)=\dfrac{1}{x}$ 的变化趋势，可以看出当 $x\to\infty$ 时，对应的函数值 $f(x)=\dfrac{1}{x}$ 无限接近于 0，则称 0 为函数 $f(x)=\dfrac{1}{x}$ 当 $x\to\infty$ 时的极限.

定义 2.5　设函数 $f(x)$ 在 $|x|>M$（M 为某一正数）时有定义，如果存在常数 A，使得

对于任意给定的正数 ε（无论它多么小），总存在正数 X，当 $|x|>X$ 时，对应的 $f(x)$ 就都满足不等式

$$|f(x)-A|<\varepsilon,$$

那么常数 A 就称为函数 $f(x)$ 当 $x\to\infty$ 时的极限，记作

$$\lim_{x\to\infty}f(x)=A\text{，或 }f(x)\to A(x\to\infty).$$

如果这样的常数不存在，那么称 $x\to\infty$ 时 $f(x)$ 没有极限.

定义 2.5 可简单地表达为

$$\forall\varepsilon>0\text{，}\exists X>0\text{，当 }|x|>X\text{ 时，有 }|f(x)-A|<\varepsilon\text{，则 }\lim_{x\to\infty}f(x)=A.$$

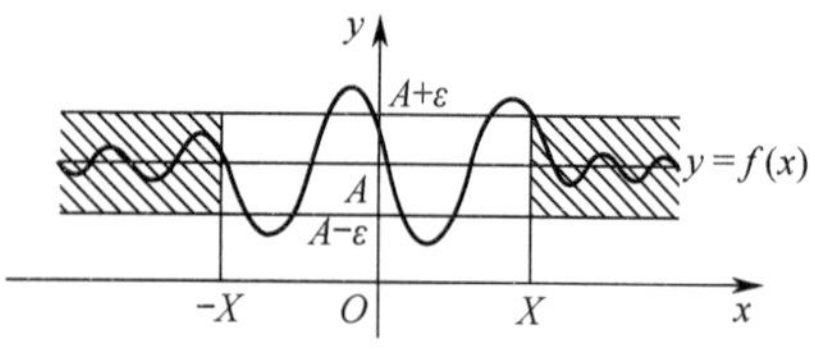

图 2.3

下面给出 $\lim\limits_{x\to\infty}f(x)=A$ 的几何意义：

对于任意给定的正数 ε，总存在正数 X，当点 $(x,f(x))$ 的横坐标 x 落入区间 $(-\infty,-X)$ 及 $(X,+\infty)$ 内时，纵坐标 $f(x)$ 的值必定落入区间 $(A-\varepsilon,A+\varepsilon)$ 内，此时，函数 $y=f(x)$ 的图形就介于两平行直线 $y=A-\varepsilon$ 与 $y=A+\varepsilon$ 之间，如图 2.3 所示.

例 2.4 用定义证明 $\lim\limits_{x\to\infty}\dfrac{1}{x}=0$.

证 对 $\forall\varepsilon>0$，要使

$$|f(x)-0|=\frac{1}{|x|}<\varepsilon,$$

成立，只要 $|x|>\dfrac{1}{\varepsilon}$ 即可. 所以，取 $X=\dfrac{1}{\varepsilon}>0$，则当 $|x|>X$ 时，都有 $\left|\dfrac{1}{x}-0\right|<\varepsilon$，从而得证

$$\lim_{x\to\infty}\frac{1}{x}=0.$$

例 2.5 用定义证明 $\lim\limits_{x\to\infty}\dfrac{3x^2-1}{x^2+4}=3$.

证 对 $\forall\varepsilon>0$，要使

$$\left|\frac{3x^2-1}{x^2+4}-3\right|=\left|\frac{13}{x^2+4}\right|<\frac{13}{|x|^2}<\varepsilon,$$

成立，只要 $|x|>\sqrt{\dfrac{13}{\varepsilon}}$ 即可，取 $X=\sqrt{\dfrac{13}{\varepsilon}}>0$，则当 $|x|>X$ 时，必有

$$\left|\frac{3x^2-1}{x^2+4}-3\right|<\varepsilon,$$

故 $\lim\limits_{x\to\infty}\dfrac{3x^2-1}{x^2+4}=3$.

类似地，可以给出当 $x\to+\infty$ 和 $x\to-\infty$ 时，函数 $f(x)$ 以 A 为极限的定义. 只要将定义 2.5 中的 $|x|>X$ 分别改为 $x>X$ 与 $x<-X$ 即可.

定义 2.6 若 $\forall\varepsilon>0$，$\exists X>0$，当 $x>X$ 时，都有不等式 $|f(x)-A|<\varepsilon$ 成立，则称常数 A 为函数 $f(x)$ 当 $x\to+\infty$ 时的极限，记为 $\lim\limits_{x\to+\infty}f(x)=A$；

若$\forall \varepsilon > 0$，$\exists X > 0$，当$x < -X$时，都有不等式$|f(x) - A| < \varepsilon$成立，则称常数A为函数$f(x)$当$x \to -\infty$时的极限，记为$\lim\limits_{x \to -\infty} f(x) = A$．

极限$\lim\limits_{x \to +\infty} f(x) = A$与$\lim\limits_{x \to -\infty} f(x) = A$称为**单侧极限**．

定理 2.5　$\lim\limits_{x \to \infty} f(x) = A$的充分必要条件是$\lim\limits_{x \to +\infty} f(x) = \lim\limits_{x \to -\infty} f(x) = A$．

例 2.6　考察$\lim\limits_{x \to \infty} \arctan x$是否存在．

解　因为$\lim\limits_{x \to +\infty} \arctan x = \frac{\pi}{2}$，$\lim\limits_{x \to -\infty} \arctan x = -\frac{\pi}{2}$，所以由定理 2.5 知$\lim\limits_{x \to \infty} \arctan x$不存在，如图 2.4 所示．

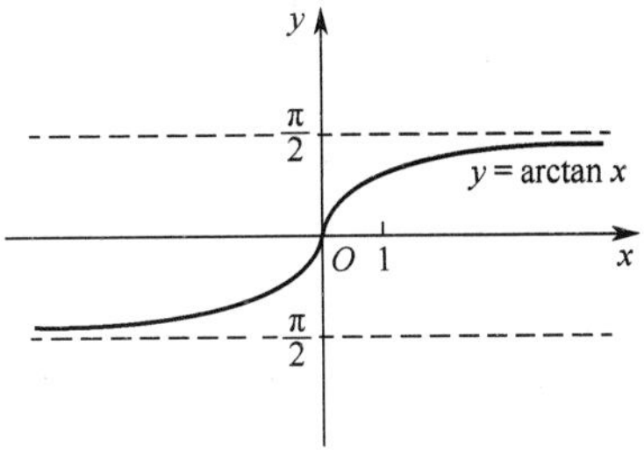

图 2.4

2．自变量趋于有限值时函数的极限

现讨论当$x \to x_0$时函数$f(x)$的极限问题．

现考察当$x \to 1$时，函数$f(x) = \frac{x^2 - 1}{x - 1}$值的变化趋势．容易看到在$x \to 1$的过程中，对应的函数值$f(x)$无限接近于常数 2，也就是$|f(x) - 2|$能任意小．可以用$|f(x) - 2| < \varepsilon$（这里$\varepsilon$是任意给定的正数）来表达．因为函数值$f(x)$无限接近于 2 是在$x \to 1$的过程中实现的，所以对于任意给定的正数$\varepsilon$，只要求充分接近于 1 的$x$所对应的函数值$f(x)$满足不等式$|f(x) - 2| < \varepsilon$，而充分接近于 1 的$x$可表达为$0 < |x - 1| < \delta$，这里$\delta$为某个正数．

通过以上分析，我们给出$x \to x_0$时函数的极限定义如下：

定义 2.7　设函数$f(x)$在点x_0的某个去心邻域内有定义，如果存在常数A，使得对于任意给定的正数ε（无论它多么小），总存在正数δ，当$0 < |x - x_0| < \delta$时，对应的$f(x)$就都满足不等式

$$|f(x) - A| < \varepsilon,$$

那么常数A就称为当$x \to x_0$时函数$f(x)$的极限，记作

$$\lim_{x \to x_0} f(x) = A,$$

或

$$f(x) \to A(x \to x_0).$$

如果这样的常数不存在，那么称$x \to x_0$时$f(x)$没有极限．

定义 2.7 可简单地表达为

$\forall \varepsilon > 0$，$\exists \delta > 0$，当$0 < |x - x_0| < \delta$时，有$|f(x) - A| < \varepsilon$，则$\lim\limits_{x \to x_0} f(x) = A$．

关于当$x \to x_0$时对函数$f(x)$的极限定义需要注意以下两点：

（1）定义 2.7 中$0 < |x - x_0|$表示$x \neq x_0$，所以$x \to x_0$时$f(x)$有没有极限与$f(x)$在点x_0处是否有定义无关．

（2）定义 2.7 中的δ一般与ε有关．

函数$f(x)$当$x \to x_0$时的极限为A的几何解释如下：

对于任意$\varepsilon > 0$，总存在$\delta > 0$，当x落在x_0的δ邻域内（$x = x_0$可以除外）时，函数$y = f(x)$的图形全部落在两直线$y = A - \varepsilon$与$y = A + \varepsilon$之间，如图 2.5 所示．

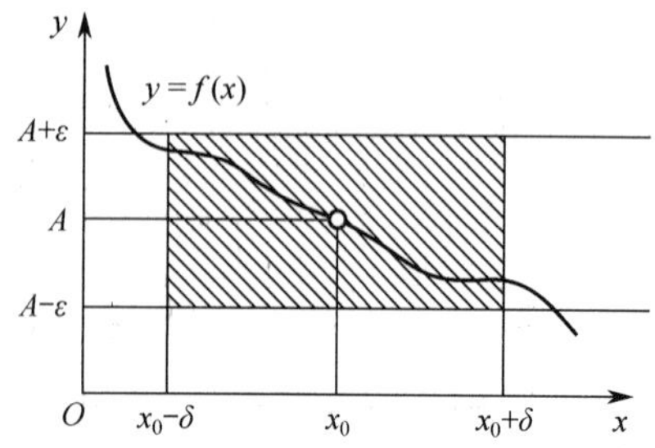

图 2.5

例 2.7 用定义证明：$\lim\limits_{x\to 3}(2x-1)=5$.

证 对$\forall\varepsilon>0$，要使

$$|f(x)-A|=|(2x-1)-5|<\varepsilon,$$

只要$|x-3|<\dfrac{\varepsilon}{2}$，可取$\delta=\dfrac{\varepsilon}{2}$，则当$0<|x-3|<\delta$时，就有

$$|(2x-1)-5|<\varepsilon,$$

故$\lim\limits_{x\to 3}(2x-1)=5$.

例 2.8 用定义证明$\lim\limits_{x\to -2}\dfrac{x^2-4}{x+2}=-4$.

证 这里，函数在点$x=-2$是没有定义的，但函数$\dfrac{x^2-4}{x+2}$当$x\to -2$时的极限存在.

对$\forall\varepsilon>0$，要使

$$\left|\frac{x^2-4}{x+2}-(-4)\right|=|x+2|<\varepsilon,$$

只要取$\delta=\varepsilon$，则当$0<|x+2|<\delta$时，就有

$$\left|\frac{x^2-4}{x+2}-(-4)\right|<\varepsilon,$$

故$\lim\limits_{x\to -2}\dfrac{x^2-4}{x+2}=-4$.

例 2.9 用定义证明$\lim\limits_{x\to 0}x\sin\dfrac{1}{x}=0$.

证 对$\forall\varepsilon>0$，要使

$$\left|x\sin\frac{1}{x}-0\right|=\left|x\sin\frac{1}{x}\right|\leqslant|x|<\varepsilon,$$

只要取$\delta=\varepsilon$，则当$0<|x-0|<\delta$时，必有

$$\left|x\sin\frac{1}{x}-0\right|<\varepsilon,$$

故$\lim\limits_{x\to 0}x\sin\dfrac{1}{x}=0$.

3．左极限和右极限

定义 2.7 中$x\to x_0$是指x从x_0的两侧趋向于x_0，但有时只考虑x从x_0的左侧趋向于x_0（记作$x\to x_0^-$），于是在定义 2.7 中，把$0<|x-x_0|<\delta$改为$x_0-\delta<x<x_0$，那么A就称为函数$f(x)$当$x\to x_0^-$时的**左极限**，记为

$$\lim_{x\to x_0^-}f(x)=A\ 或者\ f(x_0-0)=A.$$

如果只考虑x从x_0的右侧趋向于x_0（记作$x\to x_0^+$），在定义 2.7 中，把$0<|x-x_0|<\delta$改为$x_0<x<x_0+\delta$，那么A就称为函数$f(x)$当$x\to x_0^+$时的**右极限**，记为

$$\lim_{x\to x_0^+} f(x)=A \text{ 或者 } f(x_0+0)=A .$$

左极限和右极限统称为**单侧极限**.

定理 2.6　$\lim\limits_{x\to x_0} f(x)=A$ 的充分必要条件是函数在该点的左极限和右极限都存在并且相等，即

$$\lim_{x\to x_0^-} f(x)=\lim_{x\to x_0^+} f(x)=A .$$

由定理 2.6 可知，当左右极限至少有一个不存在，或左右极限都存在，但不相等，则 $\lim\limits_{x\to x_0} f(x)$ 不存在.

例 2.10　已知 $f(x)=\dfrac{|x|}{x}$，证明 $\lim\limits_{x\to 0} f(x)$ 不存在.

证　因为 $\lim\limits_{x\to 0^-} f(x)=\lim\limits_{x\to 0^-}\dfrac{|x|}{x}=\lim\limits_{x\to 0^-}\dfrac{-x}{x}=-1$，$\lim\limits_{x\to 0^+} f(x)=\lim\limits_{x\to 0^+}\dfrac{|x|}{x}=\lim\limits_{x\to 0^+}\dfrac{x}{x}=1$，由定理 2.6 可知 $\lim\limits_{x\to 0} f(x)$ 不存在.

2.2.2　函数极限的主要性质

函数极限具有一些和数列极限相似的性质，它们都可以根据函数极限的定义，运用类似于证明收敛数列性质的方法加以证明. 下面仅以 $x\to x_0$ 的极限形式为代表给出这些性质，至于其他形式的极限性质，只要相应地做一些修改即可得出.

性质 2.1（唯一性）　若极限 $\lim\limits_{x\to x_0} f(x)$ 存在，则其极限是唯一的.

性质 2.2（局部有界性）　若 $\lim\limits_{x\to x_0} f(x)=A$，则 $\exists M>0$ 和 $\delta>0$，使得当 $0<|x-x_0|<\delta$ 时，有 $|f(x)|\leqslant M$.

注： 该性质的逆命题不成立. 例如在例 2.10 中的函数 $f(x)=\dfrac{|x|}{x}$ 是有界变量，但 $\lim\limits_{x\to 0} f(x)$ 不存在.

性质 2.3（局部保号性）　若 $\lim\limits_{x\to x_0} f(x)=A$，且 $A>0$（或 $A<0$），则 $\exists\delta>0$，使得当 $0<|x-x_0|<\delta$ 时，有 $f(x)>0$（或 $f(x)<0$）.

推论　若 $\lim\limits_{x\to x_0} f(x)=A$，且在 x_0 的某个去心邻域内 $f(x)\geqslant 0$（或 $f(x)\leqslant 0$），则 $A\geqslant 0$（或 $A\leqslant 0$）.

习题 2.2

1. 利用函数图像，观察变化趋势，写出下列极限：

（1）$\lim\limits_{x\to\infty}\dfrac{1}{x^2}$；　　（2）$\lim\limits_{x\to-\infty} \mathrm{e}^x$；

（3）$\lim\limits_{x\to+\infty} \mathrm{e}^{-x}$；　　（4）$\lim\limits_{x\to+\infty} \operatorname{arccot} x$；

（5）$\lim\limits_{x\to\infty} 2$；　　（6）$\lim\limits_{x\to-2}(x^2+1)$；

（7）$\lim\limits_{x\to 1}(\ln x+1)$；　　（8）$\lim\limits_{x\to\pi}(\cos x-1)$.

2．函数 $f(x)$ 在点 x_0 处有定义，是当 $x \to x_0$ 时 $f(x)$ 有极限的（　　）.

（A）必要条件　　（B）充分条件　　（C）充要条件　　（D）无关条件

3． $f(x_0-0)$ 与 $f(x_0+0)$ 都存在是函数 $f(x)$ 在点 x_0 处有极限的（　　）.

（A）必要条件　　（B）充分条件　　（C）充要条件　　（D）无关条件

4．设 $f(x)=\begin{cases} x^2+1, & x<0; \\ x, & x \geqslant 0. \end{cases}$ 求 $\lim\limits_{x\to 0^+} f(x)$ 与 $\lim\limits_{x\to 0^-} f(x)$，并判断 $\lim\limits_{x\to 0} f(x)$ 是否存在.

5．设 $f(x)=\arctan\dfrac{1}{x}$，求 $\lim\limits_{x\to 0^+} f(x)$ 与 $\lim\limits_{x\to 0^-} f(x)$，并判断 $\lim\limits_{x\to 0} f(x)$ 是否存在.

6．用极限的定义证明下列极限：

（1） $\lim\limits_{x\to\infty}\dfrac{1-x}{x+1}=-1$；　　（2） $\lim\limits_{x\to -1}\dfrac{x^2-1}{x+1}=-2$.

2.3　无穷小与无穷大

2.3.1　无穷小

1．无穷小的概念

定义 2.8　在自变量的某一变化过程中，极限为零的变量称为这一变化过程中的**无穷小**.

例如，

（1）因为 $\lim\limits_{x\to 2}(x^2-2x)=0$，所以函数 x^2-2x 是当 $x \to 2$ 时的无穷小；

（2）因为 $\lim\limits_{n\to\infty}\dfrac{1}{2^n}=0$，所以数列 $\left\{\dfrac{1}{2^n}\right\}$ 是当 $n\to\infty$ 时的无穷小；

（3）因为 $\lim\limits_{x\to\infty}\dfrac{1}{x}=0$，所以函数 $\dfrac{1}{x}$ 是当 $x\to\infty$ 时的无穷小.

注：无穷小是相对某极限过程而言，无穷小不能与很小的数（如一亿分之一）混淆.

2．无穷小的性质

性质 2.4　有限个无穷小的代数和仍为无穷小.

证　只证两个无穷小的和的情形即可．下面仅对 $x\to x_0$ 的情形证明，$x\to\infty$ 的情形可仿此进行.

设 $\alpha(x)$ 和 $\beta(x)$ 都是 $x\to x_0$ 的无穷小，即

$$\lim_{x\to x_0}\alpha(x)=0 \text{ 和 } \lim_{x\to x_0}\beta(x)=0 .$$

则 $\forall\varepsilon>0$，$\exists\delta_1>0$，当 $0<|x-x_0|<\delta_1$ 时，$|\alpha(x)|<\dfrac{\varepsilon}{2}$；

对 $\forall\varepsilon>0$，$\exists\delta_2>0$，当 $0<|x-x_0|<\delta_2$ 时，$|\beta(x)|<\dfrac{\varepsilon}{2}$，取 $\delta=\min\{\delta_1,\delta_2\}$，于是当 $0<|x-x_0|<\delta$ 时，

$$|\alpha(x)+\beta(x)|\leqslant|\alpha(x)|+|\beta(x)|<\frac{\varepsilon}{2}+\frac{\varepsilon}{2}=\varepsilon ,$$

所以 $\lim\limits_{x\to x_0}[\alpha(x)+\beta(x)]=0$，即 $\alpha(x)+\beta(x)$ 是当 $x\to x_0$ 时的无穷小.

注：无穷多个无穷小的代数和不一定是无穷小.

例如，当 $n\to\infty$ 时，$\dfrac{1}{n^2}$ 是无穷小，但

$$\lim_{n\to\infty}\Bigg(\underbrace{\frac{1}{n^2}+\frac{1}{n^2}+\cdots+\frac{1}{n^2}}_{n^2\text{个}}\Bigg)=1,$$

即数列 $\Bigg(\underbrace{\dfrac{1}{n^2}+\dfrac{1}{n^2}+\cdots+\dfrac{1}{n^2}}_{n^2\text{个}}\Bigg)$ 不是 $n\to\infty$ 时的无穷小.

性质 2.5　有界变量与无穷小的乘积是一个无穷小.

证　仅对 $x\to x_0$ 的情形证明，$x\to\infty$ 的情形可仿此进行.

设 $f(x)$ 在 x_0 的某个去心邻域内有界，则 $\exists M>0$ 和 $\delta_1>0$，当 $0<|x-x_0|<\delta_1$ 时，有 $|f(x)|\leqslant M$.

再设 $\alpha(x)$ 是当 $x\to x_0$ 时的无穷小，则 $\forall\varepsilon>0$，$\exists\delta_2>0$，当 $0<|x-x_0|<\delta_2$ 时，有 $|\alpha(x)|<\dfrac{\varepsilon}{M}$.

取 $\delta=\min\{\delta_1,\delta_2\}$，则当 $0<|x-x_0|<\delta_2$ 时，有

$$|f(x)\cdot\alpha(x)|=|f(x)|\cdot|\alpha(x)|<M\cdot\frac{\varepsilon}{M}=\varepsilon,$$

所以 $\lim\limits_{x\to x_0}[f(x)\cdot\alpha(x)]=0$，即 $f(x)\cdot\alpha(x)$ 是当 $x\to x_0$ 时的无穷小量.

由性质 2.5 可以推出下面结论：

推论　常数与无穷小的乘积为无穷小.

推论　有限个无穷小的乘积为无穷小.

例 2.11　求 $\lim\limits_{x\to\infty}\dfrac{\cos x}{x}$.

解　因为 $\forall x\in(-\infty,+\infty)$，$|\cos x|\leqslant 1$，即 $\cos x$ 是有界函数，而函数 $\dfrac{1}{x}$ 是 $x\to\infty$ 时的无穷小，于是由性质 2.5 可得

$$\lim_{x\to\infty}\frac{\cos x}{x}=\lim_{x\to\infty}\frac{1}{x}\cos x=0.$$

3．无穷小与函数极限的关系

下面的定理说明了无穷小与函数极限的关系.

定理 2.7　$\lim\limits_{x\to x_0}f(x)=A$ 的充要条件是 $f(x)=A+\alpha(x)$，其中 $\alpha(x)$ 是当 $x\to x_0$ 时的无穷小.

证　必要性：设 $\lim\limits_{x\to x_0}f(x)=A$，则 $\forall\varepsilon>0$，$\exists\delta>0$，当 $0<|x-x_0|<\delta$ 时，有

$$|f(x)-A|<\varepsilon,$$

令 $\alpha(x)=f(x)-A$，则有 $|\alpha(x)-0|<\varepsilon$，由极限定义可知，$\lim\limits_{x\to x_0}\alpha(x)=0$，即 $\alpha(x)$ 是当 $x\to x_0$ 时的无穷小，且

$$f(x)=A+\alpha(x).$$

充分性：设 $f(x)=A+\alpha(x)$，其中 A 是常数，$\alpha(x)$ 是当 $x\to x_0$ 时的无穷小，于是

$$|f(x)-A|=|\alpha(x)|,$$

因为 $\alpha(x)$ 是当 $x\to x_0$ 时的无穷小，则 $\forall\varepsilon>0$，$\exists\delta>0$，当 $0<|x-x_0|<\delta$ 时，有

$$|\alpha(x)-0|<\varepsilon，即 |f(x)-A|<\varepsilon,$$

由极限定义可知，$\lim\limits_{x\to x_0}f(x)=A$.

注：定理 2.7 对当 $x\to\infty$ 时的情形也成立（类似定理 2.7 的证明）.

2.3.2 无穷大

如果当 $x\to x_0$（或 $x\to\infty$）时，函数 $f(x)$ 的绝对值无限增大（即大于预先给定的任意正数），则称函数 $f(x)$ 是当 $x\to x_0$（或 $x\to\infty$）时的无穷大.

定义 2.9 设 $f(x)$ 在 x_0 的某个去心邻域内有定义（或 $|x|$ 大于某个正数时有定义）. 如果对于任意给定的正数 M（无论它多么大），总存在正数 δ（或正数 X），使得满足不等式 $0<|x-x_0|<\delta$（或 $|x|>X$）的一切 x 所对应的函数值 $f(x)$ 都满足不等式

$$|f(x)|>M,$$

则称函数 $f(x)$ 是当 $x\to x_0$（或 $x\to\infty$）时的**无穷大**.

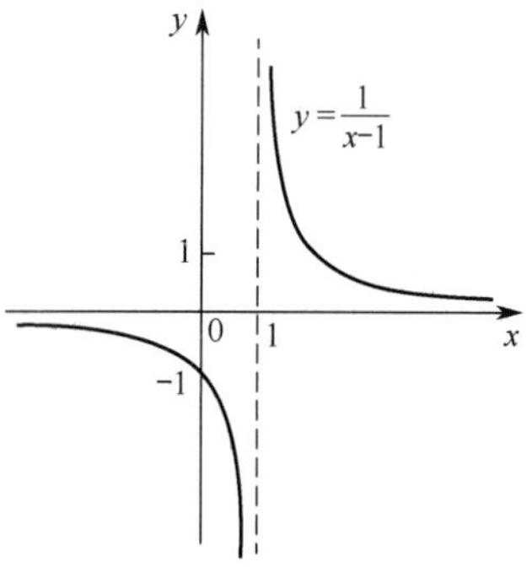

图 2.6

例如，函数 $f(x)=\dfrac{1}{x-1}$ 当 $x\to1$ 时为无穷大. 其函数图形如图 2.6 所示.

注：（1）按函数极限的定义来说，函数 $f(x)$ 是当 $x\to x_0$（或 $x\to\infty$）时的无穷大时，$\lim\limits_{x\to x_0}f(x)$（或 $\lim\limits_{x\to\infty}f(x)$）的极限是不存在的. 但是为了方便叙述函数这一性态，我们也说“函数的极限是无穷大”，并记作

$$\lim_{x\to x_0}f(x)=\infty \quad（或 \lim_{x\to\infty}f(x)=\infty）$$

（2）如果在无穷大的定义中，把 $|f(x)|>M$ 换成 $f(x)>M$（或 $f(x)<-M$），则称函数 $f(x)$ 是当 $x\to x_0$（或 $x\to\infty$）时的**正无穷大**（或**负无穷大**），记作：

$$\lim_{\substack{x\to x_0\\(x\to\infty)}}f(x)=+\infty \quad（或 \lim_{\substack{x\to x_0\\(x\to\infty)}}f(x)=-\infty）.$$

例如，e^x 是当 $x\to+\infty$ 时的正无穷大；$\ln x$ 是当 $x\to0^+$ 时的负无穷大.

必须注意，无穷大不是一个数，不能与很大的数（如 1 千亿）混淆.

例 2.12 证明：$\lim\limits_{x\to1}\dfrac{1}{(x-1)^3}=\infty$.

证 对 $\forall M>0$，要使

$$\left|\frac{1}{(x-1)^3}\right| > M,$$

只要

$$|x-1| < \frac{1}{\sqrt[3]{M}},$$

所以取 $\delta = \frac{1}{\sqrt[3]{M}}$，则当 $0 < |x-1| < \delta = \frac{1}{\sqrt[3]{M}}$ 时，就有

$$\left|\frac{1}{(x-1)^3}\right| > M,$$

即

$$\lim_{x \to 1} \frac{1}{(x-1)^3} = \infty .$$

2.3.3　无穷大与无穷小的关系

定理 2.8　在自变量的同一变化过程中，若 $f(x)$ 为无穷大量，则 $\frac{1}{f(x)}$ 为无穷小量；反之，若 $f(x)$ 为无穷小量，且 $f(x) \neq 0$，则 $\frac{1}{f(x)}$ 为无穷大量.

证　仅对 $x \to x_0$ 的情形证明，其他情形仿此可证.

设 $\lim\limits_{x \to x_0} f(x) = \infty$，则 $\forall \varepsilon > 0$，对于 $M = \frac{1}{\varepsilon}$，$\exists \delta > 0$，当 $0 < |x - x_0| < \delta$ 时，有

$$|f(x)| > M = \frac{1}{\varepsilon},$$

即

$$\left|\frac{1}{f(x)}\right| < \varepsilon,$$

所以 $\frac{1}{f(x)}$ 是当 $x \to x_0$ 时的无穷小.

反之，若 $\lim\limits_{x \to x_0} f(x) = 0$，且 $f(x) \neq 0$，则 $\forall M > 0$，对于 $\varepsilon = \frac{1}{M}$，$\exists \delta > 0$，当 $0 < |x - x_0| < \delta$ 时，有

$$|f(x)| < \varepsilon = \frac{1}{M},$$

即

$$\left|\frac{1}{f(x)}\right| > M,$$

所以 $\frac{1}{f(x)}$ 是当 $x \to x_0$ 时的无穷大.

习题 2.3

1．判断题

（1）两个无穷小的乘积是无穷小 （　　）

（2）两个无穷小的商是无穷小 （　　）

（3）两个无穷大的乘积是无穷大 （　　）

（4）两个无穷大的和是无穷大 （　　）

（5）两个无穷大的商是无穷大 （　　）

2．下列函数在什么情况下为无穷小？在什么情况下为无穷大？

（1）$\dfrac{x+2}{x-1}$；　（2）$\ln x$；　（3）$\dfrac{x+1}{x^2}$.

3．求下列函数的极限：

（1）$\lim\limits_{x\to 0} x^2\sin\dfrac{1}{x}$；　（2）$\lim\limits_{x\to\infty}\dfrac{\arctan x}{x}$；　（3）$\lim\limits_{n\to\infty}\dfrac{\cos n^2}{n}$.

4*．证明：函数 $f(x)=\dfrac{1}{x}\sin\dfrac{1}{x}$ 在区间 $(0,1)$ 内无界，但这个函数不是 $x\to 0^+$ 时的无穷大.

2.4　函数的极限

本节主要介绍极限的四则运算法则和复合函数的极限运算法则，并利用这些法则求一些函数的极限，以后还会介绍求极限的其他方法.

在下面的讨论中，记号“$\lim$”下面没有标明自变量的变换过程，实际上，下面的定理对 $x\to x_0$ 和 $x\to\infty$ 及单侧极限都是成立的．但在论证时，只证明了 $x\to x_0$ 的情形.

2.4.1　函数极限的四则运算法则

定理 2.9　若 $\lim f(x)=A$，$\lim g(x)=B$，则

（1）$\lim[f(x)\pm g(x)]=A\pm B=\lim f(x)\pm\lim g(x)$；

（2）$\lim[f(x)\cdot g(x)]=A\cdot B=\lim f(x)\cdot\lim g(x)$；

（3）$\lim\dfrac{f(x)}{g(x)}=\dfrac{A}{B}=\dfrac{\lim f(x)}{\lim g(x)}\ (B\neq 0)$.

证　仅证（2），将（1）和（3）留给读者证明.

因为 $\lim f(x)=A$，$\lim g(x)=B$，所以

$$f(x)=A+\alpha(x),\quad g(x)=B+\beta(x),$$

其中 $\lim\alpha(x)=0$，$\lim\beta(x)=0$，于是

$$f(x)\cdot g(x)=[A+\alpha(x)][B+\beta(x)]=A\cdot B+A\cdot\beta(x)+B\cdot\alpha(x)+\alpha(x)\cdot\beta(x).$$

由 2.3 节无穷小的性质及其推论可得

$$\lim[B\cdot\alpha(x)]=0,\quad \lim[A\cdot\beta(x)]=0,\quad \lim[\alpha(x)\cdot\beta(x)]=0.$$

故由无穷小与函数极限的关系定理可知

$$\lim[f(x)\cdot g(x)]=A\cdot B=\lim f(x)\cdot\lim g(x).$$

注：（1）定理 2.9 中的（1）、（2）均可推广为有限个函数的情形，例如，若 $\lim f(x)=A$，

$\lim g(x)=B$ ， $\lim h(x)=C$ ，则有

$$\lim[f(x)+g(x)+h(x)]=\lim f(x)+\lim g(x)+\lim h(x)=A+B+C\text{；}$$

$$\lim[f(x)\cdot g(x)\cdot h(x)]=\lim f(x)\cdot\lim g(x)\lim h(x)=A\cdot B\cdot C.$$

（2）对于数列也有类似于定理 2.9 的函数极限四则运算法则.

推论　若 $\lim f(x)$ 存在，C 为常数，则

$$\lim Cf(x)=C\lim f(x)\,.$$

这就是说，求极限时，常数因子可提到极限符号外面.

推论　若 $\lim f(x)$ 存在，n 为正整数，则

$$\lim[f(x)]^n=[\lim f(x)]^n\,.$$

例 2.13　求 $\lim\limits_{x\to 2}(2x^3-x^2+1)$.

解　$\lim\limits_{x\to 2}(2x^3-x^2+1)=\lim\limits_{x\to 2}2x^3-\lim\limits_{x\to 2}x^2+\lim\limits_{x\to 2}1=2\times 2^3-2^2+1=13$.

例 2.14　求 $\lim\limits_{x\to 3}\dfrac{x^2-3}{x^2+1}$.

解　$\lim\limits_{x\to 3}\dfrac{x^2-3}{x^2+1}=\dfrac{\lim\limits_{x\to 3}(x^2-3)}{\lim\limits_{x\to 3}(x^2+1)}=\dfrac{9-3}{9+1}=\dfrac{3}{5}$.

上述两个例子属于直接利用法则，也是最简单的类型.

例 2.15　求 $\lim\limits_{x\to 2}\dfrac{x-2}{x^2-4}$.

解　当 $x\to 2$ 时，由于分子、分母的极限均为零，这种极限类型称为 $\dfrac{0}{0}$ 型. 对此情形不能直接运用极限运算法则，通常应设法去掉分母中的“零因子”.

$$\frac{x-2}{x^2-4}=\frac{x-2}{(x-2)(x+2)}=\frac{1}{x+2}\ (x\neq 2)\text{，}$$

所以

$$\lim_{x\to 2}\frac{x-2}{x^2-4}=\lim_{x\to 2}\frac{1}{x+2}=\frac{1}{4}\,.$$

例 2.16　求 $\lim\limits_{x\to 1}\dfrac{x^2-1}{x^3-1}$.

解　$\lim\limits_{x\to 1}\dfrac{x^2-1}{x^3-1}=\lim\limits_{x\to 1}\dfrac{(x+1)(x-1)}{(x-1)(x^2+x+1)}=\lim\limits_{x\to 1}\dfrac{x+1}{x^2+x+1}=\dfrac{2}{3}$.

注：例 2.15、例 2.16 属于一种类型，分子、分母的极限均为零，先约去一个无穷小的因子，使分母的极限不为 0，再利用运算法则.

例 2.17　求 $\lim\limits_{x\to\infty}\dfrac{x^2-1}{2x^2-x-1}$.

解　先用 x^2 去除分子和分母，再求极限，可得

$$\lim_{x\to\infty}\frac{x^2-1}{2x^2-x-1}=\lim_{x\to\infty}\frac{1-\dfrac{1}{x^2}}{2-\dfrac{1}{x}-\dfrac{1}{x^2}}=\frac{1}{2}.$$

例 2.18 求 $\lim\limits_{x\to\infty}\dfrac{x^3-x}{x^4-2x^2+1}$.

解 先用 x^4 去除分子和分母，再求极限，可得

$$\lim_{x\to\infty}\frac{x^3-x}{x^4-2x^2+1}=\lim_{x\to\infty}\frac{\frac{1}{x}-\frac{1}{x^3}}{1-\frac{2}{x^2}+\frac{1}{x^4}}=\frac{\lim\limits_{x\to\infty}\left(\frac{1}{x}-\frac{1}{x^3}\right)}{\lim\limits_{x\to\infty}\left(1-\frac{2}{x^2}+\frac{1}{x^4}\right)}=0.$$

注：例 2.17、例 2.18 属于一种类型，当 $x\to\infty$ 时，分子和分母的极限都是无穷大，这种极限类型称为 $\dfrac{\infty}{\infty}$ 型. 此时可以考虑以分母中自变量的最高次幂去除分子和分母，然后再求极限.

一般地，当 $a_n\neq 0,b_m\neq 0$ 时，m 和 n 为非负整数时，有

$$\lim_{x\to\infty}\frac{a_nx^n+a_{n-1}x^{n-1}+\cdots+a_0}{b_mx^m+b_{m-1}x^{m-1}+\cdots+b_0}=\begin{cases}\dfrac{a_n}{b_m}, & n=m;\\ \infty, & n>m;\\ 0, & n<m.\end{cases}$$

有时需要对给定函数做适当变形，再求极限.

例 2.19 求 $\lim\limits_{x\to+\infty}(\sqrt{x^2+1}-\sqrt{x^2-1})$.

解 显然当 $x\to\infty$ 时，$\lim\limits_{x\to+\infty}\sqrt{x^2+1}=\infty$，$\lim\limits_{x\to+\infty}\sqrt{x^2-1}=\infty$，这种极限类型称为 $\infty-\infty$ 型. 不能认为它们差的极限不存在，实际上，此时可以采取有理化变形，再求极限，可得

$$\lim_{x\to+\infty}(\sqrt{x^2+1}-\sqrt{x^2-1})=\lim_{x\to+\infty}\frac{2}{\sqrt{x^2+1}+\sqrt{x^2-1}}=0.$$

例 2.20 求 $\lim\limits_{x\to1}\dfrac{\sqrt{3-x}-\sqrt{1+x}}{x^2-1}$.

解
$$\begin{aligned}\lim_{x\to1}\frac{\sqrt{3-x}-\sqrt{1+x}}{x^2-1}&=\lim_{x\to1}\frac{(\sqrt{3-x}-\sqrt{1+x})(\sqrt{3-x}+\sqrt{1+x})}{(x^2-1)(\sqrt{3-x}+\sqrt{1+x})}\\&=\lim_{x\to1}\frac{2(1-x)}{(x^2-1)(\sqrt{3-x}+\sqrt{1+x})}=\lim_{x\to1}\frac{-2}{(x+1)(\sqrt{3-x}+\sqrt{1+x})}\\&=-\frac{\sqrt{2}}{4}.\end{aligned}$$

2.4.2 复合函数极限的运算法则

定理 2.10 设函数 $y=f[\varphi(x)]$ 是由 $y=f(u),u=\varphi(x)$ 复合而成的，$y=f[\varphi(x)]$ 在点 x_0 的某去心邻域内有定义，若

$$\lim_{x\to x_0}\varphi(x)=u_0,\quad \lim_{u\to u_0}f(u)=A,$$

且在 x_0 的某个去心邻域内，$\varphi(x)\neq u_0$，则

$$\lim_{x\to x_0}f[\varphi(x)]=\lim_{u\to u_0}f(u)=A.$$

该定理的证明容易根据函数极限的定义得到，故证明从略.

注：（1）把u_0或x_0换成∞，可以得到类似的定理；

（2）定理 2.10 表明，若$\varphi(x)$和$f(x)$满足该定理条件，则做代换$u=\varphi(x)$，可以把求$\lim\limits_{x\to x_0} f[\varphi(x)]$化简为$\lim\limits_{u\to u_0} f(u)$，这里$u_0=\lim\limits_{x\to x_0}\varphi(x)$.

例 2.21　求$\lim\limits_{x\to 0}\mathrm{e}^{\cos x}$.

解　因为$\lim\limits_{x\to 0}\cos x=1$，$\lim\limits_{u\to 1}\mathrm{e}^{u}=\mathrm{e}$，故

$$\lim_{x\to 0}\mathrm{e}^{\sin x}=\mathrm{e}.$$

例 2.22　求$\lim\limits_{x\to\infty}\sin\left(\dfrac{x^2+x+1}{2x^2+x+1}\right)$.

解　令$u=\dfrac{x^2+x+1}{2x^2+x+1}$，则$u_0=\lim\limits_{x\to\infty}\dfrac{x^2+x+1}{2x^2+x+1}=\dfrac{1}{2}$，于是

$$\lim_{x\to\infty}\sin\left(\frac{x^2+x+1}{2x^2+x+1}\right)=\lim_{u\to\frac{1}{2}}\sin u=\sin\frac{1}{2}.$$

习题 2.4

1．下列说法中，哪些是正确的，哪些是错误的？如果是正确的，请说明理由；如果是错误的，试给出一个反例.

（1）若$\lim\limits_{x\to x_0} f(x)$存在，$\lim\limits_{x\to x_0} g(x)$不存在，则$\lim\limits_{x\to x_0}[f(x)+g(x)]$不存在；

（2）若$\lim\limits_{x\to x_0} f(x)$不存在，$\lim\limits_{x\to x_0} g(x)$不存在，则$\lim\limits_{x\to x_0}[f(x)+g(x)]$不存在；

（3）若$\lim\limits_{x\to x_0} f(x)$存在，$\lim\limits_{x\to x_0} g(x)$不存在，则$\lim\limits_{x\to x_0}[f(x)\cdot g(x)]$不存在；

（4）若$\lim\limits_{x\to x_0} f(x)$不存在，$\lim\limits_{x\to x_0} g(x)$不存在，则$\lim\limits_{x\to x_0}[f(x)\cdot g(x)]$不存在.

2．求下列极限：

（1）$\lim\limits_{x\to\infty}\dfrac{(3x-1)^{20}(2x+3)^{30}}{(7x+1)^{50}}$；　　（2）$\lim\limits_{n\to\infty}\dfrac{2^{n+1}+3^{n+1}}{2^n+3^n}$；

（3）$\lim\limits_{h\to 0}\dfrac{(x+h)^3-x^3}{h}$；　　（4）$\lim\limits_{x\to 1}\left(\dfrac{1}{x-1}-\dfrac{2}{x^2-1}\right)$；

（5）$\lim\limits_{x\to\infty}\left(\dfrac{x^3}{2x^2-1}-\dfrac{x^2}{2x+1}\right)$；　　（6）$\lim\limits_{x\to\infty}\dfrac{(x^2-x)\operatorname{arccot} x}{x^3-x-5}$；

（7）$\lim\limits_{n\to\infty}\dfrac{1+\frac{1}{3}+\frac{1}{9}+\cdots+\frac{1}{3^n}}{1+\frac{1}{2}+\frac{1}{4}+\cdots+\frac{1}{2^n}}$；　　（8）$\lim\limits_{n\to\infty}\left(\dfrac{1+2+3+\cdots+n}{n+2}-\dfrac{n}{2}\right)$；

（9）$\lim\limits_{x\to 1}\ln\left[\dfrac{x^2-1}{2(x-1)}\right]$；　　（10）$\lim\limits_{n\to\infty}\dfrac{1^2+2^2+\cdots+n^2}{n^3}$.

3．已知$f(x)=\begin{cases}x-1, & x<0;\\ \dfrac{x^2+3x-1}{x^3+1}, & x\geqslant 0.\end{cases}$求$\lim\limits_{x\to 0} f(x), \lim\limits_{x\to+\infty} f(x), \lim\limits_{x\to-\infty} f(x)$.

4．已知 $\lim\limits_{x\to 1}\dfrac{x^2+ax+1}{x-1}=0$，求 a 的值.

5．已知 $\lim\limits_{x\to\infty}\left(\dfrac{x^2+1}{x-1}-ax-b\right)=1$，求 a,b 的值.

2.5 极限的存在准则及两个重要极限

有些函数的极限无法直接应用极限运算法则求得，需要先判定极限存在，然后再用其他方法求得．下面介绍两个常用的判定函数极限存在的准则.

2.5.1 极限的存在准则

1．夹逼准则

准则Ⅰ （夹逼准则） 如果数列 $\{x_n\},\{y_n\},\{z_n\}$ 满足下列条件：

（1）$y_n\leqslant x_n\leqslant z_n\,(n=1,2,3,\cdots)$，　　（2）$\lim\limits_{n\to\infty}y_n=\lim\limits_{n\to\infty}z_n=A$，

则数列 $\{x_n\}$ 收敛，且 $\lim\limits_{n\to\infty}x_n=A$.

证 因为 $\lim\limits_{n\to\infty}y_n=\lim\limits_{n\to\infty}z_n=A$，所以 $\forall\varepsilon>0$，$\exists$ 正整数 N_1,N_2，使得当 $n>N_1$ 时，恒有 $|y_n-A|<\varepsilon$ 成立；当 $n>N_2$ 时，恒有 $|z_n-A|<\varepsilon$.

取 $N=\max\{N_1,N_2\}$，则当 $n>N$ 时，同时有

$$|z_n-A|<\varepsilon,\quad |y_n-A|<\varepsilon$$

即

$$A-\varepsilon<y_n<A+\varepsilon,\quad A-\varepsilon<z_n<A+\varepsilon,$$

所以，当 $n>N$ 时，恒有

$$A-\varepsilon<y_n\leqslant x_n\leqslant z_n<A+\varepsilon,$$

从而 $|x_n-A|<\varepsilon$ 成立．所以 $\lim\limits_{n\to\infty}x_n=A$.

例 2.23 求 $\lim\limits_{n\to\infty}\sqrt{1+\dfrac{1}{n}}$.

解 因为 $1<\sqrt{1+\dfrac{1}{n}}<1+\dfrac{1}{n}$，

而

$$\lim_{n\to\infty}1=1,\ \lim_{n\to\infty}\left(1+\frac{1}{n}\right)=1,$$

故

$$\lim_{n\to\infty}\sqrt{1+\frac{1}{n}}=1.$$

例 2.24 求 $\lim\limits_{n\to\infty}(1+2^n+3^n)^{\frac{1}{n}}$.

解 因为 $(3^n)^{\frac{1}{n}}<(1+2^n+3^n)^{\frac{1}{n}}<(3\cdot 3^n)^{\frac{1}{n}}$，

即

$$3<(1+2^n+3^n)^{\frac{1}{n}}<3^{\frac{n+1}{n}},$$

而

$$\lim_{n\to\infty}3=3,\quad \lim_{n\to\infty}3^{\frac{n+1}{n}}=3,$$

故

$$\lim_{n\to\infty}(1+2^n+3^n)^{\frac{1}{n}}=3.$$

例 2.25　已知 $\lim\limits_{n\to\infty}\left(\dfrac{1}{\sqrt{n^2+n+1}}+\dfrac{1}{\sqrt{n^2+n+2}}+\cdots+\dfrac{1}{\sqrt{n^2+n+n}}\right)$.

解　由于 $\dfrac{n}{\sqrt{n^2+n+n}}<\dfrac{1}{\sqrt{n^2+n+1}}+\dfrac{1}{\sqrt{n^2+n+2}}+\cdots+\dfrac{1}{\sqrt{n^2+n+n}}<\dfrac{n}{\sqrt{n^2+n+1}}$,

又

$$\lim_{n\to\infty}\frac{n}{\sqrt{n^2+n+1}}=\lim_{n\to\infty}\frac{1}{\sqrt{1+\frac{1}{n}+\frac{1}{n^2}}}=1,\quad \lim_{n\to\infty}\frac{n}{\sqrt{n^2+n+n}}=\lim_{n\to\infty}\frac{1}{\sqrt{1+\frac{2}{n}}}=1,$$

由夹逼准则可知 $\lim\limits_{n\to\infty}\left(\dfrac{1}{\sqrt{n^2+n+1}}+\dfrac{1}{\sqrt{n^2+n+2}}+\cdots+\dfrac{1}{\sqrt{n^2+n+n}}\right)=1.$

数列极限的夹逼准则可以推广到函数极限的情形.

准则 I′　如果

（1）对于 x_0 的某个去心邻域内的一切 x，都有 $g(x)\leqslant f(x)\leqslant h(x)$；

（2） $\lim\limits_{x\to x_0}g(x)=A$， $\lim\limits_{x\to x_0}h(x)=A$.

则 $\lim\limits_{x\to x_0}f(x)$ 存在，且等于 A .

注：这里虽然只对 $x\to x_0$ 的情形做了叙述，但是将 $x\to x_0$ 换成其他的极限过程，准则 I′ 仍成立.

例 2.26　**证明**： $\lim\limits_{x\to 0^+}\sqrt[n]{1+x}=1(n=2,3,4\cdots)$.

证　因为 $x\to 0^+$，显然有

$$1<\sqrt[n]{1+x}<1+x,$$

又

$$\lim_{x\to 0^+}(1+x)=1,$$

由函数极限夹逼准则可得

$$\lim_{x\to 0^+}\sqrt[n]{1+x}=1.$$

注：类似可证 $\lim\limits_{x\to 0^-}\sqrt[n]{1+x}=1$（读者自行证明）.

2．单调有界准则

定义 2.10　如果数列 $\{x_n\}$ 满足条件

$$x_1\leqslant x_2\leqslant\cdots\leqslant x_n\leqslant x_{n+1}\leqslant\cdots,$$

则称数列$\{x_n\}$是**单调递增的**；如果数列$\{x_n\}$满足条件

$$x_1 \geqslant x_2 \geqslant \cdots \geqslant x_n \geqslant x_{n+1} \geqslant \cdots,$$

则称数列$\{x_n\}$是**单调递减的**．单调递增和单调递减的数列统称为**单调数列**．

准则II　单调有界数列必有极限．

由极限的性质可知，收敛数列必有界，有界数列不一定收敛．但由单调有界准则可知，如果一个数列有界，而且单调，则它必定收敛．

推论1　单调递增且有上界的数列必有极限；

推论2　单调递减且有下界的数列必有极限．

例2.27　证明数列$\sqrt{2},\sqrt{2+\sqrt{2}},\sqrt{2+\sqrt{2+\sqrt{2}}},\cdots\cdots$收敛，并求其极限．

证　先证明数列$\sqrt{2},\sqrt{2+\sqrt{2}},\sqrt{2+\sqrt{2+\sqrt{2}}},\cdots\cdots$单调且有界．

由条件可知$x_1=\sqrt{2}$，$x_{n+1}=\sqrt{2+x_n}\ (n=1,2,\cdots)$，下面利用数学归纳法证明

$$0<x_n<2\ (n=1,2,\cdots).$$

因$0<x_1=\sqrt{2}<2$，假定$0<x_k<2$，则$0<x_{k+1}=\sqrt{2+x_k}<\sqrt{2+2}=2$，

于是

$$0<x_n<2(n=1,2,\cdots),$$

所以$\{x_n\}$是有界的；

又

$$x_{n+1}-x_n=\sqrt{2+x_n}-x_n=\frac{2+x_n-x_n^{\ 2}}{\sqrt{2+x_n}+x_n}=\frac{(2-x_n)(1+x_n)}{\sqrt{2+x_n}+x_n}>0,$$

所以$\{x_n\}$是单调递增的，由单调有界准则可知，$\lim\limits_{n\to\infty}x_n$存在，不妨设$\lim\limits_{n\to\infty}x_n=A$，由$x_{n+1}=\sqrt{2+x_n}$两边同时取极限，可得

$$\lim_{n\to\infty}x_{n+1}=\lim_{n\to\infty}\sqrt{2+x_n}$$

即

$$A=\sqrt{2+A},$$

解得

$$A=2,$$

即是

$$\lim_{n\to\infty}x_n=2.$$

例2.28　证明数列$\left\{\left(1+\dfrac{1}{n}\right)^n\right\}$收敛．

证　设$a>b>0$，因

$$a^{n+1}-b^{n+1}=(a-b)(a^n+a^{n-1}b+\cdots+ab^{n-1}+b^n)<(n+1)(a-b)a^n,$$

即

$$a^n[(n+1)b-na]<b^{n+1}.$$

取$a=1+\dfrac{1}{n}$，$b=1+\dfrac{1}{n+1}$代入上式，可得

$$\left(1+\frac{1}{n}\right)^n<\left(1+\frac{1}{n+1}\right)^{n+1},$$

即数列$\left\{\left(1+\frac{1}{n}\right)^n\right\}$是单调递增的.

取$a=1+\frac{1}{2n}$，$b=1$代入，则得

$$\left(1+\frac{1}{2n}\right)^n<2,$$

从而$\left(1+\frac{1}{2n}\right)^{2n}<4(n=1,2,\cdots)$，又由数列$\left\{\left(1+\frac{1}{n}\right)^n\right\}$是单调递增的，可得，

$$\left(1+\frac{1}{2n-1}\right)^{2n-1}<\left(1+\frac{1}{2n}\right)^{2n}<4,$$

所以$\left(1+\frac{1}{n}\right)^n<4$对一切$n=1,2,\cdots$成立，即数列$\left\{\left(1+\frac{1}{n}\right)^n\right\}$有上界，于是由单调有界准则可知$\left\{\left(1+\frac{1}{n}\right)^n\right\}$收敛.

2.5.2　两个重要极限

1. $\lim\limits_{x\to 0}\frac{\sin x}{x}=1$

证　先证明$\lim\limits_{x\to 0^+}\frac{\sin x}{x}=1$.

因为$x\to 0^+$，可设$x\in\left(0,\frac{\pi}{2}\right)$. 如图 2.7 所示，其中，弧 EAB 为单位圆弧，且 $OA=OB=1$，$\angle AOB=x$，则 $OC=\cos x$，$AC=\sin x$，$DB=\tan x$，

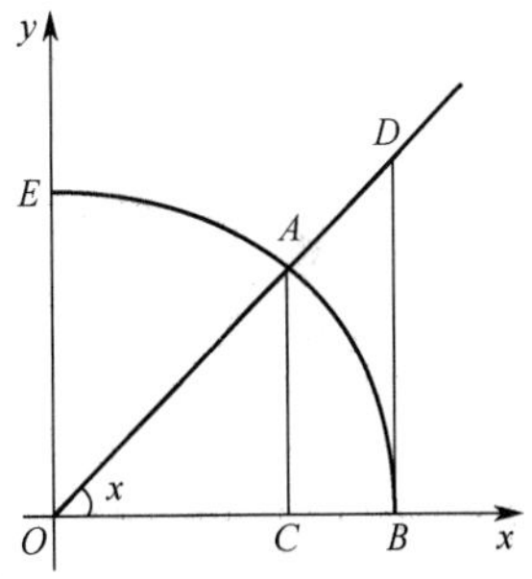

图 2.7

显然

$$\Delta AOC\text{ 的面积}<\text{扇形 }OAB\text{ 的面积}<\Delta DOB\text{ 的面积},$$

即

$$\frac{1}{2}\cos x\sin x<\frac{1}{2}x<\frac{1}{2}\tan x.$$

因为$x\in\left(0,\frac{\pi}{2}\right)$，则$\cos x>0$，$\sin x>0$，故上式可改写为

$$\cos x<\frac{\sin x}{x}<\frac{1}{\cos x}.$$

由$\lim\limits_{x\to 0^+}\cos x=1$及$\lim\limits_{x\to 0^+}\frac{1}{\cos x}=1$，由夹逼准则可得

$$\lim_{x\to 0^+}\frac{\sin x}{x}=1.$$

注意到$\dfrac{\sin x}{x}$是偶函数，从而有

$$\lim_{x\to0^-}\frac{\sin x}{x}=\lim_{x\to0^-}\frac{\sin(-x)}{-x}=\lim_{u\to0^+}\frac{\sin u}{u}=1 .$$

综上所述

$$\lim_{x\to0}\frac{\sin x}{x}=1 .$$

例 2.29 求$\lim\limits_{x\to0}\dfrac{\sin 2x}{x}$.

解 设$2x=t$，则当$x\to0$时，有$t\to0$，于是

$$\lim_{x\to0}\frac{\sin 2x}{x}=\lim_{x\to0}2\cdot\frac{\sin 2x}{2x}=2\lim_{t\to0}\frac{\sin t}{t}=2\times1=2 .$$

例 2.30 求$\lim\limits_{x\to0}\dfrac{\sin 2x}{\sin 5x}$.

解 $$\lim_{x\to0}\frac{\sin 2x}{\sin 5x}=\lim_{x\to0}\frac{2\dfrac{\sin 2x}{2x}}{5\dfrac{\sin 5x}{5x}}=\frac{2\lim\limits_{x\to0}\dfrac{\sin 2x}{2x}}{5\lim\limits_{x\to0}\dfrac{\sin 5x}{5x}}=\frac{2}{5}.$$

例 2.31 求$\lim\limits_{x\to0}\dfrac{\arctan x}{x}$.

解 令$\arctan x=\alpha$，则$x=\tan\alpha$，且当$x\to0$时，$\alpha\to0$.
则

$$\lim_{x\to0}\frac{\arctan x}{x}=\lim_{x\to0}\frac{\alpha}{\tan\alpha}=\lim_{\alpha\to0}\frac{\alpha}{\sin\alpha}\cdot\cos\alpha=1\times\cos0=1 .$$

2．$\lim\limits_{x\to\infty}\left(1+\dfrac{1}{x}\right)^x=\mathrm{e}$.

由本节例 2.28 可知，$\lim\limits_{n\to\infty}\left(1+\dfrac{1}{n}\right)^n$存在，通常用字母e来表示该极限值，即

$$\lim_{n\to\infty}\left(1+\frac{1}{n}\right)^n=\mathrm{e} .$$

当x取实数且趋向于$+\infty$时，设$n\leqslant x<n+1$，则

$$\left(1+\frac{1}{n+1}\right)^n<\left(1+\frac{1}{x}\right)^x<\left(1+\frac{1}{n}\right)^{n+1},$$

且n与x同时趋向于$+\infty$，因为

$$\lim_{n\to\infty}\left(1+\frac{1}{n+1}\right)^n=\frac{\lim\limits_{n\to\infty}\left(1+\dfrac{1}{n+1}\right)^{n+1}}{\lim\limits_{n\to\infty}\left(1+\dfrac{1}{n+1}\right)}=\mathrm{e},$$

$$\lim_{n\to\infty}\left(1+\frac{1}{n}\right)^{n+1}=\lim_{n\to\infty}\left[\left(1+\frac{1}{n}\right)^n\cdot\left(1+\frac{1}{n}\right)\right]=\mathrm{e},$$

应用夹逼准则，可得

$$\lim_{x\to+\infty}\left(1+\frac{1}{x}\right)^x=\mathrm{e}\,.$$

令 $x=-(t+1)$，则 $x\to-\infty$ 时，$t\to+\infty$，从而

$$\lim_{x\to-\infty}\left(1+\frac{1}{x}\right)^x=\lim_{t\to+\infty}\left(1-\frac{1}{t+1}\right)^{-(t+1)}=\lim_{t\to+\infty}\left(\frac{t}{t+1}\right)^{-(t+1)}$$

$$=\lim_{t\to+\infty}\left(1+\frac{1}{t}\right)^{t+1}=\lim_{t\to+\infty}\left[\left(1+\frac{1}{t}\right)^t\cdot\left(1+\frac{1}{t}\right)\right]=\mathrm{e}$$

于是可得

$$\lim_{x\to\infty}\left(1+\frac{1}{x}\right)^x=\mathrm{e}.$$

在上式中，令 $t=\dfrac{1}{x}$，则当 $x\to\infty$ 时，$t\to 0$，这时上式变为

$$\lim_{t\to 0}(1+t)^{\frac{1}{t}}=\mathrm{e}\,.$$

注：这里这个数 e 是无理数，它的值为

$$\mathrm{e}=2.718\ 281\ 828\ 459\ 045\cdots$$

在 1.3 节中讲到的指数函数 $y=\mathrm{e}^x$ 及自然对数函数 $y=\ln x$ 中的底数 e 就是这个常数.

我们将该重要极限总结为下列形式：

（1）在某极限过程中，若 $\lim u(x)=\infty$，则

$$\lim\left[1+\frac{1}{u(x)}\right]^{u(x)}=\mathrm{e}\,;$$

（2）在某极限过程中，若 $\lim u(x)=0$，且 $u(x)\neq 0$，则

$$\lim[1+u(x)]^{\frac{1}{u(x)}}=\mathrm{e}\,.$$

例 2.32　求 $\lim\limits_{x\to\infty}\left(1+\dfrac{4}{x}\right)^x$.

解　令 $\dfrac{x}{4}=t$，则当 $x\to\infty$ 时，有 $t\to\infty$，所以

$$\lim_{x\to\infty}\left(1+\frac{4}{x}\right)^x=\lim_{t\to\infty}\left[\left(1+\frac{1}{t}\right)^t\right]^4=\mathrm{e}^4\,.$$

例 2.33　求 $\lim\limits_{x\to\infty}\left(\dfrac{x+3}{x-2}\right)^{2x+1}$.

解　方法一：

$$\lim_{x\to\infty}\left(\frac{x+3}{x-2}\right)^{2x+1}=\lim_{x\to\infty}\left(1+\frac{5}{x-2}\right)^{\frac{10(x-2)}{5}+5}=\lim_{x\to\infty}\left\{\left[\left(1+\frac{5}{x-2}\right)^{\frac{x-2}{5}}\right]^{10}\cdot\left(1+\frac{5}{x-2}\right)^5\right\}$$

$$=\left\{\lim_{x\to\infty}\left(1+\frac{5}{x-2}\right)^{\frac{x-2}{5}}\right\}^{10}\cdot\left\{\lim_{x\to\infty}\left(1+\frac{5}{x-2}\right)\right\}^{5}=\mathrm{e}^{10}\times 1^{5}=\mathrm{e}^{10}.$$

方法二：

$$\lim_{x\to\infty}\left(\frac{x+3}{x-2}\right)^{2x+1}=\lim_{x\to\infty}\left(\frac{1+\frac{3}{x}}{1-\frac{2}{x}}\right)^{2x+1}=\lim_{x\to\infty}\frac{\left(1+\frac{3}{x}\right)^{2x+1}}{\left(1-\frac{2}{x}\right)^{2x+1}}$$

$$=\frac{\lim\limits_{x\to\infty}\left\{\left[\left(1+\frac{3}{x}\right)^{\frac{x}{3}}\right]^{6}\cdot\left(1+\frac{3}{x}\right)\right\}}{\lim\limits_{x\to\infty}\left\{\left[\left(1-\frac{2}{x}\right)^{-\frac{x}{2}}\right]^{-4}\cdot\left(1-\frac{2}{x}\right)\right\}}=\frac{\lim\limits_{x\to\infty}\left[\left(1+\frac{3}{x}\right)^{\frac{x}{3}}\right]^{6}\cdot\lim\limits_{x\to\infty}\left(1+\frac{3}{x}\right)}{\lim\limits_{x\to\infty}\left[\left(1-\frac{2}{x}\right)^{-\frac{x}{2}}\right]^{-4}\cdot\lim\limits_{x\to\infty}\left(1-\frac{2}{x}\right)}$$

$$=\frac{\mathrm{e}^{6}}{\mathrm{e}^{-4}}=\mathrm{e}^{10}.$$

例 2.34 求 $\lim\limits_{x\to 0}(1+3\tan^2 x)^{\cot^2 x}$.

解 $\lim\limits_{x\to 0}(1+3\tan^2 x)^{\cot^2 x}=\lim\limits_{x\to 0}\left[(1+3\tan^2 x)^{\frac{1}{3\tan^2 x}}\right]^{3}=\mathrm{e}^{3}$.

习题 2.5

1．求下列函数的极限：

（1）$\lim\limits_{n\to\infty}\frac{n}{2}\sin\frac{2\pi}{n}$；（2）$\lim\limits_{x\to\pi}\frac{\sin x}{\pi-x}$；

（3）$\lim\limits_{x\to 0}\frac{\arctan 3x}{\sin 2x}$；（4）$\lim\limits_{x\to 0^{+}}\frac{x}{\sqrt{1-\cos x}}$；

（5）$\lim\limits_{x\to 0}\frac{1-\cos 4x}{x\sin x}$；（6）$\lim\limits_{x\to 1}\frac{\sin(x-1)}{x^2-1}$.

2．求下列函数的极限：

（1）$\lim\limits_{x\to\infty}\left(\frac{x}{1+x}\right)^{x-3}$；（2）$\lim\limits_{x\to\infty}\left(\frac{2x+1}{2x-1}\right)^{x}$；

（3）$\lim\limits_{x\to 0}(1+2\tan x)^{\cot x}$；（4）$\lim\limits_{x\to\frac{\pi}{2}}(1+\cos x)^{3\sec x}$.

3．求 $\lim\limits_{n\to\infty}\left(\frac{n}{n^2+n+1}+\frac{n}{n^2+n+2}+\cdots+\frac{n}{n^2+n+n}\right)$.

4．设 $x_1=3$，$x_{n+1}=\sqrt{2x_n}\,(n=1,2,\cdots)$，证明 $\lim\limits_{n\to\infty}x_n$ 存在，并求它的极限.

2.6　无穷小的比较

由前几节讨论可知，两个无穷小的和、差及乘积仍为无穷小．但是两个无穷小的商，却会出现不同情况，例如，当 $x\to 0$ 时，函数 $x^3, 2x, \sin x$ 都是无穷小，但是：

$$\lim_{x\to 0}\frac{x^3}{2x}=\lim_{x\to 0}\frac{x^2}{2}=0,\quad \lim_{x\to 0}\frac{2x}{x^3}=\lim_{x\to 0}\frac{2}{x^2}=\infty,\quad \lim_{x\to 0}\frac{\sin x}{2x}=\frac{1}{2}\lim_{x\to 0}\frac{\sin x}{x}=\frac{1}{2}.$$

这说明在 $x\to 0$ 的过程中，$2x\to 0$ 比 $x^3\to 0$ “慢些”，或者反过来说 $x^3\to 0$ 比 $2x\to 0$ “快些”，而 $\sin x\to 0$ 与 $2x\to 0$ “快慢相仿”．

下面我们就无穷小之比的极限来说明两个无穷小之间的比较．

定义 2.11　设 α,β 是自变量在同一变化过程中的两个无穷小，且 $\alpha\neq 0$．

（1）如果 $\lim\frac{\beta}{\alpha}=0$，则称 β 是比 α 高阶的无穷小，记作 $\beta=o(\alpha)$；

（2）如果 $\lim\frac{\beta}{\alpha}=\infty$，则称 β 是比 α 低阶的无穷小；

（3）如果 $\lim\frac{\beta}{\alpha}=C(C\neq 0)$，则称 α 与 β 是同阶无穷小；特别地，如果 $\lim\frac{\beta}{\alpha}=1$，则称 β 与 α 是等价无穷小，记作 $\alpha\sim\beta$．

（4）如果 $\lim\frac{\beta}{\alpha^k}=C(C\neq 0), k>0$，则称 β 是 α 的 k 阶无穷小．

例 2.35　证明：当 $x\to 0$ 时，$\sin(2x^2)=o(x)$．

证　因为

$$\lim_{x\to 0}\frac{\sin(2x^2)}{x}=\lim_{x\to 0}\left[\frac{\sin(2x^2)}{2x^2}\cdot 2x\right]=\lim_{x\to 0}\frac{\sin(2x^2)}{2x^2}\cdot\lim_{x\to 0}(2x)=1\times 0=0,$$

于是，当 $x\to 0$ 时，$\sin(2x^2)=o(x)$．

例 2.36　证明：当 $x\to 0$ 时，$\tan x^3$ 是 x 的 3 阶无穷小．

证　因为

$$\lim_{x\to 0}\frac{\tan x^3}{x^3}=\lim_{x\to 0}\left(\frac{\sin x^3}{x^3}\cdot\frac{1}{\cos x^3}\right)=\lim_{x\to 0}\frac{\sin x^3}{x^3}\cdot\lim_{x\to 0}\frac{1}{\cos x^3}=1\times 1=1,$$

于是，当 $x\to 0$ 时，$\tan x^3$ 是 x 的 3 阶无穷小．

利用等价无穷小可以简化某些极限的计算．

定理 2.11　设 $\alpha,\alpha',\beta,\beta'$ 是自变量在同一变化过程中的无穷小，且 $\alpha\sim\alpha',\beta\sim\beta'$，若 $\lim\frac{\alpha'}{\beta'}$ 存在，则

$$\lim\frac{\alpha}{\beta}=\lim\frac{\alpha'}{\beta'}.$$

证　因为 $\alpha\sim\alpha',\beta\sim\beta'$，则 $\lim\frac{\alpha'}{\alpha}=1$，$\lim\frac{\beta'}{\beta}=1$，由于 $\frac{\alpha}{\beta}=\frac{\alpha}{\alpha'}\cdot\frac{\alpha'}{\beta'}\cdot\frac{\beta'}{\beta}$，又 $\lim\frac{\alpha'}{\beta'}$ 存在，所以

$$\lim\frac{\alpha}{\beta}=\lim\frac{\alpha}{\alpha'}\cdot\lim\frac{\alpha'}{\beta'}\cdot\lim\frac{\beta'}{\beta}=\lim\frac{\alpha'}{\beta'}.$$

常用的等价无穷小有以下几对：

当 $x \to 0$ 时，

$\sin x \sim x$ ， $\tan x \sim x$ ， $\arcsin x \sim x$ ， $\arctan x \sim x$ ， $1-\cos x \sim \frac{1}{2}x^2$ ， $e^x - 1 \sim x$ ， $\ln(1+x) \sim x$ ， $\sqrt{1+x}-1 \sim \frac{x}{2}$， $a^x - 1 \sim x\ln a$ （ $a>0$ 为常数）， $(1+x)^\alpha - 1 \sim \alpha x$ （ $\alpha \neq 0$ 为常数）．

注： 对于上述等价无穷小关系，利用等价无穷小的定义结合极限运算法则容易证明（留给读者）．

例 2.37 求 $\lim\limits_{x\to 0}\dfrac{\sin 2x}{\tan 2x}$.

解 因为当 $x \to 0$ 时， $\sin 2x \sim 2x$ ， $\tan 2x \sim 2x$ ，故

$$\lim_{x\to 0}\frac{\sin 2x}{\tan 2x} = \lim_{x\to 0}\frac{2x}{2x} = 1 .$$

例 2.38 求 $\lim\limits_{x\to 0} x\cot 2x$.

解 $\lim\limits_{x\to 0} x\cot 2x = \lim\limits_{x\to 0}\dfrac{x}{\sin 2x}\cdot\cos 2x = \lim\limits_{x\to 0}\dfrac{x}{2x}\cdot\lim\limits_{x\to 0}\cos 2x = \dfrac{1}{2}$.

例 2.39 求 $\lim\limits_{x\to 0}\dfrac{\tan x - \sin x}{\tan x^3}$.

错解 当 $x \to 0$ 时， $\tan x \sim x$ ， $\sin x \sim x$ ，则

$$\lim_{x\to 0}\frac{\tan x - \sin x}{\tan x^3} = \lim_{x\to 0}\frac{x-x}{\tan x^3} = \lim_{x\to 0}\frac{0}{\tan x^3} = 0 .$$

错误理由：当 $x \to 0$ 时， 0 不是 $\tan x - \sin x$ 的等价无穷小．

解 因为当 $x \to 0$ 时， $\tan x - \sin x = \tan x(1-\cos x) \sim \frac{1}{2}x^3$ ，所以

$$\lim_{x\to 0}\frac{\tan x - \sin x}{\tan x^3} = \lim_{x\to 0}\frac{\frac{1}{2}x^3}{x^3} = \frac{1}{2} .$$

例 2.40 求 $\lim\limits_{x\to 0}\dfrac{e^{\tan x}-1}{1-e^{\sin 6x}}$.

解 $\lim\limits_{x\to 0}\dfrac{e^{\tan x}-1}{1-e^{\sin 6x}} = \lim\limits_{x\to 0}\dfrac{\tan x}{-\sin 6x} = -\lim\limits_{x\to 0}\dfrac{x}{6x} = -\dfrac{1}{6}$.

例 2.41 求 $\lim\limits_{x\to 0}\dfrac{\sqrt{1+\tan x}-\sqrt{1-\tan x}}{\sqrt{1+2x}-1}$.

解 因为当 $x \to 0$ 时， $\sqrt{1+2x}-1 \sim x$ ， $\tan x \sim x$ ，故

$$\begin{aligned}
\lim_{x\to 0}\frac{\sqrt{1+\tan x}-\sqrt{1-\tan x}}{\sqrt{1+2x}-1} &= \lim_{x\to 0}\frac{2\tan x}{(\sqrt{1+2x}-1)(\sqrt{1+\tan x}+\sqrt{1-\tan x})} \\
&= \lim_{x\to 0}\frac{2x}{x(\sqrt{1+\tan x}+\sqrt{1-\tan x})} \\
&= \lim_{x\to 0}\frac{2}{\sqrt{1+\tan x}+\sqrt{1-\tan x}} = 1 .
\end{aligned}$$

例 2.42　求极限 $\lim\limits_{x\to\infty} x\left(1+\dfrac{a}{x}\right)^x \sin\dfrac{b}{x}(a\neq 0)$.

解　因为当 $x\to\infty$ 时，$\sin\dfrac{b}{x}\sim\dfrac{b}{x}$，且

$$\lim_{x\to\infty}\left(1+\frac{a}{x}\right)^x=\lim_{x\to\infty}\left[\left(1+\frac{a}{x}\right)^{\frac{x}{a}}\right]^a=e^a,$$

于是

$$\lim_{x\to\infty} x\left(1+\frac{a}{x}\right)^x \sin\frac{b}{x}=\lim_{x\to\infty}\left(x\sin\frac{b}{x}\right)\left(1+\frac{a}{x}\right)^x=be^a.$$

注：利用软件 MATLAB 可以很方便的求出例 2.42 的结果，详见附录例 1.

习题 2.6

1．当 $x\to 0$ 时，$2x-x^2$ 与 x^2-x^3 相比，哪个是高阶无穷小？

2．当 $x\to 1$ 时，无穷小 $1-x$ 与（1）$1-x^3$；（2）$\dfrac{1}{2}(1-x^2)$ 是否为同阶无穷小？是否为等价无穷小？

3．利用等价无穷小，求下列极限：

（1）$\lim\limits_{x\to 0^+}\dfrac{\sin ax}{\sqrt{1-\cos x}}$；　（2）$\lim\limits_{x\to 0}\dfrac{\cos ax-\cos bx}{x^2}$；

（3）$\lim\limits_{x\to 0}\dfrac{\arctan x^2}{\sin\dfrac{x}{2}\arcsin x}$；　（4）$\lim\limits_{x\to 0}\dfrac{\dfrac{x}{\sqrt{1-x^2}}}{\ln(1-x)}$；

（5）$\lim\limits_{x\to 0}\dfrac{1-\cos 4x}{2\sin^2 x+x\tan^2 x}$；　（6）$\lim\limits_{x\to 0}\dfrac{\ln(\sin^2 x+e^x)-x}{\ln(x^2+e^{2x})-2x}$.

2.7　函数的连续性

2.7.1　函数的连续性

自然界中许多变量都是连续变化的，如气温的变化、作物的生长及放射性物质存量的减少等等．其特点是当时间的变化很微小时，这些量的变化也很微小，反映在数学上就是函数的连续性．

1．变量的增量

设变量 u 从它的一个初值 u_1 变到终值 u_2，终值与初值的差 u_2-u_1 就称为变量 u 的增量，记作 Δu，即 $\Delta u=u_2-u_1$（可正可负）．

定义 2.12　设函数 $y=f(x)$ 在点 x_0 的某个邻域内有定义．当自变量 x 在这邻域内从 x_0 变到 $x_0+\Delta x$ 时，函数 $y=f(x)$ 相应地从 $f(x_0)$ 变到 $f(x_0+\Delta x)$，则称

$$\Delta y=f(x_0+\Delta x)-f(x_0)$$

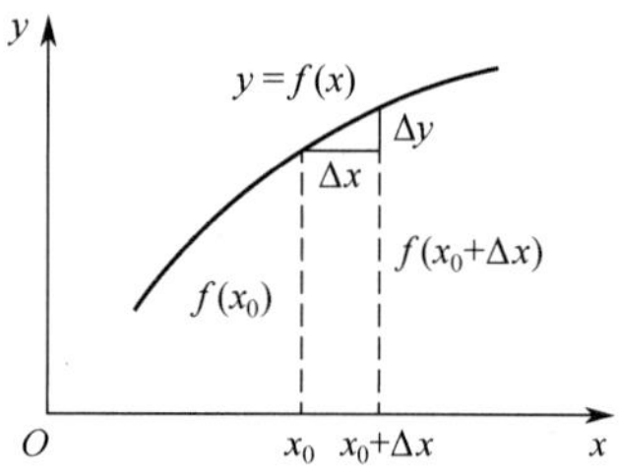

图 2.8

为函数 $y=f(x)$ 的对应**增量**（见图 2.8）

注：函数的增量可能为正，可能为负，还可能为零.

2．函数在一点连续的定义

定义 2.13 设函数 $y=f(x)$ 在点 x_0 的某个邻域内有定义，如果当自变量在点 x_0 的增量 Δx 趋于零时，函数 $y=f(x)$ 对应的增量 Δy 也趋于零，即

$$\lim_{\Delta x\to 0}\Delta y=0 \text{ 或 } \lim_{\Delta x\to 0}[f(x_0+\Delta x)-f(x_0)]=0,$$

那么就称函数 $f(x)$ 在点 x_0 处**连续**，点 x_0 称为 $f(x)$ 的**连续点**.

在定义 2.13 中，若令 $x=x_0+\Delta x$，即 $\Delta x=x-x_0$，则当 $\Delta x\to 0$ 时，也就是当 $x\to x_0$ 时，有 $\Delta y=f(x_0+\Delta x)-f(x_0)=f(x)-f(x_0)$，这时 $\lim\limits_{\Delta x\to 0}\Delta y=0$ 等价于

$$\lim_{x\to x_0}[f(x)-f(x_0)]=0,$$

即

$$\lim_{x\to x_0}f(x)=f(x_0).$$

因此，函数在点 x_0 处连续的定义又可叙述如下：

定义 2.14 设函数 $y=f(x)$ 在点 x_0 的某个邻域内有定义，如果函数 $f(x)$ 在 x_0 处的极限值等于它在 x_0 处的函数值，即

$$\lim_{x\to x_0}f(x)=f(x_0),$$

则称函数 $f(x)$ 在点 x_0 处连续.

例 2.43 证明函数 $f(x)=3x^2-1$ 在 $x=1$ 处连续.

证 因为 $f(1)=3\times 1-1=2$，且

$$\lim_{x\to 1}f(x)=\lim_{x\to 1}(3x^2-1)=2,$$

故函数 $f(x)=3x^2-1$ 在 $x=1$ 处连续.

例 2.44 讨论函数 $f(x)=\begin{cases} x\cos\dfrac{1}{x} & x\neq 0 \\ 0 & x=0 \end{cases}$ 在 $x=0$ 处的连续性.

解 因为 $f(0)=0$，且

$$\lim_{x\to 0}f(x)=\lim_{x\to 0}x\cos\frac{1}{x}=0,$$

故函数 $f(x)$ 在 $x=0$ 处连续.

有时需要考虑函数在某点 x_0 一侧的连续性，由此引进左、右连续的概念.

如果 $f(x)$ 在 $[x_0,b)$ 上有定义，且 $\lim\limits_{x\to x_0^+}f(x)=f(x_0)$，则称函数 $f(x)$ 在点 x_0 处**右连续**；

如果 $f(x)$ 在 $(a,x_0]$ 上有定义，且 $\lim\limits_{x\to x_0^-}f(x)=f(x_0)$，则称函数 $f(x)$ 在点 x_0 处**左连续**.

由函数的极限与其左、右极限的关系，容易得到函数的连续性与其左、右连续性的关系.

定理 2.12 函数 $f(x)$ 在点 x_0 处连续的充要条件是 $f(x)$ 在点 x_0 处既左连续又右连续.

例 2.45　讨论函数 $f(x)=\begin{cases} x+2, & x\geqslant 0 \\ x-2, & x<0 \end{cases}$ 在 $x=0$ 处的连续性.

解　$\lim\limits_{x\to 0^-} f(x)=\lim\limits_{x\to 0^-}(x-2)=0-2=-2$，$\lim\limits_{x\to 0^+} f(x)=\lim\limits_{x\to 0^+}(x+2)=0+2=2$，因为 $-2\neq 2$，所以函数 $f(x)$ 在 $x=0$ 处不连续，但因为 $f(0)=2$，所以函数 $f(x)$ 在 $x=0$ 处右连续.

3．连续函数与连续区间

定义 2.15　如果函数 $f(x)$ 在开区间 (a,b) 内每一点都连续，则称函数 $f(x)$ 在区间 (a,b) 内连续.

若 $f(x)$ 在区间 (a,b) 内连续，且在 $x=a$ 处右连续，又在 $x=b$ 处左连续，则称函数 $f(x)$ 在闭区间 $[a,b]$ 上连续.

函数 $y=f(x)$ 的连续点全体所构成的区间称为函数的连续区间．在连续区间上，连续函数的图形是一条连续而不断开的曲线.

例 2.46　证明函数 $f(x)=\cos x$ 在 $(-\infty,+\infty)$ 内连续.

证　设 x 为 $(-\infty,+\infty)$ 内任意取定的一点，当 x 有增量 Δx 时，对应的函数的增量为

$$\Delta y=\cos(x+\Delta x)-\cos x，$$

由三角函数和差化积公式有

$$\cos(x+\Delta x)-\cos x=-2\sin\frac{\Delta x}{2}\sin\left(x+\frac{\Delta x}{2}\right)，$$

注意到 $\left|\sin\left(x+\dfrac{\Delta x}{2}\right)\right|\leqslant 1$，于是

$$|\Delta y|=|\cos(x+\Delta x)-\cos x|\leqslant 2\left|\sin\frac{\Delta x}{2}\right|，$$

因为对任意角度 α 都有 $|\sin\alpha|\leqslant|\alpha|$，所以

$$0\leqslant|\Delta y|\leqslant 2\left|\sin\frac{\Delta x}{2}\right|\leqslant|\Delta x|，$$

因此，当 $\Delta x\to 0$ 时，由夹逼准则可得，$|\Delta y|\to 0$，即函数 $f(x)=\cos x$ 对任意的 $x\in(-\infty,+\infty)$ 都是连续的，即 $f(x)=\cos x$ 在 $(-\infty,+\infty)$ 内连续.

2.7.2　连续函数的运算与初等函数的连续性

1．连续函数的和、差、积、商的连续性

由函数在点的连续性定义和极限的四则运算可得下列定理.

定理 2.13　设函数 $f(x)$，$g(x)$ 均在点 x_0 处连续，则

$$f(x)\pm g(x)，\quad f(x)\cdot g(x)，\quad \frac{f(x)}{g(x)}\ (g(x_0)\neq 0)$$

都在点 x_0 处连续.

证　只证 $f(x)\cdot g(x)$ 在点 x_0 连续，其他情形可类似证明.

因为 $f(x)$ 与 $g(x)$ 均在点 x_0 连续，所以

$$\lim_{x\to x_0} f(x)=f(x_0)，\quad \lim_{x\to x_0} g(x)=g(x_0)，$$

故有

$$\lim_{x\to x_0}[f(x)\cdot g(x)]=\lim_{x\to x_0}f(x)\cdot\lim_{x\to x_0}g(x)=f(x_0)\cdot g(x_0),$$

所以 $f(x)\cdot g(x)$ 在点 x_0 连续.

这个定理说明连续函数的和、差、积、商（分母不为零）都是连续函数.

例如，因 $\sin x$，$\cos x$ 在点 $x=0$ 处连续，则

$$\tan x=\frac{\sin x}{\cos x},\quad \sec x=\frac{1}{\cos x},\quad \sin 2x=2\sin x\cos x,$$

都在点 $x=0$ 处连续.

2．复合函数与反函数的连续性

定理 2.14 设函数 $y=f[\varphi(x)]$ 由函数 $u=\varphi(x)$ 与 $y=f(u)$ 复合而成，且 $y=f[\varphi(x)]$ 的定义域为 D，在 D 内存在 x_0 的某个去心邻域．若 $\lim\limits_{x\to x_0}\varphi(x)=u_0$，而函数 $y=f(u)$ 在点 u_0 处连续，则

$$\lim_{x\to x_0}f[\varphi(x)]=\lim_{u\to u_0}f(u)=f(u_0).$$

因 $\lim\limits_{x\to x_0}\varphi(x)=u_0$，$\lim\limits_{u\to u_0}f(u)=f(u_0)$，故上式又可以写成

$$\lim_{x\to x_0}f[\varphi(x)]=f[\lim_{x\to x_0}\varphi(x)].$$

这表明，在定理 2.14 的条件下，在求复合函数 $f[\varphi(x)]$ 的极限时，函数符号 f 与极限符号 $\lim\limits_{x\to x_0}$ 可以交换顺序.

把定理 2.14 中的 $x\to x_0$ 换成 $x\to\infty$ 可得类似的定理.

例 2.47 求 $\lim\limits_{x\to\infty}\arctan\dfrac{x-2}{x-3}$.

解 $y=\arctan\dfrac{x-2}{x-3}$ 可以看作 $y=\arctan u$ 与 $u=\dfrac{x-2}{x-3}$ 复合而成，因 $\lim\limits_{x\to\infty}\dfrac{x-2}{x-3}=1$，而函数 $y=\arctan u$ 在点 $u=1$ 处连续，所以

$$\lim_{x\to\infty}\arctan\frac{x-2}{x-3}=\arctan\left(\lim_{x\to\infty}\frac{x-2}{x-3}\right)=\arctan 1=\frac{\pi}{4}.$$

定理 2.15（复合函数的连续性） 设函数 $y=f[\varphi(x)]$ 由函数 $u=\varphi(x)$ 与 $y=f(u)$ 复合而成，且 $y=f[\varphi(x)]$ 的定义域为 D，在 D 内存在 x_0 的某个去心邻域．若函数 $u=\varphi(x)$ 在点 x_0 处连续，且 $u_0=\varphi(x_0)$，而函数 $y=f(u)$ 在点 u_0 处连续，则复合函数 $y=f[\varphi(x)]$ 在点 x_0 处也连续.

例 2.48 求 $\lim\limits_{x\to 1}\sin(1-x^2)$.

解 $\sin(1-x^2)$ 可看作函数 $g(u)=\sin u$ 与 $u=1-x^2$ 的复合，且 $u=1-x^2$ 在 $x=1$ 处连续，$g(u)=\sin u$ 在 $u=0$ 处连续，则

$$\lim_{x\to 1}\sin(1-x^2)=\sin[\lim_{x\to 1}(1-x^2)]=\sin 0=0.$$

定理 2.16（反函数的连续性） 若函数 $f(x)$ 在区间 I_x 上严格单调递增（递减）且连续，则它的反函数 $x=f^{-1}(y)$ 也在相应的区间 $I_y=\{y\,|\,y=f(x),x\in I_x\}$ 上严格单调递增（递减）且连续.

由该定理可知，反三角函数 $\arcsin x$，$\arccos x$，$\arctan x$，$\operatorname{arccot} x$ 在它们各自的定义

域内都是连续的.

3．初等函数的连续性

定理 2.17　基本初等函数在其定义域内是连续的.

定理 2.18　一切初等函数在其**定义区间**内都是连续的.

注：（1）这里，定义区间是指包含在定义域内的区间，初等函数仅在其定义区间内连续，在其定义域内不一定连续．例如，函数 $f(x)=\sqrt{x^2(x-1)^3}$ 的定义域为 $\{0\}\cup[1,+\infty)$，函数在 $x=0$ 的去心邻域内没有定义，因而 $f(x)$ 在 $x=0$ 处不连续，但函数 $f(x)$ 在区间 $[1,+\infty)$ 上连续.

（2）在对初等函数的定义区间上的点求该函数的极限时，只需求相应函数值即可.

例 2.49　求函数 $f(x)=\sqrt{1-x^2}$ 的连续区间，并求 $\lim\limits_{x\to\frac{1}{2}}\sqrt{1-x^2}$.

解　初等函数 $y=\sqrt{1-x^2}$ 的定义域区间为 $[-1,1]$，所以 $f(x)$ 的连续区间也为 $[-1,1]$，且 $\frac{1}{2}\in[-1,1]$，所以

$$\lim_{x\to\frac{1}{2}}\sqrt{1-x^2}=\sqrt{1-\left(\frac{1}{2}\right)^2}=\frac{\sqrt{3}}{2}.$$

例 2.50　函数 $f(x)=u(x)^{v(x)}(u(x)>0)$ 称为**幂指函数**，若 $\lim u(x)=A>0$，$\lim v(x)=B$，求 $\lim u(x)^{v(x)}$，并利用求出来的结论求 $\lim\limits_{x\to\infty}\left(1-\frac{1}{x}\right)^{3x+2}$.

解　因为

$$u(x)^{v(x)}=\mathrm{e}^{\ln\left[u(x)^{v(x)}\right]}=\mathrm{e}^{v(x)\ln[u(x)]},$$

利用定理 2.14 可知，

$$\lim v(x)\ln[u(x)]=\lim v(x)\cdot\lim\ln[u(x)]=B\cdot\ln A,$$

所以

$$\lim u(x)^{v(x)}=\lim\mathrm{e}^{v(x)\ln[u(x)]}=\mathrm{e}^{\lim v(x)\ln[u(x)]}=\mathrm{e}^{B\cdot\ln A}=A^B.$$

于是 $\lim\limits_{x\to\infty}\left(1-\frac{1}{x}\right)^{3x+2}=\lim\limits_{x\to\infty}\left[\left(1-\frac{1}{x}\right)^{-x}\right]^{\frac{3x+2}{-x}}=\mathrm{e}^{-3}$.

2.7.3　函数的间断点

定义 2.16　如果函数 $f(x)$ 在点 x_0 处的某个去心邻域内有定义，且 $f(x)$ 在点 x_0 处不连续，则称函数 $f(x)$ 在点 x_0 处**间断**，x_0 称为函数 $f(x)$ 的**间断点**.

由函数 $f(x)$ 在点 x_0 处连续的定义可知，$f(x)$ 在点 x_0 处满足以下三个条件之一，则 x_0 为函数 $f(x)$ 的间断点：

（1）点 x_0 处没有定义；

（2）虽然在点 x_0 处有定义，但 $\lim\limits_{x\to x_0}f(x)$ 不存在；

（3）虽然在点 x_0 处有定义，且 $\lim\limits_{x\to x_0} f(x)$ 存在，但 $\lim\limits_{x\to x_0} f(x)\neq f(x_0)$.

函数的间断点常分为以下两种类型：

（1）如果点 x_0 是 $f(x)$ 的间断点，但在点 x_0 处的左极限 $\lim\limits_{x\to x_0^-} f(x)$ 与右极限 $\lim\limits_{x\to x_0^+} f(x)$ 都存在，则称点 x_0 是函数 $f(x)$ 的**第一类间断点**.

进一步，若 $\lim\limits_{x\to x_0} f(x)=A\neq f(x_0)$ 或者 $\lim\limits_{x\to x_0} f(x)$ 存在，但函数在 x_0 处无定义，则称点 x_0 是函数 $f(x)$ 的**可去间断点**；

若 $\lim\limits_{x\to x_0^-} f(x)\neq \lim\limits_{x\to x_0^+} f(x)$ ，则称点 x_0 是函数 $f(x)$ 的**跳跃间断点**.

（2）如果函数 $f(x)$ 在点 x_0 处的左极限 $\lim\limits_{x\to x_0^-} f(x)$ 与右极限 $\lim\limits_{x\to x_0^+} f(x)$ 中至少有一个不存在，则称点 x_0 是函数 $f(x)$ 的**第二类间断点**.

常见的第二类间断点有**无穷间断点**（如 $\lim\limits_{x\to x_0} f(x)=\infty$ ）和**振荡间断点**（在 $x\to x_0$ 的过程中， $f(x)$ 无限振荡，极限不存在）.

例 2.51 函数 $f(x)=\dfrac{\sin x}{x}$ 在 $x=0$ 点处没有定义，所以 $x=0$ 是函数 $\dfrac{\sin x}{x}$ 的间断点，又因 $\lim\limits_{x\to 0}\dfrac{\sin x}{x}=1$ ，所以 $x=0$ 为 $f(x)$ 的可去间断点，若此时补充定义 $f(0)=1$，那么函数 $f(x)$ 在 $x=0$ 点处就连续了.

例 2.52 讨论函数 $f(x)=\begin{cases}-x, & x\leqslant 0\\ 1+x, & x>0\end{cases}$ 在 $x=0$ 处的连续性.

解 因 $\lim\limits_{x\to 0^-} f(x)=\lim\limits_{x\to 0^-}(-x)=0=f(0)$ ， $\lim\limits_{x\to 0^+} f(x)=\lim\limits_{x\to 0^+}(1+x)=1\neq f(0)$ ，所以 $f(x)$ 在 $x=0$ 处左连续，但右侧不连续，故 $f(x)$ 在 $x=0$ 处不连续，且 $x=0$ 是 $f(x)$ 的跳跃间断点.

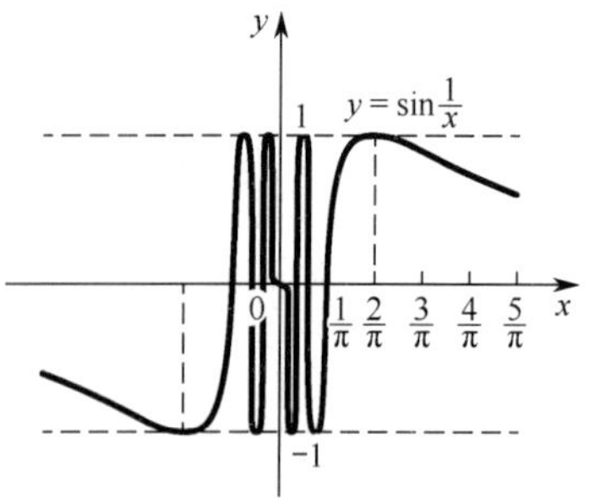

图 2.9

例 2.53 函数 $f(x)=\dfrac{1}{x-1}$ 在 $x=1$ 处没有定义，所以 $x=1$ 为函数 $\dfrac{1}{x-1}$ 的间断点，又因 $\lim\limits_{x\to 1} f(x)=\infty$ ，所以 $x=1$ 为 $f(x)$ 的第二类间断点，它是无穷间断点.

例 2.54 函数 $f(x)=\sin\dfrac{1}{x}$ 在点 $x=0$ 处没有定义．当 $x\to 0$ 时，函数值在 -1 与 1 之间无限次地振荡，所以 $x=0$ 是 $f(x)$ 的第二类间断点，它是振荡间断点（见图 2.9）.

2.7.4 闭区间上连续函数的性质

1．最大值和最小值定理、有界性定理

定义 2.17 设 $f(x)$ 是定义在区间 I 上的函数，若存在 $x_0\in I$ ，使得对一切 $x\in I$ 有

$$f(x_0)\geqslant f(x)\quad (f(x_0)\leqslant f(x)),$$

则称 $f(x_0)$ 是函数 $f(x)$ 在区间 I 上的**最大值**（**最小值**）.

例如， $f(x)=\sin x$ 在 $[0,\pi]$ 上有最大值 1，最小值 0.

定理 2.19（最大值和最小值定理） 在闭区间上连续的函数在该区间为一定能取得它的最大值和最小值.

定理 2.19 说明，如果函数 $f(x)$ 在闭区间 $[a,b]$ 上连续，那么至少有一点 $\xi_1 \in [a,b]$，使 $f(\xi_1)$ 是 $f(x)$ 在 $[a,b]$ 上的最大值，又至少有一点 $\xi_2 \in [a,b]$，使 $f(\xi_2)$ 是 $f(x)$ 在 $[a,b]$ 的最小值.

如果函数在开区间内连续，或函数在闭区间上有间断点，那么函数在该区间上就不一定有最大值或最小值. 例如，$f(x)=\dfrac{1}{x}$ 在开区间 $(0,1)$ 内既无最大值又无最小值，因为它在闭区间 $[0,1]$ 上不连续.

定理 2.20（有界性定理） 在闭区间上连续的函数一定在该区间上有界.

2．零点定理与介值定理

如果 $f(x_0)=0$，则 x_0 称为函数 $f(x)$ 的零点.

定理 2.21（零点定理） 若函数 $f(x)$ 在闭区间 $[a,b]$ 上连续，且 $f(a)$ 与 $f(b)$ 异号，则至少存在一点 $\xi \in (a,b)$，使得 $f(\xi)=0$. 即 $f(x)$ 在 (a,b) 内至少有一个零点.

定理 2.22（介值定理） 设函数 $f(x)$ 在闭区间 $[a,b]$ 上连续，且在该区间的端点取不同的函数值

$$f(a)=A \text{ 及 } f(b)=B,$$

那么，对于 A 与 B 之间的任意一个数 C，在开区间 (a,b) 内至少有一点 $\xi \in (a,b)$ 使得 $f(\xi)=C$.

几何意义：连续曲线弧 $y=f(x)$ 与水平直线 $y=C$ 至少交于一点（图 2.10）.

推论 在闭区间上连续的函数必取得介于最大值 M 与最小值 m 之间的任何值.

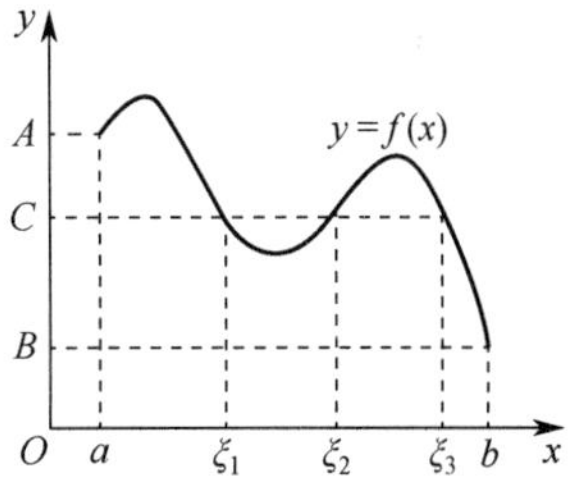

图 2.10

例 2.55 证明方程 $x^3-4x^2+1=0$ 在区间 $(0,1)$ 内至少有一个根.

证 令 $f(x)=x^3-4x^2+1$，则 $f(x)$ 在闭区间 $[0,1]$ 上连续，又

$$f(0)=1>0,\quad f(1)=-2<0,$$

由零点定理可知，存在 $\xi \in (0,1)$，使得 $f(\xi)=0$，即方程 $x^3-4x^2+1=0$ 在区间 $(0,1)$ 内至少有一个根 ξ.

例 2.56 设函数 $f(x)$ 在闭区间 $[a,b]$ 上连续，且 $f(a)<a$，$f(b)>b$，证明至少存在一点 $\xi \in (a,b)$，使得 $f(\xi)=\xi$.

证 令 $F(x)=f(x)-x$，易知 $F(x)$ 在闭区间 $[a,b]$ 上连续，且

$$F(a)=f(a)-a<0,\quad F(b)=f(b)-b>0,$$

由零点定理，至少存在一点 $\xi \in (0,1)$，使得 $F(\xi)=f(\xi)-\xi=0$，即 $f(\xi)=\xi$.

习题 2.7

1．研究下列函数的连续性，并画出图形：

（1）$f(x)=\begin{cases} x^2, & 0\leqslant x\leqslant 1; \\ 2-x, & 1\leqslant x<2. \end{cases}$　　（2）$f(x)=\begin{cases} x, & |x|\leqslant 1; \\ 1, & |x|>1. \end{cases}$

（3）$f(x)=\lim\limits_{n\to\infty}\dfrac{1-x^{2n}}{1+x^{2n}}x$.

2．求下列函数的间断点，并判断其类型．如果是可去间断点，则补充或改变函数的定义，使其在该点连续：

（1）$y=\dfrac{1-\cos 2x}{x^2}$；　　（2）$y=\arctan\dfrac{1}{x}$；

（3）$y=\mathrm{e}^{-\frac{1}{x}}$；　　（4）$y=\dfrac{x^2-1}{x^2-3x+2}$；

（5）$y=\dfrac{2\tan x}{x}$；　　（6）$f(x)=\begin{cases}\dfrac{\sin x}{|x|}, & x\neq 0;\\ 0, & x=0.\end{cases}$

3．在下列函数中，当a取什么值时函数$f(x)$在其定义域内连续？

（1）$f(x)=\begin{cases}\dfrac{x^2-9}{x-3}, & x\neq 3;\\ a, & x=3.\end{cases}$　　（2）$f(x)=\begin{cases}\mathrm{e}^x, & x<0;\\ x-a, & x\geqslant 0.\end{cases}$

4．求下列函数的极限：

（1）$\lim\limits_{x\to\infty}x[\ln(x+a)-\ln x]$；　　（2）$\lim\limits_{x\to\infty}\dfrac{2x^2-3x-4}{\sqrt{x^4+1}}$；

（3）$\lim\limits_{x\to 0}\dfrac{\sqrt{1+x+x^2}-1}{\sin 2x}$；　　（4）$\lim\limits_{x\to 0}\dfrac{\tan x}{1-\sqrt{1+\tan x}}$；

（5）$\lim\limits_{x\to+\infty}\cos(\operatorname{arccot}x)$；　　（6）$\lim\limits_{x\to 0}\dfrac{\ln(1+x)-\ln(1-x)}{x}$．

5．证明方程$2^x=x^2$在区间$(-1,1)$内必有实根．

6．证明方程$x=a\sin x+b$至少有一个正根，并且它不超过$a+b$，其中$a>0$，$b>0$．

习题 2

（A）

1．单项选择题

（1）若$f(x)$在点x_0处的极限存在，则（　　）．

（A）$f(x_0)$必存在且等于极限值　　（B）$f(x_0)$存在但不一定等于极限值

（C）$f(x_0)$在x_0处的函数值可以不存在　　（D）如果$f(x_0)$存在，则必等于极限值

（2）设$f(x)=\dfrac{|x-1|}{x-1}$，则$\lim\limits_{x\to 1}f(x)=$（　　）．

（A）0　　（B）-1　　（C）1　　（D）不存在

（3）当$x\to 0^+$时，与$\sqrt{x}$等价的无穷小量是（　　）．

（A）$1-\mathrm{e}^{\sqrt{x}}$　　（B）$\ln\dfrac{1-x}{1-\sqrt{x}}$　　（C）$\sqrt{1+\sqrt{x}}-1$　　（D）$1-\cos\sqrt{x}$

2．根据数列极限的定义，证明：

（1）$\lim\limits_{n\to\infty}\dfrac{1}{n^2}=0$；　　（2）$\lim\limits_{n\to\infty}0.\overbrace{99\cdots9}^{n个}=1$．

3．求下列极限：

（1）$\lim\limits_{x\to3}\dfrac{x^2-3}{x^2+1}$；　　（2）$\lim\limits_{n\to\infty}\left[\dfrac{1+3+\cdots+(2n-1)}{n+1}-\dfrac{2n+1}{2}\right]$；

（3）$\lim\limits_{x\to1}\left(\dfrac{1}{1-x}-\dfrac{3}{1-x^3}\right)$；　　（4）$\lim\limits_{n\to\infty}\dfrac{(n+1)(2n+2)(3n+3)}{2n^3}$；

（5）$\lim\limits_{x\to4}\dfrac{2-\sqrt{x}}{3-\sqrt{2x+1}}$；　　（6）$\lim\limits_{x\to0}\ln\dfrac{\sin 2x}{x}$；

（7）$\lim\limits_{x\to0}\dfrac{e^{2x}-1}{\ln(1+6x)}$；　　（8）$\lim\limits_{x\to1}\dfrac{\sqrt{3-x}-\sqrt{1+x}}{x^2-1}$；

（9）$\lim\limits_{x\to\infty}\dfrac{\ln(x^2+1)}{\ln(2x^2+1)}$；　　（10）$\lim\limits_{x\to+\infty}\left(1-\dfrac{1}{x}\right)^{\sqrt{x}}$；

（11）$\lim\limits_{x\to0}(1+2x)^{\frac{3}{\sin x}}$；　　（12）$\lim\limits_{x\to0}\dfrac{1-\cos x}{(e^x-1)\ln(1+x)}$．

4．证明$\lim\limits_{x\to0}\arctan\dfrac{1}{x}$不存在．

5．设$a>0$，$x_1>0$，$x_{n+1}=\dfrac{1}{2}\left(x_n+\dfrac{a}{x_n}\right)(n=1,2,\cdots)$，证明$\lim\limits_{n\to\infty}x_n$存在，并求它的极限．

6．求下列函数的间断点，说明它们属于哪一类间断点，如果是可去间断点，则补充或改变函数的定义，使它连续：

（1）$y=\dfrac{x^2-1}{x^2-3x+2}$；　　（2）$y=\dfrac{x}{\tan x}$；　　（3）$y=\begin{cases}x-1, & x\leqslant1;\\ 3-x, & x>1.\end{cases}$

7．下列函数怎样选取a,b的值，使$f(x)$在$(-\infty,+\infty)$上连续．

（1）$f(x)=\begin{cases}ax+1, & x<\dfrac{\pi}{2};\\ \sin x+b, & x\geqslant\dfrac{\pi}{2}.\end{cases}$　　（2）$g(x)=\begin{cases}e^x, & x<0;\\ a+x, & x\geqslant0.\end{cases}$

8．a为何值时，函数$f(x)=\begin{cases}x^2+1, & |x|\leqslant a\\ \dfrac{2}{|x|}, & |x|>a\end{cases}$在$(-\infty,+\infty)$上连续．

9．设$f(x)=\begin{cases}\dfrac{\cos x}{x+2}, & x\geqslant0;\\ \dfrac{\sqrt{a}-\sqrt{a-x}}{x}, & x<0(a>0).\end{cases}$

（1）当a为何值时，$x=0$是$f(x)$的连续点？

（2）当a为何值时，$x=0$是$f(x)$的间断点？是什么类型的间断点？

10．试证：方程$x\cdot2^x=1$至少有一个小于 1 的正根．

（B）

1．单项选择题

（1）$f(x_0-0)$ 与 $f(x_0+0)$ 都存在是函数 $f(x)$ 在点 x_0 处连续的（　　）.

（A）必要条件　（B）充分条件　（C）充要条件　（D）无关条件

（2）函数 $f(x)=\dfrac{x^3-x}{\sin \pi x}$ 的可去间断点的个数为（　　）.

（A）1　（B）2　（C）3　（D）无穷多个

（3）设函数 $f(x)=\begin{cases}\dfrac{1+2\mathrm{e}^{\frac{1}{x}}}{2+\mathrm{e}^{\frac{1}{x}}}, & x\neq 0;\\ 2, & x=0;\end{cases}$ 则 $x=0$ 是函数 $f(x)$ 的（　　）.

（A）可去间断点　（B）跳跃间断点　（C）无穷间断点　（D）连续点

（4）（2020 年考研数学三）设 $f(x)=\dfrac{\mathrm{e}^{\frac{1}{x-1}}\ln(1+x)}{(\mathrm{e}^x-1)(x-2)}(x>-1)$，则 $f(x)$ 的第二类间断点的个数为（　　）.

（A）1　（B）2　（C）3　（D）4

2．设有数列 $x_n=\dfrac{1}{n}\sin\dfrac{n\pi}{2}$，（1）求 $\lim\limits_{n\to\infty}x_n$；（2）取 $\varepsilon=0.001$，确定正整数 N，使对所有 $n>N$，有 $|x_n-a|<\varepsilon$.

3．求下列极限.

（1）$\lim\limits_{x\to+\infty}\dfrac{\sin(\operatorname{arccot} x)}{\operatorname{arccot} x}$；

（2）$\lim\limits_{x\to1}\dfrac{(\ln x)^2}{(x-1)^2}$；

（3）$\lim\limits_{x\to\mathrm{e}}\dfrac{x-\mathrm{e}}{\ln x-1}$；

（4）$\lim\limits_{x\to0}\dfrac{\sqrt{1+\sin x}-\sqrt{1+\tan x}}{x^3}$；

（5）$\lim\limits_{x\to\infty}x\sin\dfrac{2x}{1+x^2}$；

（6）$\lim\limits_{n\to\infty}(1+x)(1+x^2)\cdots(1+x^{2^n})(|x|<1)$；

（7）$\lim\limits_{n\to\infty}\left(\cos\dfrac{x}{2}\cos\dfrac{x}{2^2}\cdots\cos\dfrac{x}{2^n}\right)$；

（8）$\lim\limits_{x\to1}\dfrac{(1-\sqrt{x})(1-\sqrt[3]{x})\cdots(1-\sqrt[n]{x})}{(1-x)^{n-1}}$；

（9）$\lim\limits_{x\to0}\dfrac{\cos^2 2x-\cos^2 3x}{x^2}$；

（10）$\lim\limits_{x\to0}\dfrac{1-\cos 4x}{2\sin^2 x+x\tan^2 x}$.

4．讨论极限 $\lim\limits_{x\to0}\dfrac{1-2^{\frac{1}{x}}}{1+2^{\frac{1}{x}}}$ 是否存在.

5．设 $n\in N^*$，研究函数 $f(x)=\lim\limits_{n\to\infty}\dfrac{n^x-n^{-x}}{n^x+n^{-x}}$ 的连续性.

6．设 $0<a<b$，求极限 $\lim\limits_{n\to\infty}(a^{-n}+b^{-n})^{\frac{1}{n}}$.

7.（2019 年考研数学三）$\lim\limits_{n\to\infty}\left(\dfrac{1}{1\times2}+\dfrac{1}{2\times3}+\cdots+\dfrac{1}{n\times(n+1)}\right)^n=$ ________.

8．（2018 年考研数学三）已知 $\lim\limits_{x\to+\infty}[(ax+b)\mathrm{e}^{\frac{1}{x}}-x]=2$，求 a,b 的值．

9．（2014 年考研数学三）已知当 $x\to 0$ 时，$\dfrac{\ln(1-2x^2)}{x}\sim 1-\mathrm{e}^{kx}$，则常数 $k=$______．

10．（2014 年考研数学三）函数 $f(x)=\dfrac{1-\cos x}{x(x-1)\sin x}$ 的可去间断点为 $x=$______．

11．设 a 为正常数，$f(x)$ 在 $[0,2a]$ 上连续，且 $f(0)=f(2a)$，证明：方程 $f(x)=f(x+a)$ 在 $[0,a]$ 内至少有一根．

12．证明方程 $\dfrac{1}{x-1}+\dfrac{1}{x-2}+\dfrac{1}{x-3}=0$ 有分别包含于 $(1,2)$，$(2,3)$ 内的两个实根．

13．设 $\{x_n\}$ 满足：$x_1=-\dfrac{1}{2}$，$x_{n+1}={x_n}^2+2x_n(n=1,2,\cdots)$，证明 $\{x_n\}$ 收敛，并求 $\lim\limits_{n\to\infty}x_n$．

14．证明 $\lim\limits_{n\to\infty}\left(1+\dfrac{1}{n}\right)^n$ 存在（不能用 2.5 节例 2.28 的方法）．

第 3 章　导数与微分

在科技经济和实际生活中，经常遇到两类问题：一是求函数相对于自变量的变化率；二是当自变量发生微小变化时，求函数改变量的近似值．前者是导数的问题，后者是微分的问题．数学中研究导数、微分及其应用的部分称为微分学，研究不定积分、定积分及其应用的部分称为积分学．微分学与积分学统称为微积分学．微积分学是高等数学最基本、最重要的组成部分，是现代数学许多分支的基础．本章以极限为基础，引进导数与微分的定义，建立导数与微分的计算方法．

3.1　导数的概念

3.1.1　引例

1．切线问题

设曲线 C 为函数 $y=f(x)$ 的图形，曲线 C 上有一个定点 $P(x_0,f(x_0))$（图 3.1），$Q(x,f(x))$ 是曲线 C 上的一个动点，连接 PQ 两点的直线称为曲线 C 的**割线**．当点 Q 沿曲线 C 趋于点 P 时，如果割线 PQ 绕点 P 旋转而趋于极限位置 PT，直线 PT 就称为曲线 C 在点 P 处的**切线**．这里极限位置的含义是：只要弦长 $|PQ|$ 趋向于零，$\angle QPT$ 也趋向于零．

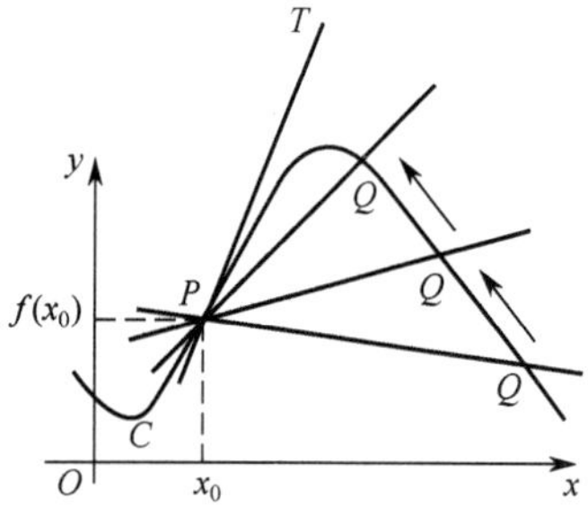

图 3.1

显然当 $x\neq x_0$ 时，割线 PQ 的斜率为

$$m_{PQ}=\frac{f(x)-f(x_0)}{x-x_0}.$$

如果当点 Q 沿曲线 C 趋向于点 P 时，即当 $x\to x_0$ 时，上式的极限存在，设为 k，则此极限值 k 就是曲线 C 在 $P(x_0,f(x_0))$ 点处的切线的斜率．即

$$k=\lim_{x\to x_0}\frac{f(x)-f(x_0)}{x-x_0}.$$

2．变速直线运动的瞬时速度

假设一个物体在直线上做变速运动，函数 $s=f(t)$ 表示时刻 t 物体位置与初始位置的距离．在时间段 $[t_0,t]$ 内，物体的位置发生了变化，可用 $\Delta s=f(t)-f(t_0)$ 表示，因此在该时间段内，物体的平均速度 v_{ave} 可表示为

$$v_{\text{ave}}=\frac{\Delta s}{\Delta t}=\frac{f(t)-f(t_0)}{t-t_0}.$$

令 $t\to t_0$，取上式的极限，如果这个极限存在，设为 v，即

$$v=\lim_{t\to t_0}\frac{\Delta s}{\Delta t}=\lim_{t\to t_0}\frac{f(t)-f(t_0)}{t-t_0}.$$

这时把这个极限值 v 称为物体在 t_0 时刻的（**瞬时**）**速度**．

3.1.2　导数的定义

从上面的两个例子可以看出，切线斜率和变速直线运动的瞬时速度的计算都可以归结为如下极限的计算，即

$$\lim_{x \to x_0} \frac{\Delta y}{\Delta x} = \lim_{x \to x_0} \frac{f(x) - f(x_0)}{x - x_0},$$

这里 $\Delta x = x - x_0$，$\Delta y = f(x) - f(x_0)$ 分别为函数 $y = f(x)$ 的自变量的增量和因变量的增量．又因 $x \to x_0$ 相当于 $\Delta x \to 0$，所以上述极限可以改写为

$$\lim_{\Delta x \to 0} \frac{\Delta y}{\Delta x} = \lim_{\Delta x \to 0} \frac{f(x_0 + \Delta x) - f(x_0)}{\Delta x}.$$

实际上，这种形式的极限广泛存在于物理学、经济学等其他研究领域．因此对这类极限进行抽象的数学研究是很有必要的．

定义 3.1　设函数 $y = f(x)$ 在点 x_0 的某个邻域内有定义．当自变量 x 在 x_0 处的增量为 Δx（点 $x_0 + \Delta x$ 仍在该邻域内）时，因变量 y 的增量为

$$\Delta y = f(x_0 + \Delta x) - f(x_0).$$

当 $\Delta x \to 0$ 时，如果极限 $\lim\limits_{\Delta x \to 0} \dfrac{\Delta y}{\Delta x}$ 存在，则称这个极限值为函数 $y = f(x)$ 在点 x_0 处的导数，并称函数 $y = f(x)$ 在点 x_0 处可导，记为 $f'(x_0)$，$y'\big|_{x=x_0}$，$\dfrac{\mathrm{d}y}{\mathrm{d}x}\Big|_{x=x_0}$ 或 $\dfrac{\mathrm{d}f(x)}{\mathrm{d}x}\Big|_{x=x_0}$，即

$$f'(x_0) = \lim_{\Delta x \to 0} \frac{\Delta y}{\Delta x} = \lim_{\Delta x \to 0} \frac{f(x_0 + \Delta x) - f(x_0)}{\Delta x}. \tag{3.1}$$

如果上述极限不存在，则称函数 $y = f(x)$ 在点 x_0 处**不可导**，称点 x_0 为 $y = f(x)$ 的**不可导点**．

在式（3.1）中，令 $\Delta x = h$，函数 $f(x)$ 在点 x_0 处的导数也可以表示为

$$f'(x_0) = \lim_{h \to 0} \frac{f(x_0 + h) - f(x_0)}{h},$$

令 $x = x_0 + \Delta x$，函数 $f(x)$ 在点 x_0 处的导数也可以表示为

$$f'(x_0) = \lim_{x \to x_0} \frac{f(x) - f(x_0)}{x - x_0}.$$

注：（1）函数 $f(x)$ 在点 x_0 处可导有时也称函数 $f(x)$ 在点 x_0 处具有导数或导数存在．

（2）若不可导的原因是式（3.1）的极限为无穷大，为了方便起见，我们也往往说函数 $y = f(x)$ 在点 x_0 处的导数为无穷大．

例 3.1　设函数 $f(x) = 3x^2 + 2x - 3$，求函数在点 $x_0 = 3$ 处的导数．

解　由导数的定义可得

$$\begin{aligned} f'(3) &= \lim_{h \to 0} \frac{f(3+h) - f(3)}{h} \\ &= \lim_{h \to 0} \frac{3(3+h)^2 + 2(3+h) - 3 - (3 \cdot 3^2 + 2 \cdot 3 - 3)}{h} \\ &= \lim_{h \to 0} \frac{18h + 3h^2 + 2h}{h} = \lim_{h \to 0}(20 + 3h) = 20. \end{aligned}$$

如果函数 $y = f(x)$ 在开区间 I 内每一点处都可导，就称函数 $f(x)$ 在开区间 I 内可

导．这时在 I 内任取一点 x_0，则函数 $f(x)$ 在 x_0 处可导，由可导定义可得

$$f'(x_0)=\lim_{\Delta x\to 0}\frac{f(x_0+\Delta x)-f(x_0)}{\Delta x} \text{或} f'(x_0)=\lim_{h\to 0}\frac{f(x_0+h)-f(x_0)}{h},$$

若此时我们将 x_0 看成一个可以变化的量，并用 x 代替，则上式改写为

$$f'(x)=\lim_{\Delta x\to 0}\frac{f(x+\Delta x)-f(x)}{\Delta x} \text{或} f'(x)=\lim_{h\to 0}\frac{f(x+h)-f(x)}{h},$$

显然 $f'(x)$ 是一个关于 x 的函数，我们称 $f'(x)$ 为函数 $f(x)$ 的**导函数**，简称**导数**，也可记作

$$y', \quad \frac{\mathrm{d}y}{\mathrm{d}x} \text{或} \frac{\mathrm{d}f(x)}{\mathrm{d}x}.$$

显然，函数 $f(x)$ 在点 x_0 处的导数 $f'(x_0)$ 就是导函数 $f'(x)$ 在点 x_0 处的函数值，即

$$f'(x_0)=f'(x)\big|_{x=x_0}.$$

例 3.2 求函数 $f(x)=C$ 的导数，其中 C 为任意常数.

解 设 $y=f(x)=C$，则 $\Delta y=f(x+\Delta x)-f(x)=C-C=0$，由导数定义可得

$$y'=\lim_{\Delta x\to 0}\frac{\Delta y}{\Delta x}=\lim_{\Delta x\to 0}\frac{0}{\Delta x}=0.$$

即

$$(C)'=0.$$

例 3.3 求函数 $f(x)=\sin x$ 的导数.

解 由导数的定义可得

$$f'(x)=\lim_{h\to 0}\frac{f(x+h)-f(x)}{h}=\lim_{h\to 0}\frac{\sin(x+h)-\sin x}{h}$$

$$=\lim_{h\to 0}\frac{2\cos\left(x+\frac{h}{2}\right)\sin\frac{h}{2}}{h}=\cos x\cdot\lim_{h\to 0}\frac{2\sin\frac{h}{2}}{h}=\cos x,$$

即

$$(\sin x)'=\cos x.$$

类似可证 $(\cos x)'=-\sin x$.

例 3.4 求函数 $f(x)=a^x$ 的导数，其中 $a>0$ 且 $a\neq 1$ 为常数.

解 由导数的定义可得

$$f'(x)=\lim_{h\to 0}\frac{f(x+h)-f(x)}{h}=\lim_{h\to 0}\frac{a^{x+h}-a^x}{h}=\lim_{h\to 0}\frac{\mathrm{e}^{(x+h)\ln a}-\mathrm{e}^{x\ln a}}{h}$$

$$=\lim_{h\to 0}\frac{\mathrm{e}^{h\ln a}-1}{h}\cdot\mathrm{e}^{x\ln a}=\ln a\cdot\mathrm{e}^{x\ln a}=a^x\ln a.$$

即

$$(a^x)'=a^x\ln a.$$

特别地，若 $a=\mathrm{e}$，则有 $(\mathrm{e}^x)'=\mathrm{e}^x$.

例 3.5 求函数 $f(x)=x^a$ 的导数，其中 a 为非零常数.

解 由导数的定义可得

$$f'(x)=\lim_{h\to 0}\frac{f(x+h)-f(x)}{h}=\lim_{h\to 0}\frac{(x+h)^a-x^a}{h}$$

$$= x^a \lim_{h\to 0}\frac{\left(1+\frac{h}{x}\right)^a - 1}{h} = x^a \lim_{h\to 0}\frac{a\cdot\frac{h}{x}}{h} = ax^{a-1}.$$

3.1.3　单侧导数

由导数的定义可知，导数本质是因变量增量与自变量增量比值的极限，即

$$f'(x_0) = \lim_{\Delta x\to 0}\frac{\Delta y}{\Delta x} = \lim_{\Delta x\to 0}\frac{f(x_0+\Delta x)-f(x_0)}{\Delta x},$$

而极限存在的充分必要条件为左右极限都存在且相等，由此可知：

函数 $f(x)$ 在点 x_0 处可导的充要条件为相应的左右极限

$$\lim_{\Delta x\to 0^-}\frac{f(x_0+\Delta x)-f(x_0)}{\Delta x}$$

和

$$\lim_{\Delta x\to 0^+}\frac{f(x_0+\Delta x)-f(x_0)}{\Delta x}$$

都存在且相等．我们把这两个极限分别称为函数在点 x_0 处的**左导数**和**右导数**，分别记作 $f'_-(x_0)$ 及 $f'_+(x_0)$，从而有

函数在点 x_0 处的左导数为

$$f'_-(x_0) = \lim_{\Delta x\to 0^-}\frac{f(x_0+\Delta x)-f(x_0)}{\Delta x} = \lim_{x\to x_0^-}\frac{f(x)-f(x_0)}{x-x_0},$$

函数在点 x_0 处的右导数为

$$f'_+(x_0) = \lim_{\Delta x\to 0^+}\frac{f(x_0+\Delta x)-f(x_0)}{\Delta x} = \lim_{x\to x_0^+}\frac{f(x)-f(x_0)}{x-x_0}.$$

注：（1）左导数和右导数统称为单侧导数；

（2）如果 $f(x)$ 在开区间 (a,b) 内可导，且 $f'_+(a)$ 和 $f'_-(b)$ 都存在，则称 $f(x)$ 在闭区间 $[a,b]$ 上可导．

有了左右导数的定义，我们马上可以得到：

定理 3.1　函数在点 x_0 处可导的充分必要条件为函数在点 x_0 处的左右导数都存在且相等．

例 3.6　讨论 $f(x)=|x|$ 在点 $x=0$ 的可导性．

解　分别计算函数 $f(x)=\begin{cases}-x, & x<0,\\ x, & x\geqslant 0,\end{cases}$ 的左、右导数，有

$$f'_-(0) = \lim_{\Delta x\to 0^-}\frac{f(\Delta x)-f(0)}{\Delta x} = \lim_{\Delta x\to 0^-}\frac{|\Delta x|}{\Delta x} = \lim_{\Delta x\to 0^-}\frac{-\Delta x}{\Delta x} = -1,$$

$$f'_+(0) = \lim_{\Delta x\to 0^+}\frac{f(\Delta x)-f(0)}{\Delta x} = \lim_{\Delta x\to 0^+}\frac{|\Delta x|}{\Delta x} = \lim_{\Delta x\to 0^+}\frac{\Delta x}{\Delta x} = 1,$$

从而可知 $f'_-(0)\neq f'_+(0)$，即 $f(x)=|x|$ 在点 $x=0$ 处不可导．

例 3.7　讨论 $f(x)=\begin{cases}1-\cos x, & x>0\\ x^2, & x\leqslant 0\end{cases}$ 在点 $x=0$ 的可导性．

解 分别计算函数 $f(x)=\begin{cases}1-\cos x, & x>0\\ x^2, & x\leqslant 0\end{cases}$ 的左、右导数，有

$$f'_-(0)=\lim_{x\to 0^-}\frac{f(x)-f(0)}{x-0}=\lim_{x\to 0^-}\frac{x^2}{x}=\lim_{x\to 0^-}x=0,$$

$$f'_+(0)=\lim_{x\to 0^+}\frac{f(x)-f(0)}{x-0}=\lim_{x\to 0^+}\frac{1-\cos x}{x}=\lim_{x\to 0^+}\frac{\frac{1}{2}x^2}{x}=\frac{1}{2}\lim_{x\to 0^+}x=0,$$

显然 $f(x)$ 在点 $x=0$ 处可导，且 $f'(0)=0$.

3.1.4 导数的几何意义

由引例 3.1.1 节及导数的定义可知，如果函数 $y=f(x)$ 在点 x_0 处可导，则 $f'(x_0)$ 就是曲线 $y=f(x)$ 在点 $(x_0, f(x_0))$ 处的切线的斜率，即

$$k=\tan\alpha=f'(x_0),$$

其中，α 是曲线 $y=f(x)$ 在点 $(x_0, f(x_0))$ 处的切线的倾角.

过切点 $(x_0, f(x_0))$ 且与切线垂直的直线称为曲线 $y=f(x)$ 在点 $(x_0, f(x_0))$ 处的**法线**.

利用直线的点斜式方程，可得过点 $(x_0,f(x_0))$ 的切线方程和法线方程：

切线方程为

$$y-f(x_0)=f'(x_0)(x-x_0).$$

法线方程为

$$y-f(x_0)=-\frac{1}{f'(x_0)}(x-x_0)\ \ (f'(x_0)\neq 0).$$

注：若函数 $f(x)$ 在点 x_0 处的导数无穷大，表示曲线 $y=f(x)$ 在点 $(x_0,f(x_0))$ 处具有垂直于 x 轴的切线 $x=x_0$.

例 3.8 求抛物线 $y=x^2+2$ 过点 $(1,3)$ 的切线和法线方程.

解 函数 $y=x^2$ 的导数为 $f'(x)=2x$ ，由导数的几何意义可知，切线的斜率为 $f'(1)=2$ ，故抛物线 $y=x^2+2$ 过点 $(1,3)$ 的切线方程为

$$y-3=2(x-1),$$

即

$$y=2x+1,$$

法线方程为

$$y-3=-\frac{1}{2}(x-1),$$

即

$$y=-\frac{1}{2}x+\frac{7}{2}.$$

3.1.5 函数的可导性与连续性的关系

定理 3.2 如果函数 $f(x)$ 在点 x_0 处可导，则它在 x_0 处连续.

证 因为函数 $f(x)$ 在点 x_0 处可导，则极限 $f'(x_0)=\lim\limits_{\Delta x\to 0}\dfrac{f(x_0+\Delta x)-f(x_0)}{\Delta x}$ 存在，所以

由极限的乘法法则可得

$$\begin{aligned}\lim_{\Delta x\to 0}[f(x_0+\Delta x)-f(x_0)] &= \lim_{\Delta x\to 0}\frac{f(x_0+\Delta x)-f(x_0)}{\Delta x}\cdot\Delta x \\ &= \lim_{\Delta x\to 0}\frac{f(x_0+\Delta x)-f(x_0)}{\Delta x}\cdot\lim_{\Delta x\to 0}\Delta x \\ &= f'(x_0)\cdot 0 = 0,\end{aligned}$$

从而由连续的定义可知，函数 $f(x)$ 在点 x_0 处是连续的.

注： 该定理的逆命题不成立，即函数在某点连续，但不一定在该点可导.

例如，函数 $f(x)=|x|$ 在点 $x=0$ 是连续的，但由例 3.6 可知函数在 $x=0$ 是不可导的，其函数图形如图 3.2 所示.

例 3.9 试讨论函数 $y=\begin{cases}x\sin\frac{1}{x}, & x\neq 0\\ 0, & x=0\end{cases}$ 在 $x=0$ 处的连续性与可导性.

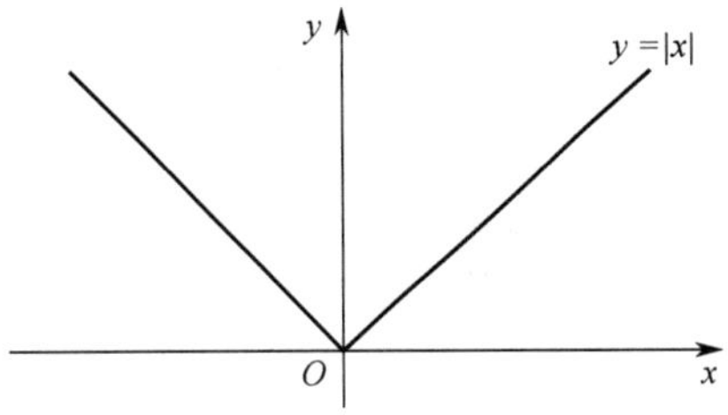

图 3.2

解 由条件知

$$\lim_{x\to 0}f(x)=\lim_{x\to 0}x\sin\frac{1}{x}=0=f(0),$$

所以函数 $f(x)$ 在 $x=0$ 处是连续的.

又因为

$$\lim_{x\to 0}\frac{f(x)-f(0)}{x-0}=\lim_{x\to 0}\frac{x\sin\frac{1}{x}}{x}=\lim_{x\to 0}\sin\frac{1}{x},$$

而极限 $\lim\limits_{x\to 0}\sin\frac{1}{x}$ 不存在，所以极限 $\lim\limits_{x\to 0}\frac{f(x)-f(0)}{x-0}$ 不存在，从而由导数定义可知，函数 $f(x)$ 在 $x=0$ 处不可导.

习题 3.1

1．利用定义计算下列函数的导数：

（1）$f(x)=\sqrt{x}$；　（2）$f(x)=\cos x$；　（3）$f(x)=\frac{2x+1}{x+2}$.

2．下列极限表示某函数 $f(x)$ 在某点 x_0 处的导数，请分别写出函数 $f(x)$ 及点 x_0：

（1）$\lim\limits_{h\to 0}\frac{(1+h)^{10}-1}{h}$；　（2）$\lim\limits_{x\to\frac{\pi}{4}}\frac{\tan x-1}{x-\frac{\pi}{4}}$；　（3）$\lim\limits_{t\to 1}\frac{t^4+t-2}{t-1}$

3．若函数 $f(x)$ 在点 x_0 处可导，分别计算下列极限：

（1）$\lim\limits_{\Delta x\to 0}\frac{f(x_0-2\Delta x)-f(x_0)}{\Delta x}$　（2）$\lim\limits_{\Delta x\to 0}\frac{f(x_0+\Delta x)-f(x_0-\Delta x)}{\Delta x}$

4．设函数 $f(x)$ 可导，且 $\lim\limits_{x\to 0}\frac{f(1)-f(1-x)}{3x}=-2$，求 $f'(1)$.

5．已知 $f'(5)=3$，计算 $\lim\limits_{x\to 5}\frac{f(x)-f(5)}{\sqrt{x}-\sqrt{5}}$.

6．设函数 $f(x)=\begin{cases}\sin x, & x<0;\\ ax, & x\geqslant 0.\end{cases}$ 问当 a 为何值时，函数 $f(x)$ 在 $(-\infty,\infty)$ 内可导.

7．设函数 $f(x)=\begin{cases}2e^x+b, & x\leqslant 0;\\ ax+\sin x, & x>0.\end{cases}$ 问 a,b 为何值时，函数在 $x=0$ 处可导.

8．过原点作曲线 $y=e^x$ 的切线，求切线方程及法线方程.

9．证明双曲线 $xy=a^2$ 上任何一点处的切线与两坐标轴构成的三角形的面积都等于 $2a^2$.

3.2　函数的求导法则

在 3.1 节中，我们学习了导数的定义．实际上，利用定义计算导数是比较烦琐的，有时甚至是比较困难的．因此，我们需要探索其他计算导数的方法．在本节中，我们将借助一些求导法则和基本初等函数的导数公式，来计算常见初等函数的导数.

3.2.1　导数的四则运算法则

已知两个函数 $f(x)$ 和 $g(x)$，通过加、减、乘、除四则运算，我们可以构造出新的函数 $f(x)\pm g(x)$、$f(x)\cdot g(x)$ 和 $\dfrac{f(x)}{g(x)}$．这些新构造的函数的导数与 $f(x)$ 和 $g(x)$ 的导数有什么关系呢？实际上，根据导数的定义，它们的关系可以由以下定理表示.

定理 3.3　设函数 $u(x)$ 和 $v(x)$ 在 x 处都可导，则有

（1）$[u(x)\pm v(x)]'=u'(x)\pm v'(x)$；

（2）$[u(x)v(x)]'=u'(x)v(x)+u(x)v'(x)$，特别地 $[c\cdot u(x)]'=c\cdot u'(x)$（$c$ 为常数）；

（3）$\left[\dfrac{u(x)}{v(x)}\right]'=\dfrac{u'(x)v(x)-u(x)v'(x)}{v^2(x)}$　$(v(x)\neq 0)$，特别地 $\left[\dfrac{1}{v(x)}\right]'=-\dfrac{v'(x)}{v^2(x)}$　$(v(x)\neq 0)$.

证明　（1）设 $f(x)=u(x)+v(x)$，则

$$f'(x)=\lim_{h\to 0}\frac{f(x+h)-f(x)}{h}=\lim_{h\to 0}\frac{u(x+h)+v(x+h)-(u(x)+v(x))}{h}$$

$$=\lim_{h\to 0}\frac{u(x+h)-u(x)}{h}+\lim_{h\to 0}\frac{v(x+h)-v(x)}{h}=u'(x)+v'(x)$$

类似可以证明 $[u(x)-v(x)]'=u'(x)-v'(x)$.

（2）设 $f(x)=u(x)v(x)$，则

$$f'(x)=\lim_{h\to 0}\frac{f(x+h)-f(x)}{h}=\lim_{h\to 0}\frac{u(x+h)v(x+h)-u(x)v(x)}{h}$$

$$=\lim_{h\to 0}\frac{u(x+h)v(x+h)-u(x+h)v(x)+u(x+h)v(x)-u(x)v(x)}{h}$$

$$=\lim_{h\to 0}u(x+h)\frac{v(x+h)-v(x)}{h}+\lim_{h\to 0}v(x)\frac{u(x+h)-u(x)}{h}$$

$$=u(x)v'(x)+u'(x)v(x).$$

（3）由于 $\dfrac{u(x)}{v(x)}=u(x)\cdot\dfrac{1}{v(x)}$，故可以利用（2）来证明（3）.

因为

$$\left(\frac{1}{v(x)}\right)'=\lim_{h\to 0}\frac{\dfrac{1}{v(x+h)}-\dfrac{1}{v(x)}}{h}=-\lim_{h\to 0}\frac{v(x+h)-v(x)}{h}\cdot\frac{1}{v(x+h)v(x)},$$

$$=-\lim_{h\to 0}\frac{v(x+h)-v(x)}{h}\cdot\lim_{h\to 0}\frac{1}{v(x+h)v(x)}=-\frac{v'(x)}{v^2(x)}.$$

所以由（2）可知

$$\left(\frac{u(x)}{v(x)}\right)'=\left(u(x)\cdot\frac{1}{v(x)}\right)'=u'(x)\frac{1}{v(x)}+u(x)\left(\frac{1}{v(x)}\right)'$$

$$=u'(x)\frac{1}{v(x)}-u(x)\frac{v'(x)}{v^2(x)}=\frac{u'(x)v(x)-u(x)v'(x)}{v^2(x)}.$$

注：定理 3.3 中的前两条法则可以推广到有限多个函数的情形.

例如，函数 $u(x)$、$v(x)$ 和 $w(x)$ 均可导，则有

$$[u(x)+v(x)+w(x)]'=u'(x)+v'(x)+w'(x),$$

$$[u(x)v(x)w(x)]'=u'(x)v(x)w(x)+u(x)v'(x)w(x)+u(x)v(x)w'(x).$$

例 3.10　设 $f(x)=x^2+2\sin x-3$，求 $f'(x)$ 及 $f'\left(\dfrac{\pi}{2}\right)$.

解　由导数的四则运算法则，可知

$$f'(x)=(x^2+2\sin x-3)'=(x^2)'+(2\sin x)'-(3)'=2x+2\cos x,$$

故 $f'\left(\dfrac{\pi}{2}\right)=2\cdot\dfrac{\pi}{2}+\cos\dfrac{\pi}{2}=\pi$.

例 3.11　设 $y=2^x(x^3+2x-1)$，求 y' 及 $y'|_{x=0}$.

解　由导数的四则运算法则，可知

$$y'=[2^x(x^3+2x-1)]'=(2^x)'(x^3+2x-1)+2^x(x^3+2x-1)'$$

$$=(\ln 2)\cdot 2^x(x^3+2x-1)+2^x(3x^2+2),$$

故 $y'|_{x=0}=(\ln 2)\times 1\times(-1)+1\times 2=2-\ln 2$.

例 3.12　设函数 $f(x)=x(x-1)(x-2)\cdots(x-100)$，求 $f'(0)$.

解　方法一：　由导数的四则运算法则，可知

$$f'(x)=[x(x-1)(x-2)\cdots(x-100)]'$$

$$=(x)'[(x-1)(x-2)\cdots(x-100)]+x[(x-1)(x-2)\cdots(x-100)]'$$

$$=(x-1)(x-2)\cdots(x-100)+x[(x-1)(x-2)\cdots(x-100)]'$$

所以

$$f'(0)=(-1)\cdot(-2)\cdots(-100)=100!.$$

方法二：利用导数的定义，可知

$$f'(0)=\lim_{x\to 0}\frac{f(x)-f(0)}{x-0}=\lim_{x\to 0}\frac{x(x-1)(x-2)\cdots(x-100)}{x}$$

$$=\lim_{x\to 0}(x-1)(x-2)\cdots(x-100)=100!.$$

3.2.2 反函数的导数

假设函数 $y=f(x)$ 在点 x_0 的某个邻域内单调、可导，且 $f'(x_0)\neq 0$，则其反函数一定存在，不妨设其反函数为 $x=\varphi(y)$. 由导数的定义及可导与连续的关系，我们知道

$$f'(x_0)=\lim_{\Delta x\to 0}\frac{\Delta y}{\Delta x},$$

且函数 $y=f(x)$ 点 x_0 处连续，即当 $\Delta x\to 0$ 时，有 $\Delta y\to 0$.
将上式可改写为

$$f'(x_0)=\lim_{\Delta y\to 0}\frac{1}{\dfrac{\Delta x}{\Delta y}},$$

由于 $f'(x_0)$ 存在且不为零，故上式右边的极限一定存在，即 $\lim\limits_{\Delta y\to 0}\dfrac{\Delta x}{\Delta y}$ 存在且不为零.
又因为 $x=\varphi(y)$，所以有

$$\varphi'(y_0)=\lim_{\Delta y\to 0}\frac{\varphi(y+\Delta y)-\varphi(y)}{\Delta y}=\lim_{\Delta y\to 0}\frac{\Delta x}{\Delta y}=\frac{1}{f'(x_0)}.$$

由上面的分析，我们可以得到反函数的求导法则.

定理 3.4 设 $y=f(x)$ 在区间 I_x 内单调、可导，且 $f'(x)\neq 0$，则它的反函数 $x=\varphi(y)$ 在对应区间 $I_y=\{y\,|\,y=f(x),x\in I_x\}$ 内可导，且有

$$\varphi'(y)=\frac{1}{f'(x)}\text{ 或 }\frac{\mathrm{d}x}{\mathrm{d}y}=\frac{1}{\dfrac{\mathrm{d}y}{\mathrm{d}x}}.$$

注：（1）若我们用 $x=f^{-1}(y)$ 表示反函数，则有 $[f^{-1}(y)]'=\dfrac{1}{f'(x)}$；

（2）上述定理可以简单地说成：**反函数的导数等于函数导数的倒数**.

例 3.13 求对数函数 $f(x)=\log_a x$ 的导数，其中 $a>0$，$a\neq 1$.

解 因为函数 $f(x)=\log_a x(x>0)$ 是函数 $x=a^y(-\infty<y<+\infty)$ 的反函数，函数 $x=a^y$ 在区间 $I_y=(-\infty,+\infty)$ 内单调、可导，且

$$(a^y)'=a^y\ln a\neq 0,$$

故由定理 3.4，在对应区间 $I_x=(0,+\infty)$ 内，有

$$(\log_a x)'=\frac{1}{(a^y)'}=\frac{1}{a^y\ln a}=\frac{1}{x\ln a},$$

即

$$(\log_a x)'=\frac{1}{x\ln a}.$$

特别地，当 $a=\mathrm{e}$ 时，有

$$(\ln x)'=\frac{1}{x}.$$

例 3.14 证明：

（1）$(\arcsin x)' = \dfrac{1}{\sqrt{1-x^2}}$；$(\arccos x)' = -\dfrac{1}{\sqrt{1-x^2}}$；

（2）$(\arctan x)' = \dfrac{1}{1+x^2}$；$(\text{arccot}\, x)' = -\dfrac{1}{1+x^2}$.

证 （1）因为函数 $y = \arcsin x(-1 < x < 1)$ 是函数 $x = \sin y\left(-\dfrac{\pi}{2} < y < \dfrac{\pi}{2}\right)$ 的反函数，函数 $x = \sin y$ 在区间 $I_y = \left(-\dfrac{\pi}{2}, \dfrac{\pi}{2}\right)$ 内单调、可导，且

$$(\sin y)' = \cos y \neq 0\,,$$

故由定理 3.4，在对应区间 $I_x = (-1,1)$ 内，有

$$(\arcsin x)' = \frac{1}{(\sin y)'} = \frac{1}{\cos y} = \frac{1}{\sqrt{1-\sin^2 y}} = \frac{1}{\sqrt{1-x^2}}\,,$$

同理可得 $(\arccos x)' = -\dfrac{1}{\sqrt{1-x^2}}$.

（2）因为函数 $y = \arctan x(-\infty < x < +\infty)$ 是函数 $x = \tan y\left(-\dfrac{\pi}{2} < y < \dfrac{\pi}{2}\right)$ 的反函数，函数 $x = \tan y$ 在区间 $I_y = \left(-\dfrac{\pi}{2}, \dfrac{\pi}{2}\right)$ 内单调、可导，且

$$(\tan y)' = \sec^2 y \neq 0\,,$$

故由定理 3.4，在对应区间 $I_x = (-\infty, \infty)$ 内，有

$$(\arctan x)' = \frac{1}{(\tan y)'} = \frac{1}{\sec^2 y} = \frac{1}{1+\tan^2 y} = \frac{1}{1+x^2}\,,$$

同理可得 $(\text{arccot}\, x)' = -\dfrac{1}{1+x^2}$.

3.2.3 复合函数的求导法则

到目前为止，对一些由基本初等函数通过四则运算得到的函数，如 $\cos x + \sin x$、$e^x \cdot \sin x$ 这样的函数的导数是比较容易求得的，但是对于

$$e^{\sin x}\text{、}\ln(\sin x)\text{、}\sin(x^3 + 2x)$$

这样的复合函数我们还不知道这些函数是否可导，如果可导的话如何求它们的导数.

我们将导数看成变化率可能对于理解复合函数的导数更加容易.

令函数 $F(x)$ 由函数 $f(x)$ 和 $g(x)$ 复合而成，即 $F(x) = f(u)$，其中 $u = g(x)$. 不妨假设：当 x 发生变化时，u 的变化是 x 的 5 倍；当 u 发生变化时，$f(u)$ 的变化是 u 的 7 倍，那么当 x 变化时，$f(u)$ 的变化是 x 的 35 倍. 换句话说就是：$F(x)$ 的导数等于 $f(u)$ 的导数和 $g(x)$ 导数的乘积.

定理 3.5 设 $y = f[\varphi(x)]$ 是由 $y = f(u)$ 与 $u = \varphi(x)$ 复合而成的，若 $u = \varphi(x)$ 在点 x 处可导， 而 $y = f(u)$ 在点 u 处可导，则 $y = f[\varphi(x)]$ 在点 x 处可导且

$$\frac{dy}{dx} = f'(u) \cdot \varphi'(x) \text{ 或 } \frac{dy}{dx} = \frac{dy}{du} \cdot \frac{du}{dx}\,.$$

证 $y=f(u)$ 在点 u 处可导，即 $f'(u)=\lim\limits_{\Delta u\to 0}\dfrac{\Delta y}{\Delta u}$，从而可知

$$\frac{\Delta y}{\Delta u}=f'(u)+\alpha\,,$$

其中当 $\Delta u\to 0$ 时，有 $\alpha\to 0$．又因为 $u=\varphi(x)$ 在 x 处可导，故当 Δx 趋于 0 时，有 Δu 趋于 0，从而 $\lim\limits_{\Delta x\to 0}\alpha=0$，上式两边同时乘以 Δu 得到

$$\Delta y=f'(u)\Delta u+\alpha\Delta u\,,$$

由于 $\Delta x\neq 0$，上式两边同除以 $\Delta x\neq 0$，有

$$\frac{\Delta y}{\Delta x}=f'(u)\frac{\Delta u}{\Delta x}+\alpha\frac{\Delta u}{\Delta x}\,,$$

两边同时取极限可得

$$\lim_{\Delta x\to 0}\frac{\Delta y}{\Delta x}=\lim_{\Delta x\to 0}f'(u)\frac{\Delta u}{\Delta x}+\lim_{\Delta x\to 0}\alpha\frac{\Delta u}{\Delta x}=f'(u)\lim_{\Delta x\to 0}\frac{\Delta u}{\Delta x}+\lim_{\Delta x\to 0}\alpha\cdot\lim_{\Delta x\to 0}\frac{\Delta u}{\Delta x}=f'(u)\cdot\varphi'(x)\,,$$

即

$$\frac{\mathrm{d}y}{\mathrm{d}x}=f'(u)\cdot\varphi'(x)=f'(\varphi(x))\cdot\varphi'(x)\,.$$

通常我们称这个定理为复合函数的**链式求导法则**.

注：我们可以将复合函数的求导表示成图 3.3 和图 3.4.

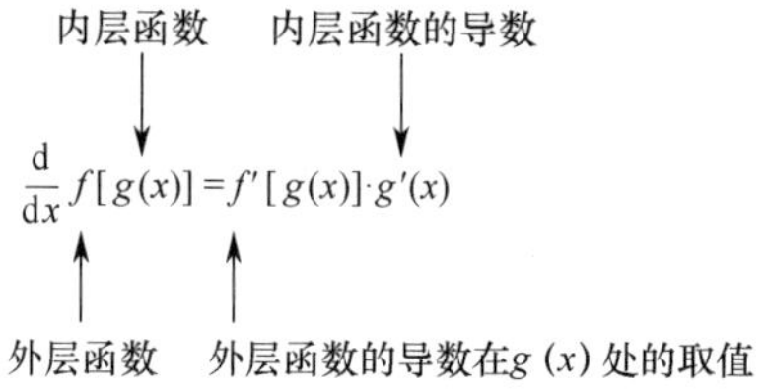

图 3.3

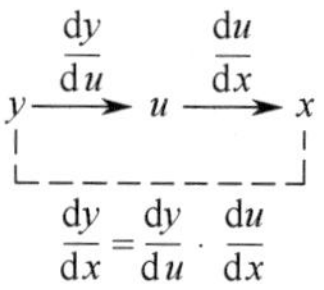

图 3.4

从图 3.3 我们可以简单地理解复合函数的导数就是外层函数的导数乘以内层函数的导数.

例 3.15 设 $y=(x^2+x+1)^{-\frac{1}{3}}$，求 y'.

解 由条件可知，函数 $y=(x^2+x+1)^{-\frac{1}{3}}$ 由函数 $y=u^{-\frac{1}{3}}$ 和 $u=x^2+x+1$ 复合而成，所以由链式求导法则可得

$$\frac{\mathrm{d}y}{\mathrm{d}x}=\frac{\mathrm{d}y}{\mathrm{d}u}\cdot\frac{\mathrm{d}u}{\mathrm{d}x}=-\frac{1}{3}u^{-\frac{1}{3}-1}(2x+1)=-\frac{2x+1}{3}(x^2+x+1)^{-\frac{4}{3}}\,.$$

注：当函数由多个函数复合而成时，复合导数的导数为各个函数的导数的乘积，如图 3.5 所示.

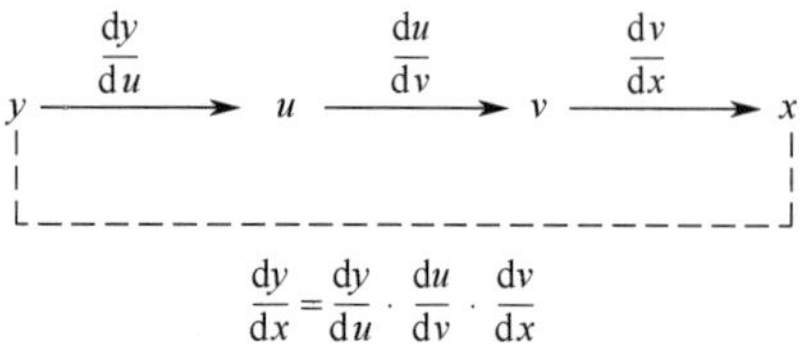

图 3.5

例 3.16 求 $y=\mathrm{e}^{\sin(x^2-2)}$ 的导数.

解 由条件知函数 $y=\mathrm{e}^{\sin(x^2-2)}$ 由函数 $y=\mathrm{e}^u$，$u=\sin v$ 和 $v=x^2-2$ 复合而成，由链式求导法则可得

$$\frac{\mathrm{d}y}{\mathrm{d}x}=\frac{\mathrm{d}y}{\mathrm{d}u}\cdot\frac{\mathrm{d}u}{\mathrm{d}v}\cdot\frac{\mathrm{d}v}{\mathrm{d}x}=\mathrm{e}^u\cdot\cos v\cdot 2x=2x\mathrm{e}^{\sin(x^2-2)}\cos(x^2-2)\,.$$

注：利用软件 MATLAB 可以很容易得到例 3.16 的结果，详见附录例 4.

例 3.17　已知函数 $f(x)$ 和 $g(x)$ 可导，且满足 $f(x)=\sqrt{4+3g(x)}$ ，$g(1)=5$，$g'(1)=3$，求 $f'(1)$.

解　由条件知函数 $f(x)=\sqrt{4+3g(x)}$ 由函数 $y=\sqrt{u}$ ，$u=4+3v$ ，$v=g(x)$ 复合而成，由链式求导法则可知

$$f'(1)=\left.\frac{\mathrm{d}y}{\mathrm{d}x}\right|_{x=1}=\left.\frac{\mathrm{d}y}{\mathrm{d}u}\cdot\frac{\mathrm{d}u}{\mathrm{d}v}\cdot\frac{\mathrm{d}v}{\mathrm{d}x}\right|_{x=1}=\left.\frac{1}{2\sqrt{u}}\cdot 3\cdot g'(x)\right|_{x=1}=\frac{3g'(1)}{2\sqrt{4+3g(1)}}=\frac{9}{2\sqrt{19}}\,.$$

3.2.4　初等函数求导法则小结

1．基本初等函数求导公式

基本初等函数求导公式如下：

$$C'=0$$

$$(a^x)'=a^x\ln a\quad(a>0,a\neq 1)$$

$$(\log_a x)'=\frac{1}{x\ln a}\quad(a>0,a\neq 1)$$

$$(\sin x)'=\cos x$$

$$(\tan x)'=\sec^2 x$$

$$(\sec x)'=\sec x\tan x$$

$$(\arcsin x)'=\frac{1}{\sqrt{1-x^2}}$$

$$(\arctan x)'=\frac{1}{1+x^2}$$

$$(x^u)'=ux^{u-1}$$

$$(\mathrm{e}^x)'=\mathrm{e}^x$$

$$(\ln x)'=\frac{1}{x}$$

$$(\cos x)'=-\sin x$$

$$(\cot x)'=-\csc^2 x$$

$$(\csc x)'=-\csc x\cot x$$

$$(\arccos x)'=-\frac{1}{\sqrt{1-x^2}}$$

$$(\operatorname{arc}\cot x)'=-\frac{1}{1+x^2}$$

2．函数的和、差、积、商的求导法则

函数的和：

$$(u\pm v)'=u'\pm v'$$

$$(uv)'=u'v+uv'$$

$$(Cu)'=Cu'\quad(C\text{ 为常数})$$

$$\left(\frac{u}{v}\right)'=\frac{u'v-uv'}{v^2}\quad(v\neq 0)$$

3．反函数的求导法则

设 $y=f(x)$ 在区间 I_x 内单调、可导，且 $f'(x)\neq 0$，则它的反函数 $x=\varphi(y)$ 在对应区间 $I_y=\{y|f(x),x\in I_x\}$ 内可导，且有

$$\varphi'(y)=\frac{1}{f'(x)}\text{ 或 }\frac{\mathrm{d}x}{\mathrm{d}y}=\frac{1}{\frac{\mathrm{d}y}{\mathrm{d}x}}\,.$$

4．复合函数的求导法则

设 $y=f[\varphi(x)]$ 是由 $y=f(u)$ 和 $u=\varphi(x)$ 复合而成的，且 $f(u)$ 及 $\varphi(x)$ 都可导，则 $y=f[\varphi(x)]$ 的导数为

$$\frac{\mathrm{d}y}{\mathrm{d}x}=f'(u)\cdot\varphi'(x)\text{ 或 }\frac{\mathrm{d}y}{\mathrm{d}x}=\frac{\mathrm{d}y}{\mathrm{d}u}\cdot\frac{\mathrm{d}u}{\mathrm{d}x}\,.$$

习题 3.2

1．求下列函数的导数.

（1） $y=3\sqrt{x}+x^2-5$；（2） $y=x^3\ln x$；（3） $y=\frac{2}{x}+\sin x$

（4） $y=e^x\sin x$；（5） $y=\frac{\cos x}{2x}$；（6） $y=\frac{1+\sin x}{1+\cos x}$.

2．求下列函数的导数.

（1） $y=\sqrt{x^2+2}\sin x$；（2） $y=\sin\sqrt{3x^2-1}$；

（3） $y=\ln(x+\sqrt{1+x^2})$；（4） $y=e^{x^3\cos x}$；

（5） $y=\sqrt{x+\sqrt{x+\sqrt{x}}}$；（6） $y=\arcsin\frac{1+x}{1-x}$.

3．设函数 $f(x)=(x^2+1)^x$，计算 $\left.\frac{dy}{dx}\right|_{x=1}$.

4．已知函数 $f(x)=(x-a_1)^{p_1}(x-a_2)^{p_2}\cdots(x-a_n)^{p_n}$，其中 $p_1,p_2,\cdots,p_n$ 为非零常数，计算 $f'(x)$.

5．已知函数 $f\left(x+\frac{1}{x}\right)=x^2+\frac{1}{x^2}+\sin\frac{\pi}{5}+\left(x+\frac{1}{x}\right)^{\left(x+\frac{1}{x}\right)^2}$，计算 $f'(1)$.

6．已知 $\frac{d}{dx}[f(x^2)]=\frac{3}{x}$，计算 $f'(x)$.

7．已知 $f(x)=(e^x-1)(e^{2x}-2)\cdots(e^{2000x}-2000)$，计算 $f'(0)$.

8．已知 $f'(x)=\sqrt{1+x^4}$， $y=f(e^{2x})$，计算 $y'(0)$.

3.3 高阶导数

3.3.1 高阶导数的定义

一般地，函数 $y=f(x)$ 的导数 $y'=f'(x)$ 仍然是一个关于 x 的函数．若 $f'(x)$ 的导数存在，即极限

$$\lim_{h\to 0}\frac{f'(x+h)-f'(x)}{h}$$

存在，则称该极限值为函数 $f(x)$ 在点 x 处的二阶导数，记为 $f''(x)$、y'' 或者 $\frac{d^2y}{dx^2}$，即

$$f''(x)=\lim_{h\to 0}\frac{f'(x+h)-f'(x)}{h}.$$

类似地，$f''(x)$ 的导数称为 $f(x)$ 的三阶导数，记为 $f'''(x)$、y''' 或者 $\frac{d^3y}{dx^3}$.

一般来说，函数 $f'(x)$ 的 $n-1$ 阶导数称为 $f(x)$ 的 n 阶导数，记为 $f^{(n)}(x)$、$y^{(n)}$ 或者 $\frac{d^ny}{dx^n}$．通常四阶及四阶以上的导数都采用这套记号.

函数 $y=f(x)$ 具有 n 阶导数，也常说成函数 $f(x)$ 为 n 阶可导．如果函数 $f(x)$ 在点 x 处具有 n 阶导数，则 $f(x)$ 在点 x 的某邻域内必定具有一切低于 n 阶的导数.

注：二阶和二阶以上的导数统称为**高阶导数**；$f'(x)$ 称为**一阶导数**.

由此可见，求函数的高阶导数就是按前面学过的求导法则对函数逐阶求导，若需要求出函数的高阶导公式，则需要在逐次求导的过程中，发现它的某种规律.

例 3.19　求 $y=\mathrm{e}^x$ 的 n 阶导数.

解　易知 $y'=\mathrm{e}^x$，$y''=(y')'=(\mathrm{e}^x)'=\mathrm{e}^x$，$y'''=(y'')'=(\mathrm{e}^x)'=\mathrm{e}^x$，一般地，可以得到

$$y^{(n)}=\mathrm{e}^x,$$

即

$$(\mathrm{e}^x)^{(n)}=\mathrm{e}^x.$$

例 3.20　求 $y=\cos x$ 的 n 阶导数.

解　利用三角函数的性质可得

$$y'=-\sin x=\cos\left(x+\frac{\pi}{2}\right),$$

$$y''=-\cos x=\cos\left(x+2\cdot\frac{\pi}{2}\right),$$

$$y'''=\sin x=\cos\left(x+3\cdot\frac{\pi}{2}\right),$$

$$y^{(4)}=\cos x=\cos\left(x+4\cdot\frac{\pi}{2}\right),$$

一般地，可以得到

$$y^{(n)}=\cos\left(x+n\cdot\frac{\pi}{2}\right),$$

即

$$(\cos x)^{(n)}=\cos\left(x+n\cdot\frac{\pi}{2}\right).$$

类似可得

$$(\sin x)^{(n)}=\sin\left(x+n\cdot\frac{\pi}{2}\right).$$

例 3.21　求 $y=x^a$（a 为任意常数）的 n 阶导数.

解　容易求得前 4 阶导数为

$$y'=ax^{a-1},$$
$$y''=a(a-1)x^{a-2},$$
$$y'''=a(a-1)(a-2)x^{a-3},$$
$$y^{(4)}=a(a-1)(a-2)(a-3)x^{a-4},$$

一般地，可以得到

$$y^{(n)}=a(a-1)\cdots(a-n+1)x^{a-n},$$

即

$$(x^a)^{(n)}=a(a-1)\cdots(a-n+1)x^{a-n}.$$

特别的，当$a=n$时，

$$(x^n)^{(n)}=n(n-1)\cdots(n-n+1)x^{n-n}=n!,$$

而

$$(x^n)^{(n+k)}=0(k=1,2,\cdots).$$

如果函数$u=u(x)$和$v=v(x)$都在点x处具有n阶导数，那么显然有

$$(u\pm v)^{(n)}=(u)^{(n)}\pm(v)^{(n)}.$$

且用数学归纳法容易证明

$$(uv)^{(n)}=u^{(n)}v+nu^{(n-1)}v'+\frac{n(n-1)}{2!}u^{(n-2)}v''+\cdots+\frac{n(n-1)\cdots(n-k+1)}{k!}u^{(n-k)}v^{(k)}+\cdots+uv^{(n)},$$

此公式称为**莱布尼茨公式**. 这个公式与$(u+v)^n$二项式展开比较相似，即

$$\begin{aligned}(u+v)^n&=u^nv^0+nu^{n-1}v^1+\frac{n(n-1)}{2!}u^{n-2}v^2+\cdots+\frac{n(n-1)\cdots(n-k+1)}{k!}u^{n-k}v^k+\cdots+u^0v^n\\&=\sum_{k=0}^{n}C_n^ku^{n-k}v^k,\end{aligned}$$

如果把其中的k次幂换成k阶导数（零阶导数理解为函数本身），再把左端的$u+v$换成uv，则莱布尼茨公式可记为

$$(uv)^{(n)}=\sum_{k=0}^{n}C_n^ku^{(n-k)}v^{(k)}.$$

例 3.22 求$y=\ln(1-x-2x^2)$的n阶导数.

解 因$y=\ln(1-x-2x^2)=\ln[(1+x)(1-2x)]=\ln(1+x)+\ln(1-2x)$，所以

$$y^{(n)}=[\ln(1+x)]^{(n)}+[\ln(1-2x)]^{(n)}.$$

注意到 $[\ln(1+x)]'=\dfrac{1}{1+x}$，$[\ln(1+x)]''=-\dfrac{1}{(1+x)^2}$，

$$[\ln(1+x)]'''=\frac{1\times2}{(1+x)^3},\quad[\ln(1+x)]^{(4)}=-\frac{1\times2\times3}{(1+x)^4},\quad[\ln(1+x)]^{(5)}=\frac{1\times2\times3\times4}{(1+x)^5},$$

一般地，可得

$$[\ln(1+x)]^{(n)}=(-1)^{n-1}\frac{(n-1)!}{(1+x)^n}.$$

类似可得

$$[\ln(1-2x)]^{(n)}=(-1)^{n-1}\cdot(-2)^n\cdot\frac{(n-1)!}{(1-2x)^n},$$

所以

$$y^{(n)}=(-1)^{n-1}\frac{(n-1)!}{(1+x)^n}+(-1)^{n-1}\cdot(-2)^n\cdot\frac{(n-1)!}{(1-2x)^n}.=(n-1)!\left[\frac{(-1)^{n-1}}{(1+x)^n}-\frac{2^n}{(1-2x)^n}\right].$$

例 3.23 使用莱布尼茨公式计算$y=x^2\cdot2^x$的n阶导数.

解 令$u=2^x$，$v=x^2$，则

$$u'=(\ln2)\cdot2^x,\quad u''=(\ln2)^2\cdot2^x,\quad\cdots,\quad u^{(k)}=(\ln2)^k\cdot2^x(k=1,2,\cdots,n),$$

且

$$v'=2x,\quad v''=2,\quad v^{(k)}=0(k=3,4,\cdots,n),$$

所以

$$(x^2 \cdot 2^x)^{(n)} = (\ln 2)^n \cdot 2^x \cdot x^2 + n \cdot (\ln 2)^{n-1} \cdot 2^x \cdot 2x + \frac{n(n-1)}{2!} \cdot (\ln 2)^{n-2} \cdot 2^x \cdot 2$$
$$= (\ln 2)^{n-2} \cdot 2^x[(\ln 2)^2 \cdot x^2 + 2nx \cdot \ln 2 + n(n-1)].$$

习题 3.3

1．求下列函数的二阶导数：

（1）$y = \tan x + \sin x$；　　（2）$y = (1 + x^2)e^x$；

（3）$y = \dfrac{\sin x}{e^x + 2}$；　　（4）$y = \ln(x + \sqrt{1 + x^2})$.

2．已知函数 $y = f(x)$ 三阶可导，且 $f'(x) \neq 0$，函数 $x = \varphi(y)$ 是其反函数，求 $\varphi''(y)$.

3．设函数 $y = \sin 3x$，求 $y^{(n)}$.

4．设函数 $y = \sin[f(x^2)]$，其中 f 具有二阶导数，求 $\dfrac{d^2 y}{dx^2}$.

5．设函数 $y = \dfrac{1}{2x + 3}$，计算 $f^{(n)}(0)$.

6．设函数 $y = x^2 2^x$，计算 $f^{(n)}(0)$.

7．已知函数 $f(x) = (3x^2 - 2)\sin 2x$，求 $f^{(100)}(x)$.

8．已知函数 $f(x) = \dfrac{x^2}{1 - x} + xe^{-x}$，计算 $f^{(2021)}(0)$.

9．已知函数 $f(x) = x^{2000}\tan x$，计算 $f^{(2020)}(0)$，$f^{(2022)}(0)$.

3.4　隐函数及由参数方程所确定的函数的导数

3.4.1　隐函数求导

到目前为止，关于函数的导数，我们遇到的函数都是显函数，即等号左边是因变量，等号右边是关于自变量的式子，例如 $y = x^2 + \sin x$ 、 $y = 3^x \sin x$ 等，对于显函数，导数计算相对较为直接．然而有些函数的表达方式却不是这样的，例如方程

$$x^3 + y^5 - 3e^{xy} = 0,$$

其中因变量和自变量的关系不能直接显示表达．这样的函数称为**隐函数**．

一般地，方程 $F(x, y) = 0$ 在一定条件下，当 x 在某区间内取值时，总有确定的满足方程的唯一的 y 值存在，那么我们认为方程 $F(x, y) = 0$ 在该区间内确定了一个隐函数．

把一个隐函数化为显函数，称为**隐函数的显化**．有时隐函数的显化是不容易的甚至是不可能的，例如方程 $e^x - e^y = xy$，我们无法从中解出 y，即由这个方程确定的隐函数不能显化．但是很多实际问题中，有时需要计算隐函数的导数，因此我们希望有一种方法，不管隐函数是否能显化，都能直接由方程算出它所确定的隐含数的导数．下面我们将通过几个例题说明隐函数求导的方法．

例 3.24　求由方程 $xy = e^{x-y}$ 所确定的隐函数的导数 $\dfrac{dy}{dx}$.

解 将方程两边同时对 x 求导，注意 $y=y(x)$，可得

$$y+x\frac{\mathrm{d}y}{\mathrm{d}x}=\mathrm{e}^{x-y}\left(1-\frac{\mathrm{d}y}{\mathrm{d}x}\right),$$

移项整理得到

$$\frac{\mathrm{d}y}{\mathrm{d}x}=\frac{\mathrm{e}^{x-y}-y}{x+\mathrm{e}^{x-y}}.$$

例 3.25 求笛卡儿叶形线 $x^3+y^3=2xy$ 在点 $(1,1)$ 处的切线方程.

解 由导数的几何意义，所求切线的斜率 $k=y'|_{x=1}$.

将原方程两边同时对 x 求导，可得

$$3x^2+3y^2y'=2y+2xy',$$

移项整理得到

$$y'=\frac{3x^2-2y}{2x-3y^2}.$$

当 $x=1$ 时，$y=1$，代入上式可得

$$y'|_{x=1}=-1.$$

于是所求的切线方程为

$$y-1=(-1)\cdot(x-1),$$

即

$$y=2-x.$$

例 3.26 求由方程 $y=x+\mathrm{e}^y$ 所确定的隐函数的二阶导数 $\frac{\mathrm{d}^2y}{\mathrm{d}x^2}$.

解 将原方程两边同时对 x 求导可得

$$\frac{\mathrm{d}y}{\mathrm{d}x}=1+\mathrm{e}^y\frac{\mathrm{d}y}{\mathrm{d}x},$$

解得

$$\frac{\mathrm{d}y}{\mathrm{d}x}=\frac{1}{1-\mathrm{e}^y},$$

上式两边再对 x 求导，可得

$$\frac{\mathrm{d}^2y}{\mathrm{d}x^2}=\frac{\mathrm{e}^y\frac{\mathrm{d}y}{\mathrm{d}x}}{(1-\mathrm{e}^y)^2},$$

代入 $\frac{\mathrm{d}y}{\mathrm{d}x}=\frac{1}{1-\mathrm{e}^y}$ 可得，

$$\frac{\mathrm{d}^2y}{\mathrm{d}x^2}=\frac{\mathrm{e}^y}{(1-\mathrm{e}^y)^3}.$$

当涉及到求幂指函数 $f(x)^{g(x)}$ 与多因式函数求导问题时，为了使计算更加简洁，常常两边先取对数，再使用隐函数求导法求导．这种方法，我们称为**对数求导法**.

例 3.27 设 $y=(\tan x)^{\sin x}\,(\tan x>0)$，求 y'.

解　方法一：等式两边同时取对数，有

$$\ln y = \sin x \cdot \ln \tan x\,,$$

上式两边同时对 x 求导，可得

$$\frac{1}{y}y' = \cos x \cdot \ln \tan x + \sin x \cdot \frac{1}{\tan x}\sec^2 x = \cos x \cdot \ln \tan x + \sec x\,,$$

所以

$$y' = y(\cos x \ln \tan x + \sec x) = (\tan x)^{\sin x}(\cos x \ln \tan x + \sec x)\,.$$

方法二：将函数 $y = (\tan x)^{\sin x}$ 改写为

$$y = \mathrm{e}^{\sin x \cdot \ln \tan x}\,,$$

直接求导，可得

$$\begin{aligned} y' &= \mathrm{e}^{\sin x \cdot \ln \tan x}\left(\cos x \ln \tan x + \sin x \frac{1}{\tan x}\sec^2 x\right) \\ &= (\tan x)^{\sin x}(\cos x \ln \tan x + \sec x)\,. \end{aligned}$$

例 3.28　设 $y = \sqrt[3]{\dfrac{(x-1)(x-2)}{x\mathrm{e}^x}}(x>2)$，求 y'.

解　因 $x>2$，于是等式两边取对数，得到

$$\ln y = \frac{1}{3}[\ln(x-1) + \ln(x-2) - \ln x - x]\,,$$

两边同时对 x 求导，可得

$$\frac{1}{y}y' = \frac{1}{3}\left(\frac{1}{x-1} + \frac{1}{x-2} - \frac{1}{x} - 1\right),$$

从而有

$$y' = \frac{1}{3}\sqrt[3]{\frac{(x-1)(x-2)}{x\mathrm{e}^x}} \cdot \left(\frac{1}{x-1} + \frac{1}{x-2} - \frac{1}{x} - 1\right).$$

3.4.2　由参数方程所确定的函数的导数

一般地，若参数方程

$$\begin{cases} x = \varphi(t), \\ y = \psi(t), \end{cases} \tag{3.2}$$

确定 y 与 x 之间的函数关系，则称此函数关系所表达的函数是由参数方程（3.2）所确定的函数.

在实际问题中，有时需要计算由参数方程（3.2）所确定的函数的导数，但要从该参数方程中消去参数 t 有时会有困难. 因此，需要有一种方法能直接由参数方程出发计算出它所确定的函数的导数. 下面就来讨论由参数方程（3.2）所确定的函数的求导方法.

在（3.2）式中，设 $x = \varphi(t)$ 存在单调连续的反函数 $t = \varphi^{-1}(x)$，则变量 y 与 x 构成复合函数关系 $y = \psi[\varphi^{-1}(x)]$. 现在来求这个复合函数的导数. 为此，假定函数 $x = \varphi(t)$ 和 $y = \psi(t)$ 都是可导的，且 $\varphi'(t) \neq 0$，则由复合函数求导法则与反函数的求导法则，就有

$$\frac{\mathrm{d}y}{\mathrm{d}x}=\frac{\mathrm{d}y}{\mathrm{d}t}\cdot\frac{\mathrm{d}t}{\mathrm{d}x}=\frac{\mathrm{d}y}{\mathrm{d}t}\cdot\frac{1}{\frac{\mathrm{d}x}{\mathrm{d}t}}=\frac{\psi'(t)}{\varphi'(t)},$$

即

$$\frac{\mathrm{d}y}{\mathrm{d}x}=\frac{\psi'(t)}{\varphi'(t)}\text{或}\frac{\mathrm{d}y}{\mathrm{d}x}=\frac{\frac{\mathrm{d}y}{\mathrm{d}t}}{\frac{\mathrm{d}x}{\mathrm{d}t}}. \tag{3.3}$$

式（3.3）就是由参数方程（3.2）所确定的函数的导数公式.

如果函数 $\varphi(t)$，$\psi(t)$ 二阶可导，则可进一步求出函数的二阶导数公式

$$\frac{\mathrm{d}^2y}{\mathrm{d}x^2}=\frac{\mathrm{d}}{\mathrm{d}x}\left(\frac{\mathrm{d}y}{\mathrm{d}x}\right)=\frac{\mathrm{d}}{\mathrm{d}t}\left(\frac{\mathrm{d}y}{\mathrm{d}x}\right)\cdot\frac{\mathrm{d}t}{\mathrm{d}x}=\frac{\mathrm{d}}{\mathrm{d}t}\left(\frac{\psi'(t)}{\varphi'(t)}\right)\cdot\frac{1}{\frac{\mathrm{d}x}{\mathrm{d}t}}.$$

$$=\frac{\psi''(t)\varphi'(t)-\psi'(t)\varphi''(t)}{\varphi'^2(t)}\cdot\frac{1}{\varphi'(t)},$$

即

$$\frac{\mathrm{d}^2y}{\mathrm{d}x^2}==\frac{\psi''(t)\varphi'(t)-\psi'(t)\varphi''(t)}{\varphi'^3(t)}.$$

例 3.29 已知摆线（图 3.6）的参数方程为$\begin{cases}x=a(t-\sin t);\\ y=a(1-\cos t).\end{cases}$求摆线在 $t=\pi$ 处的切线方程.

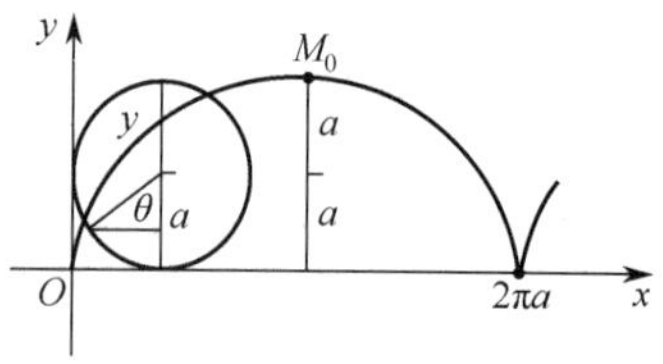

图 3.6

解 当 $t=\pi$ 时，摆线上对应的点的坐标为 $M_0\ (\pi a,2a)$，从而曲线在点 M_0 处切线的斜率为

$$k=\left.\frac{\mathrm{d}y}{\mathrm{d}x}\right|_{t=\pi}=\left.\frac{[a(1-\cos t)]'}{[a(t-\sin t)]'}\right|_{t=\pi}=\left.\frac{a\sin t}{a(1-\cos t)}\right|_{t=\pi}=0,$$

于是，摆线在 M_0 处的切线方程为

$$y-2a=0\cdot(x-\pi a),$$

化简得

$$y=2a.$$

例 3.30 求由参数方程$\begin{cases}x=t+t^3\\ y=t+t^2\end{cases}$所确定的函数 $y=y(x)$ 的二阶导数 $\frac{\mathrm{d}^2y}{\mathrm{d}x^2}$.

解 $\frac{\mathrm{d}y}{\mathrm{d}x}=\frac{(t+t^2)'}{(t+t^3)'}=\frac{1+2t}{1+3t^2}$,

$$\frac{\mathrm{d}^2y}{\mathrm{d}x^2}=\frac{\mathrm{d}}{\mathrm{d}t}\left(\frac{1+2t}{1+3t^2}\right)\cdot\frac{1}{\frac{\mathrm{d}x}{\mathrm{d}t}}=\frac{2(1+3t^2)-(1+2t)6t}{(1+3t^2)^2}\cdot\frac{1}{1+3t^2}=\frac{2-6t-6t^2}{(1+3t^2)^3}.$$

习题 3.4

1．求下列方程所确定的隐函数的导数 $\frac{\mathrm{d}y}{\mathrm{d}x}$：

（1）$y^2-3xy+8=0$；　　（2）$x^2y=2\mathrm{e}^{x+y}$；

（3）$x^{\frac{2}{3}}+y^{\frac{2}{3}}-a^{\frac{2}{3}}=0$（$a>0$）；　　　（4）$x^3+y^2-xy=0$.

2．函数 $y=f(x)$ 由方程 $\sin(x^2+y^2)+\mathrm{e}^x-xy^2=0$ 确定，求 $\dfrac{\mathrm{d}y}{\mathrm{d}x}$.

3．设函数 $y=(1+\sin x)^x$，求 $\left.\dfrac{\mathrm{d}y}{\mathrm{d}x}\right|_{x=\pi}$.

4．设函数 $y=f(x)$ 由方程 $x^2-y+1=\mathrm{e}^y$ 确定，求 $\left.\dfrac{\mathrm{d}^2y}{\mathrm{d}x^2}\right|_{x=0}$.

5．求由参数方程 $\begin{cases}x=t(1-\sin t)\\ y=t\cos t\end{cases}$ 所确定的函数 $y=y(x)$ 的导数 $\dfrac{\mathrm{d}y}{\mathrm{d}x}$.

6．求由参数方程 $\begin{cases}x=\arctan\sqrt{t}\\ y=t-\ln(1+t)\end{cases}$ 所确定的函数 $y=y(x)$ 的二阶导数 $\dfrac{\mathrm{d}^2y}{\mathrm{d}x^2}$.

7．求由参数方程 $\begin{cases}x=\sin t\\ y=t\sin t+\cos t\end{cases}$ 所确定的函数 $y=y(x)$ 的二阶导数 $\left.\dfrac{\mathrm{d}^2y}{\mathrm{d}x^2}\right|_{t=\frac{\pi}{4}}$.

8．求曲线 $\begin{cases}x=\arctan t\\ y=\ln\sqrt{1+t^2}\end{cases}$ 上对应于 $t=1$ 的点处的法线方程.

9*．已知 $f'(x)=a\mathrm{e}^x$，a 为非零常数，求 $f(x)$ 的反函数的二阶导数.

3.5　函数的微分

3.5.1　微分的定义

例3.31　假设一块密度均匀的正方形金属薄片受温度变化影响，面积大小发生变化，其边长从 x_0 变到了 $x_0+\Delta x$，请问该金属薄片的面积增加了多少（图3.7）？

解　设该正方形金属薄片的边长为 x，则其面积 $S=x^2$. 所以当边长从 x_0 变为 $x_0+\Delta x$ 时，面积的增量为

$$\Delta S=(x_0+\Delta x)^2-x_0{}^2=2x_0\Delta x+(\Delta x)^2.$$

显然，面积增量 ΔS 由两部分组成：第一部分是 $2x_0\Delta x$，第二部分是 $(\Delta x)^2$（当 $\Delta x\to 0$ 时，这是一个关于 Δx 的高阶无穷小）. 由此可见，当边长的增量 Δx 非常小时，由于 $(\Delta x)^2$ 远小于 $2x_0\Delta x$，所以面积增量 ΔS 可以由第一部分 $2x_0\Delta x$ 近似表示，即

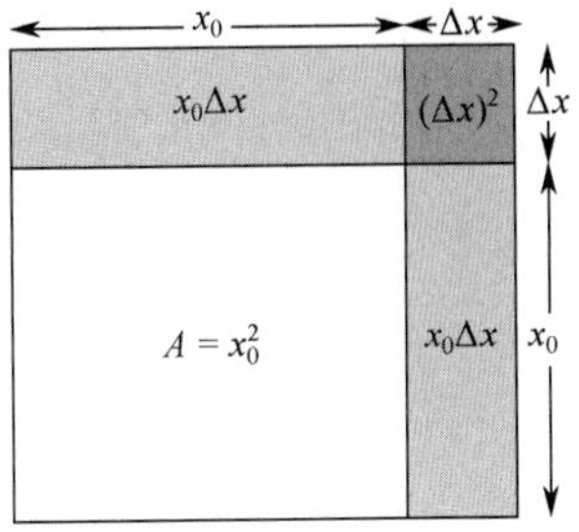

图 3.7

$$\Delta S\approx 2x_0\Delta x.$$

一般地，如果函数 $y=f(x)$ 满足一定条件，则增量 Δy 可表示为

$$\Delta y=A\Delta x+o(\Delta x),$$

其中，A 是不依赖于 Δx 的常数，因此 $A\Delta x$ 是 Δx 的线性函数，且 Δy 与它的差是 Δx 的高阶无穷小. 所以当 $A\neq 0$ 时，且当 $|\Delta x|$ 很小时，就可以用 Δx 的线性函数 $A\Delta x$ 来近似代替 Δy. 这就引出了微分的概念.

定义 3.2　设函数 $y=f(x)$ 在某区间内有定义，x_0 和 $x_0+\Delta x$ 在该区间内，如果函数的增量

$$\Delta y=f(x_0+\Delta x)-f(x_0),$$

可以表示为

$$\Delta y=A\Delta x+o(\Delta x),$$

其中，A 是与 Δx 无关的常数，则称函数 $y=f(x)$ 在点 x_0 处**可微**，并称 $A\Delta x$ 为函数 $y=f(x)$ 在点 x_0 处对应于自变量增量 Δx 的微分，记为 $\mathrm{d}y$ 或 $\mathrm{d}f(x)$，即

$$\mathrm{d}y=A\Delta x \quad 或 \quad \mathrm{d}f(x)=A\Delta x .$$

由定义我们可以看出：当 $A\neq 0$ 时，

$$\lim_{\Delta x\to 0}\frac{\Delta y}{\mathrm{d}y}=\lim_{\Delta x\to 0}\frac{\mathrm{d}y+o(\Delta x)}{\mathrm{d}y}=1+\lim_{\Delta x\to 0}\frac{o(\Delta x)}{A\Delta x}=1,$$

从而当 $\Delta x\to 0$ 时，Δy 与 $\mathrm{d}y$ 等价无穷小，再由 2.3 节的定理 2.7 可知，

$$\Delta y=\mathrm{d}y+o(\mathrm{d}y), \tag{3.4}$$

即 $\mathrm{d}y$ 是 Δy 的主部．又 $\mathrm{d}y=A\Delta x$ 是关于 Δx 的线性函数，所以当 $A\neq 0$ 时，我们称 $\mathrm{d}y$ 是 Δy 的线性主部．

式（3.4）还表明以微分 $\mathrm{d}y$ 近似代替函数增量 Δy 时，其误差为 $o(\mathrm{d}y)$，所以，当 $|\Delta x|$ 很小时，有近似等式

$$\Delta y\approx \mathrm{d}y.$$

下面讨论函数可微的条件．设函数 $y=f(x)$ 在 x_0 处可微，则有

$$\Delta y=A\Delta x+o(\Delta x),$$

两边同时除以 Δx 并令 $\Delta x\to 0$，则有

$$\lim_{\Delta x\to 0}\frac{\Delta y}{\Delta x}=A+\lim_{\Delta x\to 0}\frac{o(\Delta x)}{\Delta x}=A .$$

上式成立，意味着函数 $f(x)$ 在点 x_0 处可导，且导数就是常数 A，即如果函数在 x_0 处可微，则 $f(x)$ 在点 x_0 处也一定可导，且 $f'(x_0)=A$．

另一方面，若函数 $f(x)$ 在点 x_0 处可导，则有

$$f'(x_0)=\lim_{\Delta x\to 0}\frac{\Delta y}{\Delta x},$$

由 2.3 节的定理 2.7 可知

$$\frac{\Delta y}{\Delta x}=f'(x_0)+\alpha,$$

其中，$\lim\limits_{\Delta x\to 0}\alpha=0$，由此可得，

$$\Delta y=f'(x_0)\Delta x+\alpha\Delta x,$$

其中 $\alpha\Delta x$ 是关于 Δx 的高阶无穷小量，且 $f'(x_0)$ 不依赖于 Δx，由微分的定义，函数 $y=f(x)$ 在点 x_0 处可微．

综上讨论，我们得到如下定理：

定理 3.6　函数 $f(x)$ 在点 x_0 处可微的充要条件是函数 $y=f(x)$ 在点 x_0 处可导，且

$$\mathrm{d}y=f'(x_0)\Delta x .$$

函数 $y=f(x)$ 在任意点 x 上的微分，称为函数的微分，记为 $\mathrm{d}y$ 或 $\mathrm{d}f(x)$，即有

$$\mathrm{d}y=f'(x)\Delta x .$$

如果令 $y=x$，则 $\mathrm{d}x=x'\Delta x=\Delta x$，于是有

$$\mathrm{d}y = f'(x)\mathrm{d}x,$$

从而有

$$\frac{\mathrm{d}y}{\mathrm{d}x} = f'(x),$$

即函数的导数等于函数的微分与自变量的微分的商．因此，导数又称为“**微商**”．

例 3.32　求函数 $y = x^2$ 当 $x = 2$，$\Delta x = 0.01$ 时的微分．

解　由微分的定义及定理 3.6，我们知道在 x 点处的微分为

$$\mathrm{d}y = (x^2)'\Delta x = 2x \cdot \Delta x,$$

故当 $x = 2$，$\Delta x = 0.01$ 时，有

$$\mathrm{d}y\big|_{x=2} = 2 \times 2 \times 0.01 = 0.04.$$

例 3.33　求 $\mathrm{d}(x\mathrm{e}^x)$ 及 $\dfrac{\mathrm{d}(\sin x)}{\mathrm{d}(\cos x)}$．

解

$$\mathrm{d}(x\mathrm{e}^x) = (x\mathrm{e}^x)'\mathrm{d}x = (\mathrm{e}^x + x\mathrm{e}^x)\mathrm{d}x,$$

$$\frac{\mathrm{d}(\sin x)}{\mathrm{d}(\cos x)} = \frac{(\sin x)'\mathrm{d}x}{(\cos x)'\mathrm{d}x} = \frac{\cos x\mathrm{d}x}{-\sin x\mathrm{d}x} = -\frac{\cos x}{\sin x} = -\cot x.$$

3.5.2　微分的几何意义

由 3.1 节的内容，我们知道导数的几何意义就是切线的斜率．导数和微分联系密切，那么微分在几何上有何意义呢？

假设函数 $y = f(x)$ 在点 x_0 处可导，那么导数 $f'(x_0)$ 就等于点 x_0 处的切线的斜率 k，如图 3.8 所示．从图 3.8 可以看出，切线的斜率

$$k = \tan\angle Q'PR = \frac{|RQ'|}{|PR|} = \frac{|RQ'|}{\Delta x},$$

及因变量的增量

$$\Delta y = f(x_0 + \Delta x) - f(x_0) = |RQ|,$$

此时，微分为

$$\mathrm{d}y = f'(x_0)\Delta x = k\Delta x = \frac{|RQ'|}{\Delta x}\Delta x = |RQ'|,$$

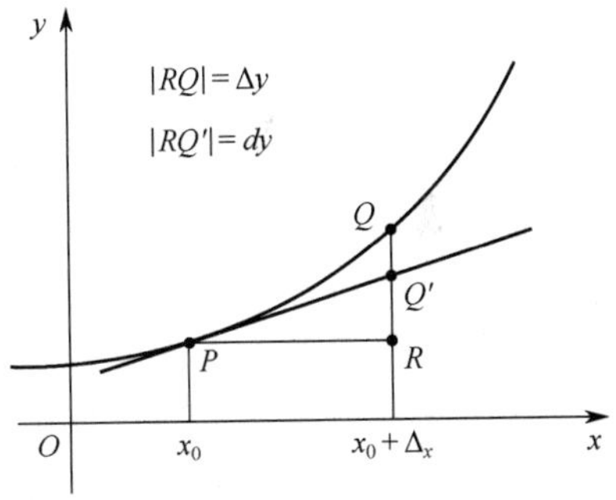

图 3.8

由此可知，当 Δy 是曲线 $y = f(x)$ 上点的纵坐标的增量时，$\mathrm{d}y$ 就是曲线的切线上的纵坐标的相应增量．

又因为当 $|\Delta x|$ 非常小时，$\Delta y \approx \mathrm{d}y$，即 $|RQ| \approx |RQ'|$，因此在 P 点附近，我们可以用切线段 PQ' 近似代替曲线段 $\overset{\frown}{PQ}$．我们称这种思想为非线性函数的局部线性化，是微积分的基本思想方法之一．

3.5.3　微分的运算法则及基本初等函数的微分公式

1．基本初等函数的微分公式

对于函数 $f(x)$ 而言，其微分形式为

$$\mathrm{d}y = f'(x)\mathrm{d}x,$$

等号右边为函数的导数与自变量微分的乘积，所以只需要计算函数导数就可以得到函数的微分．

结合 3.2 节基本初等函数的导数，我们可以得到如表 3.1 所示的对照表。

表 3.1

导数公式	微分公式
$C'=0$，C 为常数	$\mathrm{d}(C)=0$，C 为常数
$(x^u)'=ux^{u-1}$，u 为常数	$\mathrm{d}(x^u)=ux^{u-1}\mathrm{d}x$，$u$ 为常数
$(a^x)'=a^x\ln a$	$\mathrm{d}(a^x)=a^x\ln a\mathrm{d}x$
$(\mathrm{e}^x)'=\mathrm{e}^x$	$\mathrm{d}(\mathrm{e}^x)=\mathrm{e}^x\mathrm{d}x$
$(\log_a x)'=\dfrac{1}{x\ln a}$	$\mathrm{d}(\log_a x)=\dfrac{1}{x\ln a}\mathrm{d}x$
$(\ln x)'=\dfrac{1}{x}$	$\mathrm{d}(\ln x)=\dfrac{1}{x}\mathrm{d}x$
$(\sin x)'=\cos x$	$\mathrm{d}(\sin x)=\cos x\mathrm{d}x$
$(\cos x)'=-\sin x$	$\mathrm{d}(\cos x)=-\sin x\mathrm{d}x$
$(\tan x)'=\sec^2 x$	$\mathrm{d}(\tan x)=\sec^2 x\mathrm{d}x$
$(\cot x)'=-\csc^2 x$	$\mathrm{d}(\cot x)=-\csc^2 x\mathrm{d}x$
$(\sec x)'=\sec x\tan x$	$\mathrm{d}(\sec x)=\sec x\tan x\mathrm{d}x$
$(\csc x)'=-\csc x\cot x$	$\mathrm{d}(\csc x)=-\csc x\cot x\mathrm{d}x$
$(\arcsin x)'=\dfrac{1}{\sqrt{1-x^2}}$	$\mathrm{d}(\arcsin x)=\dfrac{1}{\sqrt{1-x^2}}\mathrm{d}x$
$(\arccos x)'=-\dfrac{1}{\sqrt{1-x^2}}$	$\mathrm{d}(\arccos x)=-\dfrac{1}{\sqrt{1-x^2}}\mathrm{d}x$
$(\arctan x)'=\dfrac{1}{1+x^2}$	$\mathrm{d}(\arctan x)=\dfrac{1}{1+x^2}\mathrm{d}x$
$(\mathrm{arc}\cot x)'=-\dfrac{1}{1+x^2}$	$\mathrm{d}(\mathrm{arc}\cot x)=-\dfrac{1}{1+x^2}\mathrm{d}x$

2．微分的运算法则

我们知道两个函数 $f(x)$ 和 $g(x)$，通过四则运算和复合运算，可以得到新函数 $f(x)\pm g(x)$、$f(x)\cdot g(x)$、$\dfrac{f(x)}{g(x)}$ 及复合 $f[g(x)]$．这些新函数的微分如何计算呢？实际上，利用微分的定义、导数的四则运算及复合函数的链式求导法则，我们容易得到如表 3.2 所示的对照表（表中 u,v 都可导）．

表 3.2

导数的运算法则	微分的运算法则
$(Cu)'=Cu'$，C 为常数	$\mathrm{d}(Cu)=C\mathrm{d}u$，$C$ 为常数
$(u\pm v)'=u'\pm v'$	$\mathrm{d}(u\pm v)=\mathrm{d}u\pm\mathrm{d}v$
$(uv)'=u'v+uv'$	$\mathrm{d}(uv)=v\mathrm{d}u+u\mathrm{d}v$
$\left(\dfrac{u}{v}\right)'=\dfrac{u'v-uv'}{v^2}$，$v\neq 0$	$\mathrm{d}\left(\dfrac{u}{v}\right)=\dfrac{v\mathrm{d}u-u\mathrm{d}v}{v^2}$，$v\neq 0$

这里，我们仅以除法的微分法则为例，对其加以证明：

$$\mathrm{d}\left(\frac{u}{v}\right)=\left(\frac{u}{v}\right)'\mathrm{d}x=\frac{u'v-uv'}{v^2}\mathrm{d}x=\frac{(u'\mathrm{d}x)v-u(v'\mathrm{d}x)}{v^2}=\frac{v\mathrm{d}u-u\mathrm{d}v}{v^2}.$$

3．复合函数的微分法则

利用复合函数的求导法则，复合函数的微分法则推导如下：

设函数 $y=f(u)$ 和 $u=g(x)$ 都可导，则复合函数 $y=f[g(x)]$ 的微分为

$$\mathrm{d}y=\{f[g(x)]\}'\mathrm{d}x=f'[g(x)]g'(x)\mathrm{d}x.$$

由于 $g'(x)\mathrm{d}x=\mathrm{d}u$，故 $y=f[g(x)]$ 的微分公式也可以写成

$$\mathrm{d}y=f'(u)\mathrm{d}u.$$

由此可见，无论 u 作为中间变量还是自变量，微分形式 $\mathrm{d}y=f'(u)\mathrm{d}u$ 保持不变，称这一性质为**微分形式的不变性**.

例 3.34　求下列函数的微分：

（1）$y_1=x\ln x-x$；　　（2）$y_2=\mathrm{e}^{ax}\sin bx$（其中 a,b 为常数）.

解　（1）方法一：利用微分的四则运算，可得

$$\begin{aligned}\mathrm{d}y_1&=\mathrm{d}(x\ln x-x)=\mathrm{d}(x\ln x)-\mathrm{d}x=x\mathrm{d}(\ln x)+\ln x\mathrm{d}x-\mathrm{d}x\\&=x\cdot\frac{1}{x}\mathrm{d}x+\ln x\mathrm{d}x-\mathrm{d}x=\ln x\mathrm{d}x.\end{aligned}$$

方法二：直接利用微分公式，可得

$$\mathrm{d}y_1=\mathrm{d}(x\ln x-x)=(x\ln x-x)'\mathrm{d}x=\left(\ln x+x\cdot\frac{1}{x}-1\right)\mathrm{d}x=\ln x\mathrm{d}x.$$

（2）方法一：利用微分的四则运算，可得

$$\begin{aligned}\mathrm{d}y_2&=\mathrm{d}(\mathrm{e}^{ax}\sin bx)=\mathrm{e}^{ax}\mathrm{d}(\sin bx)+\sin bx\mathrm{d}(\mathrm{e}^{ax})\\&=b\mathrm{e}^{ax}\cos bx\mathrm{d}x+a\mathrm{e}^{ax}\sin bx\mathrm{d}x\\&=\mathrm{e}^{ax}(a\sin bx+b\cos bx)\mathrm{d}x.\end{aligned}$$

方法二：直接利用微分公式，可得

$$\begin{aligned}\mathrm{d}y_2&=\mathrm{d}(\mathrm{e}^{ax}\sin bx)=(\mathrm{e}^{ax}\sin bx)'\mathrm{d}x\\&=(a\mathrm{e}^{ax}\sin bx+b\mathrm{e}^{ax}\cos bx)\mathrm{d}x\\&=\mathrm{e}^{ax}(a\sin bx+b\cos bx)\mathrm{d}x.\end{aligned}$$

例 3.35　已知函数 $y=\sin(\mathrm{e}^{x^3}+2x)$，求 $\mathrm{d}y$.

解　应用微分形式的不变性有

$$\begin{aligned}\mathrm{d}y&=\mathrm{d}[\sin(\mathrm{e}^{x^3}+2x)]=\cos(\mathrm{e}^{x^3}+2x)\mathrm{d}(\mathrm{e}^{x^3}+2x)\\&=\cos(\mathrm{e}^{x^3}+2x)[\mathrm{d}(\mathrm{e}^{x^3})+2\mathrm{d}x]\\&=\cos(\mathrm{e}^{x^3}+2x)(3x^2\mathrm{e}^{x^3}\mathrm{d}x+2\mathrm{d}x)\\&=\cos(\mathrm{e}^{x^3}+2x)(3x^2\mathrm{e}^{x^3}+2)\mathrm{d}x.\end{aligned}$$

例 3.36　在下列括号内填入适当的函数，使得等式成立.

（1）$\mathrm{d}(\quad)=\sec^2 3x\mathrm{d}x$；　　（2）$\mathrm{d}[\ln(1+x^2)]=(\qquad)\mathrm{d}(\sqrt{x})$.

解　（1）因 $\mathrm{d}(\tan 3x)=3\sec^2 3x\mathrm{d}x$，故 $\sec^2 3x\mathrm{d}x=\frac{1}{3}\mathrm{d}(\tan 3x)=\mathrm{d}\left(\frac{1}{3}\tan 3x\right)$，

即

$$d\left(\frac{1}{3}\tan 3x\right)=\sec^2 3x\mathrm{d}x .$$

一般地，有

$$d\left(\frac{1}{3}\tan 3x+C\right)=\sec^2 3x\mathrm{d}x \quad（C\text{为任意常数}）.$$

（2）因 $\dfrac{\mathrm{d}[\ln(1+x^2)]}{\mathrm{d}(\sqrt{x})}=\dfrac{\dfrac{2x}{1+x^2}\mathrm{d}x}{\dfrac{1}{2\sqrt{x}}\mathrm{d}x}=\dfrac{4x^{\frac{3}{2}}}{1+x^2}$，故

$$\mathrm{d}[\ln(1+x^2)]=\left(\frac{4x^{\frac{3}{2}}}{1+x^2}\right)\mathrm{d}(\sqrt{x}) .$$

例 3.37 求由方程 $xy=\mathrm{e}^{x-y}$ 所确定的隐函数 $y=f(x)$ 的微分 $\mathrm{d}y$.

解 方法一：将原方程两边同时微分可得

$$\mathrm{d}(xy)=\mathrm{d}(\mathrm{e}^{x-y}) ,$$

即

$$x\mathrm{d}y+y\mathrm{d}x=\mathrm{e}^{x-y}\mathrm{d}(x-y)=\mathrm{e}^{x-y}(\mathrm{d}x-\mathrm{d}y) ,$$

解得

$$\mathrm{d}y=\frac{\mathrm{e}^{x-y}-y}{x+\mathrm{e}^{x-y}}\mathrm{d}x.$$

方法二：由 3.4 节的例 3.24 可知

$$\frac{\mathrm{d}y}{\mathrm{d}x}=\frac{\mathrm{e}^{x-y}-y}{x+\mathrm{e}^{x-y}} ,$$

于是

$$\mathrm{d}y=\frac{\mathrm{e}^{x-y}-y}{x+\mathrm{e}^{x-y}}\mathrm{d}x.$$

3.5.4 微分在近似计算中的应用

设函数 $f(x)$ 在点 x_0 处可导且 $f(x_0)\neq 0$，当 $|\Delta(x)|$ 很小时，我们有

$$\Delta y\approx \mathrm{d}y=f'(x_0)\Delta x ,$$

这个式子可以改写为

$$f(x_0+\Delta x)-f(x_0)\approx f'(x_0)\Delta x ,$$

即

$$f(x_0+\Delta x)\approx f(x_0)+f'(x_0)\Delta x ,$$

在上式中，令 $x=x_0+\Delta x$，则有

$$f(x)\approx f(x_0)+f'(x_0)(x-x_0) .$$

从上面这个式子可以看出，如果 $f'(x_0)$ 与 $f(x_0)$ 都容易计算，那么我们可以用这个式子近似计算 x_0 附近点的函数值．这种近似计算的实质就是用 x 的线性函数 $f(x_0)+f'(x_0)(x-x_0)$ 来近似表达函数 $f(x)$．从导数的几何意义可知，这也就是用曲线

$y=f(x)$ 在点 $(x_0, f(x_0))$ 处的切线来近似代替该曲线.

这种求近似值的方法精度不一定很高，但胜在形式简单，因此具有广泛的应用.

例 3.38　求 $\sin 29^\circ$ 的近似值.

解　令函数 $f(x)=\sin x$，则 $f'(x)=\cos x$，取 $x_0=\frac{\pi}{6}$，$\Delta x=-1^\circ=-\frac{\pi}{180}$，则

$$\sin 29^\circ \approx f(x_0)+f'(x_0)\Delta x=\sin\frac{\pi}{6}+\left(\cos\frac{\pi}{6}\right)\cdot\left(-\frac{\pi}{180}\right)\approx 0.4849 .$$

习题 3.5

1．已知函数 $y=f(x)=x^3-2x+1$，当 $x=1$ 时，Δx 分别为 0.01 和 0.1，计算 Δy 和 $\mathrm{d}y$ 的值.

2．若函数 $y=f(x)$ 满足 $f'(x_0)=\frac{1}{2}$，则当 $\Delta x\to 0$ 时，函数在 $x=x_0$ 处的微分 $\mathrm{d}y$ 是（　　）.

（A）与 Δx 等阶的无穷小　　（B）与 Δx 同阶的无穷小

（C）比 Δx 低阶的无穷小　　（D）比 Δx 高阶的无穷小

3．求曲线 $y=\ln x$ 上与直线 $x+y=1$ 垂直的切线方程.

4．求下列函数的微分：

（1）$y=\frac{1}{x^2}+2\sin x$；　　（2）$y=\tan^2(2+3x^2)$；

（3）$y=\mathrm{e}^{3x}\ln(1-x)$；　　（4）$y=\arctan\frac{1-x^2}{1+x^2}$.

5．求下列近似值（小数点保留 3 位）：

（1）$\cos 29^\circ$；　（2）$\sqrt[5]{1.03}$；　（3）$\arctan 1.05$；　（4）$\sqrt[3]{996}$.

3.6　边际分析和弹性分析

在经济学中，函数 $y=f(x)$ 的边际概念是当 x 在某一给定值附近有微小变化时，y 的瞬时变化. 根据导数的定义，导数 $f'(x_0)$ 表示 $f(x)$ 在点 $x=x_0$ 处的变化率，因此自然想到用导数表示边际概念.

3.6.1　边际分析

定义 3.3　导数 $f'(x_0)$ 称为 $f(x)$ 在点 $x=x_0$ 处的**边际函数值**.

当函数 $f(x)$ 的自变量 x 在 x_0 处改变一个单位时，函数的增量为 $f(x_0+1)-f(x_0)$，当 x 改变的“单位”很小时，或 x 的一个单位与 x_0 值相比很小时，由 3.5 节可知，有近似式

$$f(x_0+1)-f(x_0)\approx f'(x_0) .$$

该式表明，当自变量在 x_0 处改变一个单位时，函数 $f(x)$ 的改变量可以近似地用 $f'(x_0)$ 来表示. 在经济学中，解释边际函数值的具体意义时，通常略去“近似”二字.

常见的边际函数如下：

（1）成本函数 $C=C(Q)$ 的**边际成本函数**为 $C'(Q)$．**边际成本值** $C'(Q_0)$ 的意义是：当产量达到 Q_0 单位产品时，再多生产一个单位产品所添加的成本；

（2）收入函数 $R=R(Q)$ 的**边际收入函数**为 $R'(Q)$．**边际收入值** $R'(Q_0)$ 的意义是：当销售 Q_0 单位产品后，再多销售一个单位商品所增加的收入；

（3）利润函数 $L=L(Q)$ 的**边际利润函数**为 $L'(Q)$．**边际利润值** $L'(Q_0)$ 的意义是：当销售 Q_0 单位产品后，再多销售一个单位商品所改变的利润；

（4）需求函数 $Q=Q(P)$ 的**边际需求函数**为 $Q'(P)$．**边际需求值** $Q'(P_0)$ 的意义是：当价格在 P_0 时，再上涨（或下降）一个单位所减少（或增加）的需求量．

例 3.39 设当某产品日产量为 Q 件时，需要付出的总成本为

$$C(Q)=\frac{1}{100}Q^2+20Q+1600 \text{（元）},$$

求日产量为 500 件的边际成本，并解释其经济意义．

解 因成本函数为 $C(Q)=\frac{1}{100}Q^2+20Q+1600$，故边际成本函数为

$$C'(Q)=\frac{1}{50}Q+20 .$$

因此日产量为 500 件的边际成本为 $C'(500)=30$（元）．其经济意义是：当日产量为 500 件时，再增产（或减产）1 件产品，将增加（或减少）成本 30 元．

例 3.40 设某产品的需求函数为 $Q=900-10P$（吨）（价格 P 的单位：万元），成本函数为

$$C(Q)=20Q+6000 \text{（元）}.$$

（1）求边际需求函数，解释其经济意义；

（2）试求边际利润函数，并分别求需求量为 300 吨、350 吨和 400 吨的边际利润，从所得结果说明什么问题？

解 （1）边际需求函数为 $Q'(P)=-10$，其经济意义是：若价格上涨（或下降）1 万元，则需求量将减少（或增加）10 吨．

（2）由 $Q=900-10P$，可得 $P=90-\frac{Q}{10}$，故收入函数为

$$R(Q)=P\cdot Q=\left(90-\frac{Q}{10}\right)Q=90Q-\frac{Q^2}{10},$$

因此，利润函数为

$$L(Q)=R(Q)-C(Q)=\left(90Q-\frac{Q^2}{10}\right)-(20Q+6000)=-\frac{Q^2}{10}+70Q-6000,$$

故边际利润函数为

$$L'(Q)=-\frac{Q}{5}+70 .$$

则 $L'(300)=10$，$L'(350)=0$，$L'(400)=-10$．所得结果表明：当需求量为 300 吨时，再增加 1 吨，利润将增加 10 万元；当需求量为 350 吨时，再增加 1 吨，利润不变；当需求量为 400 吨时，再增加 1 吨，利润反而减少 10 万元．这也说明了并非需求量越大利润越高．

3.6.2　弹性分析

在边际分析中，所研究的是函数的绝对改变量与绝对变化率，而在某些实际问题中这是不够的. 例如，你对原价为 80 元的体育用品涨价 1 元可能感觉不到，但原价为 2 元的另一种体育用品涨价 1 元你会感觉很明显，如果从边际分析看，绝对改变量都是 1 元，但这显然不能说明问题，此时从其涨价的幅度分析会更加全面. 由此可见，需要研究一个变量对另一个变量的相对变化情况，这就是弹性的概念.

定义 3.4　设函数 $y=f(x)$ 在 x_0 处可导，函数的相对改变量

$$\frac{\Delta y}{y_0}=\frac{f(x_0+\Delta x)-f(x_0)}{f(x_0)},$$

与自变量的相对改变量 $\frac{\Delta x}{x_0}$ 之比

$$\frac{\Delta y/y_0}{\Delta x/x_0},$$

称为函数 $f(x)$ 从 x_0 到 $x_0+\Delta x$ **两点间的弹性**（或**平均相对变化率**）.

而极限

$$\lim_{\Delta x\to 0}\frac{\Delta y/y_0}{\Delta x/x_0}=\frac{x_0}{y_0}\cdot\lim_{\Delta x\to 0}\frac{\Delta y}{\Delta x},$$

称为函数 $f(x)$ 在点 x_0 处的**弹性**（或**相对变化率**），记为

$$\left.\frac{\mathrm{E}y}{\mathrm{E}x}\right|_{x=x_0} \text{或} \frac{\mathrm{E}}{\mathrm{E}x}f(x_0),$$

即

$$\left.\frac{\mathrm{E}y}{\mathrm{E}x}\right|_{x=x_0}=\lim_{\Delta x\to 0}\frac{\Delta y/y_0}{\Delta x/x_0}=\frac{x_0}{y_0}\lim_{\Delta x\to 0}\frac{\Delta y}{\Delta x}=\frac{x_0}{y_0}f'(x_0).$$

注： $\frac{\mathrm{E}y}{\mathrm{E}x}$ 或 $\frac{\mathrm{E}}{\mathrm{E}x}f(x)$ 是函数 $f(x)$ 的弹性函数，该函数反映随着 x 的变化，$f(x)$ 对 x 变化反应的强弱程度或灵敏度. $\left.\frac{\mathrm{E}y}{\mathrm{E}x}\right|_{x=x_0}$ 表示当 x 在点 x_0 产生 1%的改变时，函数 $f(x)$ 近似改变 $\frac{\mathrm{E}}{\mathrm{E}x}f(x_0)\%$，在经济应用中通常略去“近似”二字.

下面通过需求对价格的弹性分析，可见弹性概念的重要性.

设某产品的需求量为 Q，价格为 P，需求函数 $Q=f(P)$ 可导，则该产品的**需求弹性**为：

$$\frac{\mathrm{E}Q}{\mathrm{E}P}=\lim_{\Delta P\to 0}\frac{\Delta Q/Q}{\Delta P/P}=P\cdot\frac{f'(P)}{f(P)},$$

记为 $\eta=\eta(P)$，即

$$\eta=\eta(P)=P\cdot\frac{f'(P)}{f(P)}.$$

注： 由于需求量随价格的提高而减少，因此当 $\Delta P>0$ 时，$\Delta Q<0$，$f'(P)<0$，故需求弹性 η 一般是负值，它反映产品需求量对价格变动反应的灵敏度.

当ΔP很小时，有

$$\eta = P \cdot \frac{f'(P)}{f(P)} \approx \frac{P}{f(P)} \cdot \frac{\Delta Q}{\Delta P}$$

此时，需求弹性η（近似地）表示在价格为P时，价格变动1%，需求量将变化$\eta\%$.

在经营管理活动中，产品价格的变动将引起需求及收益的变化，现从需求弹性分析来进行讨论.

设产品价格为P，销售量（需求量）为$Q = f(P)$，则总收益$R = P \cdot Q = P \cdot f(P)$，对$P$求导，可得

$$\frac{dR}{dP} = f(P) + P \cdot f'(P) = f(P)\left(1 + f'(P)\frac{P}{f(P)}\right),$$

即

$$\frac{dR}{dP} = f(P) \cdot (1+\eta),$$

由上式可得如下结论：

（1）当$|\eta|<1$时，说明需求变动的幅度小于价格变动的幅度，这时，产品价格的变动对销售量影响不大，称为**低弹性**．此时$\frac{dR}{dP}>0$，R单调递增，说明提价可使总收益增加，而降价会使总收益减少.

（2）当$|\eta|>1$时，说明需求变动的幅度大于价格变动的幅度，这时，产品价格的变动对销售量影响较大，称为**高弹性**．此时$R'<0$，R单调递减．说明降价可使总收益增加，故可采取薄利多销的策略.

（3）当$|\eta|=1$时，说明需求变动的幅度等于价格变动的幅度，此时$R'=0$，R取得最大值.

综上所述，总收益的变化受需求弹性的制约，随商品需求弹性的变化而变化.

一般而言，生活必需品的需求弹性较小，属于低弹性商品；奢侈品的需求弹性较大，属于高弹性商品.

例 3.41 某体育用品店中篮球的价格为 80 元，乒乓球的价格为 2 元，月销量分别为 2000 个和 8000 个，当两种球都提价 1 元时，月销量分别为 1980 个和 2000 个，请考察其收入变化情况.

解 已知篮球的价格$P_1 = 80$（元），销量$Q_1 = 2000$（个），乒乓球的价格$P_2 = 2$（元），$Q_2 = 8000$（个），提价$\Delta P_1 = \Delta P_2 = 1$（元），$\Delta Q_1 = -20$，$\Delta Q_2 = -6000$.

因

$$\frac{\Delta P_1}{P_1} = \frac{1}{80} = 1.25\%, \quad \frac{\Delta P_2}{P_2} = \frac{1}{2} = 50\%.$$

由$\frac{\Delta Q_1}{Q_1} = \frac{-20}{2000} = -1\%$（即篮球的销量下降了 1%）；$\frac{\Delta Q_2}{Q_2} = \frac{-6000}{8000} = -75\%$（即乒乓球的销量下降了75%）．从而它们的需求对价格的弹性分别为

$$\eta_1(80) = \frac{\Delta Q_1}{Q_1} \bigg/ \frac{\Delta P_1}{P_1} = -0.8, \quad \eta_2(2) = \frac{\Delta Q_2}{Q_2} \bigg/ \frac{\Delta P_2}{P_2} = -1.5.$$

由于η_1是低弹性，因此对篮球提价可使收入增加；由于η_2是高弹性，因此对乒乓球提价会

使收入减少.

例 3.42　设某品牌的电脑价格为 P（元），需求量为 Q，其需求函数为 $Q=80P-\dfrac{P^2}{100}$（台）.

（1）求 $P=5000$ 时的边际需求，并说明其经济意义；

（2）求 $P=5000$ 时的需求弹性，并说明其经济意义；

（3）当 $P=5000$ 时，若价格上涨 1%，总收益将如何变化？是增加还是减少？

（4）当 $P=6000$ 时，若价格上涨 1%，总收益的变化又如何？是增加还是减少？

解　因 $Q=f(P)=80P-\dfrac{P^2}{100}$，$f'(P)=80-\dfrac{P}{50}$，需求弹性为

$$\eta=f'(P)\cdot\frac{P}{f(P)}=\left(80-\frac{P}{50}\right)\cdot\frac{P}{f(P)}.$$

（1）当 $P=5000$ 时的边际需求为 $f'(5000)=\left(80-\dfrac{P}{50}\right)\Bigg|_{P=5000}=-20$.

其经济意义是当价格 $P=5000$ 元时，若涨价 1 元，则需求量下降 20 台.

（2）当 $P=5000$ 时，$f(5000)=150000$，此时的需求弹性为

$$\eta(5000)=f'(5000)\cdot\frac{5000}{f(5000)}=(-20)\times\frac{5000}{150000}=-\frac{2}{3}\approx-0.667.$$

其经济意义是当价格 $P=5000$ 元时，价格上涨 1%，需求减少约 0.667%.

（3）因 $\dfrac{\mathrm{d}R}{\mathrm{d}P}=f(P)\cdot(1+\eta)$，且 $R(P)=P\cdot Q=P\cdot f(P)$，于是总收益对价格的弹性为

$$\frac{\mathrm{E}R}{\mathrm{E}P}=R'(P)\cdot\frac{P}{R(P)}=\frac{R'(P)}{f(P)}=1+\eta,$$

而当 $P=5000$ 时，$\eta(5000)=-\dfrac{2}{3}$，所以 $\dfrac{\mathrm{E}R}{\mathrm{E}P}\Bigg|_{P=5000}=\dfrac{1}{3}\approx 0.33$.

结果表明，当 $P=5000$ 时，若价格上涨 1%，总收益将增加 0.33%.

（4）因当 $P=6000$ 时，$\eta(6000)=\left(80-\dfrac{P}{50}\right)\cdot\dfrac{P}{f(P)}\Bigg|_{P=6000}=-40\times\dfrac{1}{20}=-2$，所以

$$\frac{\mathrm{E}R}{\mathrm{E}P}\Bigg|_{P=6000}=-1.$$

结果表明，当 $P=6000$ 时，若价格上涨 1%，总收益将减少 1%.

习题 3.6

1．设某种商品的需求函数为 $Q=1000-100P$，求当需求量 $Q=300$ 时的总收入、平均收入和边际收入，并解释其经济意义.

2．设某工艺品的需求函数为 $P=80-0.1Q$（P 是价格，单位为元；Q 是需求量，单位件），成本函数为 $C=5000+20Q$（元）.

（1）求边际利润函数 $L'(Q)$，并分别求当 $Q=200$ 和 $Q=400$ 时的边际利润，并解释其经济意义.

（2）其要使利润最大，则需求量 Q 应为多少？

3．设某商品的需求量 Q 与价格 P 的关系为

$$Q=\frac{1600}{4^P}.$$

（1）求需求弹性 $\eta(P)$，并解释其经济含义；

（2）当商品的价格 $P=10$（元）时，若价格降低 1%，则该商品需求量变化情况如何？

4．某商品的需求函数为 $Q=\mathrm{e}^{-\frac{P}{3}}$（$Q$ 是需求量，P 是价格），求

（1）需求弹性 $\eta(P)$；

（2）当商品的价格 $P=2,3,4$ 时的需求弹性，并解释其经济意义.

5．已知某商品的需求函数为 $Q=75-P^2$（Q 是需求量，单位为件；P 是价格，单位为元）.

（1）求当 $P=5$ 时的边际需求，并解释其经济含义.

（2）求当 $P=5$ 时的需求弹性，并解释其经济含义.

（3）当 $P=5$ 时，若价格 P 上涨1%，总收益将变化百分之几？是增加还是减少？

（4）当 $P=6$ 时，若价格 P 上涨1%，收益将变化百分之几？是增加还是减少？

习题 3

（A）

1．函数 $f(x)=|\sin x|$ 在 $x=0$ 处（　　）.

（A）可导　　（B）连续但不可导

（C）不连续　　（D）极限不存在

2．设 $f(x)$ 对任意 x 满足 $f(1+x)=af(x)$，且 $f'(0)=b$，其中 a,b 为非零常数，则（　　）.

（A）$f(x)$ 在 $x=1$ 处不可导　　（B）$f(x)$ 在 $x=1$ 处可导且 $f'(1)=a$

（C）$f(x)$ 在 $x=1$ 处可导且 $f'(1)=b$　　（D）$f(x)$ 在 $x=1$ 处可导且 $f'(1)=ab$

3．设函数 $f(x)=\begin{cases}\frac{2}{3}x^2, & x\leqslant 1,\\ x^2, & x>1;\end{cases}$ 则 $f(x)$ 在 $x=1$ 处（　　）.

（A）左、右导数都存在　　（B）左导数不存在但右导数存在

（C）左导数存在但右导数不存在　　（D）左、右导数都不存在

4．写出曲线 $\tan\left(x+y+\frac{\pi}{4}\right)=\mathrm{e}^y$ 在点 $(0,0)$ 处的切线方程.

5．设函数 $f(x)=\begin{cases}(1+x^2)^{\frac{1}{\sin x}}, & x\neq 0,\\ 1, & x=0;\end{cases}$ 求 $f'(0)$.

6．设函数 $f(x)$，$g(x)$ 均可导，且 $f^2(x)+g^2(x)\neq 0$，求函数 $y=\sqrt{f^2(x)+g^2(x)}$ 的导数.

7．求函数 $f(x)=\frac{\sqrt{x+3}(2-x)^2}{(x+1)^3}$ 的导数.

8．设 $f(x)$ 为可导的奇函数，且 $\lim\limits_{x\to1}\dfrac{f(x-2)+f(1)}{x^2-1}=\dfrac{3}{2}$，求 $f'(1)$．

9．设 $f''(x)$ 存在，求函数 $y=f\left(\dfrac{1}{x}\right)$ 的二阶导数．

10．设函数 $f(x)=\dfrac{2x}{1-x^2}$，求 $f^{(n)}(x)$．

11．设函数 $f(x)=\dfrac{x}{2x^2-7x+6}$，求 $f^{(n)}(x)$．

12．求曲线 $\begin{cases}x=te^t,\\ y=\sin t,\end{cases}$ 在 $t=0$ 相应点处的切线及法线的直角坐标方程．

13．设函数 $h(x)$ 在 $x=a$ 处可导，$h(a)=0$，$g(x)$ 在 $x=a$ 处连续，且 $f(x)=h(x)g(x)$，证明 $f(x)$ 在 $x=a$ 处可导．

（B）

1．（2007 年考研数学三）设函数 $f(x)$ 在 $x=0$ 处连续，下列命题错误的是（　　）．

（A）若 $\lim\limits_{x\to0}\dfrac{f(x)}{x}$ 存在，则 $f(0)=0$

（B）若 $\lim\limits_{x\to0}\dfrac{f(x)}{x}$ 存在，则 $f'(0)$ 存在

（C）若 $\lim\limits_{x\to0}\dfrac{f(x)+f(-x)}{x}$ 存在，则 $f(0)=0$

（D）若 $\lim\limits_{x\to0}\dfrac{f(x)-f(-x)}{x}$ 存在，则 $f'(0)$ 存在

2．（2011 年考研数学三）函数 $f(x)$ 在 $x=0$ 处可导，且 $f(0)=0$，则 $\lim\limits_{x\to0}\dfrac{x^2f(x)-2f(x^3)}{x^3}=$（　　）．

（A）$-2f'(0)$　　（B）$-f'(0)$　　（C）$f'(0)$　　（D）0

3．设 $f(x)$ 可导，$F(x)=f(x)(1+|\sin x|)$，则 $f(0)=0$ 是 $F(x)$ 在 $x=0$ 处可导的（　　）．

（A）充分必要条件　　（B）充分但非必要条件

（C）必要但非充分条件　　（D）即非充分也非必要条件

4．（2021 年考研数学二）设函数 $y=y(x)$ 由参数方程 $\begin{cases}x=2e^t+t+1\\ y=4(t-1)e^t+t^2\end{cases}$ 确定，则 $\left.\dfrac{d^2y}{dx^2}\right|_{t=0}=$ ______．

5．已知函数 $y=f(x)$ 在 $x=2$ 处连续，且 $\lim\limits_{x\to2}\dfrac{f(x)-2x}{x-2}=3$，证明：函数 $f(x)$ 在 $x=2$ 处可导，并求 $f'(2)$．

6．若函数 $f(x)=\begin{cases}x^k\sin\dfrac{1}{x}, & x\neq0\\ 0, & x=0\end{cases}$ 在 $x=0$ 处可导，求正整数 k 的最小值．

7．写出函数 $y=(x^2-x-2)|x^3-x|$ 导数不存在的点．

8．设函数 $y=f(x)$ 与 $y=\sin x$ 在原点处相切，求极限 $\lim\limits_{n\to\infty}\sqrt{nf\left(\dfrac{2}{n}\right)}$．

9．设函数 $f(x)=\begin{cases}\sin 2x, & x\geqslant 1,\\ e^{3x}-1, & x<1;\end{cases}$ 令 $y=f[f(x)]$，求 $\left.\dfrac{dy}{dx}\right|_{x=\pi}$．

10．若曲线 $y=f(x)$ 由 $\begin{cases}x=t+\cos t\\ e^y+ty+\sin t=1\end{cases}$ 确定，求此曲线在 $t=0$ 所对应点处的切线的直角坐标方程．

11．设函数 $f(x)$ 可导且满足 $x\leqslant f(x)\leqslant\dfrac{x^2+1}{2}$，求 $f'(1)$．

12．设函数 $f(x)$ 在点 $x=0$ 处可导，且 $\lim\limits_{x\to 0}\dfrac{\cos x-1}{e^{f(x)}-1}=1$，求 $f'(0)$．

13．（2009 年考研数学二）设 $y=f(x)$ 是由方程 $xy+e^y=x+1$ 确定的函数，求 $\left.\dfrac{d^2y}{dx^2}\right|_{x=0}$．

第 4 章　微分中值定理与导数的应用

第 3 章介绍了微分学的两个基本概念——导数与微分及其计算方法，本章以微分学基本定理——微分中值定理为基础，进一步介绍利用导数研究函数的性态，例如，判断函数的单调性和凹凸性，求函数的极限、极值、最大（小）值以及函数作图的方法.

4.1　微分中值定理

微分中值定理也称为微分学基本定理，包括罗尔定理、拉格朗日定理和柯西定理. 在介绍微分中值定理之前，先介绍费马定理.

定理 4.1 （**费马定理**）设函数 $f(x)$ 在点 x_0 的某邻域内有定义，并且在 x_0 处可导，如果对任意的邻域内的点 x 都有 $f(x)\geqslant f(x_0)$（或 $f(x)\leqslant f(x_0)$），那么 $f'(x_0)=0$.

证　不妨设当 $x\in U(x_0)$ 时，有 $f(x)\geqslant f(x_0)$，（如果 $f(x)\leqslant f(x_0)$，可类似证明）. 于是，对于 $x_0+\Delta x\in U(x_0)$，有

$$f(x_0+\Delta x)\geqslant f(x_0),$$

故当 $\Delta x>0$ 时，有

$$\frac{f(x_0+\Delta x)-f(x_0)}{\Delta x}\geqslant 0;$$

当 $\Delta x<0$ 时，有

$$\frac{f(x_0+\Delta x)-f(x_0)}{\Delta x}\leqslant 0,$$

由函数 $f(x)$ 在 x_0 可导的条件及函数极限的保号性，可得

$$f'(x_0)=f'_+(x_0)=\lim_{\Delta x\to 0^+}\frac{f(x_0+\Delta x)-f(x_0)}{\Delta x}\geqslant 0$$

$$f'(x_0)=f'_-(x_0)=\lim_{x\to 0^-}\frac{f(x_0+\Delta x)-f(x_0)}{\Delta x}\leqslant 0$$

故 $f'(x_0)=0$.

由费马定理知，对于可导函数 $f(x)$，若它在 x_0 处取得邻域 $U(x_0)$ 内的最小值（最大值），则 $f'(x_0)=0$，且曲线 $y=f(x)$ 在点 $(x_0,f(x_0))$ 处有水平切线.

定理 4.2 （**罗尔定理**）如果函数 $f(x)$ 满足：

（1）在闭区间 $[a,b]$ 上连续；

（2）在开区间 (a,b) 内可导；

（3）在区间端点的函数值相等，即 $f(a)=f(b)$，则在区间 (a,b) 内至少存在一点 $\xi(a<\xi<b)$，使得 $f'(\xi)=0$.

证　由于 $f(x)$ 在闭区间 $[a,b]$ 上连续，因此根据闭区间上连续函数的性质，$f(x)$ 在 $[a,b]$ 上必定取得它的最大值 M 和最小值 m. 下面分两种情形讨论：

（1）若 $M=m$，此时 $f(x)$ 在 $[a,b]$ 上必为常数，即 $f(x)=m(=M)$，这时对任意的 $\xi\in(a,b)$ 都有 $f'(\xi)=0$.

（2）若 $M>m$，由于 $f(a)=f(b)$，因此 M 和 m 至少有一个不等于 $f(x)$ 在区间 $[a,b]$ 的端点处的函数值．不妨设 $M\neq f(a)$，则必有一点 $\xi\in(a,b)$，使 $f(\xi)=M$．因此，$\forall x\in[a,b]$，都有 $f(x)\leqslant f(\xi)$，从而由费马定理可得 $f'(\xi)=0$.

罗尔定理的几何意义为：如果有函数 $f(x)$ 满足定理的条件，则曲线 $y=f(x)$ 在 (a,b) 内至少有一点的切线是水平的（见图 4.1）.

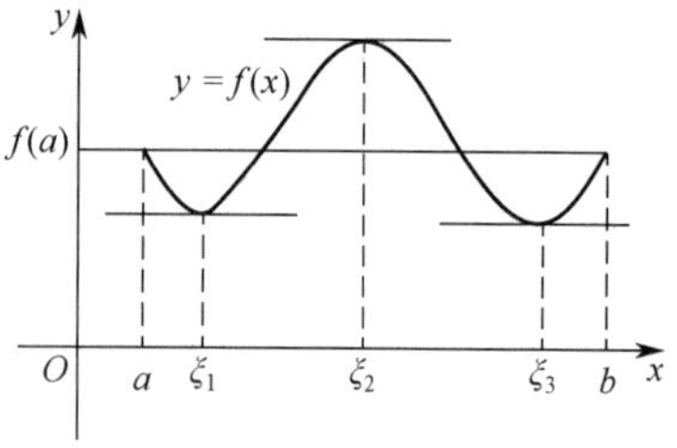

图 4.1

例 4.1 验证罗尔定理对函数 $f(x)=x^2-2x-3$ 在区间 $[-1,3]$ 上的正确性.

解 显然 $f(x)=x^2-2x-3=(x-3)(x+1)$ 在 $[-1,3]$ 上连续，在 $(-1,3)$ 内可导，且 $f(-1)=f(3)=0$，又 $f'(x)=2(x-1)$，可取 $\xi=1\in(-1,3)$，使得 $f'(\xi)=0$.

例 4.2 证明方程 $x^3+3x-1=0$ 有且仅有一个小于 1 的正实根.

证 设 $f(x)=x^3+3x-1$，则 $f(x)$ 在 $[0,1]$ 上连续，且 $f(0)=-1, f(1)=3$，由零点定理可知，存在点 $x_0\in(0,1)$，使得 $f(x_0)=0$，即 x_0 是方程 $x^3+3x-1=0$ 的小于 1 的正实根.

再来证明 x_0 是方程 $x^3+3x-1=0$ 唯一的正实根．用反证法.

如果存在点 $x_1\in(0,1)$，且 $x_1\neq x_0$，使 $f(x_1)=0$，易见函数 $f(x)$ 在以 x_0,x_1 为端点的区间上满足罗尔定理的条件，故至少存在一点 ξ（介于 x_0,x_1 之间），使得 $f'(\xi)=0$．但 $f'(x)=5(x^4-1)<0(0<x<1)$，可得到矛盾，所以 x_0 为方程 $x^3+3x-1=0$ 的小于 1 的唯一正实根.

例 4.3 设函数 $f(x)=x(x-2)(x-4)(x-6)$，说明方程 $f'(x)=0$ 在 $(-\infty,+\infty)$ 内有几个实根，并指出它们所属区间.

解 因为 $f'(x)$ 是三次多项式，所以方程 $f'(x)=0$ 在 $(-\infty,+\infty)$ 内最多有 3 个实根．又由于 $f(0)=f(2)=f(4)=f(6)=0$，$f(x)$ 分别在区间 $[0,2],[2,4],[4,6]$ 上满足罗尔定理的条件，故 $\exists\xi_1\in(0,2),\exists\xi_2\in(2,4),\exists\xi_3\in(4,6)$，使得

$$f'(\xi_1)=0,\quad f'(\xi_2)=0,\quad f'(\xi_3)=0,$$

即方程 $f'(x)=0$ 在 $(-\infty,+\infty)$ 内有 3 个实根，分别属于区间 $(0,2)$，$(2,4)$，$(4,6)$.

定理 4.3 （拉格朗日中值定理） 如果函数 $f(x)$ 满足：

（1）在闭区间 $[a,b]$ 上连续；

（2）在开区间 (a,b) 内可导，则至少存在一点 $\xi\in(a,b)$，使

$$f(b)-f(a)=f'(\xi)(b-a). \tag{4.1}$$

证 构造辅助函数

$$\varPhi(x)=f(x)-f(a)-\frac{f(b)-f(a)}{b-a}(x-a),$$

则 $\varPhi(x)$ 满足罗尔定理的条件，即在 $[a,b]$ 上连续，在 (a,b) 内可导，且 $\varPhi(a)=\Phi(b)=0$，所以至少存在一点 $\xi\in(a,b)$，使 $\varPhi'(\xi)=0$，即

$$\varPhi'(\xi)=f'(\xi)-\frac{f(b)-f(a)}{b-a}=0,$$

也即

$$f(b)-f(a)=f'(\xi)(b-a).$$

显然，若 $b<a$，式（4.1）也成立.

若对满足拉格朗日中值定理条件的 $f(x)$ 再添加条件 $f(a)=f(b)$，则式（4.1）即为 $f'(\xi)=0$，这样就变成罗尔定理了，所以罗尔定理是拉格朗日中值定理的特殊情形.

将（4.1）式改写为 $\dfrac{f(b)-f(a)}{b-a}=f'(\xi)$，其中 $\dfrac{f(b)-f(a)}{b-a}$ 为弦 AB 的斜率（见图 4.2），而 $f'(\xi)$ 为曲线在点 C 处的切线的斜率. 拉格朗日中值定理表明：在满足定理的条件下，曲线 $y=f(x)$ 上至少有一点 C，使曲线在点 C 处的切线平行于弦 AB.

由图 4.2 也可看出，罗尔定理是拉格朗日中值定理在 $f(a)=f(b)$ 时的特殊情形.

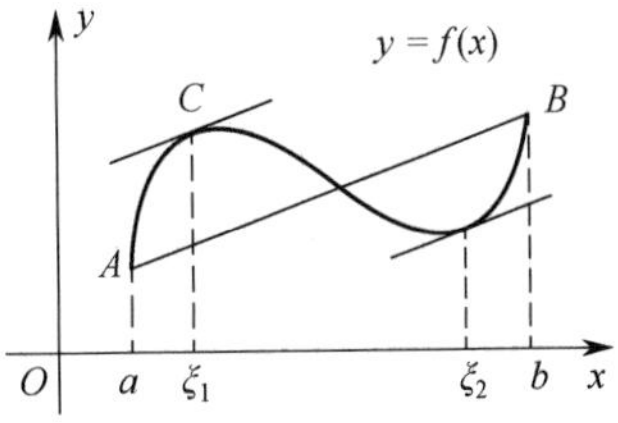

图 4.2

例 4.4　证明不等式 $\arctan x_2-\arctan x_1\leqslant x_2-x_1$（其中 $x_1<x_2$）.

证　设 $f(x)=\arctan x$，显然 $f(x)$ 在 $[x_1,x_2]$ 上满足拉格朗日中值定理的条件，于是有

$$\arctan x_2-\arctan x_1=\frac{1}{1+\xi^2}(x_2-x_1).$$

其中，$x_1<\xi<x_2$，因为 $\dfrac{1}{1+\xi^2}\leqslant 1$，所以

$$\arctan x_2-\arctan x_1\leqslant x_2-x_1.$$

例 4.5　证明当 $x>0$ 时，$\dfrac{x}{1+x}<\ln(1+x)<x$.

证　设 $f(u)=\ln(1+u)$，当 $x>0$ 时，显然 $f(u)$ 在区间 $[0,x]$ 上连续，在 $(0,x)$ 内可导，所以由拉格朗日中值定理可得，至少存在一点 $\xi\in(0,x)$，使

$$f(x)-f(0)=f'(\xi)(x-0),$$

因 $f(0)=0, f'(u)=\dfrac{1}{1+u}$，上式即为

$$\ln(1+x)=\frac{x}{1+\xi},$$

注意到 $0<\xi<x$，所以

$$\frac{x}{1+x}<\frac{x}{1+\xi}<x,$$

即

$$\frac{x}{1+x}<\ln(1+x)<x(x>0).$$

推论 4.1　若函数 $f(x)$ 在区间 I 上可导且导数恒为零，则 $f(x)$ 在区间 I 上是一个常数.

证　在区间 I 上任取两点 x_1,x_2，且 $x_1<x_2$，则由拉格朗日中值定理，可得

$$f(x_2)-f(x_1)=f'(\xi)(x_2-x_1),$$

其中 $x_1<\xi<x_2$，由于 $f'(\xi)=0$，因此 $f(x_2)=f(x_1)$.

由 x_1,x_2 的任意性可知，$f(x)$ 在区间 I 上任意点处的函数值都是相等的，即函数 $f(x)$

在区间 I 上是一个常数.

由推论 4.1 立即可得下面的推论 2：

推论 4.2 若函数 $f(x)$ 和 $g(x)$ 在区间 I 上均可导，且对任意 $x \in I$，都有 $f'(x)=g'(x)$，则在区间 I 上有

$$f(x)=g(x)+C,$$

其中 C 为任意常数.

例 4.6 证明 $\arctan x+\operatorname{arccot} x=\frac{\pi}{2}(-\infty<x<+\infty)$.

证 令 $f(x)=\arctan x+\operatorname{arccot} x$，则 $\forall x \in(-\infty,+\infty)$，有

$$f'(x)=\frac{1}{1+x^2}-\frac{1}{1+x^2}=0,$$

由推论 4.1 可知 $f(x)=C(-\infty<x<+\infty)$. 又因

$$f(0)=\arctan 0+\operatorname{arccot} 0=0+\frac{\pi}{2}=\frac{\pi}{2},$$

故 $C=\frac{\pi}{2}$，从而

$$\arctan x+\operatorname{arccot} x=\frac{\pi}{2}(-\infty<x<+\infty).$$

定理 4.4（柯西中值定理） 如果函数 $f(x)$ 和 $g(x)$ 满足：

（1）在闭区间 $[a,b]$ 上连续；

（2）在开区间 (a,b) 内可导；

（3）对任意 $x \in(a,b)$，$g'(x) \neq 0$，则在 (a,b) 内至少存在一点 ξ，使得

$$\frac{f(b)-f(a)}{g(b)-g(a)}=\frac{f'(\xi)}{g'(\xi)}.$$

证 由拉格朗日中值定理

$$g(b)-g(a)=g'(\eta)(b-a),$$

其中 $a<\eta<b$，根据条件（3）可知 $g'(\eta) \neq 0$，且 $b-a \neq 0$，于是

$$g(b)-g(a) \neq 0.$$

构造辅助函数

$$\Phi(x)=f(x)-f(a)-\frac{f(b)-f(a)}{g(b)-g(a)}[g(x)-g(a)],$$

显然 $\Phi(x)$ 在 $[a,b]$ 上连续，在 (a,b) 内可导，且

$$\Phi(a)=\Phi(b)=0,$$

由罗尔定理，在 (a,b) 内至少存在一点 ξ，使得 $\Phi'(\xi)=0$，即

$$\Phi'(\xi)=f'(\xi)-\frac{f(b)-f(a)}{g(b)-g(a)} \cdot g'(\xi)=0,$$

从而

$$\frac{f(b)-f(a)}{g(b)-g(a)}=\frac{f'(\xi)}{g'(\xi)}.$$

显然，若取 $g(x)=x$，则 $g(b)-g(a)=b-a$，且 $g'(x)=1$，则柯西中值定理就变成拉格

朗日中值定理了，所以拉格朗日中值定理是柯西中值定理的特殊情形.

例 4.7　设函数 $f(x)$ 在 $[0,1]$ 上连续，在 $(0,1)$ 内可导．试证明至少存在一点 $\xi\in(0,1)$，使

$$f'(\xi)=3\xi^2[f(1)-f(0)].$$

证　欲证结论可变形为

$$\frac{f(1)-f(0)}{1-0}=\frac{f'(\xi)}{3\xi^2}=\left.\frac{f'(x)}{(x^3)'}\right|_{x=\xi}.$$

上式在形式上和柯西中值定理的结论相似．于是，设 $g(x)=x^3$，显然 $f(x)$ 和 $g(x)$ 在区间 $[0,1]$ 上满足柯西中值定理的条件，所以由柯西中值定理，至少存在一点 $\xi\in(0,1)$，使

$$\frac{f(1)-f(0)}{1-0}=\frac{f'(\xi)}{3\xi^2},$$

即

$$f'(\xi)=3\xi^2[f(1)-f(0)].$$

习题 4.1

1．下列函数在给定区间上是否满足罗尔定理的条件？如满足，则求出满足定理的 ξ.

（1）$f(x)=\cos 4x,\ x\in\left[-\dfrac{\pi}{8},\dfrac{\pi}{8}\right]$；

（2）$f(x)=|x-2|,\ x\in[0,4]$；

（3）$f(x)=\begin{cases}\sin x, & 0<x\leqslant\pi,\\ 2, & x=0.\end{cases}\quad x\in[0,\pi]$.

2．验证函数 $f(x)=\sqrt{x}$ 在区间 $[4,9]$ 上满足拉格朗日中值定理.

3．验证函数 $f(x)=x^3+1,g(x)=x^2$ 在区间 $[1,2]$ 上满足柯西中值定理.

4．求函数 $f(x)=(x+2)(x+3)(x+4)$ 的导数，判断方程 $f'(x)=0$ 有几个实根，并指出这些根的范围.

5．利用拉格朗日中值定理证明下列不等式：

（1）当 $b>a>0$ 时，$\dfrac{b-a}{a}>\ln\dfrac{b}{a}>\dfrac{b-a}{b}$；

（2）若 $x\neq 1$，则 $\mathrm{e}^x>x\mathrm{e}$.

6．若函数 $f(x)$ 在 $(-\infty,+\infty)$ 内满足关系式 $f'(x)=f(x)$，且 $f(0)=1$，证明 $f(x)=\mathrm{e}^x$.

7．证明 $\arcsin x+\arccos x=\dfrac{\pi}{2}(-1\leqslant x\leqslant 1)$.

4.2　洛必达法则

若当 $x\to x_0$（或 $x\to\infty$）时，两个函数 $f(x)$ 与 $g(x)$ 都趋向于零或都趋向于无穷大，则极限 $\lim\limits_{x\to x_0}\dfrac{f(x)}{g(x)}$ $\left(或\lim\limits_{x\to\infty}\dfrac{f(x)}{g(x)}\right)$ 可能存在，也可能不存在，通常把这种极限称为**未定式**，并分

别记为$\frac{0}{0}$或$\frac{\infty}{\infty}$.

例如，$\lim\limits_{x\to 0}\frac{\sin x}{x}$，$\lim\limits_{x\to 0}\frac{e^{x^2}-1}{\sin x^2}$就是$\frac{0}{0}$型未定式，而$\lim\limits_{x\to +\infty}\frac{x^3+x^2+1}{e^x}$就是$\frac{\infty}{\infty}$型未定式．对于这类极限，即使它存在也不能用“商的极限等于极限的商”这一法则．下面将导数作为工具，给出求未定式极限的一般方法，即**洛必达法则**.

4.2.1 $\frac{0}{0}$型未定式

定理 4.5 设（1）$\lim\limits_{x\to x_0}f(x)=\lim\limits_{x\to x_0}g(x)=0$；

（2）在点x_0的某去心邻域内，$f'(x)$和$g'(x)$都存在，且$g'(x)\neq 0$；

（3）$\lim\limits_{x\to x_0}\frac{f'(x)}{g'(x)}$存在（或为无穷大），则

$$\lim_{x\to x_0}\frac{f(x)}{g(x)}=\lim_{x\to x_0}\frac{f'(x)}{g'(x)}.$$

证 因为极限$\lim\limits_{x\to x_0}\frac{f(x)}{g(x)}$是否存在与$f(x_0)$和$g(x_0)$取何值无关，故可补充定义

$$f(x_0)=g(x_0)=0.$$

于是，由条件（1），（2）可知，$f(x)$和$g(x)$在点x_0的某一邻域内是连续的．设x是该邻域内任意一点$(x\neq x_0)$，则$f(x)$和$g(x)$在以x和x_0为端点的区间上，满足柯西中值定理的条件，从而存在ξ（ξ介于x与x_0之间），使得

$$\frac{f(x)}{g(x)}=\frac{f(x)-f(x_0)}{g(x)-g(x_0)}=\frac{f'(\xi)}{g'(\xi)}.$$

注意到当$x\to x_0$时，$\xi\to x_0$，于是令$x\to x_0$，并对上式两端求极限，再由条件（3），可得

$$\lim_{x\to x_0}\frac{f(x)}{g(x)}=\lim_{x\to x_0}\frac{f'(x)}{g'(x)}=A\text{（或为无穷大）}.$$

上述定理给出的这种在一定条件下通过对分子、分母分别先求导，再求极限来确定未定式的值的方法称为**洛必达法则**.

如果$\lim\limits_{x\to x_0}\frac{f'(x)}{g'(x)}$仍属于$\frac{0}{0}$型，且$f'(x)$与$g'(x)$满足洛必达法则的条件，可继续使用洛必达法则，即

$$\lim_{x\to x_0}\frac{f(x)}{g(x)}=\lim_{x\to x_0}\frac{f'(x)}{g'(x)}=\lim_{x\to x_0}\frac{f''(x)}{g''(x)}.$$

且可以以此类推.

注： 定理 4.5 也适用于$x\to x_0^+$或$x\to x_0^-$的情形.

例 4.6 求$\lim\limits_{x\to 0}\frac{\tan ax}{\tan bx}(b\neq 0)$.

解 这是$\frac{0}{0}$型未定式，由洛必达法则，可得

$$\lim_{x\to 0}\frac{\tan ax}{\tan bx}=\lim_{x\to 0}\frac{a\sec^2 ax}{b\sec^2 bx}=\lim_{x\to 0}\frac{a\cos^2 bx}{b\cos^2 ax}=\frac{a}{b}.$$

例 4.7　求 $\lim\limits_{x\to 1}\frac{x^4-4x+3}{x^4-x^3-x+1}$.

解　这是 $\frac{0}{0}$ 型未定式，由洛必达法则，可得

$$\lim_{x\to 1}\frac{x^4-4x+3}{x^4-x^3-x+1}=\lim_{x\to 1}\frac{4x^3-4}{4x^3-3x^2-1}=\lim_{x\to 1}\frac{12x^2}{12x^2-6x}=\lim_{x\to 1}\frac{12x}{12x-6}=2.$$

注：上式中的 $\lim\limits_{x\to 1}\frac{12x}{12x-6}$ 已经不是未定式了，不能再对它使用洛必达法则了，否则会出错.

例 4.8　求 $\lim\limits_{x\to 0}\frac{(\sin x^2)\ln(1+x)}{x-\sin x}$.

解　注意到当 $x\to 0$ 时，$\sin x^2\sim x^2$，$\ln(1+x)\sim x$，故

$$\lim_{x\to 0}\frac{(\sin x^2)\ln(1+x)}{x-\sin x}=\lim_{x\to 0}\frac{x^3}{x-\sin x},$$

这是 $\frac{0}{0}$ 型未定式，由洛必达法则，可得

$$\lim_{x\to 0}\frac{(\sin x^2)\ln(1+x)}{x-\sin x}=\lim_{x\to 0}\frac{x^3}{x-\sin x}=\lim_{x\to 0}\frac{3x^2}{1-\cos x}=\lim_{x\to 0}\frac{6x}{\sin x}=6.$$

注：虽然洛必达法则是求未定式的一种有效办法，但若能与其他求极限的方法综合使用，效果会更好. 例如，能化简时应尽可能先化简，能用等价无穷小替换的，应尽量使用，可以使计算更方便.

例 4.9　求 $\lim\limits_{x\to 0}\frac{x^2\sin\frac{1}{x}}{\sin x}$.

解　这是 $\frac{0}{0}$ 型未定式，这时若对分子、分母分别求导再求极限，可得

$$\lim_{x\to 0}\frac{x^2\sin\frac{1}{x}}{\sin x}=\lim_{x\to 0}\frac{2x\sin\frac{1}{x}-\cos\frac{1}{x}}{\cos x}.$$

上式右端的极限不存在且不为 ∞，故洛必达法则失效. 事实上，原极限是存在的，可用如下方法求得极限：

$$\lim_{x\to 0}\frac{x^2\sin\frac{1}{x}}{\sin x}=\lim_{x\to 0}\frac{x}{\sin x}\cdot\lim_{x\to 0}x\sin\frac{1}{x}=1\times 0=0.$$

对 $x\to\infty$ 时的 $\frac{0}{0}$ 型未定式，也有相应的洛必达法则.

定理 4.6　设（1）$\lim\limits_{x\to\infty}f(x)=\lim\limits_{x\to\infty}g(x)=0$；

（2）对充分大的 $|x|$，$f'(x)$ 及 $g'(x)$ 都存在，且 $g'(x)\neq 0$；

（3）$\lim\limits_{x\to\infty}\dfrac{f'(x)}{g'(x)}$存在（或为无穷大），

则

$$\lim_{x\to\infty}\frac{f(x)}{g(x)}=\lim_{x\to\infty}\frac{f'(x)}{g'(x)}.$$

注：定理 4.6 也适用于$x\to-\infty$或$x\to+\infty$的情形.

例 4.10　求$\lim\limits_{x\to+\infty}\dfrac{\frac{\pi}{2}-\arctan x}{\frac{1}{x}}$.

解　$\lim\limits_{x\to+\infty}\dfrac{\frac{\pi}{2}-\arctan x}{\frac{1}{x}}=\lim\limits_{x\to+\infty}\dfrac{-\frac{1}{1+x^2}}{-\frac{1}{x^2}}=\lim\limits_{x\to+\infty}\dfrac{x^2}{1+x^2}=1$.

例 4.11　求$\lim\limits_{x\to+\infty}\dfrac{\ln\left(1+\frac{1}{x}\right)}{\operatorname{arccot} x}$.

解　$\lim\limits_{x\to+\infty}\dfrac{\ln\left(1+\frac{1}{x}\right)}{\operatorname{arccot} x}=\lim\limits_{x\to+\infty}\dfrac{\frac{1}{1+\frac{1}{x}}\cdot\frac{-1}{x^2}}{-\frac{1}{1+x^2}}=\lim\limits_{x\to+\infty}\dfrac{1+x^2}{x^2}\cdot\dfrac{x}{x+1}=\lim\limits_{x\to+\infty}\dfrac{1+x^2}{x^2}\cdot\lim\limits_{x\to+\infty}\dfrac{x}{x+1}=1$.

4.2.2　$\dfrac{\infty}{\infty}$型未定式

对$x\to x_0$（或$x\to\infty$）时的未定式$\dfrac{\infty}{\infty}$，也有与$\dfrac{0}{0}$型未定式类似的洛必达法则，例如，对于$x\to x_0$时的未定式$\dfrac{\infty}{\infty}$有如下定理：

定理 4.7　设（1）$\lim\limits_{x\to x_0}f(x)=\lim\limits_{x\to x_0}g(x)=\infty$；

（2）在点x_0的某去心邻域内，$f'(x)$及$g'(x)$都存在，且$g'(x)\neq 0$；

（3）$\lim\limits_{x\to x_0}\dfrac{f'(x)}{g'(x)}$存在（或为无穷大），

则

$$\lim_{x\to x_0}\frac{f(x)}{g(x)}=\lim_{x\to x_0}\frac{f'(x)}{g'(x)}.$$

注：定理 4.7 也适用于$x\to x_0^-$，$x\to x_0^+$的情形.

例 4.12　求$\lim\limits_{x\to 0^+}\dfrac{\ln(\cot x)}{\ln x}$.

解　这是$\dfrac{\infty}{\infty}$型未定式，由洛必达法则，可得

$$\lim_{x\to0^+}\frac{\ln(\cot x)}{\ln x}=\lim_{x\to0^+}\frac{\frac{1}{\cot x}\cdot(-\csc^2 x)}{\frac{1}{x}}=\lim_{x\to0^+}\frac{-x}{\sin x\cdot\cos x}$$

$$=-\lim_{x\to0^+}\frac{x}{\sin x}\cdot\lim_{x\to0^+}\frac{1}{\cos x}$$

$$=-1.$$

例 4.13　求 $\lim\limits_{x\to+\infty}\frac{\ln x}{x^n}$（$n$ 为正整数）.

解　这是 $\frac{\infty}{\infty}$ 型未定式，由洛必达法则，可得

$$\lim_{x\to+\infty}\frac{\ln x}{x^n}=\lim_{x\to+\infty}\frac{\frac{1}{x}}{nx^{n-1}}=\lim_{x\to+\infty}\frac{1}{nx^n}=0.$$

例 4.14　求 $\lim\limits_{x\to+\infty}\frac{x^m}{e^{\lambda x}}$（$m$ 为正整数，$\lambda>0$）.

解　这是 $\frac{\infty}{\infty}$ 型未定式，反复使用洛必达法则 m 次，可得

$$\lim_{x\to+\infty}\frac{x^m}{e^{\lambda x}}=\lim_{x\to+\infty}\frac{mx^{m-1}}{\lambda e^{\lambda x}}=\lim_{x\to+\infty}\frac{m(m-1)x^{m-2}}{\lambda^2 e^{\lambda x}}=\cdots=\lim_{x\to+\infty}\frac{m!}{\lambda^m e^{\lambda x}}=0.$$

注：从例 4.13、例 4.14 可以看出，对数函数 $\ln x$、幂函数 x^n、指数函数 $e^{\lambda x}(\lambda>0)$ 均为 $x\to+\infty$ 时的无穷大，其中，幂函数增大的速度远比对数函数快，而指数函数增大的速度又远比幂函数快.

例 4.15　求 $\lim\limits_{x\to0^+}\frac{e^{-\frac{1}{x}}}{x}$.

解　这是 $\frac{0}{0}$ 型未定式，由洛必达法则，可得

$$\lim_{x\to0^+}\frac{e^{-\frac{1}{x}}}{x}=\lim_{x\to0^+}\frac{e^{-\frac{1}{x}}\cdot\frac{1}{x^2}}{1}=\lim_{x\to0^+}\frac{e^{-\frac{1}{x}}}{x^2}=\lim_{x\to0^+}\frac{e^{-\frac{1}{x}}}{2x^3}.$$

可见，这样做下去得不到结果，但此时令 $\frac{1}{x}=t$，则当 $x\to0^+$ 时，$t\to+\infty$，于是

$$\lim_{x\to0^+}\frac{e^{-\frac{1}{x}}}{x}=\lim_{x\to0^+}\frac{\frac{1}{x}}{e^{\frac{1}{x}}}=\lim_{t\to+\infty}\frac{t}{e^t}=\lim_{t\to+\infty}\frac{1}{e^t}=0,$$

其中，因为 $\lim\limits_{t\to+\infty}\frac{t}{e^t}$ 是 $\frac{\infty}{\infty}$ 型未定式，所以由洛必达法则，可得

$$\lim_{t\to+\infty}\frac{t}{e^t}=\lim_{t\to+\infty}\frac{1}{e^t}=0.$$

4.2.3 其他类型的未定式（$0\cdot\infty$、$\infty-\infty$、0^0、1^∞、∞^0）

对于$0\cdot\infty$、$\infty-\infty$、0^0、1^∞、∞^0型的未定式，也可将这些未定式转化为$\frac{0}{0}$型或$\frac{\infty}{\infty}$型未定式来计算.

例 4.16 求$\lim\limits_{x\to0^+}x^\alpha\ln x$（$\alpha>0$为常数）.

解 这是$0\cdot\infty$型未定式，由洛必达法则，可得

$$\lim_{x\to0^+}x^\alpha\ln x=\lim_{x\to0^+}\frac{\ln x}{x^{-\alpha}}=\lim_{x\to0^+}\frac{\frac{1}{x}}{-\alpha x^{-\alpha-1}}=-\lim_{x\to0^+}\left(\frac{x^\alpha}{\alpha}\right)=0.$$

例 4.17 求$\lim\limits_{x\to1}\left(\frac{1}{1-x}-\frac{3}{1-x^3}\right)$.

解 这是$\infty-\infty$型未定式，由于

$$\frac{1}{1-x}-\frac{3}{1-x^3}=\frac{1+x+x^2}{(1-x)(1+x+x^2)}-\frac{3}{1-x^3}=\frac{1+x+x^2}{1-x^3}-\frac{3}{1-x^3}=\frac{x^2+x-2}{1-x^3},$$

当$x\to1$时，上式右端是$\frac{0}{0}$型未定式，由洛必达法则，可得

$$\lim_{x\to1}\left(\frac{1}{1-x}-\frac{3}{1-x^3}\right)=\lim_{x\to1}\frac{x^2+x-2}{1-x^3}=\lim_{x\to1}\frac{2x+1}{-3x^2}=-1.$$

例 4.18 求$\lim\limits_{x\to0^+}x^{\sin x}$.

解 这是0^0型未定式，因$x^{\sin x}=\mathrm{e}^{\sin x\cdot\ln x}(x>0)$，由洛必达法则，可得

$$\lim_{x\to0^+}x^{\sin x}=\lim_{x\to0^+}\mathrm{e}^{\sin x\cdot\ln x}=\mathrm{e}^{\lim\limits_{x\to0^+}\sin x\cdot\ln x}=\mathrm{e}^{\lim\limits_{x\to0^+}\frac{\ln x}{\frac{1}{\sin x}}}=\mathrm{e}^{\lim\limits_{x\to0^+}\frac{\frac{1}{x}}{\frac{-\cos x}{\sin^2x}}}=\mathrm{e}^{-\lim\limits_{x\to0^+}\frac{\sin^2x}{x}\cdot\frac{1}{\cos x}}$$

$$=\mathrm{e}^{-\lim\limits_{x\to0^+}\frac{\sin^2x}{x}\cdot\lim\limits_{x\to0^+}\frac{1}{\cos x}}=\mathrm{e}^{-\lim\limits_{x\to0^+}\frac{x^2}{x}\cdot\lim\limits_{x\to0^+}\frac{1}{\cos x}}=e^0=1.$$

例 4.19 求$\lim\limits_{x\to\infty}\left(1+\frac{1}{x}\right)^x$.

解 这是1^∞型未定式，因$\left(1+\frac{1}{x}\right)^x=\mathrm{e}^{x\cdot\ln\left(1+\frac{1}{x}\right)}$，由洛必达法则，可得

$$\lim_{x\to\infty}\left(1+\frac{1}{x}\right)^x=\lim_{x\to\infty}\mathrm{e}^{x\cdot\ln\left(1+\frac{1}{x}\right)}=\mathrm{e}^{\lim\limits_{x\to\infty}\frac{\ln\left(1+\frac{1}{x}\right)}{\frac{1}{x}}}=\mathrm{e}^{\lim\limits_{x\to\infty}\frac{\left(1+\frac{1}{x}\right)^{-1}\cdot\left(-\frac{1}{x^2}\right)}{-\frac{1}{x^2}}}=\mathrm{e}^{\lim\limits_{x\to\infty}\frac{x}{1+x}}=\mathrm{e}.$$

例 4.20 求$\lim\limits_{x\to0^+}\left(1+\frac{1}{x}\right)^x$.

解 这是∞^0型未定式，由洛必达法则，可得

$$\lim_{x\to0^+}\left(1+\frac{1}{x}\right)^x=\lim_{x\to0^+}\mathrm{e}^{x\cdot\ln\left(1+\frac{1}{x}\right)}=\mathrm{e}^{\lim\limits_{x\to0^+}\frac{\ln\left(1+\frac{1}{x}\right)}{\frac{1}{x}}}=\mathrm{e}^{\lim\limits_{x\to0^+}\frac{\left(1+\frac{1}{x}\right)^{-1}\cdot\left(-\frac{1}{x^2}\right)}{-\frac{1}{x^2}}}=\mathrm{e}^{\lim\limits_{x\to0^+}\frac{x}{1+x}}=\mathrm{e}^0=1\,.$$

注：虽然例 4.19 和例 4.20 是对同样的函数求极限，但是自变量的变化趋势不同，所以它们其实是不同的极限类型.

例 4.21　求极限 $\lim\limits_{x\to0^+}\left(\dfrac{a^x+b^x}{2}\right)^{\frac{3}{x}}\ (a,b>0)$.

解　这是1^∞型未定式，因 $\left(\dfrac{a^x+b^x}{2}\right)^{\frac{3}{x}}=\mathrm{e}^{\frac{3\ln\left(\frac{a^x+b^x}{2}\right)}{x}}$，由洛必达法则，可得

$$\lim_{x\to0^+}\left(\frac{a^x+b^x}{2}\right)^{\frac{3}{x}}=\lim_{x\to0^+}\mathrm{e}^{\frac{3\ln\left(\frac{a^x+b^x}{2}\right)}{x}}=\mathrm{e}^{\lim\limits_{x\to0^+}\frac{3\ln\left(\frac{a^x+b^x}{2}\right)}{x}}=\mathrm{e}^{\lim\limits_{x\to0^+}\frac{3}{\frac{a^x+b^x}{2}}\cdot\frac{a^x\ln a+b^x\ln b}{2}}$$

$$=\mathrm{e}^{\frac{3(\ln a+\ln b)}{2}}=a^{\frac{3}{2}}\cdot b^{\frac{3}{2}}$$

注：利用 MATLAB 软件可以很容易得到例 4.21 的结果，详见附录例 2.

例 4.22　求 $\lim\limits_{x\to+\infty}\dfrac{\mathrm{e}^x+\mathrm{e}^{-x}}{\mathrm{e}^x-\mathrm{e}^{-x}}$.

解　这是$\dfrac{\infty}{\infty}$型未定式，如果使用洛必达法则，则得

$$\lim_{x\to+\infty}\frac{\mathrm{e}^x+\mathrm{e}^{-x}}{\mathrm{e}^x-\mathrm{e}^{-x}}=\lim_{x\to+\infty}\frac{\mathrm{e}^x-\mathrm{e}^{-x}}{\mathrm{e}^x+\mathrm{e}^{-x}}=\lim_{x\to+\infty}\frac{\mathrm{e}^x+\mathrm{e}^{-x}}{\mathrm{e}^x-\mathrm{e}^{-x}},$$

无法得到最后结果，但是将函数$\dfrac{\mathrm{e}^x+\mathrm{e}^{-x}}{\mathrm{e}^x-\mathrm{e}^{-x}}$的分子、分母同除$\mathrm{e}^x$，并注意到 $\lim\limits_{x\to+\infty}\mathrm{e}^{-2x}=0$，可得

$$\lim_{x\to+\infty}\frac{\mathrm{e}^x+\mathrm{e}^{-x}}{\mathrm{e}^x-\mathrm{e}^{-x}}=\lim_{x\to+\infty}\frac{1+\mathrm{e}^{-2x}}{1-\mathrm{e}^{-2x}}=1\,.$$

习题 4.2

1．用洛必达法则求下列极限：

（1）$\lim\limits_{x\to\pi}\dfrac{\sin 5x}{\tan 7x}$；　（2）$\lim\limits_{x\to0}\dfrac{\mathrm{e}^x-x-1}{x^2}$；　（3）$\lim\limits_{x\to0}\dfrac{(a+x)^x-a^x}{x^2}\ (a>0)$；

（4）$\lim\limits_{x\to b}\dfrac{x^m-b^m}{x^n-b^n}$；　（5）$\lim\limits_{x\to0^+}\dfrac{\ln\sin 3x}{\ln\sin 2x}$；　（6）$\lim\limits_{x\to0^+}\sin x\ln x$；

（7）$\lim\limits_{x\to0}\dfrac{x-\tan x}{x^2\sin x}$；　（8）$\lim\limits_{x\to0}\left(\dfrac{1}{\mathrm{e}^x-1}-\dfrac{1}{x}\right)$；　（9）$\lim\limits_{x\to0}\left(\dfrac{\mathrm{e}^x}{x}-\dfrac{1}{\mathrm{e}^x-1}\right)$；

（10）$\lim\limits_{x\to0^+}x^x$；　（11）$\lim\limits_{x\to0}(\cos 2x)^{\frac{1}{x^2}}$；　（12）$\lim\limits_{x\to+\infty}\left(\dfrac{2}{\pi}\arctan x\right)^x$；

（13）$\lim\limits_{x\to\infty}\dfrac{x-\sin x}{x+\sin x}$；　（14）$\lim\limits_{x\to 0}\left[\dfrac{1}{\mathrm{e}}(1+x)^{\frac{1}{x}}\right]^{\frac{1}{x}}$；　（15）$\lim\limits_{x\to+\infty}(\sqrt[3]{x^3+x^2+x+1}-x)$．

2．设 $\lim\limits_{x\to 2}\dfrac{x^2-2mx+n}{x-2}=4$，求常数 m,n 的值．

3．验证极限 $\lim\limits_{x\to\infty}\dfrac{x+\sin x}{x}$ 存在，但不能使用洛必达法则．

4.3 泰勒公式

在众多函数中，多项式只包括了对自变量的加、减、乘三种算术运算，结构简单，因而对于复杂的函数，为了便于研究和计算，我们希望能将其用多项式来近似表示．这种函数间的近似表示在数学上称为逼近．

在微分的应用中我们已经知道，当 $|\Delta x|$ 充分小时，有如下近似式

$$f(x)\approx f(0)+f'(0)x\ .$$

例如，当 x 充分小时，$\mathrm{e}^x\approx 1+x$，$\ln(1+x)\approx x$ 等等，这些都是用一次多项式来近似表示函数的例子，但是这种近似表示存在两点不足：①精度不高，产生的误差仅是关于 x 的高阶无穷小；②用它来做近似计算时，不能具体估算出误差大小．

从上面近似式可以看出，造成精度不高的原因是因为在 $x=0$ 附近我们是以一次多项式来近似代替函数的．从几何上来看，直线与曲线的吻合程度明显不会很好，从而精度也就不高．一个自然的想法是：若采用二次多项式、三次多项式，甚至 n 次多项式来近似代替函数，则在 $x=0$ 附近两条曲线的吻合程度效果会更好，其精度也将有所提高．因此，当精确度要求较高且需要估计误差时，就应该用高次多项式来近似表示函数，并给出误差估计的具体表达式．

现在提出问题：设函数 $f(x)$ 在含有 x_0 的开区间 (a,b) 内具有直到 $n+1$ 阶的导数，问是否存在一个关于 $(x-x_0)$ 的 n 次多项式

$$p_n(x)=a_0+a_1(x-x_0)+a_2(x-x_0)^2+\cdots+a_n(x-x_0)^n\ ,\tag{4.2}$$

使得

$$f(x)\approx p_n(x)\ ,\tag{4.3}$$

且误差 $R_n(x)=f(x)-p_n(x)$ 是比 $(x-x_0)^n$ 高阶的无穷小，并给出误差估计的具体表达式．

假设 $p_n(x)$ 在 x_0 处的函数值及它的直到 n 阶导数在 x_0 处的值依次与 $f(x_0)$，$f'(x_0)$，$f''(x_0)$，$\cdots$，$f^{(n)}(x_0)$ 相等，即有

$$p_n(x_0)=f(x_0)\ ,\quad p_n^{(k)}(x_0)=f^{(k)}(x_0)\quad (k=1,2,\cdots,n)\tag{4.4}$$

按这些等式来确定多项式（4.2）的系数 $a_0,a_1,a_2,\cdots,a_n$．为此，对式（4.2）求各阶导数，并将其分别代入等式（4.4），可得

$$a_0=f(x_0),1\cdot a_1=f'(x_0),2!\cdot a_2=f''(x_0),\cdots,n!\cdot a_n=f^{(n)}(x_0)\ ,$$

即

$$a_0=f(x_0),a_k=\frac{1}{k!}f^{(k)}(x_0)\ \ (k=1,2,\cdots,n)\tag{4.5}$$

将所求系数 $a_0,a_1,a_2,\cdots,a_n$ 代入式（4.2），有

$$p_n(x)=f(x_0)+f'(x_0)(x-x_0)+\frac{f''(x_0)}{2!}(x-x_0)^2+\cdots+\frac{f^{(n)}(x_0)}{n!}(x-x_0)^n \tag{4.6}$$

下面的定理表明，多项式（4.6）就是我们要寻找的 n 次多项式.

定理 4.8（泰勒中值定理） 函数 $f(x)$ 在含有 x_0 的某个开区间 (a,b) 内具有直到 $n+1$ 阶的导数，则对于任意 $x\in(a,b)$，有

$$f(x)=f(x_0)+f'(x_0)(x-x_0)+\frac{f''(x_0)}{2!}(x-x_0)^2+\cdots+\frac{f^{(n)}(x_0)}{n!}(x-x_0)^n+R_n(x) \tag{4.7}$$

其中

$$R_n(x)=\frac{f^{(n+1)}(\xi)}{(n+1)!}(x-x_0)^{n+1}. \tag{4.8}$$

其中 ξ 是介于 x_0 与 x 之间的某个值.

多项式（4.6）称为函数 $f(x)$ 按 $(x-x_0)$ 的幂展开的 n **阶泰勒多项式**，公式（4.7）称为 $f(x)$ 按 $(x-x_0)$ 的幂展开的 n **阶泰勒公式**，$R_n(x)$ 的表达式（4.8）称为**拉格朗日型余项**.

特别地，当 $n=0$ 时，泰勒公式变成拉格朗日中值定理：

$$f(x)=f(x_0)+f'(\xi)(x-x_0) \quad （\xi \text{ 介于 } x_0 \text{ 与 } x \text{ 之间}）$$

因此，泰勒中值定理是拉格朗日中值定理的推广.

如果对于固定的 n，当 $x\in(a,b)$ 时，$\left|f^{(n+1)}(x)\right|\leqslant M$，则有

$$|R_n(x)|=\left|\frac{f^{(n+1)}(\xi)}{(n+1)!}(x-x_0)^{n+1}\right|\leqslant\frac{M}{(n+1)!}|x-x_0|^{n+1}, \tag{4.9}$$

从而

$$\lim_{x\to x_0}\frac{R_n(x)}{(x-x_0)^n}=0.$$

故当 $x\to x_0$ 时，误差 $R_n(x)$ 是比 $(x-x_0)^n$ 高阶的无穷小，即

$$R_n(x)=o[(x-x_0)^n]. \tag{4.10}$$

$R_n(x)$ 的表达式（4.10）称为**皮亚诺型余项**.

在不需要余项的精确表达式时，n 阶泰勒公式也可写成

$$\begin{aligned}f(x)=f(x_0)+f'(x_0)(x-x_0)+\frac{f''(x_0)}{2!}(x-x_0)^2+\cdots+\\ \frac{f^{(n)}(x_0)}{n!}(x-x_0)^n+o[(x-x_0)^n],\end{aligned} \tag{4.11}$$

公式（4.11）称为 $f(x)$ 按 $(x-x_0)$ 的幂展开的带有皮亚诺型余项的 n **阶泰勒公式**.

在泰勒公式（4.7）中，取 $x_0=0$，则 ξ 在 0 与 x 之间，令 $\xi=\theta x\ (0<\theta<1)$，由式（4.7）和式（4.8），可得

$$f(x)=f(0)+f'(0)x+\frac{f''(0)}{2!}x^2+\cdots+\frac{f^{(n)}(0)}{n!}x^n+\frac{f^{(n+1)}(\theta x)}{(n+1)!}x^{n+1}\ (0<\theta<1). \tag{4.12}$$

式（4.12）称为带有拉格朗日型余项的**麦克劳林公式**.

在泰勒公式（4.11）中，取 $x_0=0$，则得到带有皮亚诺型余项的麦克劳林公式

$$f(x)=f(0)+f'(0)x+\frac{f''(0)}{2!}x^2+\cdots+\frac{f^{(n)}(0)}{n!}x^n+o(x^n). \tag{4.13}$$

当x充分小时，从式（4.12）或式（4.13）可得近似公式

$$f(x)\approx f(0)+f'(0)x+\frac{f''(0)}{2!}x^2+\cdots+\frac{f^{(n)}(0)}{n!}x^n . \tag{4.14}$$

误差估计式（4.9）相应变成

$$|R_n(x)|\leqslant\frac{M}{(n+1)!}|x|^{n+1} . \tag{4.15}$$

例 4.23　写出函数$f(x)=\mathrm{e}^x$的带有拉格朗日型余项的n阶麦克劳林公式.

解　因为

$$f'(x)=f''(x)=\cdots=f^{(n)}(x)=\mathrm{e}^x ,$$

所以

$$f(0)=f'(0)=f''(0)=\cdots=f^{(n)}(0)=1 ,$$

又注意到$f^{(n+1)}(\theta x)=\mathrm{e}^{\theta x}$，将其代入式（3.11），可得$f(x)=\mathrm{e}^x$的$n$阶麦克劳林公式为

$$\mathrm{e}^x=1+x+\frac{x^2}{2!}+\cdots+\frac{x^n}{n!}+\frac{\mathrm{e}^{\theta x}}{(n+1)!}x^{n+1}\quad(0<\theta<1) .$$

由公式可知，若把e^x近似表达为

$$\mathrm{e}^x\approx1+x+\frac{x^2}{2!}+\cdots+\frac{x^n}{n!} ,$$

其误差

$$|R_n(x)|=\left|\frac{\mathrm{e}^{\theta x}}{(n+1)!}x^{n+1}\right|<\frac{\mathrm{e}^{|x|}}{(n+1)!}|x|^{n+1}\ (0<\theta<1)$$

特别地，取$x=1$，可得无理数e的近似式为

$$\mathrm{e}\approx1+1+\frac{1}{2!}+\cdots+\frac{1}{n!} , \tag{4.16}$$

其误差

$$|R_n|<\frac{\mathrm{e}}{(n+1)!}<\frac{3}{(n+1)!} .$$

当$n=5$时，利用近似式（4.16）算出$\mathrm{e}\approx2.716$，其误差不超过4.2×10^{-3}；当$n=10$时，算出$\mathrm{e}\approx2.718\,282$，其误差不超过$10^{-6}$.

例 4.24　写出$f(x)=\sin x$的带有拉格朗日型余项的n阶麦克劳林公式，并求$\sin\ 20^\circ$的近似值.

解　注意到$(\sin x)^{(n)}=\sin\left(x+\dfrac{n\pi}{2}\right)$，则

$$f'(0)=1,\ f''(0)=0,\ f'''(0)=-1,\ f^{(4)}(0)=0,\cdots,$$

即$f^{(2k)}(0)=0$，$f^{(2k+1)}(0)=(-1)^k\ (k\geqslant0)$. 故可得$n$阶麦克劳林公式

$$\sin x=x-\frac{x^3}{3!}+\frac{x^5}{5!}-\cdots+(-1)^{n-1}\frac{x^{2n-1}}{(2n-1)!}+\frac{\sin\left(\theta x+\dfrac{(2n+1)\pi}{2}\right)}{(2n+1)!}x^{2n+1}\ (0<\theta<1) .$$

即

$$\sin x = x - \frac{x^3}{3!} + \frac{x^5}{5!} - \cdots + (-1)^{n-1}\frac{x^{2n-1}}{(2n-1)!} + (-1)^n \frac{\cos\theta x}{(2n+1)!}x^{2n+1}\ (0<\theta<1).$$

上式中，取 $n=2$ 得

$$\sin x = x - \frac{x^3}{3!} + \frac{\cos\theta x}{5!}x^5\ (0<\theta<1).$$

以 $x = 20^\circ = \frac{\pi}{9}$ 代入得

$$\sin 20^\circ \approx \frac{\pi}{9} - \frac{1}{6}\left(\frac{\pi}{9}\right)^3 \approx 0.34198,$$

其误差

$$|R_4| = \frac{1}{5!}\left(\frac{\pi}{9}\right)^5 \cos\frac{\theta\pi}{9} < \frac{1}{5!}\left(\frac{\pi}{9}\right)^5 \approx 0.00043.$$

由以上求麦克劳林公式的方法，类似可得到其他常用初等函数的麦克劳林公式，为应用方便，将这些公式汇总如下

$$e^x = 1 + x + \frac{x^2}{2!} + \cdots + \frac{x^n}{n!} + o(x^n);$$

$$\sin x = x - \frac{x^3}{3!} + \frac{x^5}{5!} - \cdots + (-1)^n\frac{x^{2n+1}}{(2n+1)!} + o(x^{2n+1});$$

$$\cos x = 1 - \frac{x^2}{2!} + \frac{x^4}{4!} - \frac{x^6}{6!} + \cdots + (-1)^n\frac{x^{2n}}{(2n)!} + o(x^{2n});$$

$$\ln(1+x) = x - \frac{x^2}{2} + \frac{x^3}{3} - \cdots + (-1)^{n-1}\frac{x^n}{n} + o(x^n);$$

$$\frac{1}{1-x} = 1 + x + x^2 + \cdots + x^n + o(x^n);$$

$$(1+x)^m = 1 + mx + \frac{m(m-1)}{2!}x^2 + \cdots + \frac{m(m-1)\cdots(m-n+1)}{n!}x^n + o(x^n).$$

上述已知初等函数的麦克劳林公式常常可以用于间接地求一些更复杂函数的麦克劳林公式，也可以用于求某些函数的极限.

例 4.25　求 $f(x) = \frac{x}{2-x}$ 的带有皮亚诺余项型的 n 阶麦克劳林公式.

解　$$f(x) = \frac{x}{2-x} = \frac{x}{2}\cdot\frac{1}{1-\left(\frac{x}{2}\right)} = \frac{x}{2}\cdot\left[1 + \left(\frac{x}{2}\right) + \left(\frac{x}{2}\right)^2 + \cdots + \left(\frac{x}{2}\right)^{n-1} + o\left(\frac{x}{2}\right)^{n-1}\right]$$

$$= \frac{x}{2} + \frac{x^2}{2^2} + \frac{x^3}{2^3}\cdots + \frac{x^n}{2^n} + o(x^n).$$

例 4.26　求 $\lim\limits_{x\to 0}\frac{xe^{-x} - 2\ln(1+x) + x}{x^3}$.

解　注意到

$$xe^{-x} = x\left[1 - x + \frac{1}{2!}x^2 + o(x^2)\right] = x - x^2 + \frac{1}{2!}x^3 + o(x^3),$$

$$2\ln(1+x)=2x-x^2+\frac{2x^3}{3}+o(x^3),$$

则直接代入可得

$$\lim_{x\to0}\frac{xe^{-x}-2\ln(1+x)+x}{x^3}=\lim_{x\to0}\frac{\left[x-x^2+\frac{1}{2!}x^3+o(x^3)\right]-\left[2x-x^2+\frac{2x^3}{3}+o(x^3)\right]+x}{x^3}$$

$$=\lim_{x\to0}\frac{-\frac{1}{6}x^3+o(x^3)}{x^3}=-\frac{1}{6}.$$

注： 两个比 x^3 高阶的无穷小的和差仍记作 $o(x^3)$.

习题 4.3

1．写出函数 $f(x)=x^2\ln x$ 在 $x=1$ 处的三阶泰勒公式.

2．写出函数 $f(x)=\dfrac{1}{x}$ 在 $x=-1$ 处的带有皮亚诺型余项的 n 阶泰勒公式.

3．求下列函数的带有皮亚诺型余项的 n 阶麦克劳林公式：

（1）$f(x)=xe^{-x}$；（2）$f(x)=\dfrac{1-x}{1+x}$.

4．利用泰勒公式求下列极限：

（1）$\lim\limits_{x\to0}\dfrac{\cos x-e^{-\frac{x^2}{2}}}{x^3\sin x}$；（2）$\lim\limits_{x\to0}\dfrac{2\sqrt{1+x^2}-2-x^2}{(\cos x-e^{x^2})\sin^2 x}$.

4.4 函数的单调性与极值

4.4.1 函数的单调性

如果 $y=f(x)$ 的图形在 (a,b) 区间是一条从左至右（自变量增加的方向）逐渐上升（函数值增加的方向）的曲线（见图 4.3），曲线上各点处的切线（若存在）的斜率为非负的（其中点 $(c,f(c))$ 处的切线的斜率为零），即导数（若存在）大于或等于零. 类似地，如果 $y=f(x)$ 的图形在 (a,b) 区间是一条从左至右逐渐下降的曲线（见图 4.4），其上任一点的导数（若存在）小于或等于零. 由此可知，函数的单调性与导数的符号有着密切的关系.

定理 4.9 设函数 $y=f(x)$ 在 $[a,b]$ 上连续，在 (a,b) 内可导.

（1）若在 (a,b) 内 $f'(x)\geqslant0$，且等号仅在有限多个点处成立，则函数 $y=f(x)$ 在 $[a,b]$ 上严格单调递增；

（2）若在 (a,b) 内 $f'(x)\leqslant0$，且等号仅在有限多个点处成立，则函数 $y=f(x)$ 在 $[a,b]$ 上严格单调递减.

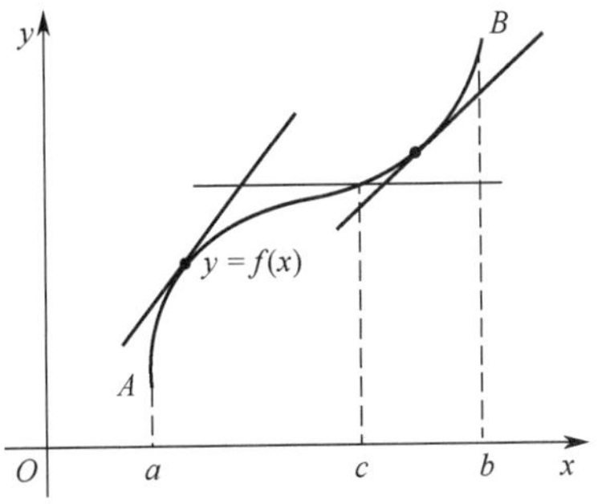

图 4.3

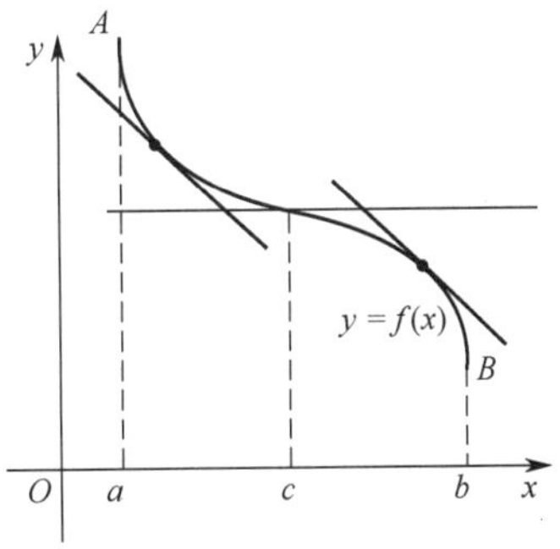

图 4.4

证　（1）先考虑在 (a,b) 内，$f'(x)>0$，任取两点 $x_1,x_2\in(a,b)$，且 $x_1<x_2$，由拉格朗日中值定理知，存在 $\xi\in(x_1,x_2)$，使得

$$f(x_2)-f(x_1)=f'(\xi)(x_2-x_1).$$

因为上式中，$x_2-x_1>0$，$f'(x)>0$，则 $f'(\xi)>0$，所以 $f(x_2)>f(x_1)$，即 $y=f(x)$ 在 $[a,b]$ 上严格单调递增.

若 $f'(x)$ 在 (a,b) 内的某点 $x=x_0$ 处等于零，而在其他点处均为正，则 $f(x)$ 在区间 $[a,x_0]$ 及区间 $[x_0,b]$ 上都是严格单调递增的，故在区间 $[a,x_0]$ 及区间 $[x_0,b]$ 上仍是严格单调递增的．类似地，若 $f'(x)$ 在 (a,b) 内等于零的点为有限多个，只需它在其余各点处保持正号，则 $f(x)$ 在 $[a,b]$ 上仍是严格单调递增的.

（2）类似（1）可证.

注：将此定理中的闭区间换成其他各种区间（包括无穷区间），结论仍成立.

例 4.27　判定函数 $y=x+\cos x$ 在 $[0,2\pi]$ 上的单调性.

解　因为函数 $y=x+\cos x$ 在 $[0,2\pi]$ 上连续，在 $(0,2\pi)$ 内有

$$y'=1-\sin x\geqslant 0,$$

且等号仅在 $x=\dfrac{\pi}{2}$ 处成立，所以由定理 4.9 可知，函数 $y=x+\cos x$ 在 $[0,2\pi]$ 上严格单调递增.

例 4.28　求函数 $y=x-\ln x$ 的单调区间.

解　函数的定义域为 $(0,+\infty)$，函数在整个定义域内可导，且 $y'=\dfrac{x-1}{x}$.

令 $y'=0$，可求得 $x=0$，因为在 $(0,1)$ 内 $y'<0$，所以函数 $y=x-\ln x$ 在 $(0,1]$ 上严格单调递减；因为在 $(1,+\infty)$ 内 $y'>0$，所以函数 $y=x-\ln x$ 在 $[1,+\infty)$ 上严格单调递增.

例 4.29　讨论函数 $y=\sqrt[3]{x^2}$ 的单调区间.

解　函数的定义域为 $(-\infty,+\infty)$，又

$$y'=\frac{2}{3\sqrt[3]{x}}(x\neq 0),$$

当 $x=0$ 时，函数的导数不存在.

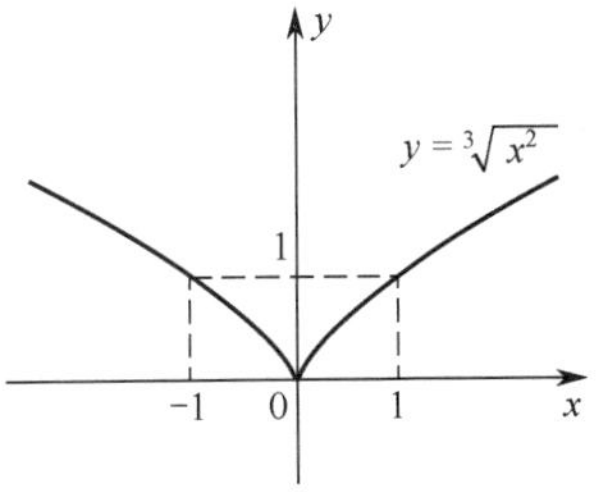

图 4.5

因为在 $(-\infty,0)$ 内，$y'<0$，故函数 $y=\sqrt[3]{x^2}$ 在 $(-\infty,0]$ 上严格单调递减；而在 $(0,+\infty)$ 内，$y'>0$，故函数 $y=\sqrt[3]{x^2}$ 在 $[0,+\infty)$ 上严格单调递增．函数图形如图 4.5 所示.

注：由上述两例可见，对函数 $y=f(x)$ 单调性的讨论，应先求出使导数等于零的点或

使导数不存在的点，并用这些点将函数的定义域划分为若干个子区间，然后逐个判断函数的导数 $f'(x)$ 在各子区间的符号，从而确定出函数 $y=f(x)$ 在各子区间上的单调性，每个使得 $f'(x)$ 的符号保持不变的子区间都是函数 $y=f(x)$ 的单调区间.

例 4.30 确定函数 $f(x)=\frac{3}{5}x^{\frac{5}{3}}-\frac{3}{2}x^{\frac{2}{3}}-3$ 的单调区间.

解 函数的定义域为 $(-\infty,+\infty)$，又

$$f'(x)=x^{\frac{2}{3}}-x^{-\frac{1}{3}}=\frac{x-1}{\sqrt[3]{x}},$$

易知，函数在 $x_1=0$ 处导数不存在，在 $x_2=1$ 处导数为零. 以 $x_1=0$ 与 $x_2=1$ 为分界点将函数定义域 $(-\infty,+\infty)$ 分为三个子区间 $(-\infty,0]$、$[0,1]$ 及 $[1,+\infty)$

在 $(-\infty,0)$ 内，$f'(x)>0$，所以 $f(x)$ 在 $(-\infty,0]$ 上严格单调递增;

在 $(0,1)$ 内，$f'(x)<0$，所以 $f(x)$ 在 $[0,1]$ 上严格单调递减;

在 $(1,+\infty)$ 内，$f'(x)>0$，所以 $f(x)$ 在 $[1,+\infty)$ 上严格单调递增.

函数的单调性是一个区间上的性质，要用导数在这一区间上的符号来判定，而不能用导数在一点处的符号来判别函数在一个区间上的单调性，区间内个别点导数为零并不影响函数在该区间上的严格单调性.

例如，函数 $y=x^3$ 在其定义域 $(-\infty,+\infty)$ 内是严格单调递增的，但其导数 $y'=3x^2$ 在 $x=0$ 处为零.

利用函数的单调性，可以方便地证明一些不等式.

例 4.31 证明：当 $x\neq 0$ 时，$\mathrm{e}^x>1+x$.

证 构建辅助函数

$$f(x)=\mathrm{e}^x-1-x,$$

因为

$$f'(x)=\mathrm{e}^x-1,$$

显然当 $x>0$ 时，$f'(x)>0$，因此 $f(x)$ 在 $(0,+\infty)$ 上严格单调递增；当 $x<0$ 时，$f'(x)<0$，$f(x)$ 在 $(-\infty,0)$ 上严格单调递减.

于是，当 $x>0$ 时，$f(x)>f(0)=0$；当 $x<0$ 时，$f(x)>f(0)=0$.

即

$$\mathrm{e}^x>1+x(x\neq 0).$$

例 4.32 证明：当 $0<x<\frac{\pi}{2}$ 时，$\sin x+\tan x>2x$.

证 令 $f(x)=\sin x+\tan x-2x$，则

$$f'(x)=\cos x+\sec^2 x-2,$$

$$f''(x)=-\sin x+2\sec^2 x\tan x=\sin x(2\sec^3 x-1),$$

显然当 $x\in\left(0,\frac{\pi}{2}\right)$ 时，$f''(x)>0$，因此在 $\left(0,\frac{\pi}{2}\right)$ 上 $f'(x)$ 严格单调递增. 故有

$$f'(x)>f'(0)=0,$$

则当 $x\in\left(0,\frac{\pi}{2}\right)$ 时，$f(x)$ 严格单调递增，从而有 $f(x)>f(0)=0$，

即

$$\sin x+\tan x>2x\left(0<x<\frac{\pi}{2}\right).$$

4.4.2　函数的极值

在讨论函数的单调性时，曾遇到这样的情形，函数先是单调递增（或减少），到达某一点后又变为单调递减（或增加），这一类点实际上就是使函数单调性发生变化的分界点．具有这种性质的点在实际应用中有着重要的意义．由此我们引入函数极值的概念．

定义 4.1　设函数 $f(x)$ 在点 x_0 的某邻域内有定义，若对该邻域内任意一点 x，有

$$f(x)\leqslant f(x_0)\ （或 f(x)\geqslant f(x_0)），$$

则称 $f(x)$ 在点 x_0 处取**极大值**（或**极小值**），而 x_0 称为函数 $f(x)$ 的**极大值点**（或**极小值点**）．

极大值与极小值统称为函数的**极值**，极大值点与极小值点统称为函数的**极值点**．

函数的极值概念是局部性的．若 $f(x_0)$ 是函数 $f(x)$ 的一个极大值（或极小值），则只是就 x_0 邻近的一个局部范围内，$f(x_0)$ 是最大的（或最小的），对函数 $f(x)$ 的整个定义域来说就不一定是最大的（或最小的）．在图 4.6 中，函数 $f(x)$ 有两个极大值 $f(x_2)$ 和 $f(x_5)$，三个极小值 $f(x_1),f(x_4)$ 和 $f(x_6)$，其中极大值 $f(x_2)$ 比极小值 $f(x_6)$ 还小．就整个区间 $[a,b]$ 而言，只有一个极小值 $f(x_1)$ 同时也是最小值，而没有一个极大值是最大值．

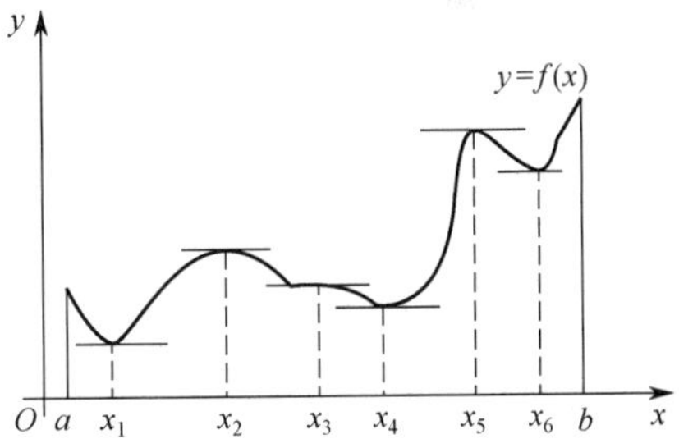

图 4.6

从图 4.6 还可看到，在函数取得极值处，曲线的切线是水平的，即函数在极值点处的导数等于零．但曲线上有水平切线的地方（如图中 $x=x_3$ 处），函数却不一定取得极值．

根据本章 4.1 节的费马引理和极值的定义，可得：

定理 4.10（必要条件）　设 $f(x)$ 在点 x_0 处可导，且在 x_0 处取得极值，则 $f'(x_0)=0$．

使 $f'(x)=0$ 的点，称为函数 $f(x)$ 的**驻点**．根据定理 4.10，可导函数 $f(x)$ 的极值点必定是它的驻点，反过来，函数的驻点却不一定是极值点．例如，$y=x^3$ 在点 $x=0$ 处的导数等于零，但显然 $x=0$ 不是 $y=x^3$ 的极值点．

此外，函数在它的导数不存在的点处也可能取得极值．例如，函数 $f(x)=|x|$ 在点 $x=0$ 处不可导，但函数在该点取得极小值．

由上述讨论可知，函数的驻点或不可导点都可能是该函数的极值点，怎样判断这些点中哪些是极值点？以及进一步判断极值点是极大值点还是是极小值点？下面给出两个判定极值的充分条件．

定理 4.11（第一充分条件）　设函数 $f(x)$ 在点 x_0 处连续，在 x_0 的某去心邻域 $\overset{o}{U}(x_0,\delta)$ 内可导．

（1）如果 $x\in(x_0-\delta,x_0)$，$f'(x)>0$，而 $x\in(x_0,x_0+\delta)$，$f'(x)<0$，则 $f(x)$ 在 x_0 处取得极大值；

（2）如果 $x\in(x_0-\delta,x_0)$，$f'(x)<0$，而 $x\in(x_0,x_0+\delta)$，$f'(x)>0$，则 $f(x)$ 在 x_0 处取

得极小值；

（3）如果 $x\in \overset{o}{U}(x_0,\delta)$，$f'(x)$ 的符号保持不变，则 $f(x)$ 在 x_0 处没有极值.

证　（1）根据题设条件，函数 $f(x)$ 在 $(x_0-\delta,x_0)$ 内严格单调递增，在 $(x_0,x_0+\delta)$ 内严格单调递减，且 $f(x)$ 在点 x_0 处连续，故当 $x\in U(x_0,\delta)$ 时，总有 $f(x)\leqslant f(x_0)$，由极值点定义可知 $f(x)$ 在 x_0 处取得极大值 $f(x_0)$（见图 4.7）.

（2）类似（1）可以论证（见图 4.8），

（3）类似（1）可以论证（见图 4.9（a）、（b））.

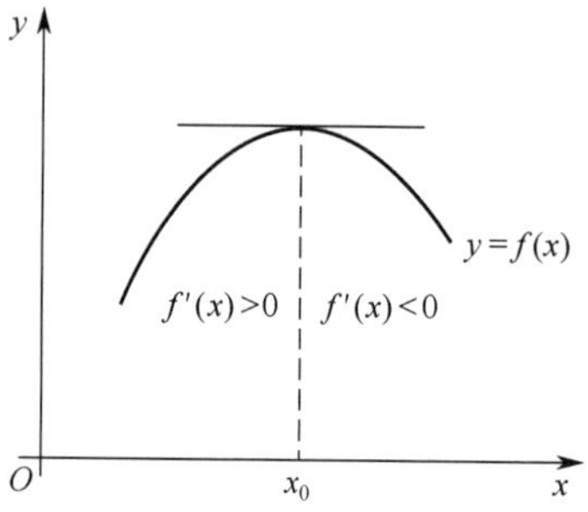

图 4.7

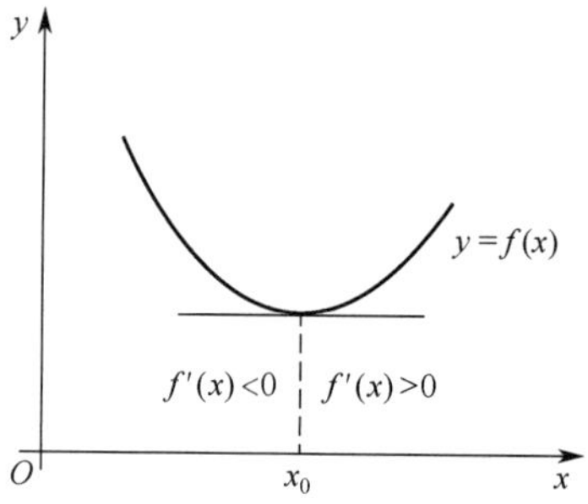

图 4.8

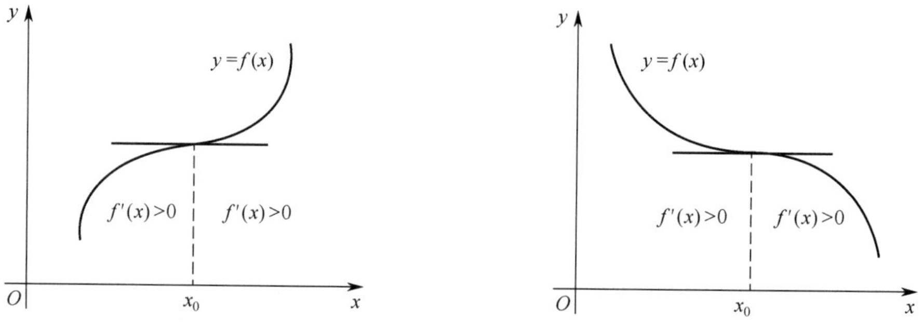

（a）　　（b）

图 4.9

由定理 4.10 与定理 4.11 可知，若函数 $f(x)$ 在所讨论的区间内连续，除个别点外处处可导，则可按下列步骤求函数 $f(x)$ 在该区间的极值点与对应的极值：

（1）确定函数 $f(x)$ 的定义域，并求其导数 $f'(x)$；

（2）求出 $f(x)$ 的所有驻点及不可导点；

（3）讨论 $f'(x)$ 的符号在每个驻点或不可导点的左、右两侧邻近范围内变化的情况，确定函数的极值点，若是极值点，则进一步确定是极大值点或是极小值点；

（4）求出每个极值点的函数值，即得函数 $f(x)$ 的所有极值.

例 4.33　求函数 $f(x)=x^3-3x+1$ 的极值.

解　（1）函数 $f(x)$ 在 $(-\infty,+\infty)$ 内连续，且

$$f'(x)=3x^2-3=3(x+1)(x-1).$$

（2）令 $f'(x)=0$，可得驻点 $x_1=-1$，$x_2=1$.

（3）列表讨论如下：

x	$(-\infty,-1)$	-1	$(-1,1)$	1	$(1,+\infty)$
$f'(x)$	+	0	−	0	+
$f(x)$	严格单调递增	极大值	严格单调递减	极小值	严格单调递增

（4）极大值为 $f(-1)=3$，极小值为 $f(1)=-1$.

例 4.34　求函数 $f(x)=(x-4)\sqrt[3]{(x+1)^2}$ 的极值.

解　（1）函数 $f(x)$ 在 $(-\infty,+\infty)$ 内连续，$f'(x)=\dfrac{5(x-1)}{3\sqrt[3]{x+1}}$，显然除 $x=-1$ 外，$f(x)$ 处处可导；

（2）令 $f'(x)=0$，可得驻点 $x=1$，而 $x=-1$ 为 $f(x)$ 的不可导点；

（3）列表讨论如下：

x	$(-\infty,-1)$	-1	$(-1,1)$	1	$(1,+\infty)$
$f'(x)$	+	不存在	−	0	+
$f(x)$	严格单调递增	极大值	严格单调递减	极小值	严格单调递增

（4）极大值为 $f(-1)=0$，极小值为 $f(1)=-3\sqrt[3]{4}$.

当函数 $f(x)$ 在驻点处的二阶导数存在且不为零时，也可以利用下述定理来判定 $f(x)$ 在驻点处是取得极大值还是极小值.

定理 4.12（第二充分条件）　设函数 $f(x)$ 在点 x_0 处具有二阶导数，且

$$f'(x_0)=0,\quad f''(x_0)\neq 0,$$

则

（1）当 $f''(x_0)<0$ 时，函数 $f(x)$ 在 x_0 处取得极大值；

（2）当 $f''(x_0)>0$ 时，函数 $f(x)$ 在 x_0 处取得极小值.

证　只证（1），类似可证（2）. 因为 $f''(x_0)<0$，根据二阶导数的定义

$$f''(x_0)=\lim_{\Delta x\to 0}\frac{f'(x_0+\Delta x)-f'(x_0)}{\Delta x}<0,$$

由函数极限的局部保号性，当 x 在 x_0 的足够小的去心邻域内时，有

$$\frac{f'(x_0+\Delta x)-f'(x_0)}{\Delta x}<0,$$

即 $f'(x_0+\Delta x)-f'(x_0)$ 与 Δx 异号，故当 $\Delta x<0$ 时，有

$$f'(x_0+\Delta x)>f'(x_0)=0,$$

当 $\Delta x>0$ 时，有

$$f'(x_0+\Delta x)<f'(x_0)=0 .$$

所以由定理 4.11 可知，函数 $f(x)$ 在 x_0 处取极大值.

例 4.35　求函数 $f(x)=x^3-3x^2-9x+5$ 的极值.

解　函数 $f(x)$ 在 $(-\infty,+\infty)$ 内连续，且

$$f'(x)=3x^2-6x-9=3(x+1)(x-3);$$

$$f''(x)=6x-6,$$

令 $f'(x)=0$，可得驻点 $x_1=-1$，$x_2=3$．而 $f''(-1)=-12<0$，$f''(3)=12>0$，故 $f(x)$ 在 $x=-1$ 处取得极大值，且极大值为 $f(-1)=10$；$f(x)$ 在 $x=3$ 处取得极小值，且极小值为 $f(3)=-22$．

注：当 $f'(x_0)=f''(x_0)=0$ 时，$f(x)$ 在 x_0 处可能取极值，也可能不取极值．例如，函数 $f(x)=x^3$，显然 $f'(0)=f''(0)=0$，$f(x)$ 在 $x=0$ 处不取极值；函数 $f(x)=x^4$，显然 $f'(0)=f''(0)=0$，但 $f(x)$ 在 $x=0$ 处取得极小值．因此，如果函数在驻点处的二阶导数为零，则仍用第一充分条件进行判定．

习题 4.4

1．求下列函数的单调区间与极值：

（1）$f(x)=2x^3+3x^2-12x+6$；（2）$f(x)=x-\ln(2+x)$；（3）$f(x)=(x-1)^{\frac{2}{3}}+2$；

（4）$f(x)=\dfrac{x^2}{1+x}$；（5）$f(x)=\mathrm{e}^x-x$；（6）$f(x)=|x|(x-2)$．

2．证明不等式：$x-\dfrac{x^3}{6}<\sin x<x(x>0)$．

3．证明方程 $x^5+2x^3+x-1=0$ 有且只有一个小于 1 的正根．

4．试问 a 为何值时，函数 $f(x)=a\sin x+\dfrac{1}{3}\sin 3x$ 在 $x=\dfrac{\pi}{3}$ 处取极值，并求此极值．

4.5 最优化问题

在经济管理、工农业生产、工程技术和科学实验等实际问题中，经常要面临最优规划、最优设计、最优决策及资源的最优利用等问题。这些问题在数学上通常称为**最优化问题**．事实上，最优化问题可归结为在一定的条件下，寻求某一函数（称为目标函数）的最大值或最小值问题．

4.5.1 闭区间上连续函数的最值

根据闭区间上连续函数的最值定理，若函数 $f(x)$ 在闭区间 $[a,b]$ 上连续，则 $f(x)$ 在 $[a,b]$ 上必取得最大值和最小值．为了能够运用微分学的方法求得 $f(x)$ 在 $[a,b]$ 上的最值，我们总假设 $f(x)$ 在 $[a,b]$ 上连续，在开区间 (a,b) 内除有限个点外处处可导，且至多有有限个驻点．接下来，讨论 $f(x)$ 在闭区间 $[a,b]$ 上的最大值和最小值的求法．

注意到，如果函数的最值在开区间 (a,b) 内的点 x_0 处取得，那么按 $f(x)$ 在开区间内除有限个点外处处可导且至多有有限个驻点的假设，可知 $f(x_0)$ 一定也是 $f(x)$ 的极值，从而 x_0 一定是 $f(x)$ 的驻点或不可导点．另外 $f(x)$ 的最值也可能在区间的端点处取得．因此闭区间 $[a,b]$ 上连续函数 $f(x)$ 的最值可按如下方法求得：

（1）求出 $f(x)$ 在 (a,b) 内的所有驻点和不可导点，设它们是 $x_1,x_2,\cdots,x_n$ 点；

（2）计算函数值 $f(x_1),f(x_2),\cdots,f(x_n)$ 及 $f(a)$，$f(b)$；

（3）通过比较（2）中函数值的大小，则求得最大值和最小值分别为

$$\max_{x\in[a,b]} f(x)=\max\{f(a),f(x_1),\cdots,f(x_n),f(b)\},$$

$$\max_{x\in[a,b]} f(x)=\min\{f(a),f(x_1),\cdots,f(x_n),f(b)\}.$$

为简便，有时我们将 $f(x)$ 在某区间上的**最大值**和**最小值**分别记为 $f_{\max}$ 和 $f_{\min}$．

例 4.36　求函数 $f(x)=\mathrm{e}^x\cos x$ 在 $[-\pi,\pi]$ 上的最大值及最小值.

解　由于 $f(x)$ 在 $(-\pi,\pi)$ 内可导，且

$$f'(x)=\mathrm{e}^x(\cos x-\sin x),$$

令 $f'(x)=0$，解得驻点为 $x_1=-\dfrac{3\pi}{4}$，$x_2=\dfrac{\pi}{4}$，且

$$f\left(-\frac{3\pi}{4}\right)=-\frac{\sqrt{2}}{2}\mathrm{e}^{-\frac{3\pi}{4}},f\left(\frac{\pi}{4}\right)=\frac{\sqrt{2}}{2}\mathrm{e}^{\frac{\pi}{4}},f(-\pi)=-\mathrm{e}^{-\pi},f(\pi)=-\mathrm{e}^{\pi}$$

比较之，可得 $f(x)$ 在 $[-\pi,\pi]$ 上的最大值和最小值分别为

$$f_{\max}=\frac{\sqrt{2}}{2}\mathrm{e}^{\frac{\pi}{4}},\quad f_{\min}=-\mathrm{e}^{-\pi}.$$

例 4.37　求函数 $f(x)=(x+4)\cdot\sqrt[3]{(x-1)^2}$ 在 $[0,2]$ 上的最大值及最小值.

解　因为 $f(x)$ 在 $(0,2)$ 内可导，且

$$f'(x)=\frac{5(x+1)}{3\sqrt[3]{x-1}},$$

显然 $f(x)$ 在 $(0,2)$ 内没有驻点，但 $x=1$ 为 $(0,2)$ 内的不可导点，且

$$f(0)=4,f(1)=0,f(2)=6,$$

所以 $f(x)$ 在 $[0,2]$ 上的最大值和最小值分别为

$$f_{\max}=6,\quad f_{\min}=0.$$

特别地，下面两个结论在实际应用中非常有用：

（1）若 $f(x)$ 为 $[a,b]$ 上的连续函数，且在 (a,b) 内只有唯一一个极值点 x_0，则当 $f(x_0)$ 为极大（小）值时，它就是 $f(x)$ 在 $[a,b]$ 上的最大（小）值；

（2）若 $f(x)$ 为 $[a,b]$ 上的连续函数，且在 $[a,b]$ 上单调递增，则 $f(a)$ 为最小值，$f(b)$ 为最大值；若 $f(x)$ 在 $[a,b]$ 上单调递减，则 $f(a)$ 为最大值，$f(b)$ 为最小值.

例 4.38　要制造一个容积为 V_0 的带盖圆桶，问桶的半径 r 和桶高 h 应如何确定，才能使所用材料最省？

解　首先建立目标函数．要材料最省，就是要使圆桶表面积 S 最小.

由 $V_0=\pi r^2h$，求得 $h=\dfrac{V_0}{\pi r^2}$，故

$$S=2\pi r^2+2\pi rh=2\pi r^2+\frac{2V_0}{r}\quad(r>0).$$

令 $S'=4\pi r-\dfrac{2V_0}{r^2}=0$，可得驻点 $r=\sqrt[3]{\dfrac{V_0}{2\pi}}$.

又因在 $(0,+\infty)$ 内 S 只有唯一一个极值点，根据问题的实际意义，该极值点就是要求的最小值点．从而当 $r=\sqrt[3]{\dfrac{V_0}{2\pi}}$，$h=2\sqrt[3]{\dfrac{V_0}{2\pi}}$ 时，圆桶表面积最小，则用料最省.

4.5.2 在经济学中的应用举例

在经济应用中，经常会遇到在一定条件下，使成本最低、收入和利润最大等优化问题．下面给出两个导数在经济学中应用的例子．

例 4.39 设某产品日产量为 Q 件时，需要付出的总成本为

$$C(Q)=\frac{1}{100}Q^2+20Q+1600 \text{（元）},$$

求（1）日产量为 500 件的总成本和平均成本；（2）最低平均成本及相应的产量．

解 （1）日产量为 500 件的总成本为

$$C(500)=\frac{500^2}{100}+20\times500+1600=14100 \text{（元）},$$

平均成本为

$$\bar{C}(500)=\frac{14100}{500}=28.2 \text{（元）}.$$

（2）日产量为 Q 件的平均成本为

$$\bar{C}(Q)=\frac{C(Q)}{Q}=\frac{Q}{100}+20+\frac{1600}{Q},$$

求导可得

$$\bar{C}'(Q)=\frac{1}{100}-\frac{1600}{Q^2},$$

令 $\bar{C}'(Q)=0$，因 $Q>0$，故求得唯一驻点为 $Q=400$．

又 $\bar{C}''(400)=\dfrac{3200}{400^3}>0$，故 $Q=400$ 是 $\bar{C}(Q)$ 的极小值点，也是最小值点，即当日产量为 400 件时，平均成本最低，最低平均成本为

$$\bar{C}(Q)=\frac{400}{100}+20+\frac{1600}{400}=28 \text{（元）}.$$

例 4.40 某物业公司策划出租 100 间写字楼，经过市场调查，当每间写字楼租金定为每月 5000 元时，可以全部出租；当租金每月增加 100 元时，就有一间写字楼租不出去．已知每租出去一间写字楼，物业公司每月需为其支付 200 元的物业管理费．为使收入最高，租金应定为多少才合适？

解 设每间月租 x 元，则租出去的房子有 $100-\left(\dfrac{x-5000}{100}\right)$ 间，每月总收入函数为

$$R(x)=(x-200)\left(100-\frac{x-5000}{100}\right)=(x-200)\left(150-\frac{x}{100}\right),$$

并且

$$R'(x)=\left(150-\frac{x}{100}\right)+(x-200)\left(-\frac{1}{100}\right)=152-\frac{x}{50},$$

令 $R'(x)=0$，可得唯一驻点为 $x=7600$．又 $R''(x)=-\dfrac{1}{50}<0$，故 $x=7600$ 为唯一极大值点，也是 $R(x)$ 最大值点．因此每月每间写字楼租金定为 7600 元时，收入最高．此时，有 74 间写字楼可租出去，最高收入为 $R(7600)=547600$（元）．

习题 4.5

1．求下列函数在给定区间上的最大值和最小值：

（1） $y = x^4 - 6x^2 + 3,\ x \in [-3,2]$；

（2） $f(x) = 3x + 2\sqrt{1-x},\ x \in [-3,1]$；

2．函数 $f(x) = x^2 - \dfrac{54}{x}$ 在 $(-\infty,0)$ 内是否有最小值或者最大值？如果有求出来．

3．已知 $a > 0$，试证：$f(x) = \dfrac{1}{1+|x|} + \dfrac{1}{1+|x-a|}$ 的最大值为 $\dfrac{2+a}{1+a}$．

4．已知某厂生产 Q 件产品的成本为

$$C = 25000 + 2000Q + \frac{1}{40}Q^2 \text{（元）}.$$

问：

（1）要使平均成本最小，应生产多少件产品？

（2）若产品以每件 5000 元售出，要使利润最大，应生产多少件产品？

5．某铁路隧道的截面拟建成矩形加半圆形的形状（见 5 题图），设截面积为 a m^2，问底宽 x 为多少时，才能使所用建造材料最省？

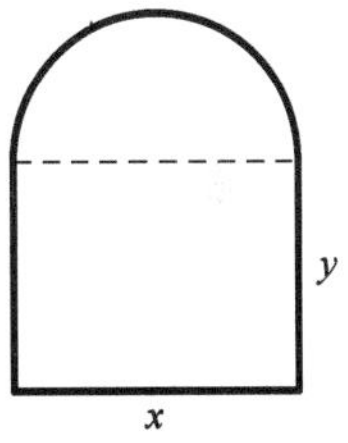

5 题图

4.6　曲线的凹凸性与拐点

4.6.1　曲线的凹凸性

考虑函数 $f(x) = x^2$ 与函数 $g(x) = \sqrt{x}$，两个函数在 $(0,+\infty)$ 上都是单调递增的，但它们增长的方式不同．在几何上来看，两条曲线的弯曲方向不同，$f(x) = x^2$ 的图形是向上凹的，而 $g(x) = \sqrt{x}$ 的图形是向上凸的．

对于向上凹的图形，若任取两点 x_1, x_2，则连接这两点的弦总位于这两点间的弧段的上方（见图 4.10）；对于向上凸的图形，则连接这两点的弦总位于这两点间的弧段的上方（见图 4.11）．所以，曲线的凹凸性可以用连接曲线弧上任意两点的弦的中点与曲线上相应点的位置关系来描述．

定义 4.2　设 $f(x)$ 在区间 I 上连续，若对 I 上任意两点 x_1, x_2，恒有

$$f\left(\frac{x_1 + x_2}{2}\right) < \frac{f(x_1) + f(x_2)}{2},$$

则称 $f(x)$ 在 I 上的图形是（向上）**凹的**（或**凹弧**）；若恒有

$$f\left(\frac{x_1 + x_2}{2}\right) > \frac{f(x_1) + f(x_2)}{2},$$

则称 $f(x)$ 在 I 上的图形是（向上）**凸的**（或**凸弧**）．

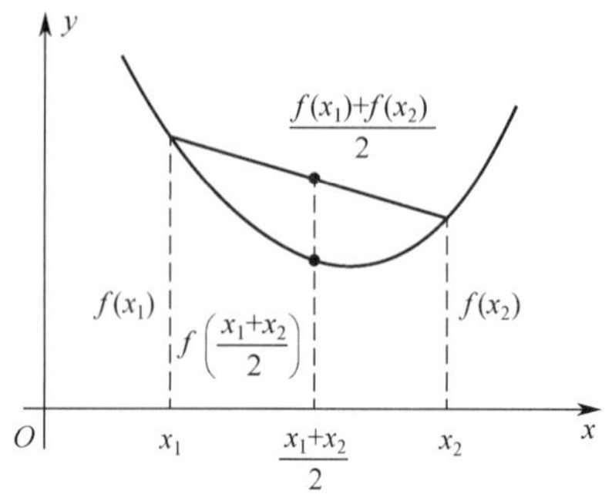

图 4.10

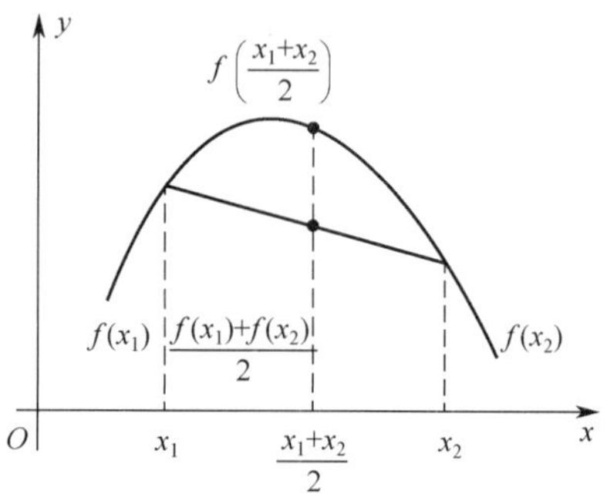

图 4.11

曲线的凹凸性具有明显的**几何意义**，对于凹曲线，当 x 逐渐增加时，其上每一点切线的斜率是逐渐增大的，即导函数 $f'(x)$ 是严格单调递增函数；而对于凸曲线，其上每一点切线的斜率是逐渐减小的，即导函数 $f'(x)$ 是严格单调递减函数．所以可以利用二阶导数的符号来判定曲线的凹凸性．

定理 4.13 设 $f(x)$ 在 $[a,b]$ 上连续，在 (a,b) 内具有一阶和二阶导数，则

（1）若在 (a,b) 内，$f''(x)>0$，则 $f(x)$ 在 $[a,b]$ 上的图形是凹的；

（2）若在 (a,b) 内，$f''(x)<0$，则 $f(x)$ 在 $[a,b]$ 上的图形是凸的．

证 对于情形（1），设 x_1 和 x_2 为 (a,b) 内任意两点，且 $x_1<x_2$，记 $\frac{x_1+x_2}{2}=x_0$，并记 $x_2-x_0=x_0-x_1=h$，由拉格朗日中值定理，有

$$f(x_2)-f(x_0)=f'(\xi_2)h,\quad \xi_2\in(x_0,x_2)$$

$$f(x_0)-f(x_1)=f'(\xi_1)h,\quad \xi_1\in(x_1,x_0)\,.$$

两式相减，可得

$$f(x_2)+f(x_1)-2f(x_0)=[f'(\xi_2)-f'(\xi_1)]h\,. \tag{4.17}$$

在 $[\xi_1,\xi_2]$ 上对 $f'(x)$ 再次应用拉格朗日中值定理，可得

$$f'(\xi_2)-f'(\xi_1)=f''(\xi)(\xi_2-\xi_1),\qquad \xi\in(\xi_1,\xi_2)\,,$$

将上式代入式（4.17），可得

$$f(x_2)+f(x_1)-2f(x_0)=f''(\xi)(\xi_2-\xi_1)h\,.$$

根据题设条件知 $f''(\xi)>0$，且 $\xi_2-\xi_1>0$，则有

$$f(x_2)+f(x_1)-2f(x_0)>0\,,$$

即

$$\frac{f(x_1)+f(x_2)}{2}>f\left(\frac{x_1+x_2}{2}\right),$$

故 $f(x)$ 在 (a,b) 上的图形是凹的．

类似可证明情形（2）．

例 4.41 判定曲线 $y=\mathrm{e}^x$ 的凹凸性．

解 因为 $y'=\mathrm{e}^x$，$y''=\mathrm{e}^x>0$，故函数 $y=\mathrm{e}^x$ 的图形在其定义域 $(-\infty,+\infty)$ 内是凹的．

例 4.42 判定曲线 $y=\ln x$ 的凹凸性．

解 因为 $y'=\frac{1}{x}$，$y''=-\frac{1}{x^2}<0$，故函数 $y=\ln x$ 图形在其定义域 $(0,+\infty)$ 内是凸的．

例 4.43　判断曲线 $y=x^3$ 的凹凸性.

解　因为 $y'=3x^2$，故 $y''=6x$，

当 $x<0$ 时，$y''<0$，故曲线在 $(-\infty,0]$ 内是凸的；

当 $x>0$ 时，$y''>0$，故曲线在 $[0,+\infty)$ 内是凹的（见图 4.12）.

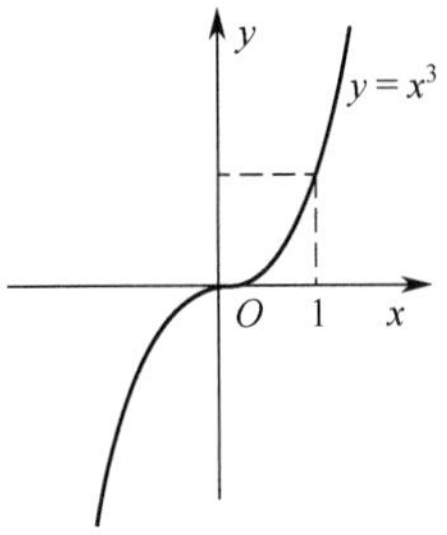

图 4.12

注：从例 4.43 可以看到点 $(0,0)$ 是使曲线由凸变凹的分界点．此类分界点称为曲线的**拐点**.

一般地，称连续曲线上凹弧与凸弧的**分界点**为曲线的**拐点**.

怎样求曲线 $y=f(x)$ 的拐点？

由定理 4.13 可知，依据二阶导数 $f''(x)$ 的符号可判断曲线的凹凸性．因此，若 $f''(x)$ 在点 x_0 的左、右两侧邻近处异号，则点 $(x_0,f(x_0))$ 为曲线的一个拐点，所以，要寻找拐点，只需找出使 $f''(x)$ 符号发生变化的分界点即可．所以，若函数 $f(x)$ 在区间 (a,b) 内具有二阶导数，则在这样的分界点处必有 $f''(x)=0$；此外，$f(x)$ 的二阶导数不存在的点，也可能是使 $f''(x)$ 符号发生变化的分界点.

综上所述，判定连续曲线 $y=f(x)$ 在区间 I 内的凹凸性与求曲线的拐点的一般步骤如下：

（1）求函数的二阶导函数 $f''(x)$；

（2）令 $f''(x)=0$，解出在区间 I 内的全部实根，并求出区间 I 内所有使二阶导数不存在的点；

（3）对步骤（2）中求出的每一个点，检查其邻近左、右两侧 $f''(x)$ 的符号，确定曲线的凹凸区间及拐点.

例 4.44　求曲线 $f(x)=3x^4-6x^3+2$ 的拐点及凹凸区间.

解　函数 $f(x)$ 的定义域为 $(-\infty,+\infty)$，由

$$f'(x)=12x^3-18x^2,\quad f''(x)=36x(x-1).$$

令 $f''(x)=0$，可得 $x_1=0$，$x_2=1$．列表讨论如下：

x	$(-\infty,0)$	0	$(0,1)$	1	$(1,+\infty)$
y''	$+$	0	$-$	0	$+$
y	图形为凹的	有拐点 $(0,2)$	图形为凸的	有拐点 $(1,-1)$	图形为凹的

故曲线的凹区间为 $(-\infty,0]$，$[1,+\infty)$，凸区间为 $[0,1]$，拐点为 $(0,2)$ 和 $(1,-1)$.

例 4.45　求曲线 $f(x)=(x-1)\sqrt[3]{x}$ 的拐点.

解　函数 $f(x)$ 的定义域为 $(-\infty,+\infty)$，有

$$f'(x)=\frac{4x-1}{3\sqrt[3]{x^2}},\quad f''(x)=\frac{4x+2}{9x\sqrt[3]{x^2}}.$$

令 $f''(x)=0$，可得 $x=-\dfrac{1}{2}$．而当 $x=0$ 时，$f''(x)$ 不存在.

当 $x<-\dfrac{1}{2}$ 时，$f''(x)>0$，曲线是凹的；当 $-\dfrac{1}{2}<x<0$ 时，$f''(x)<0$，曲线是凸的；当 $x>0$ 时，$f''(x)>0$，曲线是凹的.

所以，曲线的拐点是$\left(-\frac{1}{2},\frac{3}{2\sqrt[3]{2}}\right)$和$(0,0)$.

注：由以上两例可知，如果$(x_0,f(x_0))$是曲线$y=f(x)$的拐点，则$f''(x_0)=0$或$f''(x_0)$不存在，但方程$f''(x)=0$的根或使$f''(x)$不存在的点x_0却不一定都是曲线$y=f(x)$的拐点．例如，对于函数$f(x)=\sqrt[3]{x^2}$，由$f''(x)=-\frac{2}{9x\sqrt[3]{x}}$，可知在$x=0$处$f''(x)$不存在，但$(0,0)$不是曲线$y=f(x)$的拐点（见图 4.13）.

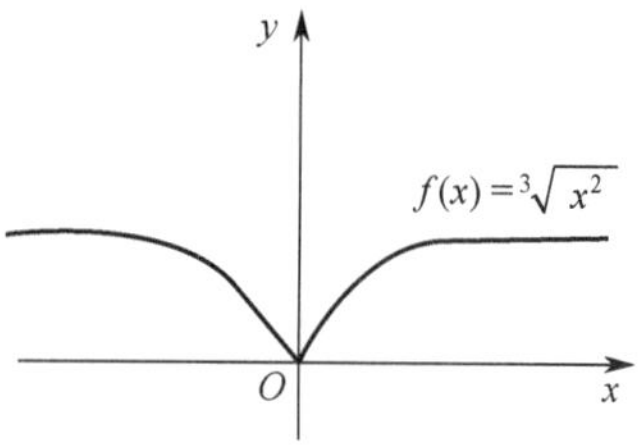

图 4.13

利用曲线的凹凸性还可以证明一些不等式.

例 4.46 证明：当$x\neq y$时，有

$$\frac{e^x+e^y}{2}>e^{\frac{x+y}{2}}.$$

证 令$f(x)=e^x$，则

$$f''(x)=e^x>0,$$

故函数$f(x)$的图形在$(-\infty,+\infty)$内是凹的，由定义 4.2 知，取$x_1=x,x_2=y$，则有

$$\frac{e^x+e^y}{2}>e^{\frac{x+y}{2}}.$$

习题 4.6

1．求下列函数图形的拐点及凹凸区间：

（1）$f(x)=2x^3-3x^2+1$；（2）$y=x+\frac{1}{x}(x>0)$；（3）$f(x)=e^{\arctan x}$；

（4）$f(x)=xe^{-2x}$；（5）$f(x)=\ln(x^2+1)$；（6）$f(x)=x\arctan x$.

2．利用函数的凹凸性证明不等式：$xe^x+ye^y>(x+y)e^{\frac{x+y}{2}}(x,y>0,x\neq y)$.

3．当a,b为何值时，点$(1,3)$为曲线$y=ax^3+bx^2$的拐点.

4.7 函数图形的描绘

由前面几节的讨论可知，运用函数一阶导数的符号，可以确定函数曲线在哪个区间上升，哪个区间下降，在哪些点有极值；运用函数二阶导数的符号，可以确定函数曲线在哪个区间上为凹，在哪个区间上为凸，在哪些点是拐点．所以有了函数的这些特征，就可以大概描出函数曲线了.

在平面上，当函数曲线向无穷远处延伸时，有些曲线会逐渐靠近一条直线，为了较好地描绘函数曲线，常常需要确定曲线的渐近线.

4.7.1 曲线的渐近线

定义 4.3 当曲线$y=f(x)$上的一个动点沿着曲线移向无穷远时，若点到某定直线L的距离趋向于零，则直线L就称为曲线$y=f(x)$的一条**渐近线**（见图 4.14）.

渐近线分为水平渐近线、垂直渐近线和斜渐近线.

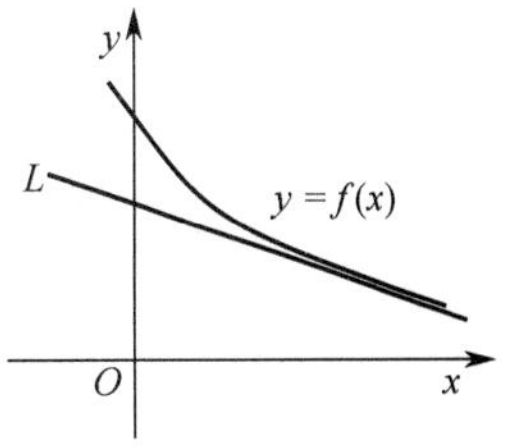

图 4.14

1．水平渐近线

若函数 $y=f(x)$ 的定义域是无穷区间，且

$$\lim_{x\to\infty} f(x)=C,$$

则称直线 $y=C$ 为曲线 $y=f(x)$ 当 $x\to\infty$ 时的一条**水平渐近线**，类似可以定义当 $x\to+\infty$ 或 $x\to-\infty$ 时的水平渐近线.

例如，对于曲线 $y=\arctan x$，因为 $\lim\limits_{x\to+\infty}\arctan x=\dfrac{\pi}{2}$，$\lim\limits_{x\to-\infty}\arctan x=-\dfrac{\pi}{2}$，故曲线 $y=\arctan x$ 有两条水平渐近线，分别为 $y=\dfrac{\pi}{2}$ 与 $y=-\dfrac{\pi}{2}$（见图 4.15）.

2．垂直渐近线

若函数 $y=f(x)$ 在点 x_0 处间断，且

$$\lim_{x\to x_0^+} f(x)=\infty \text{ 或 } \lim_{x\to x_0^-} f(x)=\infty,$$

则称直线 $x=x_0$ 为曲线 $y=f(x)$ 的**垂直渐近线**.

例如，对于曲线 $y=\dfrac{1}{(x+2)(x-3)}$，因

$$\lim_{x\to-2}\frac{1}{(x+2)(x-3)}=\infty \text{ 及 } \lim_{x\to3}\frac{1}{(x+2)(x-3)}=\infty$$

所以，曲线 $y=\dfrac{1}{(x+2)(x-3)}$ 有两条垂直渐近线 $x=-2$ 与 $x=3$（见图 4.16）.

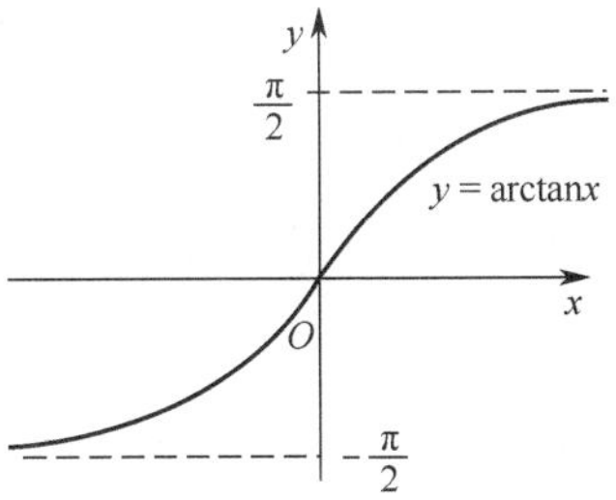

图 4.15

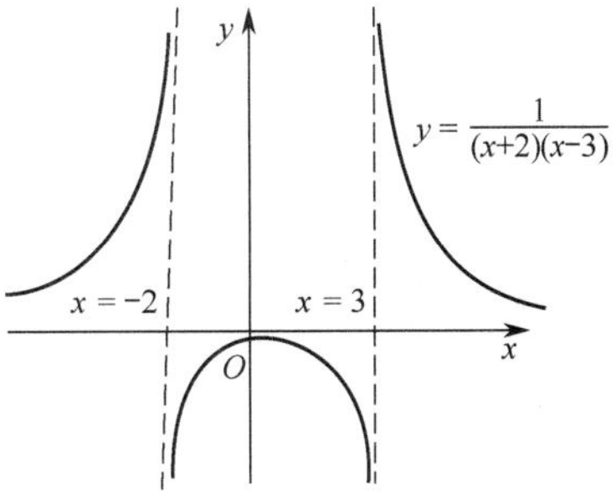

图 4.16

3．斜渐近线

设函数 $y=f(x)$ 的定义域为无限区间，且与直线 $y=ax+b$ 满足：

$$\lim_{x\to\infty}[f(x)-(ax+b)]=0,$$

则称直线 $y=ax+b$ 为曲线 $y=f(x)$ 的一条**斜渐近线**，其中

$$a=\lim_{x\to\infty}\frac{f(x)}{x}(a\neq0),\quad \lim_{x\to\infty}[f(x)-ax]=b.$$

类似可以定义当 $x\to+\infty$ 或 $x\to-\infty$ 时的斜渐近线.

事实上，由 $\lim\limits_{x\to+\infty}[f(x)-(ax+b)]=0$，可得

$$\lim_{x\to+\infty}\left(\frac{f(x)}{x}-a-\frac{b}{x}\right)x=0,$$

因为等式左边两式乘积的极限存在，且函数 x 是当 $x\to+\infty$ 时的无穷大量，所以因子 $\frac{f(x)}{x}-a-\frac{b}{x}$ 是 $x\to\infty$ 时的无穷小量．故

$$a=\lim_{x\to\infty}\frac{f(x)}{x}(a\neq 0),$$

进而可得

$$\lim_{x\to\infty}[f(x)-ax]=b.$$

注：（1）曲线 $y=f(x)$ 正负无穷两个方向的斜渐近线可能不一样．

（2）如果 $\lim\limits_{x\to\infty}\frac{f(x)}{x}$ 不存在，或虽然它存在但 $\lim\limits_{x\to\infty}[f(x)-ax]$ 不存在，可以断定曲线 $y=f(x)$ 不存在斜渐近线．

例 4.46 求曲线 $f(x)=\ln(1+\mathrm{e}^x)$ 的渐近线．

解 函数的定义域为 $(-\infty,+\infty)$，由于

$$\lim_{x\to-\infty}f(x)=\lim_{x\to-\infty}\ln(1+\mathrm{e}^x)=0,$$

故 $y=0$ 是曲线 $f(x)=\ln(1+\mathrm{e}^x)$ 的一条水平渐近线．

又因为

$$\lim_{x\to+\infty}\frac{f(x)}{x}=\lim_{x\to+\infty}\frac{\ln(1+\mathrm{e}^x)}{x}=\lim_{x\to+\infty}\frac{\frac{\mathrm{e}^x}{1+\mathrm{e}^x}}{1}=1,$$

$$\lim_{x\to+\infty}[\ln(1+\mathrm{e}^x)-x]=\lim_{x\to+\infty}[\ln(1+\mathrm{e}^x)-\ln\mathrm{e}^x]=\lim_{x\to+\infty}\ln\left(\frac{1+\mathrm{e}^x}{\mathrm{e}^x}\right)$$

$$=\lim_{x\to+\infty}\ln(1+\mathrm{e}^{-x})=0,$$

所以，直线 $y=x$ 是曲线 $f(x)=\ln(1+\mathrm{e}^x)$ 的一条斜渐近线（见图 4.17）．

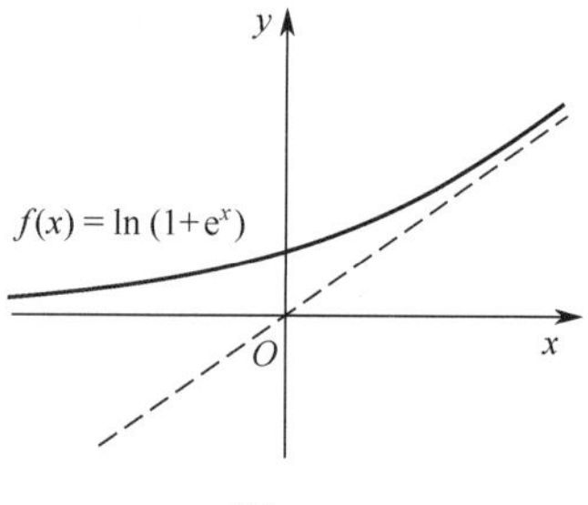

图 4.17

4.7.2 函数图形的描绘

利用函数导数性质描述函数的图形，其一般步骤如下：

第一步：确定函数 $y=f(x)$ 的定义域，研究函数 $y=f(x)$ 的特性，如奇偶性、周期性、有界性等，并求出函数的一阶导数 $f'(x)$ 和二阶导数 $f''(x)$；

第二步：求出一阶导数 $f'(x)$ 和二阶导数 $f''(x)$ 在函数定义域内的全部零点，并求出函数的间断点，以及一阶导数和二阶导数不存在的点，用这些点把函数定义域划分成若干个小区间；

第三步：确定在这些小区间内一阶导数 $f'(x)$ 和二阶导数 $f''(x)$ 的符号，由此确定函数的单调性和凹凸性，以及极值点和拐点（可列表进行讨论）；

第四步：确定函数图形的各类渐近线及其他变化趋势；

第五步：计算 $f'(x)$ 和 $f''(x)$ 的零点，以及 $f'(x)$ 和 $f''(x)$ 不存在时的点所对应的函数

值，并在坐标平面确定相应的点；有时还需适当补充一些辅助作图点（如与坐标轴的交点和曲线的端点等）；然后根据第三、四步中得到的结果，用平滑曲线连接得到的点即可画出函数的图形.

例 4.47　作函数 $y=\dfrac{x}{1+x^2}$ 的图形.

解　（1）函数 $y=\dfrac{x}{1+x^2}$ 的定义域为 $(-\infty,+\infty)$，且该函数是奇函数，它的图形关于原点对称，故可选讨论 $x\geqslant 0$ 时函数的图形.

（2）因为 $y'=\dfrac{-(x-1)(x+1)}{(1+x^2)^2}$，$y''=\dfrac{2x(x-\sqrt{3})(x+\sqrt{3})}{(1+x^2)^3}$，

当 $x\geqslant 0$ 时，令 $y'=0$，可得 $x=1$；令 $y''=0$，可得 $x=0$，$x=\sqrt{3}$.

（3）利用如下列表确定单调区间、凹凸区间、极值点和拐点：

x	0	$(0,1)$	1	$(1,\sqrt{3})$	$\sqrt{3}$	$(\sqrt{3},+\infty)$
y'		+	0	−		−
y''	0	−		−	0	+
$y=f(x)$ 的图形		↗（凸）	极大值点	↘（凸）	拐点	↘（凹）

（4）因 $\lim\limits_{x\to\infty}\dfrac{x}{1+x^2}=0$，故图形有一条水平渐近线 $y=0$；

（5）算出函数值 $f(0)=0$，$f(1)=\dfrac{1}{2}$，$f(\sqrt{3})=\dfrac{\sqrt{3}}{4}$；

（6）由上述讨论结果，就可画出函数 $y=\dfrac{x}{1+x^2}$ 的图形（见图 4.18）.

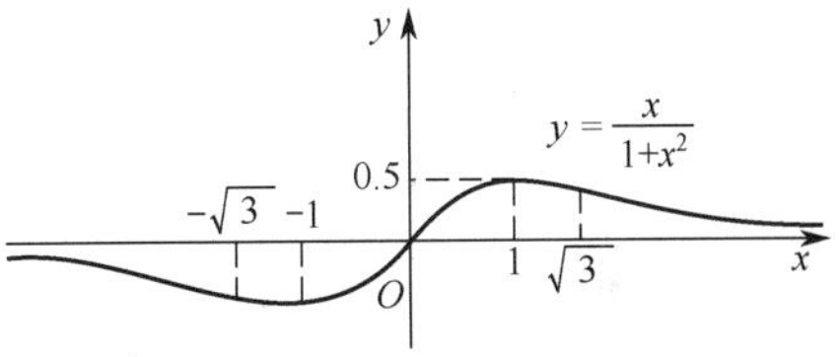

图 4.18

习题 4.7

1．单项选择题

（1）曲线 $f(x)=\dfrac{2x-1}{(x-3)^2}$（　　）.

（A）只有水平渐近线　　（B）只有水平渐近线

（C）没有水平渐近线和垂直渐近线　　（D）既有水平渐近线，又有垂直渐近线

（2）曲线 $f(x)=2\ln\dfrac{x+3}{x}$ 的水平渐近线方程为（　　）.

（A）$y=2$　　（B）$y=1$　　（C）$y=1$　　（D）$y=0$

（3）曲线 $f(x)=-e^{3(x+2)}$（　　）.

（A）只有水平渐近线　　（B）只有水平渐近线

（C）没有水平渐近线和垂直渐近线　　（D）既有水平渐近线，又有垂直渐近线

（4）曲线 $f(x)=\dfrac{3x-2}{(2x-1)^2}$ 有（　　）.

（A）水平渐近线 $y=2$　　（B）水平渐近线 $y=\frac{1}{2}$

（C）垂直渐近线 $x=\frac{1}{2}$　　（D）垂直渐近线 $x=-\frac{1}{2}$

2．求下列曲线的渐近线：

（1） $y=\frac{e^x}{1+x}$；　（2） $y=\frac{x^2}{(x-1)(x+2)}$；　（3） $y=\ln(3+x)$.

3．描绘下列函数的图形：

（1） $f(x)=x-2\arctan x$；　（2） $f(x)=\frac{x^2}{1+x}$；　（3） $y=e^{-(x-1)^2}$.

习题 4

（A）

1．单项选择题

（1）设函数 $y=f(x)$ 在闭区间 $[a,b]$ 上连续，在开区间 (a,b) 内可导，$a<x_1<x_2<b$，则下式中不一定成立的是（　　）.

（A） $f(b)-f(a)=f'(\xi)(b-a)(a<\xi<b)$

（B） $f(a)-f(b)=f'(\xi)(a-b)(a<\xi<b)$

（C） $f(b)-f(a)=f'(\xi)(b-a)\ (x_1<\xi<x_2)$

（D） $f(x_2)-f(x_1)=f'(\xi)(x_2-x_1)\ (x_1<\xi<x_2)$

（2）若在区间 I 上，$f'(x)>0$，$f''(x)<0$，则曲线 $y=f(x)$ 在 I 是（　　）.

（A）严格单调递减且为凹弧　　（B）严格单调递减且为凸弧

（C）严格单调递增且为凹弧　　（D）严格单调递增且为凸弧

（3）曲线 $f(x)=\frac{2x-1}{(x-3)^2}$（　　）.

（A）只有水平渐近线　　（B）只有水平渐近线

（C）没有水平渐近线和垂直渐近线　　（D）既有水平渐近线，又有垂直渐近线

（4）曲线 $y=(x-1)(x-2)^2(x-3)^3(x-4)^4$ 的拐点是（　　）.

（A） $(1,0)$　　（B） $(2,0)$　　（C） $(3,0)$　　（D） $(4,0)$

2．填空题

（1）当 $x=\frac{\pi}{4}$ 时，函数 $f(x)=a\cos x-\frac{1}{4}\sin 4x$ 取得极值，则 $a=$__________.

（2）曲线 $y=(x+1)e^{-x}$ 的拐点坐标为__________.

（3）点 $(-1,1)$ 是曲线 $y=x^3+ax^2+bx+c$ 的拐点，也是该曲线对应的函数的驻点，则 $a=$_____，$b=$_____，$c=$_____.

（4）曲线 $y=ax^3+bx^2+cx+d$ 在 $x=-2$ 处有水平切线，点 $(1,-10)$ 为该曲线的拐点，且点 $(-2,44)$ 在曲线上，则 $a=$_____，$b=$_____，$c=$_____，$d=$_____.

3．求下列函数的极限：

（1）$\lim\limits_{x\to+\infty}\sqrt{x}\left(\dfrac{\pi}{2}-\arctan x\right)$；　（2）$\lim\limits_{x\to\frac{\pi}{2}}(\sec x-\tan x)$；

（3）$\lim\limits_{x\to0^+}\dfrac{\ln x}{\cot x}$；　（4）$\lim\limits_{x\to0^+}\left(\ln\dfrac{1}{x}\right)^x$.

4．求下列函数的单调区间和极值：

（1）$f(x)=3e^x+e^{-x}$；　（2）$f(x)=\dfrac{1+3x}{\sqrt{4+5x^2}}$；　（3）$f(x)=x+\tan x$；

（4）$f(x)=\dfrac{3x^2+4x+4}{x^2+x+1}$；　（5）$f(x)=1+(x-2)^{\frac{2}{3}}$；　（6）$f(x)=x^{\frac{1}{x}}$.

5．求下列函数图形的拐点及凹凸区间：

（1）$f(x)=2x^3+3x^2-12x+1$；　（2）$f(x)=2(x+3)^6+5e^x$；

（3）$f(x)=3\ln(x^2+2)$；　（4）$f(x)=x^4(12\ln x-7)$.

6．求曲线 $y=\dfrac{1-x}{1+x}e^{-x}$ 的所有渐近线.

7．利用泰勒公式求下列函数的极限：

（1）$\lim\limits_{x\to0}\dfrac{x-\sin x}{x^3}$；　（2）$\lim\limits_{x\to0}\dfrac{e^{\tan x}-1}{x}$.

8．证明恒等式：

$$2\arctan x+\arcsin\frac{2x}{1+x^2}=\pi\ (x\geqslant1) .$$

9．已知函数 $f(x)$ 在 $[a,b]$ 上连续，在 (a,b) 内可导，且 $f(a)=f(b)=0$，证明：在 (a,b) 内至少有一点 ξ，使得

$$f(\xi)+f'(\xi)=0 .$$

10．已知函数 $f(x)$在$[0,1]$上连续，在$(0,1)$内可导，且 $f(1)=1$，证明：存在 $\xi\in(0,1)$，使得

$$f(\xi)+\xi f'(\xi)=1 .$$

11．用微分中值定理证明：

（1）设函数 $y=f(x)$ 在闭区间 $[a,b]$ 上连续，在开区间 (a,b) 内可导，$f(a)=f(b)=0$，且在 (a,b) 内 $f(x)\neq0$，证明：对任意实数 k，存在 $\xi\in(a,b)$，使得

$$k=\frac{f'(\xi)}{f(\xi)} .$$

（2）设函数 $y=f(x)$ 在闭区间 $[a,b]$ 上连续，在开区间 (a,b) 内可导，$f(a)=f(b)=1$，证明：存在 $\xi,\eta\in(a,b)$，使得

$$e^{\xi-\eta}[f(\xi)+f'(\xi)]=1 .$$

12．设总收入和总成本分别由以下两式给出：

$$R(q)=5q-0.003q^2,\ C(q)=300+1.1q ,$$

其中 q 为产量，$0\leqslant q\leqslant1000$，求：（1）边际成本；（2）获得最大利润时的产量；（3）怎样的生产量能使盈亏平衡？

13．在边长为 a 的一块正方形铁皮的四个角上各截出一个小正方形，将四边上折焊成

一个无盖方盒，问截去的小正方形边长为多大时，方盒的容积最大？

（B）

1．（2021 年考研数学一）设函数 $f(x)=\dfrac{\sin x}{1+x^2}$ 在 $x=0$ 处的 3 次泰勒多项式为 $ax+bx^2+cx^3$，则（　　）.

（A）$a=1$，$b=0$，$c=-\dfrac{7}{6}$　　（B）$a=1$，$b=0$，$c=\dfrac{7}{6}$

（C）$a=-1$，$b=-1$，$c=-\dfrac{7}{6}$　　（D）$a=-1$，$b=-1$，$c=\dfrac{7}{6}$

2．（2019 年考研数学一）当 $x\to 0$ 时，若 $x-\tan x$ 与 x^k 是同阶无穷小，则 $k=$（　　）.

（A）1　　（B）2　　（C）3　　（D）4

3．（2019 年考研数学一）设函数 $f(x)=\begin{cases} x|x|, & x\leqslant 0, \\ x\ln x, & x>0, \end{cases}$ 时，则 $x=0$ 是 $f(x)$ 的（　　）.

（A）可导点，极值点　　（B）不可导点，极值点

（C）可导点，非极值点　　（D）不可导点，非极值点

4．（2018 年考研数学三）曲线 $y=x^2+2\ln x$ 在其拐点处的切线方程是__________.

5．设 $f(x)$ 二阶可导，求 $\lim\dfrac{f(x+h)-2f(x)+f(x-h)}{h^2}$.

6．试确定 $y=k(x^2-3)^2$ 中的 k 的值，使曲线的拐点处的法线通过原点.

7．在抛物线 $y=1-x^2$ 上求一点，使抛物线在该点的切线与两坐标轴所形成的位于第一象限内的三角形面积最小.

8．设 $a>b>0,n>1$，证明：

$$nb^{n-1}(a-b)<a^n-b^n<na^{n-1}(a-b).$$

9．设 $a>b>0$，证明：$\dfrac{a-b}{a}<\ln\dfrac{a}{b}<\dfrac{a-b}{b}$.

10．设 $f(x)$ 在 $[a,b]$ 上有 $(n-1)$ 阶连续导数，在 (a,b) 内有 n 阶导数，且 $f(b)=f(a)=f'(a)=\cdots=f^{(n-1)}(a)=0$，证明：在 (a,b) 内至少存在一点 ξ，使 $f^{(n)}(\xi)=0$.

11．已知 $0<a<b$，函数 $y=f(x)$ 在闭区间 $[a,b]$ 上连续，在开区间 (a,b) 内可导，证明：在 (a,b) 内至少存在 ξ,η 使得

$$f'(\xi)=\frac{\eta^2 f'(\eta)}{ab}.$$

第 5 章　不定积分

在变速直线运动中，路程 $S(t)$ 函数对时间 t 求导就可以得到速度函数 $v(t)$；曲线 $f(x)$ 对点 x 求导就可以得到曲线 $y=f(x)$ 对应点 x 处的切线斜率．我们不妨思考它们的反问题：（1）若已知变速直线运动物体的速度，求其路程．（2）若已知曲线的切线斜率，求曲线方程，即求一个未知函数，其导数恰好是某个已知函数．这便是积分学研究的基本问题之一．

本章首先给出原函数和不定积分的概念，引入基本积分表，并证明不定积分的性质，其次讨论计算不定积分的换元积分法和分部积分法，最后介绍有理函数的积分．

5.1　不定积分的概念与性质

5.1.1　原函数

例 5.1　已知曲线 $y=f(x)$ 在点 (x,y) 处的切线斜率是该点横坐标的 2 倍，求该曲线的方程．

解　依题意，有 $f'(x)=2x$，由于 $(x^2+c)'=2x$，其中 c 为任意常数，因此

$$y=f(x)=x^2+c.$$

我们称 $2x$ 为 x^2+c 的导函数，那么反过来，我们可以称 x^2+c 是 $2x$ 的原函数．下面，我们给出原函数的定义．

定义 5.1　若在区间 I 上，函数 $F(x)$ 的导函数为 $f(x)$，即对任意的 $x\in I$，都有

$$F'(x)=f(x) \text{ 或 } \mathrm{d}F(x)=f(x)\mathrm{d}x$$

则称 $F(x)$ 为 $f(x)$ 在区间 I 上的一个**原函数**．

一个函数具备什么条件才能保证它的原函数一定存在？这个问题将在第 6 章定积分中讨论，这里我们直接给出结论．

定理 5.1（**原函数存在性定理**）如果函数 $f(x)$ 在区间 I 上连续，则存在可导函数 $F(x)$，使得对任意的 $x\in I$，都有

$$F'(x)=f(x).$$

由该定理可知，**连续函数一定有原函数**．

因为初等函数在其定义区间内连续，所以初等函数在其定义区间内一定有原函数．

在例 5.1 中我们可以观察到，满足条件的 $f(x)$ 不止一个，如 x^2+1 或 x^2+100 也都是 $2x$ 的原函数．由此可见，**一个函数的原函数不是唯一的**．

事实上，如果函数 $F(x)$ 是 $f(x)$ 的一个原函数，则

$$F'(x)=f(x),$$

$$[F(x)+C]'=f(x)\text{，其中 } C \text{ 为任意常数}.$$

从而，$F(x)+C$ 也是 $f(x)$ 的原函数．

定理 5.2 若函数 $F_1(x)$ 和 $F_2(x)$ 都是 $f(x)$ 的原函数，则它们相差一个常数.

证 由条件可知，$F_1'(x)=f(x)$，$F_2'(x)=f(x)$，于是

$$[F_1(x)-F_2(x)]'=F_1'(x)-F_2'(x)=0,$$

从而

$$F_1(x)-F_2(x)\equiv C\text{，其中 }C\text{ 为任意常数.}$$

5.1.2 不定积分的概念

根据前面对原函数的讨论，引入不定积分来表示原函数，下面给出不定积分的定义.

定义 5.2 将函数 $f(x)$ 在区间 I 上的全体原函数记作

$$\int f(x)\mathrm{d}x,$$

称它是 $f(x)$ 在区间 I 上的**不定积分**，其中，记号 $\int$ 称为**积分号**，$f(x)$ 称为**被积函数**，$f(x)\mathrm{d}x$ 称为**被积表达式**，x 称为**积分变量**.

由定义可知，若 $F(x)$ 是 $f(x)$ 在区间 I 上的一个原函数，则有

$$\int f(x)\mathrm{d}x=F(x)+C.$$

其中，C 为任意常数.

例 5.2 求 $\int\frac{1}{2\sqrt{x}}\mathrm{d}x$.

解 因为 $(\sqrt{x})'=\frac{1}{2\sqrt{x}}$，所以 $\sqrt{x}$ 是 $\frac{1}{2\sqrt{x}}$ 的一个原函数. 因此

$$\int\frac{1}{2\sqrt{x}}\mathrm{d}x=\sqrt{x}+C.$$

例 5.3 求 $\int\frac{1}{1+x^2}\mathrm{d}x$.

解 因为 $(\arctan x)'=\frac{1}{1+x^2}$，所以 $\arctan x$ 是 $\frac{1}{1+x^2}$ 的一个原函数. 因此

$$\int\frac{1}{1+x^2}\mathrm{d}x=\arctan x+C.$$

例 5.4 求 $\int\frac{1}{x}\mathrm{d}x$.

解 因为当 $x>0$ 时，有

$$(\ln|x|)'=(\ln x)'=\frac{1}{x}.$$

当 $x<0$ 时，有

$$(\ln|x|)'=[\ln(-x)]'=\frac{1}{-x}\cdot(-1)=\frac{1}{x}.$$

所以 $\ln|x|$ 是 $\frac{1}{x}$ 的一个原函数. 因此

$$\int\frac{1}{x}\mathrm{d}x=\ln|x|+C.$$

5.1.3　基本积分表

由上面的例子我们发现可以从基本初等函数的导数公式得到相应的积分公式．下面给出 13 个基本积分公式，如表 5.1 所示。这些公式是求不定积分的基础，必须熟记．

表 5.1　基本积分公式表

序　号	积 分 公 式
1	$\int k\mathrm{d}x = kx + C$（$k$ 为常数）
2	$\int x^{\mu}\mathrm{d}x = \dfrac{x^{\mu+1}}{\mu+1} + C$　（$\mu \neq -1$）
3	$\int \dfrac{1}{x}\mathrm{d}x = \ln\lvert x\rvert + C$
4	$\int a^{x}\mathrm{d}x = \dfrac{1}{\ln a}a^{x} + C$
5	$\int \mathrm{e}^{x}\mathrm{d}x = \mathrm{e}^{x} + C$
6	$\int \cos x\mathrm{d}x = \sin x + C$
7	$\int \sin x\mathrm{d}x = -\cos x + C$
8	$\int \sec^2 x\mathrm{d}x = \int \dfrac{1}{\cos^2 x}\mathrm{d}x = \tan x + C$
9	$\int \csc^2 x\mathrm{d}x = \int \dfrac{\mathrm{d}x}{\sin^2 x} = -\cot x + C$
10	$\int \sec x\tan x\mathrm{d}x = \sec x + C$
11	$\int \csc x\cot x\mathrm{d}x = -\csc x + C$
12	$\int \dfrac{\mathrm{d}x}{\sqrt{1-x^2}} = \arcsin x + C$
13	$\int \dfrac{\mathrm{d}x}{1+x^2} = \arctan x + C$

5.1.4　不定积分的性质

设函数 $f(x)$ 和 $g(x)$ 的原函数 $F(x)$ 和 $G(x)$ 存在，k 为非零常数．

性质 5.1　$\dfrac{\mathrm{d}}{\mathrm{d}x}\left[\int f(x)\mathrm{d}x\right] = f(x)$，$\mathrm{d}\left[\int f(x)\mathrm{d}x\right] = f(x)\mathrm{d}x$.

证　由原函数和不定积分定义，有

$$\frac{\mathrm{d}}{\mathrm{d}x}\left[\int f(x)\mathrm{d}x\right] = \frac{\mathrm{d}}{\mathrm{d}x}[F(x)+C] = \frac{\mathrm{d}F(x)}{\mathrm{d}x} = f(x);$$

$$\mathrm{d}x\left[\int f(x)\mathrm{d}x\right]\mathrm{d}x = \mathrm{d}[F(x)+C] = \mathrm{d}F(x) = f(x)\mathrm{d}x .$$

性质 5.2　$\int F'(x)\mathrm{d}x = F(x) + C$，$\int \mathrm{d}F(x) = F(x) + C$.

证　由原函数和不定积分定义，有

$$\int F'(x)\mathrm{d}x = \int f(x)\mathrm{d}x = F(x) + C;$$

$$\int \mathrm{d}F(x) = \int f(x)\mathrm{d}x = F(x) + C .$$

注：由上面两个性质可知，**微分运算与积分运算是互逆的**.

性质 5.3 $\int[f(x)\pm g(x)]\mathrm{d}x=\int f(x)\mathrm{d}x\pm\int g(x)\mathrm{d}x$.

证 因为 $\frac{\mathrm{d}}{\mathrm{d}x}\left[\int f(x)\mathrm{d}x\pm\int g(x)\mathrm{d}x\right]=\frac{\mathrm{d}}{\mathrm{d}x}\int f(x)\mathrm{d}x\pm\frac{\mathrm{d}}{\mathrm{d}x}\int g(x)\mathrm{d}x=f(x)\pm g(x)$，所以由原函数的定义可得该性质成立.

性质 5.4 $\int kf(x)\mathrm{d}x=k\int f(x)\mathrm{d}x$.

证 $\frac{\mathrm{d}}{\mathrm{d}x}\left[k\int f(x)\mathrm{d}x\right]=k\left[\frac{\mathrm{d}}{\mathrm{d}x}\int f(x)\mathrm{d}x\right]=kf(x)$，由原函数定义可得该性质成立.

性质 5.3 和性质 5.4 称为不定积分的**线性性**，可以推广到有限多个函数之和的情形.

利用基本积分表和不定积分的性质，可以求出一些简单函数的不定积分，通常称这种不定积分计算方法为**积分公式法**.

例 5.5 求 $\int(x^2-\sqrt[3]{x}-2^x+2\sin x)\mathrm{d}x$.

解 利用不定积分的线性性可得

$$\begin{aligned}\int(x^2-\sqrt[3]{x}-2^x+2\sin x)\mathrm{d}x&=\int x^2\mathrm{d}x-\int x^{\frac{1}{3}}\mathrm{d}x-\int 2^x\mathrm{d}x+2\int\sin x\mathrm{d}x\\&=\frac{x^3}{3}-\frac{3}{4}x^{\frac{4}{3}}-\frac{2^x}{\ln 2}-2\cos x+C.\end{aligned}$$

例 5.6 求 $\int\frac{1+3x^2}{x^2(1+x^2)}\mathrm{d}x$.

解 注意到 $1+3x^2=2x^2+(1+x^2)$，恒等变形可得

$$\int\frac{1+3x^2}{x^2(1+x^2)}\mathrm{d}x=2\int\frac{2x^2+(1+x^2)}{2x^2(1+x^2)}\mathrm{d}x=2\int\frac{1}{1+x^2}\mathrm{d}x+\int\frac{1}{x^2}\mathrm{d}x=2\arctan x-\frac{1}{x}+C.$$

例 5.7 求 $\int\frac{2+x^4}{1+x^2}\mathrm{d}x$.

解 $\int\frac{2+x^4}{1+x^2}\mathrm{d}x=\int\frac{3+(x^4-1)}{1+x^2}\mathrm{d}x=\int\frac{3}{1+x^2}\mathrm{d}x+\int(x^2-1)\mathrm{d}x=3\arctan x+\frac{x^3}{3}-x+C$.

例 5.8 求 $\int\cos^2\frac{x}{2}\mathrm{d}x$.

解 利用三角公式恒等变形可得

$$\int\cos^2\frac{x}{2}\mathrm{d}x=\int\frac{1+\cos x}{2}\mathrm{d}x=\int\frac{1}{2}\mathrm{d}x+\frac{1}{2}\int\cos x\mathrm{d}x=\frac{1}{2}x+\frac{1}{2}\sin x+C.$$

例 5.9 求 $\int\frac{\cos 2x}{\cos^2 x\sin^2 x}\mathrm{d}x$.

解 利用三角公式恒等变形可得

$$\begin{aligned}\int\frac{\cos 2x}{\cos^2 x\sin^2 x}\mathrm{d}x&=\int\frac{\cos^2 x-\sin^2 x}{\cos^2 x\sin^2 x}\mathrm{d}x=\int\csc^2 x\mathrm{d}x-\int\sec^2 x\mathrm{d}x\\&=-\cot x-\tan x+C.\end{aligned}$$

验证积分结果是否正确，只要对结果求导，看它的导数是否等于被积函数，如果相等则结果正确，否则结果错误. 例如，我们验证例 5.9 的结果是否正确，由于

$$(-\cot x-\tan x+C)'=\csc^2 x-\sec^2 x=\frac{1}{\sin^2 x}-\frac{1}{\cos^2 x}$$
$$=\frac{\cos^2 x-\sin^2 x}{\cos^2 x\sin^2 x}=\frac{\cos 2x}{\cos^2 x\sin^2 x}$$

所以，结果是正确的.

习题 5.1

1．验证函数 $\arcsin(2x-1)$ 是 $\frac{1}{\sqrt{x(1-x)}}$ 的一个原函数.

2．设某曲线在点 (x,y) 处的切线斜率等于该点横坐标平方的倒数，求该曲线过点 $(1,1)$ 的曲线方程.

3．已知 $\int f(x)\mathrm{d}x=\ln(x+\sqrt{1+x^2})+C$，求 $f(x)$.

4．某一静止物体运动 t（s）后的速度为 $4t$（m/s），问 10s 后物体离起点距离多远？物体运动 800m 需要多少 s？

5．求下列不定积分：

（1）$\int x^3\sqrt{x}\mathrm{d}x$；　（2）$\int\left[\frac{2}{3(1+x^2)}-\frac{3}{2\sqrt{1-x^2}}\right]\mathrm{d}x$；

（3）$\int 2^x\mathrm{e}^x\mathrm{d}x$；　（4）$\int\sin^2\frac{x}{2}\mathrm{d}x$；

（5）$\int\frac{1}{x^2(1+x^2)}\mathrm{d}x$；　（6）$\int\frac{1}{4\sin^2\frac{x}{2}\cos^2\frac{x}{2}}\mathrm{d}x$；

（7）$\int\frac{x^4}{1+x^2}\mathrm{d}x$；　（8）$\int\sec x\tan x\mathrm{d}x$；

（9）$\int\frac{(1-x)^2}{\sqrt{x}}\mathrm{d}x$；　（10）$\int\frac{\cos 2x}{\cos x+\sin x}\mathrm{d}x$；

（11）$\int\left(3^x\mathrm{e}^x+\frac{1}{x}\right)\mathrm{d}x$；　（12）$\int\frac{1}{\cos 2x+1}\mathrm{d}x$.

5.2　换元积分法

直接利用基本积分公式及性质所能计算的不定积分是有限的．考虑到积分是微分的逆运算，本节把复合函数的微分法反过来用于求不定积分，通过变量替换把不定积分化为可利用基本积分公式的形式，即是本节将要介绍的换元积分法.

5.2.1　第一类换元法（凑微分法）

假设 $\int g(u)\mathrm{d}u=G(u)+C$，其中 C 为任意常数，如果不定积分 $\int f(x)\mathrm{d}x$ 的被积表达式 $f(x)\mathrm{d}x$ 可表示成

$$g[\varphi(x)]\varphi'(x)\mathrm{d}x,$$

注意到，$\varphi'(x)\mathrm{d}x=\mathrm{d}\varphi(x)$，进行变量替换$u=\varphi(x)$，则有

$$\int f(x)\mathrm{d}x=\int g[\varphi(x)]\varphi'(x)\mathrm{d}x=\int g(u)\mathrm{d}u=G(u)+C=G[\varphi(x)]+C$$

这样就解决了不定积分$\int f(x)\mathrm{d}x$的计算．这就是**第一类换元（积分）法（凑微分法）**.

定理 5.3（第一类换元法） 设$g(u)$具有原函数$G(u)$，$u=\varphi(x)$可导，则有换元公式

$$\int g[\varphi(x)]\varphi'(x)\mathrm{d}x=\int g[\varphi(x)]\mathrm{d}\varphi(x)=\int g(u)\mathrm{d}u=G(u)+C=G[\varphi(x)]+C$$

证 设$G(u)$是$g(u)$的原函数，则

$$\int g(u)\mathrm{d}u=G(u)+C,$$

又因$\varphi(x)$可微，根据复合函数的微分法，则有

$$\mathrm{d}G[\varphi(x)]=g[\varphi(x)]\mathrm{d}\varphi(x)=g[\varphi(x)]\varphi'(x)\mathrm{d}x.$$

由此得

$$\int g[\varphi(x)]\varphi'(x)\mathrm{d}x=\int g[\varphi(x)]\mathrm{d}\varphi(x)=\int \mathrm{d}G[\varphi(x)]=G[\varphi(x)]+C.$$

引入中间变量$u=\varphi(x)$，则上式可以写成

$$\int g[\varphi(x)]\varphi'(x)\mathrm{d}x=\left[\int g(u)\mathrm{d}u\right]_{u=\varphi(x)}=[G(u)+C]_{u=\varphi(x)}=G[\varphi(x)]+C.$$

例 5.10 求$\int\frac{1}{3x-2}\mathrm{d}x$.

解 注意到可以将$\frac{1}{3x-2}$看成$3x-2$的函数，而$(3x-2)'=3$，因此被积表达式可以表示成

$$\frac{1}{3x-2}\mathrm{d}x=\frac{1}{3x-2}\cdot\frac{1}{3}(3x-2)'\mathrm{d}x=\frac{1}{3}\cdot\frac{1}{3x-2}\mathrm{d}(3x-2).$$

令$u=3x-2$，则有

$$\begin{aligned}\int\frac{1}{3x-2}\mathrm{d}x&=\int\frac{1}{3x-2}\cdot\frac{1}{3}(3x-2)'\mathrm{d}x=\int\frac{1}{3x-2}\cdot\frac{1}{3}\mathrm{d}(3x-2)=\frac{1}{3}\int\frac{1}{u}\mathrm{d}u\\&=\frac{1}{3}\ln|u|+C,\end{aligned}$$

再将$u=3x-2$代入，即得

$$\int\frac{1}{3x-2}\mathrm{d}x=\frac{1}{3}\ln|3x-2|+C.$$

一般地，对于积分$\int f(ax+b)\mathrm{d}x$，总可以做变量替换$u=ax+b$，把它化为

$$\int f(ax+b)\mathrm{d}x=\int f(ax+b)\frac{1}{a}\mathrm{d}(ax+b)=\frac{1}{a}\left[\int f(u)\mathrm{d}u\right]_{u=ax+b}.$$

例 5.11 求$\int x\sqrt{x^2+3}\mathrm{d}x$.

解 注意到可以将$\sqrt{x^2+3}$看成x^2+3的函数，而$(x^2+3)'=2x$，因此被积表达式可以表示成

$$x\sqrt{x^2+3}\mathrm{d}x=\sqrt{x^2+3}\cdot\frac{1}{2}(x^2+3)'\mathrm{d}x=\frac{1}{2}\sqrt{x^2+3}\cdot\mathrm{d}(x^2+3).$$

令$u=x^2+3$，则有

$$\int x\sqrt{x^2+3}\mathrm{d}x=\int\sqrt{x^2+3}\cdot\frac{1}{2}(x^2+3)'\mathrm{d}x=\frac{1}{2}\int\sqrt{x^2+3}\mathrm{d}(x^2+3)$$
$$=\frac{1}{2}\int\sqrt{u}\cdot\mathrm{d}u=\frac{1}{3}u^{\frac{3}{2}}+C,$$

再将 $u=x^2+3$ 代入，即得

$$\int x\sqrt{x^2+3}\mathrm{d}x=\frac{1}{3}(x^2+3)^{\frac{3}{2}}+C.$$

例 5.12　求 $\int x\mathrm{e}^{-x^2}\mathrm{d}x$.

解　令 $u=-x^2$，则 $\mathrm{d}u=-2x\mathrm{d}x$，有

$$\int x\mathrm{e}^{-x^2}\mathrm{d}x=-\frac{1}{2}\int\mathrm{e}^{-x^2}(-2x)\mathrm{d}x=-\frac{1}{2}\int\mathrm{e}^u\mathrm{d}u=-\frac{1}{2}\mathrm{e}^u+C=-\frac{1}{2}\mathrm{e}^{-x^2}+C.$$

熟练以后，我们在使用不定积分的凑微分法时就可以略去设中间变量和换元的步骤.

例 5.13　求 $\int\frac{1}{x\sqrt{1+2\ln x}}\mathrm{d}x$.

解　$\int\frac{1}{x\sqrt{1+2\ln x}}\mathrm{d}x=\int\frac{1}{2\sqrt{1+2\ln x}}\mathrm{d}(1+2\ln x)=\sqrt{1+2\ln x}+C$.

例 5.14　求 $\int\frac{1}{\sqrt{a^2-x^2}}\mathrm{d}x(a>0)$.

解　$\int\frac{1}{\sqrt{a^2-x^2}}\mathrm{d}x=\int\frac{\mathrm{d}x}{a\sqrt{1-\left(\frac{x}{a}\right)^2}}=\int\frac{\mathrm{d}\left(\frac{x}{a}\right)}{\sqrt{1-\left(\frac{x}{a}\right)^2}}=\arcsin\frac{x}{a}+C$.

例 5.15　求 $\int\frac{1}{a^2+x^2}\mathrm{d}x$.

解　$\int\frac{1}{a^2+x^2}\mathrm{d}x=\int\frac{1}{a^2}\cdot\frac{1}{1+\left(\frac{x}{a}\right)^2}\mathrm{d}x=\frac{1}{a}\int\frac{1}{1+\left(\frac{x}{a}\right)^2}\mathrm{d}\left(\frac{x}{a}\right)=\frac{1}{a}\arctan\frac{x}{a}+C$.

例 5.16　求 $\int\frac{1}{a^2-x^2}\mathrm{d}x(a\neq0)$.

解　$\int\frac{1}{a^2-x^2}\mathrm{d}x=\frac{1}{2a}\int\left(\frac{1}{a+x}+\frac{1}{a-x}\right)\mathrm{d}x=\frac{1}{2a}\int\frac{\mathrm{d}(a+x)}{a+x}-\frac{1}{2a}\int\frac{\mathrm{d}(a-x)}{a-x}$

$$=\frac{1}{2a}\ln|a+x|-\frac{1}{2a}\ln|a-x|+C=\frac{1}{2a}\ln\left|\frac{a+x}{a-x}\right|+C.$$

类似地可得

$$\int\frac{1}{x^2-a^2}\mathrm{d}x=\frac{1}{2a}\ln\left|\frac{x-a}{x+a}\right|+C\ (a\neq0).$$

例 5.17　求 $\int\tan x\mathrm{d}x$.

解　$\int\tan x\mathrm{d}x=\int\frac{\sin x}{\cos x}\mathrm{d}x=-\int\frac{\mathrm{d}\cos x}{\cos x}=-\ln|\cos x|+C$.

类似地可得

$$\int \cot x \mathrm{d}x = \ln|\sin x| + C .$$

例 5.18 求 $\int \csc x \mathrm{d}x$.

解 利用例 5.16 的结果，可得

$$\begin{aligned}\int \csc x \mathrm{d}x &= \int \frac{1}{\sin x}\mathrm{d}x = \int \frac{\sin x}{\sin^2 x}\mathrm{d}x = -\int \frac{\mathrm{d}\cos x}{1-\cos^2 x} = \frac{1}{2}\ln\left|\frac{1-\cos x}{1+\cos x}\right| + C \\ &= \frac{1}{2}\ln\left|\frac{(1-\cos x)^2}{(1+\cos x)(1-\cos x)}\right| + C = \frac{1}{2}\ln\left|\frac{1-\cos x}{\sin x}\right|^2 + C \\ &= \ln|\csc x - \cot x| + C .\end{aligned}$$

类似地可得

$$\int \sec x \mathrm{d}x = \ln|\sec x + \tan x| + C .$$

表 5.2 是常见凑微分公式表.

表 5.2 常见凑微分公式表

序 号	凑微分公式
1	$\mathrm{d}x = \frac{1}{k}\mathrm{d}(kx+b)$ （ $k \neq 0$ ）
2	$x\mathrm{d}x = \frac{1}{2}\mathrm{d}(x^2)$
3	$\frac{1}{\sqrt{x}}\mathrm{d}x = 2\mathrm{d}(\sqrt{x})$
4	$\frac{1}{x}\mathrm{d}x = \mathrm{d}(\ln\|x\|)$
5	$\sin x\mathrm{d}x = -\mathrm{d}(\cos x)$
6	$\cos x\mathrm{d}x = \mathrm{d}(\sin x)$
7	$\sec^2 x\mathrm{d}x = \mathrm{d}(\tan x)$
8	$\csc^2 x\mathrm{d}x = -\mathrm{d}(\cot x)$
9	$\frac{1}{1+x^2}\mathrm{d}x = \mathrm{d}(\arctan x)$
10	$\frac{1}{\sqrt{1-x^2}}\mathrm{d}x = \mathrm{d}(\arcsin x)$

5.2.2 第二类换元法

另外一种换元法则比较直接，此时被积函数不一定满足凑微分的条件，可以将被积函数中较为复杂的部分进行换元，以化简被积函数. 假设将做完变量替换 $x = \psi(t)$ 后的不定积分 $\int f(x)\mathrm{d}x$ 化为 $\int f[\psi(t)]\psi'(t)\mathrm{d}t$. 此时需要解决两个问题，一是 $\int f[\psi(t)]\psi'(t)\mathrm{d}t$ 存在并且计算较为简单，二是最终的原函数要化为变量 x 的函数，因此，需要找到反函数 $t = \psi^{-1}(x)$ 进行回代. 下面给出第二类换元法定理.

定理 5.4（第二类换元法） 设 $x = \psi(t)$ 单调且可导， $\psi'(t) \neq 0$ ，且 $f[\psi(t)]\psi'(t)$ 的原函数为 $\Phi(t)$ ，则有换元公式

$$\int f(x)\mathrm{d}x = \int f[\psi(t)]\psi'(t)\mathrm{d}t = \Phi(t) + C = \Phi[\psi^{-1}(x)] + C ,$$

其中 $t = \psi^{-1}(x)$ 是 $x = \psi(t)$ 的反函数.

证　利用复合函数的求导法则及反函数的求导法则，可得

$$\frac{\mathrm{d}\Phi[\psi^{-1}(x)]}{\mathrm{d}x}=\frac{\mathrm{d}\Phi(t)}{\mathrm{d}t}\cdot\frac{\mathrm{d}t}{\mathrm{d}x}=f[\psi(t)]\cdot\psi'(t)\cdot\frac{1}{\psi'(t)}=f[\psi(t)]=f(x),$$

即 $\Phi[\psi^{-1}(x)]$ 是 $f(x)$ 的原函数，所以

$$\int f(x)\mathrm{d}x=\Phi[\psi^{-1}(x)]+C=\Phi(t)+C=\int f[\psi(t)]\psi'(t)\mathrm{d}t.$$

例 5.19　求 $\int\sqrt{a^2-x^2}\mathrm{d}x(a>0)$.

解　为了去掉被积函数的根号，考虑利用三角公式 $\sin^2 t+\cos^2 t=1$ 来去根号.

令 $x=a\sin t$，$t\in\left(-\frac{\pi}{2},\frac{\pi}{2}\right)$，则 x 是 t 的单调、可导函数，其反函数为 $t=\arcsin\frac{x}{a}$，且 $\sqrt{a^2-x^2}=a\cos t$，$\mathrm{d}x=a\cos t\mathrm{d}t$，于是有

$$\begin{aligned}\int\sqrt{a^2-x^2}\mathrm{d}x&=\int a\cos t\cdot a\cos t\mathrm{d}t=a^2\int\cos^2 t\mathrm{d}t=a^2\int\frac{1+\cos 2t}{2}\mathrm{d}t\\&=\frac{a^2}{2}\left(t+\frac{1}{2}\sin 2t\right)+C=\frac{a^2}{2}t+\frac{a^2}{2}\sin t\cos t+C\\&=\frac{a^2}{2}\arcsin\frac{x}{a}+\frac{1}{2}x\sqrt{a^2-x^2}+C.\end{aligned}$$

注：（1）因为 $x=a\sin t$，$t\in\left(-\frac{\pi}{2},\frac{\pi}{2}\right)$，所以

$$\cos t=\sqrt{1-\sin^2 t}=\sqrt{1-\left(\frac{x}{a}\right)^2}=\frac{\sqrt{a^2-x^2}}{a};$$

（2）若令 $x=a\cos t$，$t\in(0,\pi)$，同样可计算.

例 5.20　求 $\int\frac{1}{\sqrt{a^2+x^2}}\mathrm{d}x(a>0)$.

解　考虑利用三角函数公式 $1+\tan^2 t=\sec^2 t$ 来化去被积函数的根号.

令 $x=a\tan t$，$t\in\left(-\frac{\pi}{2},\frac{\pi}{2}\right)$，则 x 是 t 的单调、可导函数，其反函数 $t=\arctan\frac{x}{a}$，且 $\sqrt{a^2+x^2}=a\sec t$，$\mathrm{d}x=a\sec^2 t\mathrm{d}t$，由例 5.18 的结果，有

$$\begin{aligned}\int\frac{1}{\sqrt{a^2+x^2}}\mathrm{d}x&=\int\frac{a\sec^2 t\mathrm{d}t}{a\sec t}=\int\sec t\mathrm{d}t=\ln|\sec t+\tan t|+C_1\\&=\ln\left|\frac{\sqrt{x^2+a^2}}{a}+\frac{x}{a}\right|+C_1=\ln\left|\sqrt{x^2+a^2}+x\right|+C\\&=\ln(x+\sqrt{x^2+a^2})+C.\end{aligned}$$

其中 $C=C_1-\ln a$.

注：（1）因为 $x=a\tan t$，$t\in\left(-\frac{\pi}{2},\frac{\pi}{2}\right)$，所以

$$\sec t=\sqrt{1+\tan^2 t}=\sqrt{1+\left(\frac{x}{a}\right)^2}=\frac{\sqrt{a^2+x^2}}{a};$$

（2）可以利用 $\tan t=\dfrac{x}{a}$ 作辅助三角形（见图 5.1），则有 $\sec t=\dfrac{\sqrt{a^2+x^2}}{a}$.

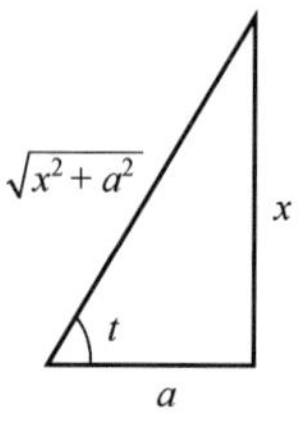

图 5.1

例 5.21 求 $\int\dfrac{1}{\sqrt{x^2-a^2}}\mathrm{d}x(a>0)$.

解 本题考虑用三角函数公式 $\sec^2 t-1=\tan^2 t$ 来化去被积函数的根号. 并注意到被积函数的定义域为 $(-\infty,-a)\cup(a,+\infty)$.

令 $x=a\sec t$，$x\in(a,+\infty)$，$t\in\left(0,\dfrac{\pi}{2}\right)$，则

$$\sqrt{x^2-a^2}=a\tan t,\quad \mathrm{d}x=a\sec t\tan t\mathrm{d}t,$$

于是有

$$\int\frac{1}{\sqrt{x^2-a^2}}\mathrm{d}x=\int\frac{a\sec t\tan t\mathrm{d}t}{a\tan t}=\int\sec t\mathrm{d}t=\ln\left|\sec t+\tan t\right|+C_0$$
$$=\ln\left|\frac{x}{a}+\frac{\sqrt{x^2-a^2}}{a}\right|+C_0=\ln\left|x+\sqrt{x^2-a^2}\right|+C_1.$$

其中 $C_1=C_0-\ln a$.

当 $x\in(-\infty,-a)$ 时，可令 $x=-u$，则有 $u\in(a,+\infty)$，由上面结果有，

$$\int\frac{1}{\sqrt{x^2-a^2}}\mathrm{d}x=-\int\frac{1}{\sqrt{u^2-a^2}}\mathrm{d}u=-\ln\left|u+\sqrt{u^2-a^2}\right|+C_0=-\ln\left|-x+\sqrt{x^2-a^2}\right|+C_0$$
$$=\ln\left|x+\sqrt{x^2-a^2}\right|+C_2.$$

其中 $C_2=C_0-2\ln a$.

综合上述两种情况的结果，可得

$$\int\frac{1}{\sqrt{x^2-a^2}}\mathrm{d}x=\ln\left|x+\sqrt{x^2-a^2}\right|+C.$$

注：（1）因为 $x=a\sec t$，$t\in\left(0,\dfrac{\pi}{2}\right)$，所以

$$\tan t=\sqrt{\sec^2 t-1}=\sqrt{\left(\frac{x}{a}\right)^2-1}=\frac{\sqrt{x^2-a^2}}{a};$$

（2）可以利用 $\sec t=\dfrac{x}{a}$ 作辅助三角形（见图 5.2），则有

$$\tan t=\frac{\sqrt{x^2-a^2}}{a}.$$

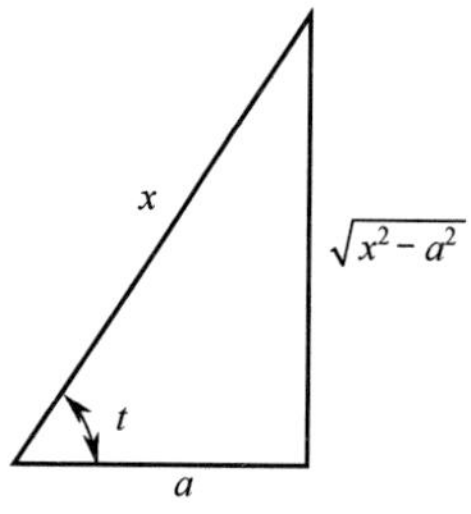

图 5.2

以上三个例子使用的方法常常被称作“三角代换法”.

一般说来，当被积函数有 $\sqrt{a^2-x^2}$ 时，可作代换 $x=a\sin t$，$t\in\left(-\dfrac{\pi}{2},\dfrac{\pi}{2}\right)$；当被积函数有 $\sqrt{a^2+x^2}$ 时可作代换 $x=a\tan t$，$t\in\left(-\dfrac{\pi}{2},\dfrac{\pi}{2}\right)$；当被积函数有 $\sqrt{x^2-a^2}$ 时可作代换 $x=\pm a\sec t$，$t\in\left(0,\dfrac{\pi}{2}\right)$.

当被积函数分母次数较高时，可以考虑使用“**倒代换**”.

例 5.22　求$\int \frac{1}{x(1+x^2)}\mathrm{d}x$.

解　令$x=\frac{1}{t}$，则

$$\mathrm{d}x=-\frac{1}{t^2}\mathrm{d}t\text{，}\quad \frac{1}{1+x^2}=\frac{t^2}{t^2+1}\text{，}$$

于是有

$$\begin{aligned}\int \frac{1}{x(1+x^2)}\mathrm{d}x&=\int t\cdot\frac{t^2}{t^2+1}\cdot\left(-\frac{1}{t^2}\mathrm{d}t\right)=-\int\frac{t\mathrm{d}t}{t^2+1}=-\frac{1}{2}\int\frac{\mathrm{d}(t^2+1)}{t^2+1}=-\frac{1}{2}\ln(t^2+1)+C\\&=-\frac{1}{2}\ln\left(\frac{1}{x^2}+1\right)+C=\ln|x|-\frac{1}{2}\ln(1+x^2)+C.\end{aligned}$$

注：此例题也可以用“三角代换”或者将$\frac{1}{x(1+x^2)}$化为$\frac{1}{x}-\frac{x}{1+x^2}$来计算.

例 5.23　求$\int \frac{1}{1+\sqrt{x}}\mathrm{d}x$.

解　令$t=\sqrt{x}$，则$x=t^2$，$\mathrm{d}x=2t\mathrm{d}t$，换元并计算，有

$$\begin{aligned}\int\frac{1}{1+\sqrt{x}}\mathrm{d}x&=\int\frac{2t}{1+t}\mathrm{d}t=2\int\frac{1+t-1}{1+t}\mathrm{d}t=2\int\left(1-\frac{1}{1+t}\right)\mathrm{d}t\\&=2t-2\ln|1+t|+C=2\sqrt{x}-2\ln(1+\sqrt{x})+C.\end{aligned}$$

例 5.24　求$\int \frac{1}{\sqrt[3]{2-3x}}\mathrm{d}x$.

解　令$t=\sqrt[3]{2-3x}$，则$x=-\frac{1}{3}t^3+\frac{2}{3}$，$\mathrm{d}x=-t^2\mathrm{d}t$，换元并计算，有

$$\int\frac{1}{\sqrt[3]{2-3x}}\mathrm{d}x=\int\frac{-t^2\mathrm{d}t}{t}=-\int t\mathrm{d}t=-\frac{t^2}{2}+C=-\frac{1}{2}\sqrt[3]{(2-3x)^2}+C$$

本节中一些例题的结果会经常用到，通常被直接当成公式使用．这样常用的积分公式，除基本积分表中的 13 个公式外，我们再续补下面几个，如表 5.3 所示，其中常数$a>0$.

表 5.3　续补积分公式表

序　号	积分公式
14	$\int\tan x\mathrm{d}x=-\ln\|\cos x\|+C$
15	$\int\cot x\mathrm{d}x=\ln\|\sin x\|+C$
16	$\int\sec x\mathrm{d}x=\ln\|\sec x+\tan x\|+C$
17	$\int\csc x\mathrm{d}x=\ln\|\csc x-\cot x\|+C$
18	$\int\frac{1}{a^2+x^2}\mathrm{d}x=\frac{1}{a}\arctan\frac{x}{a}+C$
19	$\int\frac{1}{x^2-a^2}\mathrm{d}x=\frac{1}{2a}\ln\left\|\frac{x-a}{x+a}\right\|+C$

（续表）

序　号	积分公式
20	$\int\frac{1}{\sqrt{a^2-x^2}}dx=\arcsin\frac{x}{a}+C$
21	$\int\frac{1}{\sqrt{a^2+x^2}}dx=\ln(x+\sqrt{a^2+x^2})+C$
22	$\int\frac{1}{\sqrt{x^2-a^2}}dx=\ln\left\|x+\sqrt{x^2-a^2}\right\|+C$

例 5.25 求$\int\frac{dx}{x^2+x+1}$.

解 因为

$$\int\frac{dx}{x^2+x+1}=\int\frac{1}{\left(x+\frac{1}{2}\right)^2+\left(\frac{\sqrt{3}}{2}\right)^2}d\left(x+\frac{1}{2}\right),$$

利用积分公式 18，可得

$$\int\frac{dx}{x^2+x+1}=\frac{1}{\frac{\sqrt{3}}{2}}\arctan\frac{x+\frac{1}{2}}{\frac{\sqrt{3}}{2}}=\frac{2}{\sqrt{3}}\arctan\frac{2x+1}{\sqrt{3}}+C.$$

习题 5.2

1．请完成以下凑微分，使等式成立（如$dx=-\frac{1}{3}d(-3x+2)$）：

（1）$dx=$______$d(5x+4)$；　　（2）$xdx=$______$d\left(2-\frac{1}{2}x^2\right)$；

（3）$x^3dx=$______$d(2x^4+1)$；　　（4）$e^{-x}dx=$______$d(e^{-x})$；

（5）$\frac{dx}{1+4x^2}=$______$d(\arctan 2x)$；　　（6）$\frac{dx}{1+3x^2}=$______$d(\arctan\sqrt{3}x)$；

（7）$(3x^2-2)dx=$______$d(3x^3-6x)$；　　（8）$\frac{dx}{x}=$______$d(3\ln|x|+1)$；

（9）$\frac{dx}{1+x^2}=$______$d(3-\arctan x)$；　　（10）$\frac{xdx}{\sqrt{x^2-1}}=$______$d\sqrt{x^2-1}$.

2．求下列不定积分：

（1）$\int 3\cos 3x dx$；　　（2）$\int\sqrt{(3-2x)^3}dx$；

（3）$\int\frac{dx}{(1-2x)^2}$；　　（4）$\int\frac{1}{x^2}\cos\frac{1}{x}dx$；

（5）$\int\frac{\cos\sqrt{x}}{\sqrt{x}}dx$；　　（6）$\int\frac{\ln x}{x}dx$；

（7）$\int\frac{e^x}{e^x-1}dx$；　　（8）$\int\frac{1}{e^x-1}dx$；

(9) $\int \frac{x}{\sqrt{1-x^4}}\mathrm{d}x$；

(10) $\int \tan\sqrt{x^2-4}\cdot\frac{x}{\sqrt{x^2-4}}\mathrm{d}x$；

(11) $\int \frac{\mathrm{d}x}{\mathrm{e}^x+\mathrm{e}^{-x}}$；

(12) $\int \frac{x}{\sqrt{3-x^2}}\mathrm{d}x$；

(13) $\int \frac{1}{x^{-3}-x}\mathrm{d}x$；

(14) $\int \cos^2 x\mathrm{d}x$；

(15) $\int \frac{1}{\sqrt{9-4x^2}}\mathrm{d}x$；

(16) $\int \frac{x^3}{x^2-1}\mathrm{d}x$；

(17) $\int \frac{\mathrm{d}x}{x^2+2x-3}$；

(18) $\int \frac{\mathrm{d}x}{x^2+2x+5}$；

(19) $\int \frac{\arcsin\sqrt{x}}{\sqrt{x(1-x)}}\mathrm{d}x$；

(20) $\int \frac{\mathrm{d}x}{(\arctan x)^2(1+x^2)}$；

(21) $\int \sec^4 x\mathrm{d}x$；

(22) $\int \tan^5 x\sec x\mathrm{d}x$．

3．求下列不定积分：

(1) $\int x\sqrt{2x-3}\mathrm{d}x$；

(2) $\int \frac{\mathrm{d}x}{x^2\sqrt{1-x^2}}$；

(3) $\int \frac{x^2}{\sqrt{4-x^2}}\mathrm{d}x$；

(4) $\int \frac{\mathrm{d}x}{\sqrt{(x^2-1)^3}}$；

(5) $\int \frac{\sqrt{x^2+2}}{x}\mathrm{d}x$；

(6) $\int \frac{\mathrm{d}x}{\sqrt{x}+\sqrt[4]{x}}$；

(7) $\int \frac{\mathrm{d}x}{1+\sqrt{1-x^2}}$；

(8) $\int \frac{\mathrm{d}x}{x^4\sqrt{1+x^2}}$；

(9) $\int \frac{1}{\sqrt{\mathrm{e}^x+1}}\mathrm{d}x$；

(10) $\int \sqrt{\mathrm{e}^x-1}\mathrm{d}x$；

(11) $\int \frac{\sqrt{1-x^2}}{x^4}\mathrm{d}x$；

(12) $\int \frac{1}{x}\sqrt{\frac{x+1}{x-1}}\mathrm{d}x$．

5.3　分部积分法

利用换元积分法已经能够解决不少复杂的积分了，但有些积分，如 $\int x\mathrm{e}^x\mathrm{d}x$ 和 $\int \arctan x\mathrm{d}x$ 等，利用换元积分法无法求解．本节将介绍另外一种求积分的基本方法——**分部积分法**．

设 $u=u(x), v=v(x)$ 均可导，则

$$\mathrm{d}(uv)=u\mathrm{d}v+v\mathrm{d}u,$$

等式两边同时取不定积分，可得

$$uv=\int u\mathrm{d}v+\int v\mathrm{d}u,$$

移项可得

$$\int u\mathrm{d}v=uv-\int v\mathrm{d}u \tag{5.1}$$

或

$$\int uv'\mathrm{d}x = uv - \int vu'\mathrm{d}x \tag{5.2}$$

式（5.1）或式（5.2）称为**分部积分公式**.

分部积分法的关键是确认被积乘积函数中谁充当函数u，谁充当函数v，如果选取不当，可能就会求不出结果. 下面通过例子来说明如何使用分部积分公式.

例 5.26 求$\int x\mathrm{e}^x\mathrm{d}x$.

解 如果设$u = x$，$\mathrm{e}^x\mathrm{d}x = \mathrm{d}(\mathrm{e}^x) = \mathrm{d}v$，则由分部积分公式，可得

$$\int x\mathrm{e}^x\mathrm{d}x = \int x\mathrm{d}(\mathrm{e}^x) = x\mathrm{e}^x - \int \mathrm{e}^x\mathrm{d}x = x\mathrm{e}^x - \mathrm{e}^x + C = (x-1)\mathrm{e}^x + C.$$

如果设$u = \mathrm{e}^x$，$x\mathrm{d}x = \mathrm{d}\left(\frac{1}{2}x^2\right) = \mathrm{d}v$，则由分部积分公式，可得

$$\int x\mathrm{e}^x\mathrm{d}x = \int \mathrm{e}^x\mathrm{d}\left(\frac{x^2}{2}\right) = \frac{x^2}{2}\mathrm{e}^x - \frac{1}{2}\int x^2\mathrm{e}^x\mathrm{d}x.$$

上式右端积分比原积分更为复杂.

例 5.27 求$\int x^2\cos x\mathrm{d}x$.

解 令$u = x^2$，而$\cos x\mathrm{d}x = \mathrm{d}(\sin x) = \mathrm{d}v$，则由分部积分公式，可得

$$\int x^2\cos x\mathrm{d}x = \int x^2\mathrm{d}(\sin x) = x^2\sin x - \int \sin x\mathrm{d}(x^2) = x^2\sin x - 2\int x\sin x\mathrm{d}x,$$

这里，因为x比x^2幂次降低了一次，所以$\int x\sin x\mathrm{d}x$比$\int x^2\cos x\mathrm{d}x$容易积分，对$\int x\sin x\mathrm{d}x$再次使用分部积分公式，可得，

$$\begin{aligned}\int x^2\cos x\mathrm{d}x &= x^2\sin x - 2\int x\sin x\mathrm{d}x = x^2\sin x + 2\int x\mathrm{d}(\cos x)\\ &= x^2\sin x + 2x\cos x + 2\int\cos x\mathrm{d}x\\ &= x^2\sin x + 2x\cos x + 2\sin x + C.\end{aligned}$$

注：由例 5.26 和例 5.27 可以看到，若被积函数是幂函数（指数为正整数）与指数函数或正（余）弦函数的乘积，就可考虑分部积分法，并设幂函数为u，其余部分凑微分进入微分号，用一次分部积分公式就可以将幂函数的幂次降低一次.

例 5.28 求$\int x^2\ln 2x\mathrm{d}x$.

解 令$u = \ln 2x$，$x^2\mathrm{d}x = \mathrm{d}\left(\frac{x^3}{3}\right) = \mathrm{d}v$，则由分部积分公式，可得

$$\begin{aligned}\int x^2\ln 2x\mathrm{d}x &= \int \ln 2x\mathrm{d}\left(\frac{x^3}{3}\right) = \frac{x^3}{3}\ln 2x - \int\frac{x^3}{3}\mathrm{d}(\ln 2x)\\ &= \frac{x^3}{3}\ln 2x - \frac{1}{3}\int x^2\mathrm{d}x = \frac{x^3}{3}\ln 2x - \frac{x^3}{9} + C.\end{aligned}$$

例 5.29 求$\int x\arctan x\mathrm{d}x$.

解 令$u = \arctan x$，$x\mathrm{d}x = \mathrm{d}\left(\frac{x^2}{2}\right) = \mathrm{d}v$，则由分部积分公式，可得

$$\int x\arctan x\mathrm{d}x=\int\arctan x\mathrm{d}\left(\frac{x^2}{2}\right)=\frac{x^2}{2}\arctan x-\int\frac{x^2}{2}\mathrm{d}(\arctan x)$$
$$=\frac{x^2}{2}\arctan x-\frac{1}{2}\int x^2\cdot\frac{1}{1+x^2}\mathrm{d}x=\frac{x^2}{2}\arctan x-\frac{1}{2}\int\left(1-\frac{1}{1+x^2}\right)\mathrm{d}x$$
$$=\frac{x^2}{2}\arctan x-\frac{1}{2}(x-\arctan x)+C\ .$$

注： 由例 5.28 和例 5.29 可以看到，若被积函数是幂函数与对数函数或反三角函数的乘积，就可考虑使用分部积分法，并设对数函数或反三角函数为 u，其余部分凑微分进入微分号，用一次分部积分公式就可以消除对数函数或反三角函数.

例 5.30　求 $\int\ln x\mathrm{d}x$.

解　本题中被积函数看似只有单个函数，故可将其视为对数函数与常函数 1 的乘积. 令 $u=\ln x$，$1\cdot\mathrm{d}x=\mathrm{d}v$（即 $v=x$），则由分部积分公式，可得

$$\int\ln x\mathrm{d}x=x\ln x-\int x\mathrm{d}(\ln x)=x\ln x-\int x\cdot\frac{1}{x}\mathrm{d}x=x(\ln x-1)+C\ .$$

例 5.31　求 $\int\arctan x\mathrm{d}x$.

解　令 $u=\arctan x$，$v=x$，则由分部积分公式，可得

$$\int\arctan x\mathrm{d}x=x\arctan x-\int x\mathrm{d}(\arctan x)=x\arctan x-\int x\cdot\frac{1}{1+x^2}\mathrm{d}x$$
$$=x\arctan x-\frac{1}{2}\int\frac{1}{1+x^2}\mathrm{d}(1+x^2)=x\arctan x-\frac{1}{2}\ln(1+x^2)+C$$

注： 若被积函数只有单个函数，则可以考虑用分部积分法求解，并将这个函数当作 u，积分变量 x 当作 v .

例 5.32　求 $\int t\sec^2 t\mathrm{d}t$

解　将 $\sec^2 t$ 凑微分，由分部积分公式，可得

$$\int t\sec^2 t\mathrm{d}t=\int t\mathrm{d}(\tan t)=t\cdot\tan t-\int\tan t\mathrm{d}t=t\cdot\tan t+\ln|\cos t|+C\ .$$

例 5.33　求 $\int\mathrm{e}^x\sin x\mathrm{d}x$.

解　将 $\sin x$ 凑微分，由分部积分公式，可得

$$\int\mathrm{e}^x\sin x\mathrm{d}x=-\int\mathrm{e}^x\mathrm{d}(\cos x)=-\mathrm{e}^x\cos x+\int\cos x\mathrm{d}(\mathrm{e}^x)=-\mathrm{e}^x\cos x+\int\mathrm{e}^x\cos x\mathrm{d}x\ ,$$

对等式右端的积分再使用一次分部积分法，可得

$$\int\mathrm{e}^x\sin x\mathrm{d}x=-\mathrm{e}^x\cos x+\int\mathrm{e}^x\cos x\mathrm{d}x=-\mathrm{e}^x\cos x+\int\mathrm{e}^x\mathrm{d}(\sin x)$$
$$=-\mathrm{e}^x\cos x+\mathrm{e}^x\sin x-\int\sin x\mathrm{d}(\mathrm{e}^x)$$
$$=-\mathrm{e}^x\cos x+\mathrm{e}^x\sin x-\int\mathrm{e}^x\sin x\mathrm{d}x,$$

解得

$$\int\mathrm{e}^x\sin x\mathrm{d}x=\frac{1}{2}\mathrm{e}^x(\sin x-\cos x)+C\ .$$

注：（1）在例 5.33 中将等式 $\int\mathrm{e}^x\sin x\mathrm{d}x=-\mathrm{e}^x\cos x+\mathrm{e}^x\sin x-\int\mathrm{e}^x\sin x\mathrm{d}x$ 两端同时加上

$\int e^x \sin x dx$，并注意到$-\int e^x \sin x dx+\int e^x \sin x dx = 2C$，可得

$$2\int e^x \sin x dx = -e^x \cos x + e^x \sin x + 2C,$$

于是

$$\int e^x \sin x dx = \frac{1}{2}(-e^x \cos x + e^x \sin x + 2C) = \frac{1}{2}e^x(\sin x - \cos x) + C.$$

（2）也可以先将e^x凑微分再用分部积分法对例 5.33 求解.

例 5.34 求$\int \sec^3 x dx$.

解 $\int \sec^3 x dx = \int \sec x \cdot \sec^2 x dx = \int \sec x d(\tan x) = \sec x \tan x - \int \tan x d(\sec x)$

$$= \sec x \tan x - \int \sec x \cdot \tan^2 x dx = \sec x \tan x - \int \sec x(\sec^2 x - 1) dx$$

$$= \sec x \tan x - \int \sec^3 x dx + \int \sec x dx$$

$$= \sec x \tan x - \int \sec^3 x dx + \ln|\sec x + \tan x|$$

解得

$$\int \sec^3 x dx = \frac{1}{2}(\sec x \tan x + \ln|\sec x + \tan x|) + C.$$

例 5.35 求$\int \frac{\ln x - a}{x^2} dx$.

解 $\int \frac{\ln x - a}{x^2} dx = \int \frac{\ln x}{x^2} dx - \int \frac{a}{x^2} dx = -\int \ln x d\frac{1}{x} - \int \frac{a}{x^2} dx = -\frac{\ln x}{x} + \int \frac{1}{x^2} dx + \frac{a}{x}$

$$= -\frac{\ln x}{x} - \frac{1}{x} + \frac{a}{x} + C = -\frac{\ln x + 1 - a}{x} + C.$$

注：利用 MATLAB 软件可以很方便得到例 5.35 的结果，详见附录例 6.

习题 5.3

1．求下列不定积分：

（1）$\int x \sec^2 x dx$；

（2）$\int x e^{\frac{x}{2}} dx$；

（3）$\int \arcsin x dx$；

（4）$\int e^{-x} \sin x dx$；

（5）$\int e^{-2x} \sin 2x dx$；

（6）$\int x \tan x \sec x dx$；

（7）$\int t e^{-2t} dt$；

（8）$\int x \arcsin x dx$；

（9）$\int \cos(\ln x) dx$；

（10）$\int \frac{\ln x}{(1-x)^2} dx$；

（11）$\int x^2 \ln(x-1) dx$；

（12）$\int x^2 \cos^2 x dx$；

（13）$\int \ln^3 x dx$；

（14）$\int x^3 \sin\frac{x}{2} \cos\frac{x}{2} dx$；

（15）$\int \frac{x \arctan x}{\sqrt{1+x^2}} dx$；

（16）$\int \frac{x e^x}{(1+x)^2} dx$.

5.4　有理函数及可化为有理函数的积分

本节介绍有理函数的积分和能化成有理函数的积分.

5.4.1　有理分式的分解

定义 5.3　设 $P(x)$ 和 $Q(x)$ 为两个多项式，我们将它们的商 $\dfrac{P(x)}{Q(x)}$ 称为**有理函数**，又称为**有理分式**，即

$$\frac{P(x)}{Q(x)}=\frac{a_0x^n+a_1x^{n-1}+\cdots+a_{n-1}x+a_n}{b_0x^m+b_1x^{m-1}+\cdots+b_{m-1}x+b_m},$$

其中，m,n 为非负整数，$a_i(i=0,1,\cdots,n)$ 和 $b_i(i=0,1,\cdots,m)$ 均为任意实数，并且 $a_0\neq 0$，$b_0\neq 0$.

假定分子多项式 $P(x)$ 和分母多项式 $Q(x)$ 之间不存在公因式，当分子多项式 $P(x)$ 的次数 n 小于分母多项式 $Q(x)$ 的次数 m 时，称这样的有理函数为**真分式**，否则称其为**假分式**.

利用多项式除法，总可以将假分式化成一个多项式和一个真分式之和的形式. 例如

$$\frac{x^4-2x^3+x+2}{x-1}=x^3-x^2-x+\frac{2}{x-1}.$$

因此，只需要讨论有理真分式的积分. 我们先来讨论真分式的分解问题. 按照代数有关定理在实数范围内都可以分解：

（1）若分母多项式 $Q(x)$ 中有因式 $(x-a)$，则分解后有

$$\frac{A}{x-a},$$

其中 A 为常数.

（2）若分母多项式 $Q(x)$ 中有因式 $(x-a)^k(k\geqslant 2)$，则分解后有

$$\frac{A_1}{x-a}+\frac{A_2}{(x-a)^2}+\cdots+\frac{A_k}{(x-a)^k},$$

其中 $A_i(i=1,2,\cdots,k)$ 为常数.

（3）若分母多项式 $Q(x)$ 中有因式 x^2+px+q，其中 $p^2-4q<0$，则分解后有

$$\frac{Ax+B}{x^2+px+q},$$

其中 A,B 为常数.

（4）若分母多项式 $Q(x)$ 中有因式 $(x^2+px+q)^k(k\geqslant 2)$，其中 $p^2-4q<0$，则分解后有

$$\frac{A_1x+B_1}{x^2+px+q}+\frac{A_2x+B_2}{(x^2+px+q)^2}+\cdots+\frac{A_kx+B_k}{(x^2+px+q)^k},$$

其中 $A_i,B_i(i=1,2,\cdots,k)$ 为常数.

下面我们来看分解真分式的例子，所使用的方法称为**待定系数法**.

例 5.36　分解 $\dfrac{x}{x^2-3x+2}$.

解　因为 $x^2-3x+2=(x-2)(x-1)$，故令

$$\frac{x}{x^2-3x+2}=\frac{x}{(x-2)(x-1)}=\frac{A}{x-2}+\frac{B}{x-1},$$

由 $A(x-1)+B(x-2)=x$，有

$$\begin{cases}A+B=1\\A+2B=0\end{cases},$$

解得

$$A=2,B=-1,$$

所以

$$\frac{x}{x^2-3x+2}=\frac{2}{x-2}-\frac{1}{x-1}.$$

例 5.37　分解 $\frac{x+3}{(x-1)(x^2-1)}$.

解　因为 $(x-1)(x^2-1)=(x+1)(x-1)^2$，故令

$$\frac{x+3}{(x-1)(x^2-1)}=\frac{x+3}{(x+1)(x-1)^2}=\frac{A}{x+1}+\frac{B}{x-1}+\frac{C}{(x-1)^2},$$

由 $A(x-1)^2+B(x+1)(x-1)+C(x+1)=x+3$，有

$$\begin{cases}A+B=0\\-2A+C=1\\A-B+C=3\end{cases},$$

解得

$$A=\frac{1}{2},B=-\frac{1}{2},C=2,$$

所以

$$\frac{x+3}{(x-1)(x^2-1)}=\frac{1}{2(x+1)}-\frac{1}{2(x-1)}+\frac{2}{(x-1)^2}.$$

例 5.38　分解 $\frac{x+1}{(x-1)(x^2-2x+5)}$.

解　因为 $(-2)^2-4\times5<0$，故令

$$\frac{x+1}{(x-1)(x^2-2x+5)}=\frac{A}{x-1}+\frac{Bx+C}{x^2-2x+5},$$

由 $A(x^2-2x+5)+(Bx+C)(x-1)=x+1$，有

$$\begin{cases}A+B=0\\-2A-B+C=1\\5A-C=1\end{cases},$$

解得

$$A=\frac{1}{2},B=-\frac{1}{2},C=\frac{3}{2},$$

所以

$$\frac{x+1}{(x-1)(x^2-2x+5)}=\frac{1}{2(x-1)}+\frac{-x+3}{2(x^2-2x+5)}.$$

5.4.2　有理函数的积分

有理函数假分式可以化成多项式与真分式之和，而多项式的积分容易求得，真分式分解后可转化为$\dfrac{A}{x-a}$，$\dfrac{A_k}{(x-a)^k}$，$\dfrac{Ax+B}{x^2+px+q}$，$\dfrac{A_kx+B_k}{(x^2+px+q)^k}$四类分式之和，而这四类分式不仅可积而且原函数均为初等函数，也就是说有理函数的原函数都是初等函数．我们只要解决好上述四类分式的积分即可．前两类积分可以由基本积分公式直接得到，对第三类和第四类积分可以参考下面例 5.39 和例 5.40．

例 5.39　求$\displaystyle\int\frac{x+1}{x^2+x+1}\mathrm{d}x$．

解
$$\begin{aligned}\int\frac{x+1}{x^2+x+1}\mathrm{d}x&=\int\frac{\frac{1}{2}(2x+1)+\frac{1}{2}}{x^2+x+1}\mathrm{d}x=\frac{1}{2}\int\frac{2x+1}{x^2+x+1}\mathrm{d}x+\frac{1}{2}\int\frac{1}{x^2+x+1}\mathrm{d}x\\&=\frac{1}{2}\int\frac{1}{x^2+x+1}\mathrm{d}(x^2+x+1)+\frac{1}{2}\int\frac{1}{\left(x+\frac{1}{2}\right)^2+\left(\frac{\sqrt{3}}{2}\right)^2}\mathrm{d}\left(x+\frac{1}{2}\right)\\&=\frac{1}{2}\ln(x^2+x+1)+\frac{1}{2}\cdot\frac{1}{\frac{\sqrt{3}}{2}}\cdot\arctan\frac{x+\frac{1}{2}}{\frac{\sqrt{3}}{2}}+C\\&=\frac{1}{2}\ln(x^2+x+1)+\frac{1}{\sqrt{3}}\cdot\arctan\frac{2x+1}{\sqrt{3}}+C.\end{aligned}$$

例 5.40　求$\displaystyle\int\frac{x+1}{(x^2+2x+2)^2}\mathrm{d}x$．

解　因为$x^2+2x+2=(x+1)^2+1$，令$x+1=\tan t$，$t\in\left(-\dfrac{\pi}{2},\dfrac{\pi}{2}\right)$，则
$$x^2+2x+2=\sec^2 t,\quad \mathrm{d}x=\sec^2 t\mathrm{d}t,$$
所以
$$\int\frac{x+1}{(x^2+2x+2)^2}\mathrm{d}x=\int\frac{\tan t}{\sec^4 t}\cdot\sec^2 t\mathrm{d}t=\int\sin t\cdot\cos t\mathrm{d}t=\frac{1}{2}\sin^2 t+C,$$
由$\tan t=x+1$作辅助三角形（图 5.3），则有
$$\sin t=\frac{x+1}{\sqrt{x^2+2x+2}},$$
从而
$$\int\frac{x+1}{(x^2+2x+2)^2}\mathrm{d}x=\frac{1}{2}\cdot\frac{(x+1)^2}{x^2+2x+2}+C.$$

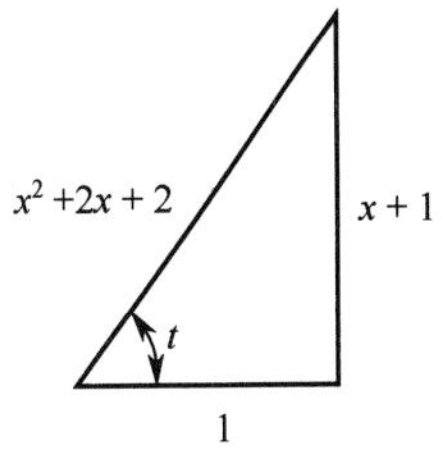

图 5.3

例 5.41　求$\displaystyle\int\frac{x}{x^2-3x+2}\mathrm{d}x$．

解　$\displaystyle\int\frac{x}{x^2-3x+2}\mathrm{d}x=\int\frac{2}{x-2}\mathrm{d}x-\int\frac{1}{x-1}\mathrm{d}x=2\ln|x-2|-\ln|x-1|+C$．

例 5.42　求$\displaystyle\int\frac{x+3}{(x-1)(x^2-1)}\mathrm{d}x$．

解 $$\int\frac{x+3}{(x-1)(x^2-1)}dx=\int\frac{1}{2(x+1)}dx-\int\frac{1}{2(x-1)}dx+\int\frac{2}{(x-1)^2}dx$$

$$=\frac{1}{2}\ln|x+1|-\frac{1}{2}\ln|x-1|-\frac{2}{x-1}+C$$

例 5.43 求 $\int\frac{x+1}{(x-1)(x^2-2x+5)}dx$.

解 $$\int\frac{x+1}{(x-1)(x^2-2x+5)}dx=\int\frac{1}{2(x-1)}dx+\int\frac{-x+3}{2(x^2-2x+5)}dx$$

$$=\int\frac{1}{2(x-1)}dx+\int\frac{-\frac{1}{2}(2x-2)+2}{2(x^2-2x+5)}dx$$

$$=\int\frac{1}{2(x-1)}dx-\frac{1}{4}\int\frac{2x-2}{x^2-2x+5}dx+\int\frac{1}{x^2-2x+5}dx$$

$$=\frac{1}{2}\ln|x-1|-\frac{1}{4}\int\frac{d(x^2-2x+5)}{x^2-2x+5}+\int\frac{1}{(x-1)^2+2^2}d(x-1)$$

$$=\frac{1}{2}\ln|x-1|-\frac{1}{4}\ln(x^2-2x+5)+\frac{1}{2}\arctan\frac{x-1}{2}+C.$$

5.4.3 可化为有理函数的积分

由 $\sin x$、$\cos x$ 和常数经过有限次四则运算构成的函数称为**三角有理函数**. 记为

$$R(\sin x,\cos x).$$

关于三角函数的积分方法比较灵活，并且种类较多，在换元积分法和分部积分法中我们都介绍过一些相关方法. 这里介绍通过适当的变换，将三角有理函数的积分化为有理函数的积分.

令 $\tan\frac{x}{2}=u$，$x\in(-\pi,\pi)$，由三角函数的万能公式，有

$$\sin x=\frac{2u}{1+u^2},\quad \cos x=\frac{1-u^2}{1+u^2},\quad dx=d(2\arctan u)=\frac{2}{1+u^2}du,$$

则

$$\int R(\sin x,\cos x)dx=\int R\left(\frac{2u}{1+u^2},\frac{1-u^2}{1+u^2}\right)\cdot\frac{2}{1+u^2}du,$$

上式右端即为一个有理函数的积分.

例 5.44 $\int\frac{\sin x+1}{\sin x(1+\cos x)}dx$.

解 方法一：令 $\tan\frac{x}{2}=u$，则

$$\int\frac{\sin x+1}{\sin x(1+\cos x)}dx=\int\frac{\frac{2u}{1+u^2}+1}{\frac{2u}{1+u^2}\left(1+\frac{1-u^2}{1+u^2}\right)}\cdot\frac{2}{1+u^2}du=\frac{1}{2}\int\left(u+2+\frac{1}{u}\right)du$$

$$=\frac{u^2}{4}+u+\frac{1}{2}\ln|u|+C=\frac{1}{4}\tan^2\frac{x}{2}+\tan\frac{x}{2}+\frac{1}{2}\ln\left|\tan\frac{x}{2}\right|+C.$$

方法二：$\int\frac{\sin x+1}{\sin x(1+\cos x)}\mathrm{d}x=\int\frac{1}{1+\cos x}\mathrm{d}x+\int\frac{1}{\sin x(1+\cos x)}\mathrm{d}x$

$$=\frac{1}{2}\int\sec^2\frac{x}{2}\mathrm{d}x+\int\frac{1}{2\sin\frac{x}{2}\cos\frac{x}{2}\cdot 2\cos^2\frac{x}{2}}\mathrm{d}x$$

$$=\tan\frac{x}{2}+\frac{1}{4}\int\frac{1}{\sin\frac{x}{2}\cos^3\frac{x}{2}}\mathrm{d}x$$

$$=\tan\frac{x}{2}+\frac{1}{4}\int\frac{1}{\tan\frac{x}{2}\cos^4\frac{x}{2}}\mathrm{d}x$$

$$=\tan\frac{x}{2}+\frac{1}{4}\int\frac{1}{\tan\frac{x}{2}}\cdot\sec^4\frac{x}{2}\mathrm{d}x$$

$$=\tan\frac{x}{2}+\frac{1}{4}\int\frac{1}{\tan\frac{x}{2}}\cdot\left(1+\tan^2\frac{x}{2}\right)\sec^2\frac{x}{2}\mathrm{d}x$$

$$=\tan\frac{x}{2}+\frac{1}{2}\int\frac{1}{\tan\frac{x}{2}}\cdot\left(1+\tan^2\frac{x}{2}\right)\mathrm{d}\left(\tan\frac{x}{2}\right)$$

$$=\tan\frac{x}{2}+\frac{1}{2}\int\left(\frac{1}{\tan\frac{x}{2}}+\tan\frac{x}{2}\right)\mathrm{d}\left(\tan\frac{x}{2}\right)$$

$$=\tan\frac{x}{2}+\frac{1}{2}\ln\left|\tan\frac{x}{2}\right|+\frac{1}{4}\tan^2\frac{x}{2}+C .$$

例 5.45　求 $\int\frac{2\sin x\cos x}{\sin x+\cos x}\mathrm{d}x$.

解　此题如果利用 $\tan\frac{x}{2}=u$ 将被积函数化为有理函数，计算比较烦琐，故考虑利用其他三角公式化简化积分.

$$\int\frac{2\sin x\cos x}{\sin x+\cos x}\mathrm{d}x=\int\frac{(\sin x+\cos x)^2-1}{\sin x+\cos x}\mathrm{d}x=\int(\sin x+\cos x)\mathrm{d}x-\int\frac{1}{\sin x+\cos x}\mathrm{d}x$$

$$=\sin x-\cos x-\frac{1}{\sqrt{2}}\int\frac{1}{\sin\left(x+\frac{\pi}{4}\right)}\mathrm{d}x$$

$$=\sin x-\cos x-\frac{1}{\sqrt{2}}\int\csc\left(x+\frac{\pi}{4}\right)\mathrm{d}\left(x+\frac{\pi}{4}\right)$$

$$=\sin x-\cos x-\frac{1}{\sqrt{2}}\ln\left|\csc\left(x+\frac{\pi}{4}\right)-\cot\left(x+\frac{\pi}{4}\right)\right|+C .$$

注：由上面例 5.45 可以看到，变量替换 $\tan\frac{x}{2}=u$ 对三角有理函数的积分都可以应用，但不一定是最佳积分方法，在具体积分时，因根据被积函数的特点，灵活选用其他各种能

简化积分计算的方法.

求简单无理函数的积分，可以考虑通过合适的变量替换将其化为有理函数再进行积分.

例 5.46 求$\int\frac{1}{1+\sqrt[3]{x+1}}\mathrm{d}x$.

解 令$\sqrt[3]{x+1}=u$，则$x=u^3-1$，$\mathrm{d}x=3u^2\mathrm{d}u$，于是

$$\begin{aligned}\int\frac{1}{1+\sqrt[3]{x+1}}\mathrm{d}x&=3\int\frac{u^2}{1+u}\mathrm{d}u=3\int\frac{u^2-1+1}{1+u}\mathrm{d}u=3\int\left(u-1+\frac{1}{1+u}\right)\mathrm{d}u\\&=\frac{3u^2}{2}-3u+3\ln|1+u|+C\\&=\frac{3}{2}\sqrt[3]{(x+1)^2}-3\sqrt[3]{x+1}+3\ln\left|1+\sqrt[3]{x+1}\right|+C\end{aligned}$$

例 5.47 求$\int\frac{1}{x}\sqrt{\frac{1+x}{x}}\mathrm{d}x$.

解 令$\sqrt{\frac{1+x}{x}}=u$，则$x=\frac{1}{u^2-1}$，$\mathrm{d}x=-\frac{2u}{(u^2-1)^2}\mathrm{d}u$，这样便有

$$\begin{aligned}\int\frac{1}{x}\sqrt{\frac{1+x}{x}}\mathrm{d}x&=2\int\frac{-u^2}{u^2-1}\mathrm{d}u=2\int\left(-1-\frac{1}{u^2-1}\right)\mathrm{d}u=-2u+\int\left(\frac{1}{u+1}-\frac{1}{u-1}\right)\mathrm{d}u\\&=-2u+\ln\left|\frac{u+1}{u-1}\right|+C=-2\sqrt{\frac{1+x}{x}}++\ln\left|\frac{\sqrt{\frac{1+x}{x}}+1}{\sqrt{\frac{1+x}{x}}-1}\right|+C.\end{aligned}$$

必须要指出的是，初等函数在其定义区间内一定有原函数，但原函数不一定都是初等函数，例如

$$\int\mathrm{e}^{x^2}\mathrm{d}x,\ \int\mathrm{e}^{-x^2}\mathrm{d}x,\ \int\frac{\sin x}{x}\mathrm{d}x,\ \int\frac{1}{\sqrt{1+x^3}}\mathrm{d}x,\ \int\frac{1}{\sqrt{1+x^4}}\mathrm{d}x,\ \int\ln x\mathrm{d}x,$$

等等，它们的原函数就都不是初等函数.

同时我们也应该知道，求函数的不定积分与函数的导数的区别. 求一个函数的导数总可以按一定规则和方法做出来，而求一个函数的不定积分却没有统一的规则和方法，需要具体问题具体分析，灵活运用各种积分方法和技巧.

习题 5.4

1. 求下列不定积分：

（1）$\int\frac{x+1}{x^2-5x+6}\mathrm{d}x$；　（2）$\int\frac{x+2}{(2x+1)(x^2+x+1)}\mathrm{d}x$；

（3）$\int\frac{x-3}{(x-1)(x^2-1)}\mathrm{d}x$；　（4）$\int\frac{x^3}{x+3}\mathrm{d}x$；

（5）$\int\frac{2x+3}{x^2+3x-10}\mathrm{d}x$；　（6）$\int\frac{1}{x(x^2+1)}\mathrm{d}x$；

（7）$\int\frac{3}{x^3+1}\mathrm{d}x$；　　（8）$\int\frac{1}{1+\sin x+\cos x}\mathrm{d}x$；

（9）$\int\frac{1}{2+\sin x}\mathrm{d}x$；　　（10）$\int\frac{1}{(1+\sqrt[3]{x})\sqrt{x}}\mathrm{d}x$；

（11）$\int\frac{1}{1+\sqrt[3]{x+2}}\mathrm{d}x$；　　（12）$\int\frac{\sqrt{x-1}}{x}\mathrm{d}x$；

（13）$\int\frac{1}{1+\sqrt{x+1}}\mathrm{d}x$；　　（14）$\int\frac{1}{\sqrt{x}+\sqrt[4]{x}}\mathrm{d}x$.

习题 5

（A）

1．下列函数中有一个不是 $f(x)=\frac{1}{x}$ 的原函数，它是（　　）．

（A）$\ln|x|+C$　　（B）$\ln|x|$　　（C）$\ln|Cx|\ (C\neq 0,1)$　　（D）$C\ln|x|\ (C\neq 0,1)$

2．下列等式中正确是（　　）．

（A）$\frac{\mathrm{d}}{\mathrm{d}x}\int f(x)\mathrm{d}x=f(x)+C$　　（B）$\int F'(x)\mathrm{d}x=F(x)+C$

（C）$\int\arctan x\mathrm{d}x=\frac{1}{1+x^2}+C$　　（D）$\frac{\mathrm{d}a^x}{\mathrm{d}x}=\frac{a^x}{\ln a}+C$，$(C\neq 0,1)$

3．已知 $f'(x)=\frac{1}{x(1+3\ln x)}$，且 $f(1)=3$，则 $f(x)=$（　　）．

（A）$\frac{1}{3}\ln|1+3\ln x|+C$　　（B）$3\ln|1+3\ln x|+C$

（C）$\frac{1}{3}\ln|1+3\ln x|+3$　　（D）$\ln|1+3\ln x|+1$

4．质点在时刻 t 的加速度为 $a=2t+1$，且当 $t=0$ 时，速度 $v=4$，路程 $S=0$，求质点的运动方程．

5．已知当生产 x 盒粉笔时，总收益 R 的变化率为 $R'(x)=20+2.4x-0.12x^2(x\geqslant 0)$，且 $R(0)=0$，求总收益函数 $R(x)$．

6．求下列不定积分：

（1）$\int\frac{2\cdot 3^x-3\cdot 2^x}{5}\mathrm{d}x$；　　（2）$\int\frac{3x^4-2x^3+x^2}{x^2+1}\mathrm{d}x$；

（3）$\int\sqrt[3]{x^2}(\sqrt{x}-1)\mathrm{d}x$；　　（4）$\int\frac{\cos x}{\cos^2\frac{x}{2}\sin^2\frac{x}{2}}\mathrm{d}x$．

7．求下列不定积分：

（1）$\int\sin^2 x\cos^5 x\mathrm{d}x$；　　（2）$\int\frac{\mathrm{e}^{5\sqrt{x}}}{\sqrt{x}}\mathrm{d}x$；

（3）$\int\frac{1}{x(x^6+4)}\mathrm{d}x$；　　（4）$\int\frac{x}{x^4+x^2+1}\mathrm{d}x$．

8．求下列不定积分：

（1）$\int\frac{1}{\sqrt{x(1+x)}}\mathrm{d}x$；　　（2）$\int x\sqrt[3]{2x-1}\mathrm{d}x$；

（3）$\int\frac{1}{x\sqrt{4+x^2}}\mathrm{d}x$；　　（4）$\int\frac{1}{\sqrt{x^2-4x+5}}\mathrm{d}x$．

9．求下列不定积分：

（1）$\int\arctan\sqrt{x}\mathrm{d}x$；　　（2）$\int\sin(\ln x)\mathrm{d}x$；

（3）$\int \mathrm{e}^{3x}\sin^2 x\mathrm{d}x$；　　（4）$\int x^3\mathrm{e}^{x^2}\mathrm{d}x$．

10．求下列不定积分：

（1）$\int\frac{3x-5}{x^2-3x+2}\mathrm{d}x$；　　（2）$\int\frac{x^2+4x+2}{x(x+1)^2}\mathrm{d}x$；

（3）$\int\frac{x-1}{x^2+x+1}\mathrm{d}x$；　　（4）$\int\frac{x^2+3x-1}{x^3-1}\mathrm{d}x$．

（B）

1．（2004 年考研数学一）已知 $f'(\mathrm{e}^x)=x\mathrm{e}^{-x}$，且 $f(1)=0$，则 $f(x)=$__________．

2．已知 $f(x)=\mathrm{e}^{-x}$，则 $\int\frac{f'(\ln x)}{x}\mathrm{d}x=$__________．

3．已知 $f(x)$ 的一个原函数为 e^{x^2}，则 $\int xf'(x)\mathrm{d}x=$__________．

4．（2018 年考研数学二）求 $\int\mathrm{e}^{2x}\arctan\sqrt{\mathrm{e}^x-1}\mathrm{d}x$．

5．（2009 年考研数学二）求 $\int\ln\left(1+\sqrt{\frac{1+x}{x}}\right)\mathrm{d}x\,(x>0)$．

6．（1994 年考研数学一）求 $\int\frac{\mathrm{d}x}{\sin 2x+2\sin x}$．

7．求 $\int\frac{x+\sin x}{1+\cos x}\mathrm{d}x$．

8．求 $\int\frac{\mathrm{d}x}{16-x^4}$．

9．求 $\int\frac{\mathrm{d}x}{x-\sqrt{1+x^2}}$．

10．求 $\int\frac{1}{x}\sqrt{\frac{1-x}{1+x}}\mathrm{d}x$．

第 6 章　定积分

定积分是积分学中另一个重要概念，它是从大量的实际问题中抽象出来的. 定积分的有关理论是从 17 世纪开始出现和发展起来的，人们对几何与力学中某些问题的研究是导致定积分理论出现的主要背景. 积分在自然科学、工程技术、经济管理中有着广泛的应用. 本章我们先从几何学、物理学问题出发引进定积分的定义，然后讨论定积分的性质及计算方法，最后介绍定积分的应用.

6.1　定积分概念与性质

6.1.1　定积分问题举例

1. 曲边梯形的面积

设 $f(x)$ 在区间上非负、连续. 由曲线 $y=f(x)$ 及直线 $x=a, x=b, y=0$ 所围成的图形称为**曲边梯形**，如图 6.1 所示.

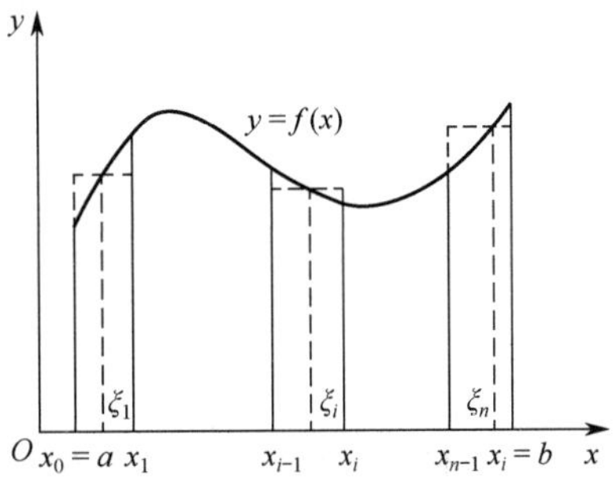

图 6.1

下面我们讨论如何求这个曲边梯形的面积.

（1）细分

在区间 $[a,b]$ 上任意插入 $n-1$ 个分点

$$a=x_0<x_1<x_2<\cdots<x_{n-1}<x_n=b,$$

将区间 $[a,b]$ 分成 n 个小区间

$$[x_0,x_1],[x_1,x_2],\cdots,[x_{i-1},x_i],\cdots,[x_{n-1},x_n],$$

第 i 个小区间的长度为 $\Delta x_i=x_i-x_{i-1}$，整个曲边梯形相应地被直线 $x=x_i\ (i=1,2,\cdots,n)$ 分成 n 个小曲边梯形.

（2）近似替代

对于第 i 个小曲边梯形来说，当其底边长度 Δx_i 足够小时，其高度的变化也是非常小的，这时它的面积可以用小矩形的面积来近似. 在每个小区间 $[x_{i-1},x_i]$ 上任取一点 ξ_i，用 $f(\xi_i)$ 作为第 i 个小矩形的高，则第 i 个小曲边梯形面积的近似值为

$$\Delta A_i \approx f(\xi_i)\Delta x_i .$$

（3）求和得近似值

将 n 个小矩形面积求和得到整个曲边梯形面积的近似值，即

$$A=\sum_{i=1}^{n}\Delta A_i \approx \sum_{i=1}^{n} f(\xi_i)\Delta x_i .$$

（4）取极限得精确值

当分点越密时，小矩形的面积与小曲边梯形的面积就会越接近，因此和式 $\sum\limits_{i=1}^{n} f(\xi_i)\Delta x_i$

与曲边梯形的面积 A 也会越接近．记 $\lambda=\max\limits_{1\leqslant i\leqslant n}\{\Delta x_i\}$，当 $\lambda\to 0$ 时，将和式 $\sum\limits_{i=1}^{n}f(\xi_i)\Delta x_i$ 的极限定义为曲边梯形的面积 A，即

$$A=\lim_{\lambda\to 0}\sum_{i=1}^{n}f(\xi_i)\Delta x_i\ .$$

2．变速直线运动的路程

假设某物体进行直线运动，若速度 $v=v(t)$ 是时间间隔 $[T_1,T_2]$ 上 t 的连续函数，且 $v(t)\geqslant 0$．如果要计算这段时间内物体所经过的路程 s，对于匀速直线运动，可直接由公式

$$\text{路程}=\text{速度}\times\text{时间},$$

计算取得．但是在现实问题中，速度往往不是常量而是随时间变化的变量，因此路程 s 不能直接按匀速直线运动的路程公式来计算．下面讨论如何求变速直线运动的路程．

因为物体运动的速度函数 $v=v(t)$ 是连续变化的，在很短的时间内，速度的变化很小，所以如果把时间间隔尽可能细分，在小段时间内，可以把物体近似看成匀速直线运动．对于这一问题的数学描述可以类似于上述求曲边梯形面积的做法进行，具体描述如下：

（1）细分

在时间间隔 $[T_1,T_2]$ 内任意插入 $n-1$ 个分点

$$T_1=t_0<t_1<t_2<\cdots<t_{n-1}<t_n=T_2\ ,$$

把时间间隔 $[T_1,T_2]$ 分成 n 个小时间间隔 $[t_0,t_1],[t_1,t_2],\cdots,[t_{n-1},t_n]$，第 i 个小时间间隔的长度为 $\Delta t_i=t_i-t_{i-1}\ (i=1,2,\cdots,n)$．

（2）近似代替

在第 i 个小时间间隔 $[t_{i-1},t_i]$ 内，将匀速直线运动的路程近似为变速直线运动的路程，取 τ_i 为小时间间隔 $[t_{i-1},t_i]$ 中的任意一点．因而第 i 个小时间间隔内的路程 Δs_i 的近似值为

$$\Delta s_i\approx v(\tau_i)\Delta t_i\quad(i=1,2,\cdots,n)\ ,$$

（3）求和得近似值

整个时间段 $[T_1,T_2]$ 上路程 s 的近似值为

$$s=\sum_{i=1}^{n}\Delta s_i\approx\sum_{i=1}^{n}v(\tau_i)\Delta t_i\ .$$

（4）取极限得精确值

记 $\lambda=\max\limits_{1\leqslant i\leqslant n}\{\Delta t_i\}$，当 $\lambda\to 0$ 时，和式 $\sum\limits_{i=1}^{n}v(\tau_i)\Delta t_i$ 的极限定义为物体在时间间隔 $[T_1,T_2]$ 内所走过的路程．即

$$s=\lim_{\lambda\to 0}\sum_{i=1}^{n}v(\tau_i)\Delta t_i\ .$$

从上面计算曲边梯形的面积和变速直线运动路程这两个例子可以看到：尽管所要计算的量的实际意义各不相同，但计算的方法与步骤都是相同的，且最后归结为同一种结构的和式的极限．如

$$\text{面积}\ A=\lim_{\lambda\to 0}\sum_{i=1}^{n}f(\xi_i)\Delta x_i\ ,$$

$$路程\ s=\lim_{\lambda\to 0}\sum_{i=1}^{n}v(\tau_i)\Delta t_i\ .$$

抛开这些问题的具体意义，抓住它们在数量上共同的本质与特性加以概括，我们可以抽象出定积分的定义.

6.1.2　定积分的定义

定义 6.1　设函数 $f(x)$ 在 $[a,b]$ 上有界，在 $[a,b]$ 中任意插入 $n-1$ 个分点

$$a=x_0<x_1<x_2<\cdots<x_{n-1}<x_n=b\ ,$$

把区间 $[a,b]$ 分成 n 个小区间

$$[x_0,x_1],[x_1,x_2],\cdots,[x_{n-1},x_n]\ ,$$

各小区间的长度依次为

$$\Delta x_1=x_1-x_0,\Delta x_2=x_2-x_1,\cdots,\Delta x_n=x_n-x_{n-1}\ ,$$

在第 i 个小区间 $[x_{i-1},x_i]$ 上任取一点 ξ_i，做乘积 $f(\xi_i)\Delta x_i(i=1,2,\cdots,n)$，再做和式

$$S=\sum_{i=1}^{n}f(\xi_i)\Delta x_i\ . \tag{6.1}$$

记 $\lambda=\max\limits_{1\leqslant i\leqslant n}\{\Delta x_i\}$，若不论对区间 $[a,b]$ 怎样划分，也不论点 ξ_i 在小区间 $[x_{i-1},x_i]$ 上怎样选取，只要当 $\lambda\to 0$ 时，式（6.1）的极限存在，这时将该极限值称为函数 $f(x)$ 在区间上的**定积分**，记作 $\int_a^b f(x)\mathrm{d}x$，即

$$\int_a^b f(x)\mathrm{d}x=\lim_{\lambda\to 0}\sum_{i=1}^{n}f(\xi_i)\Delta x_i\ ,$$

其中 $f(x)$ 称为**被积函数**，$f(x)\mathrm{d}x$ 称为**被积表达式**，x 称为**积分变量**，a 称为**积分下限**，b 称为**积分上限**，$[a,b]$ 称为**积分区间**，$\sum\limits_{i=1}^{n}f(\xi_i)\Delta x_i$ 称为**积分和**.

如果函数 $f(x)$ 在区间 $[a,b]$ 上的定积分存在，则称 $f(x)$ 在区间 $[a,b]$ 上**可积**或者**积分存在**，否则称 $f(x)$ 在区间 $[a,b]$ 上**不可积**或者**积分不存在**.

注：若函数 $f(x)$ 在区间 $[a,b]$ 上可积，则定积分 $\int_a^b f(x)\mathrm{d}x$ 是一个**数值**，且这个数值仅与被积函数 $f(x)$ 及积分区间 $[a,b]$ 有关，而与积分变量所用的字母无关．即

$$\int_a^b f(x)\mathrm{d}x=\int_a^b f(t)\mathrm{d}t=\int_a^b f(u)\mathrm{d}u\ .$$

对于定积分，有这样一个重要问题：函数 $f(x)$ 在 $[a,b]$ 上满足怎样的条件，$f(x)$ 在 $[a,b]$ 上一定可积? 这个问题不做深入讨论，只给出以下两个充分条件.

定理 6.1　若 $f(x)$ 在区间 $[a,b]$ 上连续，则 $f(x)$ 在区间 $[a,b]$ 上可积.

定理 6.2　若 $f(x)$ 在区间 $[a,b]$ 上有界，且只有有限个间断点，则 $f(x)$ 在区间 $[a,b]$ 上可积.

利用定积分的定义，前面所讨论的两个实际问题可以分别表述如下：

由曲线 $y=f(x)(f(x)\geqslant 0)$、x 轴及两条直线 $x=a,x=b$ 所围成的曲边梯形的面积 A 等于函数 $f(x)$ 在区间 $[a,b]$ 上的定积分，即

$$A=\int_a^b f(x)\mathrm{d}x\ .$$

物体以变速 $v=v(t)(v(t)\geqslant 0)$ 做直线运动，从时刻 $t=T_1$ 到时刻 $t=T_2$，物体经过的路程 s 等于函数 $v(t)$ 在区间 $[T_1,T_2]$ 上的定积分，即

$$s=\int_{T_2}^{T_1} v(t)\mathrm{d}t .$$

6.1.3　定积分的几何意义

下面讨论定积分 $\int_a^b f(x)\mathrm{d}x$ 的几何意义：

（1）在区间 $[a,b]$ 上，当 $f(x)\geqslant 0$ 时，定积分 $\int_a^b f(x)\mathrm{d}x$ 在几何上表示由曲线 $y=f(x)$、直线 $x=a,x=b$ 及 x 轴围成的曲边梯形的面积.

（2）在区间 $[a,b]$ 上，当 $f(x)\leqslant 0$ 时，定积分 $\int_a^b f(x)\mathrm{d}x$ 的值为负．由曲线 $y=f(x)$、直线 $x=a,x=b$ 与 x 轴围成的曲边梯形位于 x 轴的下方．定积分 $\int_a^b f(x)\mathrm{d}x$ 在几何上表示上述曲边梯形面积的负值.

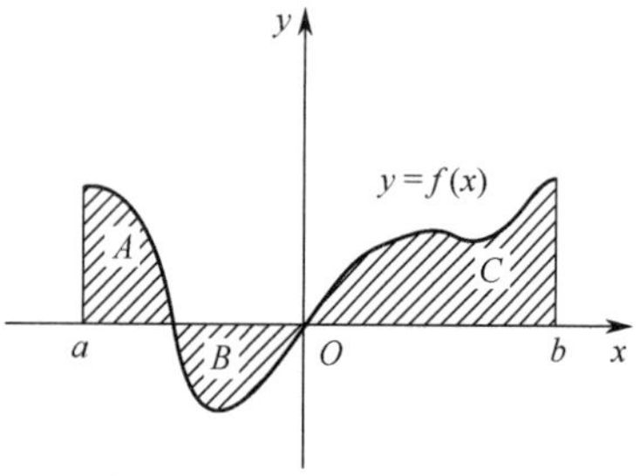

图 6.2

（3）在区间 $[a,b]$ 上，当 $f(x)$ 既取正值又取负值时，即函数 $f(x)$ 的图形某些部分在 x 轴上方，而某些部分在 x 轴的下方，如果将在 x 轴上方的图形面积赋以正号，在 x 轴下方的图形面积赋以负号，则定积分 $\int_a^b f(x)\mathrm{d}x$ 表示介于 x 轴与函数 $f(x)$ 的图形，其值是两条直线 $x=a,x=b$ 之间的各部分面积的代数和．在图 6.2 中，若以 A,B,C 分别表示三部分的面积值，则

$$\int_a^b f(x)\mathrm{d}x = A-B+C .$$

6.1.4　定积分的性质

在前面关于定积分 $\int_a^b f(x)\mathrm{d}x$ 的讨论中，总是在假设 $a<b$ 的条件下进行的．实际上，定积分的上下限的大小是不受限制的．为了以后计算及应用方便，对定积分做以下两点补充规定：

（1）当 $a=b$ 时，$\int_a^a f(x)\mathrm{d}x=0$；

（2）当 $a>b$ 时，$\int_a^b f(x)\mathrm{d}x=-\int_b^a f(x)\mathrm{d}x$.

由上式可知，若交换定积分的上下限，则要改变定积分的符号.

在下面的讨论中，积分上下限的大小，如不特别指明，均不加限制，并且假定各性质中所列出的定积分都是存在的.

性质 6.1　两个函数代数和的定积分等于它们的定积分的代数和，即

$$\int_a^b [f(x)\pm g(x)]\mathrm{d}x=\int_a^b f(x)\mathrm{d}x \pm \int_a^b g(x)\mathrm{d}x .$$

证　$\int_a^b [f(x)\pm g(x)]\mathrm{d}x=\lim\limits_{\lambda\to 0}\sum\limits_{i=1}^{n}[f(\xi_i)\pm g(\xi_i)]\Delta x_i$

$$=\lim_{\lambda\to 0}\sum_{i=1}^{n}f(\xi_i)\Delta x_i\pm\lim_{\lambda\to 0}\sum_{i=1}^{n}g(\xi_i)\Delta x_i$$
$$=\int_a^b f(x)\mathrm{d}x\pm\int_a^b g(x)\mathrm{d}x.$$

注：该性质可以推广到有限个函数代数和的情形．

性质 6.2　被积函数的常数因子可以提到积分符号外面．即

$$\int_a^b kf(x)\mathrm{d}x=k\int_a^b f(x)\mathrm{d}x\ （k\text{ 是常数}）.$$

证　$\int_a^b kf(x)\mathrm{d}x=\lim\limits_{\lambda\to 0}\sum\limits_{i=1}^{n}kf(\xi_i)\Delta x_i=k\lim\limits_{\lambda\to 0}\sum\limits_{i=1}^{n}f(\xi_i)\Delta x_i=k\int_a^b f(x)\mathrm{d}x$.

性质 6.3　如果将积分区间分成两部分，则在整个区间上的定积分等于这两部分区间上的定积分之和．即设 $a<c<b$，则

$$\int_a^b f(x)\mathrm{d}x=\int_a^c f(x)\mathrm{d}x+\int_c^b f(x)\mathrm{d}x.$$

证　因为函数 $f(x)$ 在区间 $[a,b]$ 上可积，所以不论怎样划分区间 $[a,b]$，$\sum\limits_{[a,b]}f(\xi_i)\Delta x_i$ 积分和的极限总是不变的．因此，在划分区间时，可以使 c 永远是个分点．那么

$$\sum_{[a,b]}f(\xi_i)\Delta x_i=\sum_{[a,c]}f(\xi_i)\Delta x_i+\sum_{[c,b]}f(\xi_i)\Delta x_i,$$

令 $\lambda\to 0$，上式两端同时取极限，即得

$$\int_a^b f(x)\mathrm{d}x=\int_a^c f(x)\mathrm{d}x+\int_c^b f(x)\mathrm{d}x.$$

注：性质 6.3 表明，定积分对于积分区间具有**可加性**．且在性质 6.3 中，a,b,c 的大小可以不受限制．例如，当 $a<b<c$ 时，由性质 6.3 得

$$\int_a^c f(x)\mathrm{d}x=\int_a^b f(x)\mathrm{d}x+\int_b^c f(x)\mathrm{d}x,$$

于是

$$\int_a^b f(x)\mathrm{d}x=\int_a^c f(x)\mathrm{d}x-\int_b^c f(x)\mathrm{d}x=\int_a^c f(x)\mathrm{d}x+\int_c^b f(x)\mathrm{d}x.$$

性质 6.4　如果在区间 $[a,b]$ 上，$f(x)\equiv 1$，则

$$\int_a^b 1\mathrm{d}x=\int_a^b \mathrm{d}x=b-a.$$

由定积分的几何意义，性质 6.4 是非常容易得到的．请读者根据定积分的定义证明．

性质 6.5　如果在区间 $[a,b]$ 上，$f(x)\geqslant 0$，则

$$\int_a^b f(x)\mathrm{d}x\geqslant 0\ (a<b).$$

证　因为 $f(x)\geqslant 0$，所以 $f(\xi_i)\geqslant 0$，又由于 $\Delta x_i\geqslant 0(i=1,2,\cdots,n)$，因此

$$\sum_{i=1}^{n}f(\xi_i)\Delta x_i\geqslant 0,$$

令 $\lambda=\max\limits_{1\leqslant i\leqslant n}\{\Delta x_i\}\to 0$，两边同时取极限，便得到要证的不等式．

推论 6.1　如果在区间 $[a,b]$ 上，$f(x)\leqslant g(x)$，则

$$\int_a^b f(x)\mathrm{d}x\leqslant\int_a^b g(x)\mathrm{d}x\ (a<b).$$

证　因为 $g(x)-f(x)\geqslant 0$，由性质 6.5 得

$$\int_a^b [g(x)-f(x)]\mathrm{d}x \geqslant 0 .$$

再利用性质 6.1，便得到要证的不等式.

推论 6.2 $\left|\int_a^b f(x)\mathrm{d}x\right| \leqslant \int_a^b |f(x)|\mathrm{d}x \ (a<b)$.

证 因为

$$-|f(x)| \leqslant f(x) \leqslant |f(x)| ,$$

由推论 6.1 可得

$$-\int_a^b |f(x)|\mathrm{d}x \leqslant \int_a^b f(x)\mathrm{d}x \leqslant \int_a^b |f(x)|\mathrm{d}x ,$$

即

$$\left|\int_a^b f(x)\mathrm{d}x\right| \leqslant \int_a^b |f(x)|\mathrm{d}x .$$

性质 6.6（估值定理） 设 M 及 m 分别是函数 $f(x)$ 在区间 $[a,b]$ 上的最大值和最小值，则

$$m(b-a) \leqslant \int_a^b f(x)\mathrm{d}x \leqslant M(b-a) \ (a<b) .$$

证 因为 $m \leqslant f(x) \leqslant M$，由推论 6.1 有

$$\int_a^b m\mathrm{d}x \leqslant \int_a^b f(x)\mathrm{d}x \leqslant \int_a^b M\mathrm{d}x .$$

再由性质 6.2 及性质 6.4，即得到所要证的不等式.

这个性质说明，由被积函数在积分区间上的最大值和最小值可以估计积分值的大致范围.

例 6.1 估计积分 $\int_{\frac{\pi}{4}}^{\frac{\pi}{2}} \frac{\sin x}{x}\mathrm{d}x$ 的值.

解 由性质 6.6 可知，需要考虑 $f(x)=\frac{\sin x}{x}$ 在区间 $\left[\frac{\pi}{4},\frac{\pi}{2}\right]$ 上的最大值 M 和最小值 m. 因为

$$f'(x)=\frac{x\cos x-\sin x}{x^2}=\frac{\cos x(x-\tan x)}{x^2}<0 , \quad \frac{\pi}{4} \leqslant x \leqslant \frac{\pi}{2}$$

所以 $f(x)$ 在区间 $\left[\frac{\pi}{4},\frac{\pi}{2}\right]$ 上单调下降. 又因为 $M=f\left(\frac{\pi}{4}\right)=\frac{2\sqrt{2}}{\pi}$，$m=f\left(\frac{\pi}{2}\right)=\frac{2}{\pi}$，所以

$$\frac{2}{\pi}\cdot\left(\frac{\pi}{2}-\frac{\pi}{4}\right) \leqslant \int_{\frac{\pi}{4}}^{\frac{\pi}{2}} \frac{\sin x}{x}\mathrm{d}x \leqslant \frac{2\sqrt{2}}{\pi}\cdot\left(\frac{\pi}{2}-\frac{\pi}{4}\right).$$

即

$$\frac{1}{2} \leqslant \int_{\frac{\pi}{4}}^{\frac{\pi}{2}} \frac{\sin x}{x}\mathrm{d}x \leqslant \frac{\sqrt{2}}{2} .$$

性质 6.7（定积分中值定理） 如果函数 $f(x)$ 在区间 $[a,b]$ 上连续，则在积分区间 $[a,b]$ 上至少存在一点 ξ，使下式成立，

$$\int_a^b f(x)\mathrm{d}x = f(\xi)(b-a) \ (a \leqslant \xi \leqslant b) ,$$

这个公式称为**积分中值公式**.

证 因为函数 $f(x)$ 在闭区间 $[a,b]$ 上连续，所以在区间 $[a,b]$ 上存在最大值和最小值，不妨分别设为 M,m. 由性质 6.6，可得

$$m\leqslant\frac{1}{b-a}\int_a^b f(x)\mathrm{d}x\leqslant M,$$

这表明，数值$\frac{1}{b-a}\int_a^b f(x)\mathrm{d}x$介于函数$f(x)$的最小值$m$和最大值$M$之间．根据闭区间上连续函数的介值定理，在区间$[a,b]$上至少存在一点$\xi$，使得函数$f(x)$在点$\xi$处的值与这个确定的数值相等，即有

$$\frac{1}{b-a}\int_a^b f(x)\mathrm{d}x=f(\xi)\ (a\leqslant\xi\leqslant b).$$

两端各乘以$b-a$，即得所要证的等式．

显然，积分中值公式

$$\int_a^b f(x)\mathrm{d}x=f(\xi)(b-a)\text{（}\xi\text{ 介于 }a\text{ 与 }b\text{ 之间）}$$

无论对$a>b$或$a<b$均成立．

积分中值公式的几何解释为：在区间$[a,b]$上至少存在一点ξ，使得由曲线$y=f(x)$、直线$x=a,x=b$及x轴所围成的曲边梯形的面积等于以区间$[a,b]$为底边，以$f(\xi)$为高的一个矩形的面积（见图 6.3）．

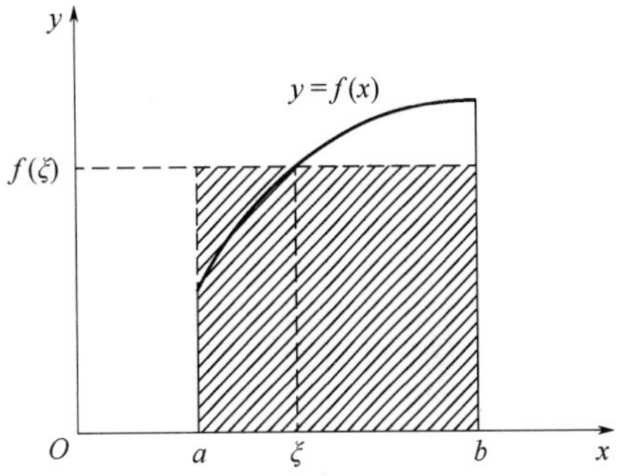

图 6.3

数值$f(\xi)=\frac{1}{b-a}\int_a^b f(x)\mathrm{d}x$表示连续曲线$f(x)$在区间$[a,b]$上的平均高度，称为**函数$f(x)$在区间$[a,b]$上的平均值**．这一概念是对有限个数的平均值概念的拓展．

习题 6.1

1．利用定积分的几何意义求下列定积分：

（1）$\int_1^2 x\mathrm{d}x$；　　（2）$\int_0^1\sqrt{1-x^2}\mathrm{d}x$；

（3）$\int_{-\frac{\pi}{2}}^{\frac{\pi}{2}}\sin x\mathrm{d}x$；　　（4）$\int_{-1}^1|x|\mathrm{d}x$．

2．根据定积分的性质，比较下列积分值的大小：

（1）$\int_3^4\ln x\mathrm{d}x$与$\int_3^4(\ln x)^2\mathrm{d}x$；　　（2）$\int_0^1\mathrm{e}^x\mathrm{d}x$与$\int_0^1(1+x)\mathrm{d}x$．

3．估计下列各积分值的范围：

（1）$\int_0^\pi(1+\sin x)\mathrm{d}x$；　　（2）$\int_{\frac{1}{\sqrt{3}}}^{\sqrt{3}}x\arctan x\mathrm{d}x$；

（3）$\int_{-1}^1\mathrm{e}^{-x^2}\mathrm{d}x$；　　（4）$\int_0^2\mathrm{e}^{x^2-x}\mathrm{d}x$．

6.2　微积分学基本公式

利用定义求一个可积函数的定积分通常是非常困难的，因此寻找计算定积分的简便方法是微积分学的重要问题．在此将建立定积分和不定积分之间的关系，这个关系将为定积分的计算提供一个有效的方法．

6.2.1 积分上限的函数及其导数

设函数 $f(x)$ 在区间 $[a,b]$ 上连续，则对于任意确定的一点 $x\in[a,b]$， $f(x)$ 在 $[a,x]$ 上连续，故定积分 $\int_a^x f(t)\mathrm{d}t$ 一定存在（这里把积分变量写成 t 是为了与积分上限的符号区别开来）．对每个取定的 x，定积分有确定的值与之对应，所以在 $[a,b]$ 上定义了一个函数，记为 $\Phi(x)$，即

$$\Phi(x)=\int_a^x f(t)\mathrm{d}t \quad (a\leqslant x\leqslant b),$$

函数 $\Phi(x)$ 是积分上限 x 的函数，称其为**积分上限的函数**，它具有下述重要性质：

定理 6.3 如果函数 $f(x)$ 在区间 $[a,b]$ 上连续，则积分上限的函数 $\Phi(x)=\int_a^x f(t)\mathrm{d}t$ 在区间 $[a,b]$ 上可导，且有

$$\Phi'(x)=\frac{\mathrm{d}}{\mathrm{d}x}\int_a^x f(t)\mathrm{d}t=f(x) \quad (a\leqslant x\leqslant b).$$

证 我们只证明上式对 $x\in(a,b)$ 成立， $x=a$ 处的右导数与 $x=b$ 处的左导数也类似可证．

设 x 的增量为 Δx，且 $x+\Delta x\in(a,b)$，则

$$\begin{aligned}\Delta\Phi=\Phi(x+\Delta x)-\Phi(x)&=\int_a^{x+\Delta x} f(t)\mathrm{d}t-\int_a^x f(t)\mathrm{d}t\\&=\int_a^x f(t)\mathrm{d}t+\int_x^{x+\Delta x} f(t)\mathrm{d}t-\int_a^x f(t)\mathrm{d}t\\&=\int_x^{x+\Delta x} f(t)\mathrm{d}t,\end{aligned}$$

因 $f(x)$ 在区间 $[a,b]$ 上连续，则由定积分中值定理，有

$$\Delta\Phi=f(\xi)\Delta x\text{（}\xi\text{ 在 }x\text{ 与 }x+\Delta x\text{ 之间）},$$

即

$$\frac{\Delta\Phi}{\Delta x}=f(\xi),$$

由于当 $\Delta x\to 0$ 时， $\xi\to x$，而 $f(x)$ 是连续函数，对上式两边同时取极限，有

$$\lim_{\Delta x\to 0}\frac{\Delta\Phi}{\Delta x}=\lim_{\Delta x\to 0}f(\xi)=\lim_{\xi\to x}f(\xi)=f(x),$$

即

$$\Phi'(x)=\frac{\mathrm{d}}{\mathrm{d}x}\int_a^x f(t)\mathrm{d}t=f(x).$$

定理 6.3 表明：若函数 $f(x)$ 在区间 $[a,b]$ 上连续，那么就一定存在原函数，且积分上限的函数 $\Phi(x)=\int_a^x f(t)\mathrm{d}t$ 就是函数 $f(x)$ 在区间 $[a,b]$ 上的一个原函数，因此该定理又被称为**原函数存在定理**.

由复合函数求导法则，可进一步得到如下公式：

（1） $\frac{\mathrm{d}}{\mathrm{d}x}\left(\int_a^{g(x)} f(t)\mathrm{d}t\right)=f[g(x)]\cdot g'(x)$；

（2） $\frac{\mathrm{d}}{\mathrm{d}x}\left(\int_{\varphi(x)}^{\psi(x)} f(t)\mathrm{d}t\right)=f[\psi(x)]\cdot\psi'(x)-f[\varphi(x)]\cdot\varphi'(x)$.

例 6.2　求下列导数

（1）$\dfrac{\mathrm{d}}{\mathrm{d}x}\left[\int_0^x \sin^2 t\mathrm{d}t\right]$；　　（2）$\dfrac{\mathrm{d}}{\mathrm{d}x}\left[\int_{x^2}^{x^3} \mathrm{e}^{-t}\mathrm{d}t\right]$.

解　（1）$\dfrac{\mathrm{d}}{\mathrm{d}x}\left[\int_0^x \sin^2 t\mathrm{d}t\right]=\sin^2 x$；

（2）$\dfrac{\mathrm{d}}{\mathrm{d}x}\left[\int_{x^2}^{x^3} \mathrm{e}^{-t}\mathrm{d}t\right]=\mathrm{e}^{-x^3}\cdot 3x^2-\mathrm{e}^{-x^2}\cdot 2x$.

例 6.3　设函数 $y=y(x)$ 由方程 $\int_1^{y^2}\ln t\mathrm{d}t+\int_x^0\cos t\mathrm{d}t=0$ 确定，求 $\dfrac{\mathrm{d}y}{\mathrm{d}x}$.

解　对方程两边同时对变量 x 求导，可得

$$\ln y^2\cdot(y^2)'-\cos x=0,$$

即

$$\ln y^2\cdot 2y\cdot\frac{\mathrm{d}y}{\mathrm{d}x}-\cos x=0.$$

解得

$$\frac{\mathrm{d}y}{\mathrm{d}x}=\frac{\cos x}{4y\ln|y|}.$$

例 6.4　求 $F(x)=\int_0^x(x-t)f(t)\mathrm{d}t$ 的导数，其中 $f(t)$ 为连续函数.

解　由于题设被积函数中含有积分上限的 x，不能直接求导，因此将 $F(x)$ 变形为

$$F(x)=x\int_0^x f(t)\mathrm{d}t-\int_0^x tf(t)\mathrm{d}t,$$

所以

$$F'(x)=\int_0^x f(t)\mathrm{d}t+xf(x)-xf(x)=\int_0^x f(t)\mathrm{d}t.$$

例 6.5　求 $\lim\limits_{x\to 0}\dfrac{\int_{\cos x}^1\mathrm{e}^{-t^2}\mathrm{d}t}{x^2}$.

解　这是一个 $\dfrac{0}{0}$ 型未定式，应用洛必达法则，有

$$\lim_{x\to 0}\frac{\int_{\cos x}^1\mathrm{e}^{-t^2}\mathrm{d}t}{x^2}=\lim_{x\to 0}\frac{\left(-\int_1^{\cos x}\mathrm{e}^{-t^2}\mathrm{d}t\right)'}{(x^2)'}$$

$$=\lim_{x\to 0}\frac{\mathrm{e}^{-\cos^2 x}\sin x}{2x}=\frac{1}{2\mathrm{e}}.$$

6.2.2　微积分学基本公式

本节定理 6.3 揭示了原函数与定积分的内在联系．由此可以导出一个重要定理，它给出了用原函数计算定积分的公式.

定理 6.4　设函数 $f(x)$ 在区间 $[a,b]$ 上连续，$F(x)$ 是 $f(x)$ 在 $[a,b]$ 上的一个原函数，则

$$\int_a^b f(x)\mathrm{d}x=F(b)-F(a) \tag{6.2}$$

证 由定理 6.3 可知，积分上限的函数 $\int_a^x f(t)\mathrm{d}t$ 是 $f(x)$ 在 $[a,b]$ 上的原函数，又由已知条件 $F(x)$ 也是 $f(x)$ 在 $[a,b]$ 上的原函数，所以

$$\int_a^x f(t)\mathrm{d}t - F(x) = C(a \leqslant x \leqslant b),$$

在上式中，令 $x=a$，由于 $\int_a^a f(t)\mathrm{d}t = 0$，可得 $C=-F(a)$，因此

$$\int_a^x f(t)\mathrm{d}t = F(x) - F(a),$$

在上式中令 $x=b$，即得

$$\int_a^b f(t)\mathrm{d}t = \int_a^b f(x)\mathrm{d}x = F(b) - F(a).$$

为方便起见，以后把 $F(b)-F(a)$ 记成 $F(x)\big|_a^b$，因而式（6.2）又可写成

$$\int_a^b f(x)\mathrm{d}x = F(x)\big|_a^b = F(b) - F(a).$$

式（6.2）通常被称为**微积分基本公式或牛顿—莱布尼茨公式**．该公式表明：一个连续函数在区间 $[a,b]$ 上的定积分等于它的任意一个原函数在区间 $[a,b]$ 上的改变量．这个公式进一步揭示了定积分与被积函数的原函数或不定积分之间的联系，给定积分提供了一个有效而简便的计算方法．

例 6.6 求 $\int_0^1 x^2\mathrm{d}x$．

解 由于 $\frac{1}{3}x^3$ 是 x^2 的一个原函数，故由牛顿—莱布尼茨公式，有

$$\int_0^1 x^2\mathrm{d}x = \frac{1}{3}x^3\Big|_0^1 = \frac{1}{3}.$$

例 6.7 求 $\int_{-1}^3 |2-x|\mathrm{d}x$．

解
$$\begin{aligned}\int_{-1}^3 |2-x|\mathrm{d}x &= \int_{-1}^2 (2-x)\mathrm{d}x + \int_2^3 (x-2)\mathrm{d}x \\ &= \left(2x - \frac{1}{2}x^2\right)\Big|_{-1}^2 + \left(\frac{1}{2}x^2 - 2x\right)\Big|_2^3 = 5.\end{aligned}$$

例 6.8 设 $f(x)=\begin{cases} 2x-1, & x<0; \\ \dfrac{1}{1+x^2}, & 0 \leqslant x \leqslant 1; \end{cases}$ 求 $\int_{-1}^1 f(x)\mathrm{d}x$．

解 利用定积分的积分区间的可加性，有

$$\begin{aligned}\int_{-1}^1 f(x)\mathrm{d}x &= \int_{-1}^0 f(x)\mathrm{d}x + \int_0^1 f(x)\mathrm{d}x = \int_{-1}^0 (2x-1)\mathrm{d}x + \int_0^1 \frac{1}{1+x^2}\mathrm{d}x \\ &= (x^2 - x)\big|_{-1}^0 + \arctan x\big|_0^1 = \frac{\pi}{4} - 2.\end{aligned}$$

习题 6.2

1．求下列导数：

（1）$\dfrac{\mathrm{d}}{\mathrm{d}x}\int_0^{x^2} \sqrt{1+t^2}\,\mathrm{d}t$；　　（2）$\dfrac{\mathrm{d}}{\mathrm{d}x}\int_x^0 t\mathrm{e}^{-t^2}\mathrm{d}t$；

（3）$\dfrac{\mathrm{d}}{\mathrm{d}x}\int_{\sqrt{x}}^{x^2}\sin(t^2)\mathrm{d}t$；　　（4）$\Phi(x)=\int_a^x (x-t)^2 f(t)\mathrm{d}t$，其中 $f(x)$ 为连续函数.

2．求下列极限：

（1）$\lim\limits_{x\to+\infty}\dfrac{\int_0^x(\arctan t)^2\mathrm{d}t}{\sqrt{1+x^2}}$；　　（2）$\lim\limits_{x\to 0}\dfrac{\left(\int_0^x \mathrm{e}^{t^2}\mathrm{d}t\right)^2}{\int_0^x t\mathrm{e}^{2t^2}\mathrm{d}t}$；

（3）$\lim\limits_{x\to 0}\dfrac{\int_0^{x^2}\sin t^4\mathrm{d}t}{x^{10}}$；　　（4）$\lim\limits_{x\to a}\dfrac{x^2}{x-a}\int_a^x f(t)\mathrm{d}t$，其中 $f(x)$ 为连续函数.

3．求由方程 $\int_0^y \mathrm{e}^t\mathrm{d}t+\int_0^x\cos t\mathrm{d}t=0$ 所确定的隐函数 $y=y(x)$ 的导数.

4．求下列定积分：

（1）$\int_1^4\sqrt{x}\mathrm{d}x$；　　（2）$\int_{-1}^2\left|x^2-x\right|\mathrm{d}x$；

（3）$\int_0^{\frac{\pi}{2}}\sqrt{1-\sin 2x}\mathrm{d}x$；　　（4）设 $f(x)=\begin{cases}\sqrt{1+x}, & |x|\leqslant 1,\\ \dfrac{1}{1+x^2}, & |x|>1,\end{cases}$ 求 $\int_{-1}^{\sqrt{3}}f(x)\mathrm{d}x$.

5．已知 $f(x)$ 为连续函数，且

$$\int_0^{2x}xf(t)\mathrm{d}t+2\int_x^0 tf(2t)\mathrm{d}t=2x^3(x-1).$$

求 $f(x)$ 在区间 $[0,2]$ 上的最大值与最小值.

6．设 $f(x)=\dfrac{1}{1+x^2}+\int_0^1 xf(t)\mathrm{d}t$，求 $f(x)$ 的表达式.

7．设函数 $f(x)$ 在闭区间 $[a,b]$ 上连续，在开区间 (a,b) 内可导，且 $f'(x)\leqslant 0$．令 $F(x)=\dfrac{1}{x-a}\int_a^x f(t)\mathrm{d}t$，证明：在 (a,b) 内有 $F'(x)\leqslant 0$.

6.3　定积分的换元积分法和分部积分法

当利用牛顿—莱布尼茨公式计算定积分时，需要求出被积函数的原函数，而不定积分的换元积分法和分部积分法是求解原函数的重要方法．本节将介绍如何把这两种方法用于定积分的计算.

6.3.1　换元积分法

定理 6.5　设函数 $f(x)$ 在区间 $[a,b]$ 上连续，若存在函数 $x=\varphi(t)$ 满足条件：

（1）当 $t\in[\alpha,\beta]$（或 $[\beta,\alpha]$）时，有 $a\leqslant\varphi(t)\leqslant b$ 且 $\varphi(\alpha)=a,\varphi(\beta)=b$；

（2）$\varphi(t)$ 在 $[\alpha,\beta]$（或 $[\beta,\alpha]$）上具有连续导数，则有

$$\int_a^b f(x)\mathrm{d}x=\int_\alpha^\beta f[\varphi(t)]\varphi'(t)\mathrm{d}t\ . \tag{6.3}$$

式（6.3）称为**定积分换元公式**.

证　由假设可知，式（6.3）两边的被积函数都是连续的，因此不仅两端的定积分都存在，而且由 6.2 节的定理 6.3 知，被积函数的原函数也都存在．所以两边的定积分都可用牛

顿一莱布尼茨公式计算．假设$F(x)$是$f(x)$的一个原函数，则

$$\int_a^b f(x)\mathrm{d}x = F(b) - F(a) .$$

令$\Phi(t) = F[\varphi(t)]$，由复合函数的求导法则，可得

$$\Phi'(t) = F'[\varphi(t)]\varphi'(t) = f[\varphi(t)]\varphi'(t) ,\quad t \in (\alpha, \beta) ,$$

即$\Phi(t)$是$f[\varphi(t)]\varphi'(t)$的一个原函数，所以

$$\int_\alpha^\beta f[\varphi(t)]\varphi'(t)dt = \Phi(\beta) - \Phi(\alpha) = F[\varphi(\beta)] - F[\varphi(\alpha)] = F(b) - F(a) .$$

从而

$$\int_a^b f(x)\mathrm{d}x = \int_\alpha^\beta f[\varphi(t)]\varphi'(t)\mathrm{d}t .$$

在利用定积分换元公式时，应注意以下两点：

（1）当利用$x = \varphi(t)$把原来的积分变量x变换成新变量t时，原积分限也要换成对应的新变量t的积分限，且上限对应上限，下限对应下限；

（2）求出$f[\varphi(t)]\varphi'(t)$的原函数$\Phi(t)$后，不必像计算不定积分那样再换回为积分变量x的函数，而只要把新变量t的上、下限分别代入$\Phi(t)$中，然后相减就行了．

例 6.9 求$\int_0^a \sqrt{a^2 - x^2}\mathrm{d}x (a > 0)$．

解 设$x = a\sin t$，则$\mathrm{d}x = a\cos t\mathrm{d}t$，且当$x = 0$时，$t = 0$；当$x = a$时，$t = \dfrac{\pi}{2}$．

于是

$$\int_0^a \sqrt{a^2 - x^2}\mathrm{d}x = a^2\int_0^{\frac{\pi}{2}} \cos^2 t\mathrm{d}t = \frac{a^2}{2}\int_0^{\frac{\pi}{2}} (1 + \cos 2t)\mathrm{d}t = \frac{a^2}{2}\left(t + \frac{1}{2}\sin 2t\right)\bigg|_0^{\frac{\pi}{2}} = \frac{\pi a^2}{4} .$$

注：由定积分的几何意义即可得$\int_0^a \sqrt{a^2 - x^2}\mathrm{d}x = \dfrac{\pi a^2}{4} (a > 0)$．

例 6.10 求$\int_0^4 \dfrac{x+2}{\sqrt{2x+1}}\mathrm{d}x$．

解 设$t = \sqrt{2x+1}$，则$x = \dfrac{t^2 - 1}{2}$，$\mathrm{d}x = t\mathrm{d}t$；当$x = 0$时，$t = 1$；当$x = 4$时，$t = 3$．

于是

$$\int_0^4 \frac{x+2}{\sqrt{2x+1}}\mathrm{d}x = \frac{1}{2}\int_1^3 (t^2 + 3)\mathrm{d}t = \frac{1}{2}\left(\frac{t^3}{3} + 3t\right)\bigg|_1^3 = \frac{22}{3} .$$

例 6.11 求$\int_0^\pi \sqrt{\sin^3 x - \sin^5 x}\mathrm{d}x$．

解

$$\begin{aligned}\int_0^\pi \sqrt{\sin^3 x - \sin^5 x}\mathrm{d}x &= \int_0^\pi \sin^{\frac{3}{2}} x \cdot |\cos x|\mathrm{d}x \\ &= \int_0^{\frac{\pi}{2}} \sin^{\frac{3}{2}} x \cdot \cos x\mathrm{d}x - \int_{\frac{\pi}{2}}^\pi \sin^{\frac{3}{2}} x \cdot \cos x\mathrm{d}x \\ &= \int_0^{\frac{\pi}{2}} \sin^{\frac{3}{2}} x\mathrm{d}(\sin x) - \int_{\frac{\pi}{2}}^\pi \sin^{\frac{3}{2}} x\mathrm{d}(\sin x)\end{aligned}$$

$$=\frac{2}{5}\sin^{\frac{5}{2}}x\Big|_0^{\frac{\pi}{2}}-\frac{2}{5}\sin^{\frac{5}{2}}x\Big|_{\frac{\pi}{2}}^{\pi}$$

$$=\frac{2}{5}-\left(-\frac{2}{5}\right)=\frac{4}{5}.$$

例 6.12　设 $f(x)=\begin{cases}\dfrac{1}{1+x}, & x\geqslant 0,\\ \mathrm{e}^x, & x<0,\end{cases}$ 求 $\int_{-1}^{3}f(x-1)\mathrm{d}x$.

解　设 $x-1=t$，则 $\mathrm{d}x=\mathrm{d}t$，且 $x=-1$ 时，$t=-2$；$x=3$ 时，$t=2$，于是

$$\int_{-1}^{3}f(x-1)\mathrm{d}x=\int_{-2}^{2}f(t)\mathrm{d}t=\int_{-2}^{0}f(t)\mathrm{d}t+\int_{0}^{2}f(t)\mathrm{d}t$$

$$=\int_{-2}^{0}\mathrm{e}^t\mathrm{d}t+\int_0^2\frac{1}{1+t}\mathrm{d}t=\mathrm{e}^t\Big|_{-2}^{0}+\ln(1+t)\Big|_0^2$$

$$=1-\mathrm{e}^{-2}+\ln 3.$$

例 6.13　设函数 $f(x)$ 在区间 $[-a,a]$ 上连续，证明：

（1）$\int_{-a}^{a}f(x)\mathrm{d}x=\int_0^a[f(-x)+f(x)]\mathrm{d}x$；

（2）当 $f(x)$ 为奇函数时，$\int_{-a}^{a}f(x)\mathrm{d}x=0$；

（3）当 $f(x)$ 为偶函数时，$\int_{-a}^{a}f(x)\mathrm{d}x=2\int_0^a f(x)\mathrm{d}x$.

证　（1）由于

$$\int_{-a}^{a}f(x)\mathrm{d}x=\int_{-a}^{0}f(x)\mathrm{d}x+\int_0^a f(x)\mathrm{d}x,$$

对于 $\int_{-a}^{0}f(x)\mathrm{d}x$，令 $x=-t$，则

$$\int_{-a}^{0}f(x)\mathrm{d}x=-\int_a^0 f(-t)\mathrm{d}t=\int_0^a f(-t)\mathrm{d}t=\int_0^a f(-x)\mathrm{d}x.$$

故

$$\int_{-a}^{a}f(x)\mathrm{d}x=\int_0^a f(-x)\mathrm{d}x+\int_0^a f(x)\mathrm{d}x=\int_0^a\big[f(-x)+f(x)\big]\mathrm{d}x.$$

（2）当 $f(x)$ 是奇函数时，$f(-x)+f(x)=0$，因此

$$\int_{-a}^{a}f(x)\mathrm{d}x=0.$$

（3）当 $f(x)$ 是偶函数时，$f(-x)+f(x)=2f(x)$，因此

$$\int_{-a}^{a}f(x)\mathrm{d}x=2\int_0^a f(x)\mathrm{d}x.$$

注：利用例 6.13 的结论，常常可简化在关于原点对称的区间上定积分的计算.

例 6.14　求定积分 $\int_{-2}^{2}\left(\dfrac{x^2\arctan x}{1+x^2+x^4}+\sqrt{|x|}\right)\mathrm{d}x$.

解　由于 $\dfrac{x^2\arctan x}{1+x^2+x^4}$ 是区间 $[-2,2]$ 上的奇函数，$|x|$ 是区间 $[-2,2]$ 上的偶函数，由例 6.13 的结论有

$$\int_{-2}^{2}\left(\frac{x^2\arctan x}{1+x^2+x^4}+\sqrt{|x|}\right)\mathrm{d}x=\int_{-2}^{2}\frac{x^2\arctan x}{1+x^2+x^4}\mathrm{d}x+\int_{-2}^{2}\sqrt{|x|}\mathrm{d}x$$

$$=0+2\int_0^2\sqrt{x}\mathrm{d}x=\frac{4}{3}x^{\frac{3}{2}}\Big|_0^2=\frac{8\sqrt{2}}{3}.$$

例 6.15 设 $f(x)$ 在 $[0,1]$ 上连续，证明：

（1）$\int_0^{\frac{\pi}{2}}f(\sin x)\mathrm{d}x=\int_0^{\frac{\pi}{2}}f(\cos x)\mathrm{d}x$；

（2）$\int_0^{\pi}xf(\sin x)\mathrm{d}x=\frac{\pi}{2}\int_0^{\pi}f(\sin x)\mathrm{d}x$.

证 （1）令 $x=\frac{\pi}{2}-t$，则 $\mathrm{d}x=-\mathrm{d}t$，且当 $x=0$ 时，$t=\frac{\pi}{2}$；当 $x=\frac{\pi}{2}$ 时，$t=0$，于是

$$\int_0^{\frac{\pi}{2}}f(\sin x)\mathrm{d}x=-\int_{\frac{\pi}{2}}^{0}f\left[\sin\left(\frac{\pi}{2}-t\right)\right]\mathrm{d}t=\int_0^{\frac{\pi}{2}}f(\cos t)\mathrm{d}t=\int_0^{\frac{\pi}{2}}f(\cos x)\mathrm{d}x.$$

（2）令 $x=\pi-t$，则 $\mathrm{d}x=-\mathrm{d}t$，且当 $x=0$ 时，$t=\pi$；当 $x=\pi$ 时，$t=0$，于是

$$\int_0^{\pi}xf(\sin x)\mathrm{d}x=-\int_{\pi}^{0}(\pi-t)f[\sin(\pi-t)]\mathrm{d}t$$

$$=\int_0^{\pi}(\pi-t)f(\sin t)\mathrm{d}t$$

$$=\pi\int_0^{\pi}f(\sin t)\mathrm{d}t-\int_0^{\pi}tf(\sin t)\mathrm{d}t$$

$$=\pi\int_0^{\pi}f(\sin x)\mathrm{d}x-\int_0^{\pi}xf(\sin x)\mathrm{d}x$$

从而

$$\int_0^{\pi}xf(\sin x)\mathrm{d}x=\frac{\pi}{2}\int_0^{\pi}f(\sin x)\mathrm{d}x.$$

例 6.16 求（1）$\int_0^{\frac{\pi}{2}}\frac{1}{1+\sin x}\mathrm{d}x$；（2）$\int_0^{\pi}\frac{x\sin x}{1+\cos^2 x}\mathrm{d}x$.

解 （1）由本节例 6.15 的结论（1），可得

$$\int_0^{\frac{\pi}{2}}\frac{1}{1+\sin x}\mathrm{d}x=\int_0^{\frac{\pi}{2}}\frac{1}{1+\cos x}\mathrm{d}x=\frac{1}{2}\int_0^{\frac{\pi}{2}}\frac{1}{\cos^2\frac{x}{2}}\mathrm{d}x=\frac{1}{2}\int_0^{\frac{\pi}{2}}\sec^2\frac{x}{2}\mathrm{d}x=\tan\frac{x}{2}\Big|_0^{\frac{\pi}{2}}=1.$$

（2）由本节例 6.15 的结论（2），可得

$$\int_0^{\pi}\frac{x\sin x}{1+\cos^2 x}\mathrm{d}x=\frac{\pi}{2}\int_0^{\pi}\frac{\sin x}{1+\cos^2 x}\mathrm{d}x=-\frac{\pi}{2}\int_0^{\pi}\frac{\mathrm{d}(\cos x)}{1+\cos^2 x}$$

$$=-\frac{\pi}{2}[\arctan(\cos x)]\Big|_0^{\pi}=\frac{\pi^2}{4}.$$

6.3.2 定积分的分部积分法

利用不定积分的分部积分公式及牛顿—莱布尼茨公式，即可得出定积分的分部积分公式.
设函数 $u=u(x),v=v(x)$ 在区间 $[a,b]$ 上具有连续导数，则

$$(uv)'=u'v+uv' \text{ 或 } uv'=(uv)'-u'v,$$

从而

$$\int_a^b uv'\mathrm{d}x = \int_a^b (uv)'\mathrm{d}x - \int_a^b u'v\mathrm{d}x,$$

即

$$\int_a^b u(x)\mathrm{d}v(x) = [u(x)\cdot v(x)]\Big|_a^b - \int_a^b v(x)\mathrm{d}u(x).$$

这就是**定积分的分部积分公式**.

例 6.17　求 $\int_0^1 \arctan x\mathrm{d}x$.

解　$$\int_0^1 \arctan x\mathrm{d}x = x\arctan x\Big|_0^1 - \int_0^1 \frac{x}{1+x^2}\mathrm{d}x$$
$$= \frac{\pi}{4} - \frac{1}{2}\int_0^1 \frac{1}{1+x^2}\mathrm{d}(1+x^2)$$
$$= \frac{\pi}{4} + \frac{1}{2}\ln(1+x^2)\Big|_0^1 = \frac{\pi}{4} + \frac{\ln 2}{2}.$$

例 6.18　求 $\int_0^1 x\ln(x+1)\mathrm{d}x$.

解　$$\int_0^1 x\ln(x+1)\mathrm{d}x = \frac{1}{2}\int_0^1 \ln(x+1)\mathrm{d}(x^2)$$
$$= \frac{1}{2}x^2\ln(x+1)\Big|_0^1 - \frac{1}{2}\int_0^1 x^2\cdot\frac{1}{x+1}\mathrm{d}x$$
$$= \frac{\ln 2}{2} - \frac{1}{2}\int_0^1\left(x-1+\frac{1}{x+1}\right)\mathrm{d}x$$
$$= \frac{\ln 2}{2} - \frac{1}{2}\left(\frac{x^2}{2} - x + \ln|x+1|\right)\Bigg|_0^1$$
$$= \frac{\ln 2}{2} - \frac{1}{2}\left(\frac{1}{2} - 1 + \ln 2\right) = \frac{1}{4}.$$

例 6.19　求 $\int_0^1 \mathrm{e}^{\sqrt{x}}\mathrm{d}x$.

解　先用换元法. 令 $\sqrt{x}=t$，则 $x=t^2$，$\mathrm{d}x = 2t\mathrm{d}t$. 当 $x=0$ 时，$t=0$；当 $x=1$ 时，$t=1$，于是

$$\int_0^1 \mathrm{e}^{\sqrt{x}}\mathrm{d}x = 2\int_0^1 t\mathrm{e}^t\mathrm{d}t.$$

再用分部积分法，因为

$$\int_0^1 t\mathrm{e}^t\mathrm{d}t = \int_0^1 t\mathrm{d}\mathrm{e}^t = t\mathrm{e}^t\Big|_0^1 - \int_0^1 \mathrm{e}^t\mathrm{d}t = \mathrm{e} - \mathrm{e}^t\Big|_0^1 = 1,$$

因此

$$\int_0^1 \mathrm{e}^{\sqrt{x}}\mathrm{d}x = 2\int_0^1 t\mathrm{e}^t\mathrm{d}t = 2.$$

例 6.20　设 $f''(x)$ 在 $[0,1]$ 上连续，且 $f(0)=1, f(2)=3, f'(2)=5$，求 $\int_0^1 xf''(2x)\mathrm{d}x$.

解　$$\int_0^1 x f''(2x)\mathrm{d}x = \frac{1}{2}\int_0^1 x\mathrm{d}f'(2x) = \frac{1}{2}xf'(2x)\Big|_0^1 - \frac{1}{2}\int_0^1 f'(2x)\mathrm{d}x$$

$$=\frac{5}{2}-\frac{1}{4}f(2x)\Big|_0^1=2\,.$$

例 6.21 求$I_n=\int_0^{\frac{\pi}{2}}\sin^n x\mathrm{d}x$（$n$为非负整数）.

解 $I_n=\int_0^{\frac{\pi}{2}}\sin^n x\mathrm{d}x=-\int_0^{\frac{\pi}{2}}\sin^{n-1}x\mathrm{d}\cos x$

$$=(-\sin^{n-1}x\cos x)\Big|_0^{\frac{\pi}{2}}+\int_0^{\frac{\pi}{2}}\cos x\cdot(n-1)\sin^{n-2}x\cos x\mathrm{d}x$$

$$=(n-1)\int_0^{\frac{\pi}{2}}\sin^{n-2}x\cdot(1-\sin^2 x)\mathrm{d}x=(n-1)\int_0^{\frac{\pi}{2}}\sin^{n-2}x\mathrm{d}x-(n-1)\int_0^{\frac{\pi}{2}}\sin^n x\mathrm{d}x$$

$$=(n-1)I_{n-2}-(n-1)I_n$$

由此得到递推公式

$$I_n=\frac{n-1}{n}I_{n-2}\,.$$

而

$$I_0=\int_0^{\frac{\pi}{2}}\mathrm{d}x=\frac{\pi}{2}，\quad I_1=\int_0^{\frac{\pi}{2}}\sin x\mathrm{d}x=1\,，$$

故当n为偶数时

$$I_n=\frac{n-1}{n}\cdot\frac{n-3}{n-2}\cdots\frac{3}{4}\cdot\frac{1}{2}\cdot\frac{\pi}{2}\,.$$

当n为大于1的奇数时

$$I_n=\frac{n-1}{n}\cdot\frac{n-3}{n-2}\cdots\frac{4}{5}\cdot\frac{2}{3}\,.$$

由本节例 6.15 的结论（1）可知，$\int_0^{\frac{\pi}{2}}\cos^n x\mathrm{d}x=\int_0^{\frac{\pi}{2}}\sin^n x\mathrm{d}x$，结合例 6.21 的结果能快速得到某些定积分的值，例如

$$\int_0^{\frac{\pi}{2}}\sin^4 x\mathrm{d}x=\frac{3}{4}\cdot\frac{1}{2}\cdot\frac{\pi}{2}=\frac{3\pi}{16}；\quad \int_0^{\frac{\pi}{2}}\cos^7 x\mathrm{d}x=\frac{6}{7}\cdot\frac{4}{5}\cdot\frac{2}{3}=\frac{16}{35}\,.$$

习题 6.3

1．求下列定积分：

（1）$\int_{\frac{\pi}{3}}^{\pi}\sin\left(x+\frac{\pi}{3}\right)\mathrm{d}x$；　　（2）$\int_1^4\frac{\mathrm{d}x}{1+\sqrt{x}}$；

（3）$\int_0^1\frac{x^2}{\sqrt{x^6+4}}\mathrm{d}x$；　　（4）$\int_0^{\frac{\pi}{2}}\sin\varphi\cos^3\varphi\mathrm{d}\varphi$；

（5）$\int_{\frac{\pi}{6}}^{\frac{\pi}{2}}\cos^2 u\mathrm{d}u$；　　（6）$\int_1^{\mathrm{e}^2}\frac{\mathrm{d}x}{x\sqrt{1+\ln x}}$；

（7）$\int_1^{\sqrt{3}}\frac{\mathrm{d}x}{x^2\sqrt{1+x^2}}$；　　（8）$\int_0^{\sqrt{2}}\sqrt{2-x^2}\mathrm{d}x$；

（9）$\int_{\ln 2}^{\ln 3}\frac{\mathrm{d}x}{\mathrm{e}^x-\mathrm{e}^{-x}}$；　　（10）$\int_0^{\frac{\pi}{2}}\frac{\sin 2x}{1+\mathrm{e}^{\cos^2 x}}\mathrm{d}x$.

2．求下列定积分：

（1）$\int_0^1 x\mathrm{e}^{-x}\mathrm{d}x$；（2）$\int_0^{\frac{\pi}{4}} x\cos 2x\mathrm{d}x$；

（3）$\int_1^4 \frac{\ln x}{\sqrt{x}}\mathrm{d}x$；（4）$\int_{\frac{\pi}{4}}^{\frac{\pi}{3}} \frac{x}{\sin^2 x}\mathrm{d}x$；

（5）$\int_0^1 x\arctan x^2\mathrm{d}x$；（6）$\int_1^{\mathrm{e}} \sin(\ln x)\mathrm{d}x$．

3．利用被积函数的奇偶性求下列积分：

（1）$\int_{-1}^1 \ln(x+\sqrt{1+x^2})\mathrm{d}x$；（2）$\int_{-1}^1 \frac{2+\sin x}{1+x^2}\mathrm{d}x$；

（3）$\int_{-2}^2 \frac{(\arcsin x)^2}{\sqrt{4-x^2}}\mathrm{d}x$；（4）$\int_{-\frac{\pi}{2}}^{\frac{\pi}{2}} 4\cos^4 x\mathrm{d}x$．

4．证明：

（1）$\int_0^1 x^m(1-x)^n\mathrm{d}x = \int_0^1 x^n(1-x)^m\mathrm{d}x$；

（2）$\int_x^1 \frac{\mathrm{d}x}{1+x^2} = \int_1^{\frac{1}{x}} \frac{\mathrm{d}x}{1+x^2}$ （$x>0$）；

（3）设 $f(x)$ 是定义在区间 $(-\infty,+\infty)$ 内的周期为 T 的连续函数，则对任意 $a\in\mathbb{R}$，有

$$\int_a^{a+T} f(x)\mathrm{d}x = \int_0^T f(x)\mathrm{d}x .$$

5．若 $f(t)$ 是连续函数且为奇函数，证明 $\int_0^x f(t)\mathrm{d}t$ 是偶函数；若 $f(t)$ 是连续函数且为偶函数，证明 $\int_0^x f(t)\mathrm{d}t$ 是奇函数．

6．设 $f(x)=\int_0^x \frac{\sin t}{\pi - t}\mathrm{d}t$，求 $\int_0^{\pi} f(x)\mathrm{d}x$.

7．设 $f(x)=\int_0^x \mathrm{e}^{-t^2+2t}\mathrm{d}t$，求 $\int_0^1 (x-1)^2 f(x)\mathrm{d}x$.

6.4 定积分的应用

本节将讨论定积分的**微元法**及其在几何上和经济学中的应用．

6.4.1 定积分的微元法

如果在某个实际问题中所求的量 Q 符合下列条件：

（1）Q 与某个变量 x 的某个变化区间 $[a,b]$ 有关；

（2）Q 对于这个区间具有可加性．即如果把区间 $[a,b]$ 任意分成 n 个小区间 $[x_{i-1},x_i]$，则 Q 被相应地分成 n 个部分量 ΔQ_i $(i=1,2,\cdots,n)$，且 $Q=\sum\limits_{i=1}^{n}\Delta Q_i$；

（3）部分量 ΔQ_i 可近似表示为 $f(\xi_i)\Delta x_i$，其中 ξ_i 是区间 $[x_{i-1},x_i]$ $(i=1,2,\cdots,n)$ 上任意的点．记 $\Delta x_i = x_i - x_{i-1}$ $(i=1,2,\cdots,n)$ 为区间长度，$\lambda = \max\limits_{1\leqslant i\leqslant n}\{\Delta x_i\}$，若所求量 Q 可表示为

$$Q=\lim_{\lambda\to 0}\sum_{i=1}^{n}f(\xi_i)\Delta x_i ,$$

那么，根据定积分的定义，有

$$Q=\int_a^b f(x)\mathrm{d}x .$$

这样解决问题往往比较麻烦，为了使得问题简单，我们通常采用“微元法”.

（1）根据具体问题，选取与所求量Q相关的变量x，并确定其变化区间$[a,b]$.

（2）把区间$[a,b]$分成几个小区间，任取其中一个小区间，记作$[x,x+\mathrm{d}x]$，求出Q相对于这个小区间的对应量ΔQ，如果能近似表示为区间$[a,b]$上的一个连续函数在x处的值$f(x)$与$\mathrm{d}x$的乘积$f(x)\mathrm{d}x$，则将乘积$f(x)\mathrm{d}x$称为量Q的微元并且记作$\mathrm{d}Q$，即

$$\Delta Q\approx \mathrm{d}Q=f(x)\mathrm{d}x ,$$

其中$\mathrm{d}Q$与ΔQ之差是当$\mathrm{d}x\to 0$时$\mathrm{d}x$的高阶无穷小.

（3）把求得的量Q的微元$f(x)\mathrm{d}x$作为被积表达式，在区间$[a,b]$上做定积分，可得

$$Q=\int_a^b f(x)\mathrm{d}x ,$$

这就是所求量Q的积分表达式.

这种建立定积分表达式的方法称为**微元法**. 下面，我们利用微元法来解决一些几何和经济中的实际问题.

6.4.2 平面图形的面积

1．直角坐标情形

已知平面图形由连续曲线$y=f(x),y=g(x)$（$f(x)\geqslant g(x)$）和直线$x=a$, $x=b(a<b)$所围成（见图 6.4），现在求它的面积A.

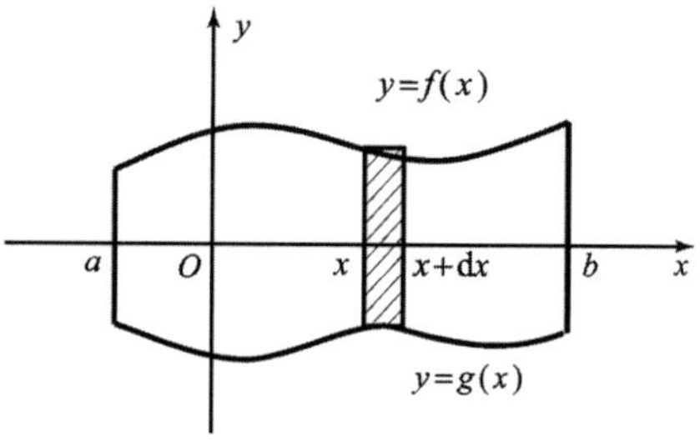

图 6.4

取x为积分变量，它的变化区间为$[a,b]$，在$[a,b]$上任取一个小区间$[x,x+\mathrm{d}x]$，与这个小区间对应的面积ΔA近似地等于高为$f(x)-g(x)$、底为$\mathrm{d}x$的窄条矩形的面积（见图 6.4 中的阴影部分），从而得到面积微元为

$$\mathrm{d}A=[f(x)-g(x)]\mathrm{d}x ,$$

所以所求图形的面积为

$$A=\int_a^b[f(x)-g(x)]\mathrm{d}x .$$

类似地，若平面图形由连续曲线$x=\varphi(y),x=\psi(y)$ $(\varphi(y)\leqslant\psi(y))$及直线$y=c$, $y=d$ $(c<d)$围成（见图 6.5），取y作为积分变量，则其面积为

$$A=\int_c^d[\psi(y)-\varphi(y)]\mathrm{d}y .$$

例 6.22 求由抛物线$y=-x^2+1$与$y=x^2-x$围成的平面图形的面积（见图 6.6）.

解 由方程组

$$\begin{cases}y=-x^2+1,\\ y=x^2-x,\end{cases}$$

解得两抛物线交点为$\left(-\frac{1}{2},\frac{3}{4}\right)$及$(1,0)$．取 x 为积分变量，则

$$-\frac{1}{2}\leqslant x\leqslant 1,$$

面积微元为

$$dA=[(-x^2+1)-(x^2-x)]dx=(-2x^2+x+1)dx,$$

因此所求图形的面积为

$$A=\int_{-\frac{1}{2}}^{1}(-2x^2+x+1)dx$$
$$=\left(-\frac{2}{3}x^3+\frac{1}{2}x^2+x\right)\Big|_{-\frac{1}{2}}^{1}=\frac{9}{8}.$$

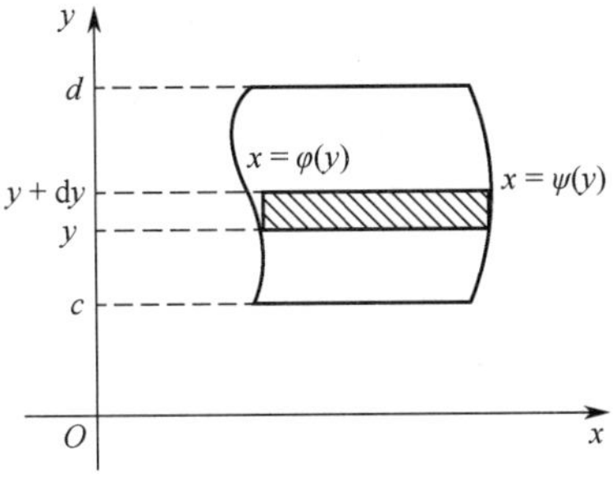

图 6.5

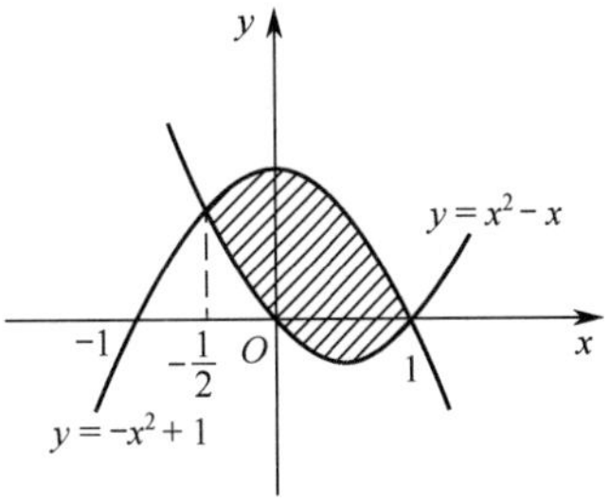

图 6.6

例 6.23　求抛物线 $y^2=2x$ 与直线 $y=x-4$ 围成的平面图形的面积（见图 6.7）.

解　抛物线与直线的交点由方程组

$$\begin{cases}y^2=2x,\\ y=x-4,\end{cases}$$

联立解得为$(2,-2)$及$(8,4)$．取 y 作为积分变量，则

$$-2\leqslant y\leqslant 4,$$

面积微元为

$$dA=\left(y+4-\frac{1}{2}y^2\right)dy,$$

因此所求图形的面积为

$$A=\int_{-2}^{4}\left(y+4-\frac{1}{2}y^2\right)dy=\left(\frac{y^2}{2}+4y-\frac{y^3}{6}\right)\Big|_{-2}^{4}=18.$$

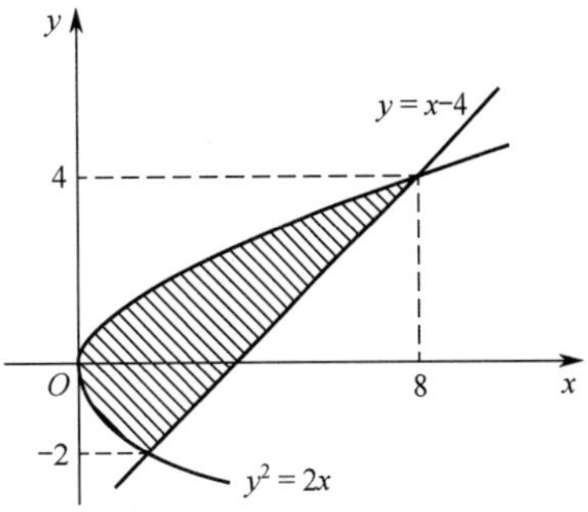

图 6.7

例 6.24　求椭圆$\frac{x^2}{a^2}+\frac{y^2}{b^2}=1$所围图形的面积（见图 6.8）.

解　因为椭圆关于两个坐标轴对称，所以椭圆所围图形的面积是第一象限部分面积的 4 倍．求椭圆在第一象限部分的面积，取 x 作为积分变量，则

$$0\leqslant x\leqslant a,$$

面积微元为

$$dA = y dx = \frac{b}{a}\sqrt{a^2 - x^2}dx\,,$$

因此所求图形的面积为

$$A = 4\int_0^a \frac{b}{a}\sqrt{a^2 - x^2}dx = \frac{4b}{a}\int_0^a \sqrt{a^2 - x^2}dx = \frac{4b}{a}\cdot\frac{\pi}{4}a^2 = \pi ab..$$

注：由 6.3 节的例 6.9 可知，$\int_0^a \sqrt{a^2 - x^2}dx = \frac{\pi}{4}a^2$.

例 6.25 求由曲线 $y=\sin x, y=\cos x$ 及直线 $x=0, x=\frac{\pi}{2}$ 围成的平面图形的面积（见图 6.9）.

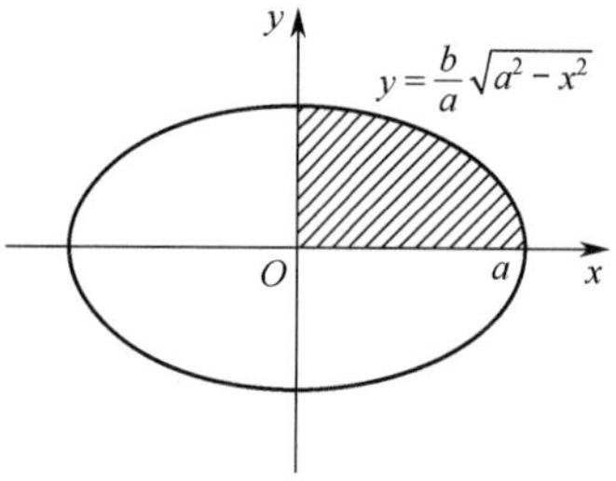

图 6.8

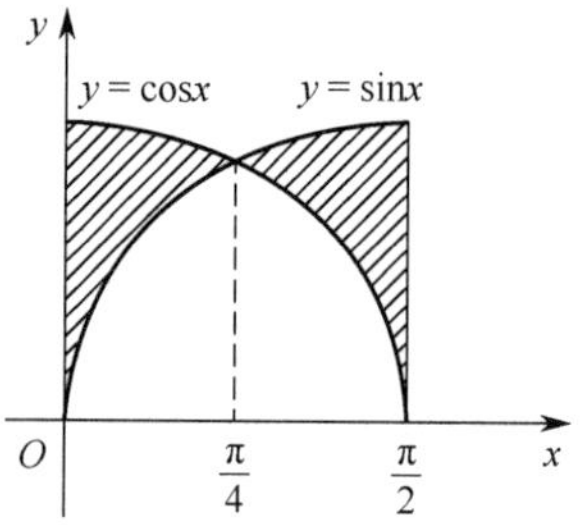

图 6.9

解 由方程组

$$\begin{cases} y=\sin x, \\ y=\cos x, \end{cases}$$

解得两条曲线的交点为$\left(\frac{\pi}{4},\frac{\sqrt{2}}{2}\right)$. 取 x 作为积分变量，则当$0\leqslant x\leqslant\frac{\pi}{4}$时，面积微元为

$$dA = (\cos x - \sin x)dx\,,$$

当$\frac{\pi}{4}\leqslant x\leqslant\frac{\pi}{2}$时，面积微元为

$$dA = (\sin x - \cos x)dx\,;$$

因此所求图形的面积为

$$\begin{aligned} A &= \int_0^{\frac{\pi}{4}}(\cos x - \sin x)dx + \int_{\frac{\pi}{4}}^{\frac{\pi}{2}}(\cos x - \sin x)dx \\ &= (\sin x + \cos x)\Big|_0^{\frac{\pi}{4}} + (-\sin x - \cos x)\Big|_{\frac{\pi}{4}}^{\frac{\pi}{2}} \\ &= 2(\sqrt{2}-1)\,. \end{aligned}$$

2. 极坐标情形

现在来求在极坐标系下，曲线 $r=r(\theta)$（$\theta\in[\alpha,\beta]$）与射线 $\theta=\alpha$ 和 $\theta=\beta$ 围成的**曲边扇形**的面积（见图 6.10）.

选取极角 θ 为积分变量，其变化范围为$[\alpha,\beta]$，任取其一个区间微元$[\theta,\theta+d\theta]$，则相应于$[\theta,\theta+d\theta]$区间的小曲边扇形的面积近似等于半径为 $r=r(\theta)$、中心角为 $d\theta$ 的圆扇形的面积（见图 6.10 中的阴影部分），从而曲边扇形的面积微元为

$$dA=\frac{1}{2}r^2(\theta)d\theta ,$$

于是，所求曲边扇形的面积为

$$A=\frac{1}{2}\int_{\alpha}^{\beta}\frac{1}{2}r^2(\theta)d\theta .$$

例 6.26　求心形线 $r=a(1+\cos\theta)$ 所围成图形的面积 $(a>0)$（见图 6.11）.

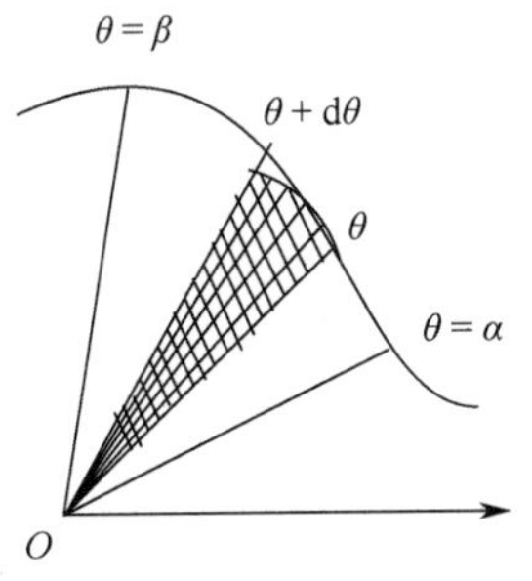

图 6.10

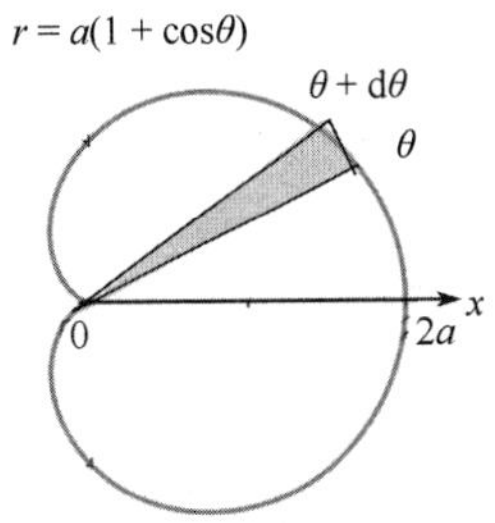

图 6.11

解　由图 6.11 可知，显然心形线所围成的图形关于极轴对称，因此所求面积 A 是极轴以上部分面积 A_1 的 2 倍.

求极轴以上部分面积，θ 为积分变量，则

$$0\leqslant\theta\leqslant\pi ,$$

面积微元为

$$dA_1=\frac{1}{2}[a(1+\cos\theta)]^2 d\theta=\frac{1}{2}a^2(1+\cos\theta)^2 d\theta ,$$

因此所求图形的面积为

$$A=2A_1=2\int_0^{\pi}\frac{1}{2}a^2(1+\cos\theta)^2 d\theta=a^2\int_0^{\pi}[1+2\cos\theta+\cos^2\theta]d\theta$$

$$=a^2\int_0^{\pi}\left[\frac{3}{2}+2\cos\theta+\frac{1}{2}\cos 2\theta\right]d\theta$$

$$=a^2\left(\frac{3\theta}{2}+2\sin\theta+\frac{1}{4}\sin 2\theta\right)\Bigg|_0^{\pi}=\frac{3}{2}\pi a^2 .$$

6.4.3　旋转体的体积

旋转体就是由一个平面图形绕它所在平面内的一条定直线旋转一周而形成的立体图形.

设旋转体是由连续曲线 $y=f(x)$、直线 $x=a,x=b$ $(a<b)$ 和 x 轴所围成的曲边梯形绕 x 轴旋转一周而形成的（见图 6.12）.

取 x 作为积分变量，它的变化区间为 $[a,b]$，在区间 $[a,b]$ 上任取一小区间 $[x,x+dx]$，相应的窄边梯形饶 x 轴旋转而成的薄片的体积近似等于以 $|f(x)|$ 为底半径，以 dx 为高的扁圆柱体的体积. 从而得到体积元素为

$$dV_x=\pi[f(x)]^2 dx .$$

于是所求旋转体的体积为

$$V_x = \pi\int_a^b f^2(x)\mathrm{d}x .$$

类似地，若旋转体是由曲线 $x=\varphi(y)$ 、直线 $y=c, y=d\ (c<d)$ 和 y 轴所围成的曲边梯形绕 y 轴旋转一周而形成的，则其体积为

$$V_y = \pi\int_c^d \varphi^2(y)\mathrm{d}y .$$

例 6.27 求由椭圆 $\dfrac{x^2}{a^2}+\dfrac{y^2}{b^2}=1$ 所围图形绕 x 轴旋转一周而形成的旋转体（称为**旋转椭球体**）的体积（见图 6.13）.

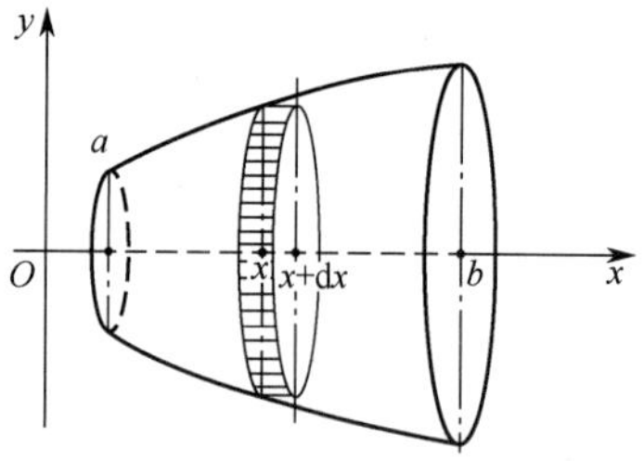

图 6.12

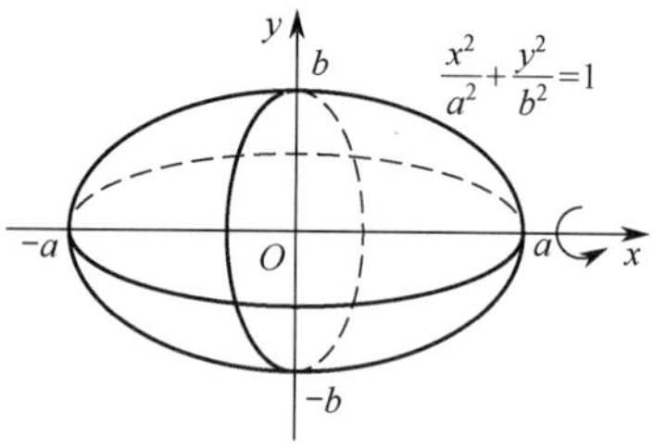

图 6.13

解 这个旋转体实际上就是上半椭圆 $y=\dfrac{b}{a}\sqrt{a^2-x^2}$ 及 x 轴所围曲边梯形绕 x 轴旋转一周而形成的立体图形，取 x 作为积分变量，则

$$-a\leqslant x\leqslant a ,$$

体积元素为

$$\mathrm{d}V_x = \pi\left(\frac{b}{a}\sqrt{a^2-x^2}\right)^2\mathrm{d}x = \frac{b^2}{a^2}\pi(a^2-x^2)\mathrm{d}x .$$

因此所求旋转椭球体的体积为

$$V_x = \pi\int_{-a}^a \frac{b^2}{a^2}(a^2-x^2)\mathrm{d}x = 2\pi\int_0^a \frac{b^2}{a^2}(a^2-x^2)\mathrm{d}x = 2\pi\frac{b^2}{a^2}\left(a^2x-\frac{x^3}{3}\right)\Bigg|_0^a = \frac{4}{3}\pi ab^2 .$$

特别地，当 $a=b$ 时就得到半径为 a 的球的体积为 $\dfrac{4}{3}\pi a^3$.

例 6.28 求直线 $y=2x$ 与抛物线 $y=x^2$ 所围的图形分别绕 x 轴和 y 轴旋转一周所形成的旋转体体积.

解 易求得直线 $y=2x$ 与曲线 $y=x^2$ 有两个交点，分别是 $(0,0)$ 和 $(2,4)$. 因此，直线 $y=2x$ 与抛物线 $y=x^2$ 所围的图形绕 x 轴旋转一周形成的旋转体体积为

$$\begin{aligned} V_x &= \pi\int_0^2(2x)^2\mathrm{d}x - \pi\int_0^2(x^2)^2\mathrm{d}x = \pi\int_0^2 4x^2\mathrm{d}x - \pi\int_0^2 x^4\mathrm{d}x \\ &= \pi\left(\frac{4x^3}{3}\Bigg|_0^2 - \frac{x^5}{5}\Bigg|_0^2\right) = \frac{64\pi}{15} . \end{aligned}$$

又由 $y=2x$ 与 $y=x^2$ ，可得 $x=\dfrac{y}{2}$ 与 $x=\sqrt{y}$. 因此直线 $y=2x$ 与抛物线 $y=x^2$ 所围的图形绕 y 轴旋转一周形成的旋转体体积为

$$V_y=\pi\int_0^4(\sqrt{y})^2\mathrm{d}y-\pi\int_0^4\left(\frac{y}{2}\right)^2\mathrm{d}y=\pi\int_0^4 y\mathrm{d}y-\pi\int_0^4\frac{y^2}{4}\mathrm{d}y$$

$$=\pi\left(\frac{y^2}{2}\Bigg|_0^4-\frac{y^3}{12}\Bigg|_0^4\right)=\frac{8\pi}{3}.$$

例 6.29　求由曲线 $y=2x-x^2$ 和 x 轴所围图形绕 y 轴旋转一周所得的旋转体体积（见图 6.14）.

解　由方程 $y=2x-x^2(0\leqslant x\leqslant 2)$ 容易求得

$x=1-\sqrt{1-y}\ (0\leqslant y\leqslant 1)$ 和 $x=1+\sqrt{1-y}\ (0\leqslant y\leqslant 1)$，

因此所求的旋转体的体积为

$$V_y=\pi\int_0^1(1+\sqrt{1-y})^2\mathrm{d}y-\pi\int_0^1(1-\sqrt{1-y})^2\mathrm{d}y$$

$$=\pi\int_0^1[(1+\sqrt{1-y})^2-(1-\sqrt{1-y})^2]\mathrm{d}y$$

$$=4\pi\int_0^1\sqrt{1-y}\mathrm{d}y=-4\pi\cdot\frac{2}{3}(1-y)^{\frac{3}{2}}\Bigg|_0^1=\frac{8}{3}\pi.$$

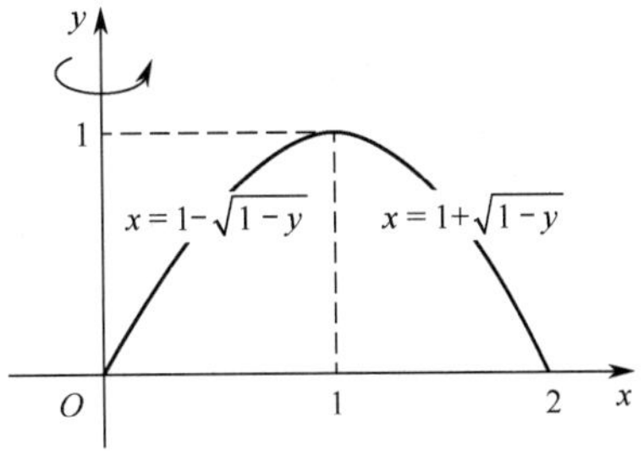

图 6.14

6.4.4　平行截面面积为已知的立体体积

考虑介于垂直于 x 轴的两平行平面 $x=a$ 与 $x=b$ 之间的立体（见图 6.15）.

若对任意的 $x\in[a,b]$，设立体在此处垂直于 x 轴的截面面积可以用 x 的连续函数 $A(x)$ 来表示，则在区间 $[a,b]$ 上任取一个小区间 $[x,x+\mathrm{d}x]$，对应的小区间的体积近似地等于以 $A(x)$ 底面积、高为 $\mathrm{d}x$ 的柱体的体积，故体积元素为

$$\mathrm{d}V=A(x)\mathrm{d}x,$$

于是所求立体的体积为

$$V=\int_a^b A(x)\mathrm{d}x.$$

例 6.30　一个平面经过半径为 R 的圆柱体的底圆中心，并与底面交成角 α（见图 6.16），求此平面截圆柱体所得楔形体的体积 V.

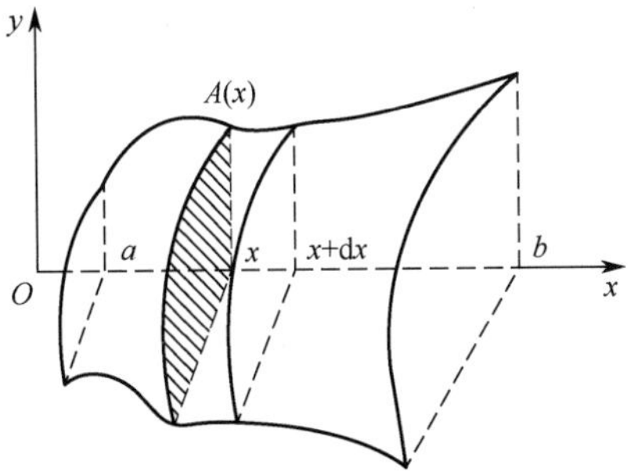

图 6.15

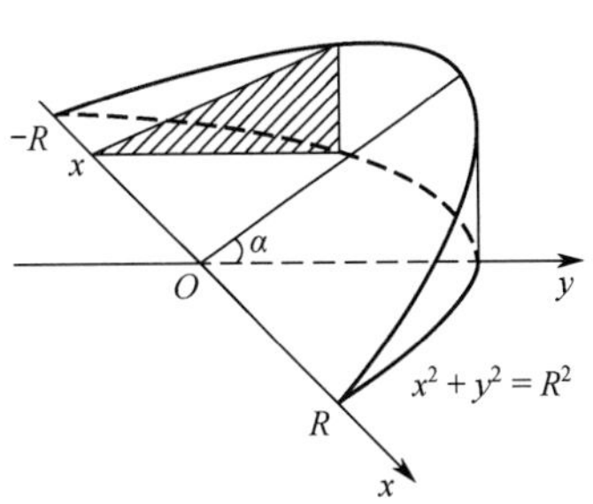

图 6.16

解　建立直角坐标系如图 6.16 所示，则底面圆方程为 $x^2+y^2=R^2$.

对任意的 $x\in[-R,R]$，过点 x 且垂直于 x 轴的截面是一个直角三角形，两直角边的长度分别为

$$y=\sqrt{R^2-x^2} \text{ 和 } y\tan\alpha=\sqrt{R^2-x^2}\tan\alpha,$$

故截面面积为

$$A(x)=\frac{1}{2}(R^2-x^2)\tan\alpha,$$

因此所求立体体积为

$$V=\frac{1}{2}\int_{-R}^{R}(R^2-x^2)\tan\alpha\mathrm{d}x=\frac{2}{3}R^3\tan\alpha.$$

6.4.5　定积分在经济学中的应用举例——由边际函数求总函数

假设某产品的固定成本为 C_0，边际成本函数为 $C'(Q)$，边际收益函数为 $R'(Q)$，其中 Q 为产量，并假定该产品处于产销平衡状态，则根据经济学的有关理论及定积分的微元分析法易知：

总成本函数可表为

$$C(Q)=\int_0^Q C'(Q)\mathrm{d}Q+C_0;$$

总收益函数可表为

$$R(Q)=\int_0^Q R'(Q)\mathrm{d}Q;$$

总利润函数可表为

$$L(Q)=R(Q)-C(Q)=\int_0^Q\left[R'(Q)-C'(Q)\right]\mathrm{d}Q-C_0.$$

例 6.31　设某产品的边际成本为 $C'(Q)=4+\frac{Q}{4}$（万元/百台），固定成本 $C_0=1$（万元），边际收益 $R'(Q)=8-Q$（万元/百台），求：

（1）产量从100台增加到500台的成本增量；

（2）总成本函数 $C(Q)$ 和总收益函数 $R(Q)$；

（3）产量为多少时，总利润最大？并求最大利润.

解　（1）产量从100台增加到500台的成本改变量为

$$C(5)-C(1)=\left[\int_0^5 C'(Q)\mathrm{d}Q+C_0\right]-\left[\int_0^1 C'(Q)\mathrm{d}Q+C_0\right]$$

$$=\int_1^5 C'(Q)\mathrm{d}Q=\int_1^5\left(4+\frac{Q}{4}\right)\mathrm{d}Q=\left(4Q+\frac{Q^2}{8}\right)\Bigg|_1^5=19 \text{（万元）}.$$

（2）总成本函数为

$$C(Q)=\int_0^Q C'(Q)\mathrm{d}Q+C_0=\int_0^Q\left(4+\frac{Q}{4}\right)\mathrm{d}Q+1=4Q+\frac{Q^2}{8}+1,$$

总收益函数为

$$R(Q)=\int_0^Q R'(Q)\mathrm{d}Q=\int_0^Q(8-Q)\mathrm{d}Q=8Q-\frac{Q^2}{2}.$$

（3）因为总利润函数为

$$L(Q)=R(Q)-C(Q)=\left(8Q-\frac{Q^2}{2}\right)-\left(4Q+\frac{Q^2}{8}+1\right)=-\frac{5}{8}Q^2+4Q-1,$$

所以

$$L'(Q) = -\frac{5}{4}Q + 4,$$

令 $L'(Q)=0$，可得唯一驻点

$$Q = 3.2 \text{（百台）},$$

又因

$$L''(3.2) = -\frac{5}{4} < 0,$$

所以当 $Q=3.2$（百台）时，总利润最大，且最大利润为 $L(3.2)=5.4$（万元）.

习题 6.4

1．求由下列曲线所围成的平面图形的面积：

（1）$y=x^2$ 与 $y=2-x^2$；

（2）$y=xe^{-x^2}$ 与 x 轴，$x=0$ 及 $x=1$；

（3）$y=x^2$ 与 $y=x$ 及 $y=2x$；

（4）$y=\dfrac{1}{x}$ 与 $y=x$ 及 $x=2$；

（5）$y=e^x, y=e^{-x}$ 与 $x=1$；

（6）$y=\sin x\left(0\leqslant x\leqslant\dfrac{\pi}{2}\right)$ 与 $x=0, y=1$.

2．求由下列曲线围成的平面图形绕指定坐标轴旋转一周而形成的旋转体的体积：

（1）$y=\sqrt{x}, x=1, x=4, y=0$，　　绕 x 轴；

（2）$y=x^3, x=2, y=0$，　　分别绕 x 轴和 y 轴；

（3）$y=x^2, x=y^2$，　　绕 y 轴；

（4）$y=\sin x(0\leqslant x\leqslant\pi), y=0$，　　分别绕 x 轴和 y 轴.

3．设某企业边际成本是产量 Q（件）的函数 $C'(Q)=2e^{0.2Q}$，其固定成本为 $C_0=90$（万元），求总成本函数.

4．某厂生产某产品 Q（百台）的总成本 $C(Q)$（万元）的变化率为 $C'(Q)=2$（设固定成本为零），总收益 $R(Q)$（万元）的变化率为产量 Q（百台）的函数 $R'(Q)=7-2Q$．问：

（1）生产量为多少时，总利润最大？最大利润为多少？

（2）在利润最大的基础上又多生产了 50 台，总利润减少了多少？

6.5　反常积分

前面我们讨论的定积分 $\int_a^b f(x)\mathrm{d}x$ 有两个最基本的要求：一是要求积分区间 $[a,b]$ 是有限区间，二是被积函数是有界函数．但在一些实际问题中，不得不考虑无穷区间上的积分或无界函数的积分，它们已不属于前面所讨论的定积分．在本节中，我们对定积分做如下两种推广：考虑无穷区间上的积分和无界函数的积分．这两种积分统称为**反常积分**（或称为

广义积分）．相应地，前面的定积分则称为**常义积分**或**正常积分**．

6.5.1 无穷区间上的反常积分

定义 6.2 设函数 $f(x)$ 在区间 $[a,+\infty)$ 上连续，称 $\int_a^{+\infty} f(x)\mathrm{d}x$ 为函数 $f(x)$ 在无穷区间 $[a,+\infty)$ 上的**反常积分**（也称为无穷积分）．取任意 $b>a$，定义

$$\int_a^{+\infty} f(x)\mathrm{d}x=\lim_{b\to+\infty}\int_a^b f(x)\mathrm{d}x,$$

若极限

$$\lim_{b\to+\infty}\int_a^b f(x)\mathrm{d}x$$

存在，则称该**反常积分收敛**，且极限值为该反常积分的值；否则称该**反常积分发散**．

类似地可定义：

（1）函数 $f(x)$ 在区间 $(-\infty,b]$ 上的反常积分为

$$\int_{-\infty}^b f(x)\mathrm{d}x=\lim_{a\to-\infty}\int_a^b f(x)\mathrm{d}x\ （a<b）;$$

（2）函数 $f(x)$ 在区间 $(-\infty,+\infty)$ 上的反常积分为

$$\begin{aligned}\int_{-\infty}^{+\infty} f(x)\mathrm{d}x&=\int_{-\infty}^{0} f(x)\mathrm{d}x+\int_{0}^{+\infty} f(x)\mathrm{d}x\\&=\lim_{a\to-\infty}\int_a^0 f(x)\mathrm{d}x+\lim_{b\to+\infty}\int_0^b f(x)\mathrm{d}x,\end{aligned}$$

对于反常积分 $\int_{-\infty}^{+\infty} f(x)\mathrm{d}x$，其收敛的充要条件是反常积分 $\int_{-\infty}^{0} f(x)\mathrm{d}x$ 和 $\int_{0}^{+\infty} f(x)\mathrm{d}x$ 同时收敛．

例 6.32 判断反常积分 $\int_0^{+\infty} x\mathrm{e}^{-x^2}\mathrm{d}x$ 的敛散性，如果收敛，求其值．

解 因为

$$\lim_{b\to+\infty}\int_0^b x\mathrm{e}^{-x^2}\mathrm{d}x=\lim_{b\to+\infty}\left(-\frac{1}{2}\mathrm{e}^{-x^2}\right)\Big|_0^b=\lim_{b\to+\infty}\left(-\frac{1}{2}\mathrm{e}^{-b^2}+\frac{1}{2}\right)=\frac{1}{2},$$

所以

$$\int_0^{+\infty} x\mathrm{e}^{-x^2}\mathrm{d}x\ 收敛，且\int_0^{+\infty} x\mathrm{e}^{-x^2}\mathrm{d}x=\frac{1}{2}.$$

例 6.33 求反常积分 $\int_{-\infty}^{+\infty}\frac{\mathrm{d}x}{1+x^2}$．

解 由定义有

$$\begin{aligned}\int_{-\infty}^{+\infty}\frac{\mathrm{d}x}{1+x^2}&=\int_{-\infty}^{0}\frac{\mathrm{d}x}{1+x^2}+\int_{0}^{+\infty}\frac{\mathrm{d}x}{1+x^2}\\&=\lim_{a\to-\infty}\int_a^0\frac{\mathrm{d}x}{1+x^2}+\lim_{b\to+\infty}\int_0^b\frac{\mathrm{d}x}{1+x^2}\\&=\lim_{a\to-\infty}(\arctan x)\Big|_a^0+\lim_{b\to+\infty}(\arctan x)\Big|_0^b\\&=-\lim_{a\to-\infty}\arctan a+\lim_{b\to+\infty}\arctan b\\&=-\left(-\frac{\pi}{2}\right)+\frac{\pi}{2}=\pi.\end{aligned}$$

设 $F(x)$ 为 $f(x)$ 在 $(-\infty,+\infty)$ 内的原函数，若当 $x\to+\infty$ 时和当 $x\to-\infty$ 时，$F(x)$ 的极限存在，记

$$\lim_{x\to+\infty}F(x)=F(+\infty)\text{，}\quad \lim_{x\to-\infty}F(x)=F(-\infty)$$

对于无穷区间上的反常积分，为书写方便，可分别简记为

$$\int_a^{+\infty}f(x)\mathrm{d}x=\lim_{b\to+\infty}(F(x)\big|_a^b)=F(x)\big|_a^{+\infty}=F(+\infty)-F(a)\text{；}$$

$$\int_{-\infty}^{b}f(x)\mathrm{d}x=\lim_{a\to-\infty}(F(x)\big|_a^b)=F(x)\big|_{-\infty}^{b}=F(b)-F(-\infty)\text{；}$$

$$\int_{-\infty}^{+\infty}f(x)\mathrm{d}x=\lim_{\substack{a\to-\infty\\ b\to+\infty}}[F(x)\big|_a^b]=F(x)\big|_{-\infty}^{+\infty}=F(+\infty)-F(-\infty)\text{.}$$

这就是牛顿—莱布尼茨公式对于无穷区间上的反常积分的推广.

例如，对于例 6.32，可以按下面方式计算

$$\int_0^{+\infty}x\mathrm{e}^{-x^2}\mathrm{d}x=-\frac{1}{2}\int_0^{+\infty}\mathrm{e}^{-x^2}\mathrm{d}(-x^2)=-\frac{1}{2}\mathrm{e}^{-x^2}\bigg|_0^{+\infty}=\frac{1}{2}\text{.}$$

例 6.34　判断下列反常积分的敛散性，如果收敛，求其值：

（1）$\displaystyle\int_1^{+\infty}\frac{1}{x^2}\mathrm{d}x$；　　（2）$\displaystyle\int_1^{+\infty}\frac{1}{\sqrt{x}}\mathrm{d}x$.

解　（1）因为

$$\int_1^{+\infty}\frac{1}{x^2}\mathrm{d}x=-\frac{1}{x}\bigg|_1^{+\infty}=-(0-1)=1$$

所以，反常积分 $\displaystyle\int_1^{+\infty}\frac{1}{x^2}\mathrm{d}x$ 收敛，且其值为 1；

（2）因为

$$\int_1^{+\infty}\frac{1}{\sqrt{x}}\mathrm{d}x=2\sqrt{x}\big|_1^{+\infty}=+\infty\text{，}$$

所以，反常积分 $\displaystyle\int_1^{+\infty}\frac{1}{\sqrt{x}}\mathrm{d}x$ 发散.

例 6.35　讨论反常积分 $\displaystyle\int_1^{+\infty}\frac{\mathrm{d}x}{x^p}$（$p>0$）的敛散性.

解　当 $p=1$ 时，有

$$\int_1^{+\infty}\frac{1}{x}\mathrm{d}x=\ln x\big|_1^{+\infty}=+\infty\text{；}$$

当 $0<p<1$ 时，有

$$\int_1^{+\infty}\frac{1}{x^p}\mathrm{d}x=\frac{x^{1-p}}{1-p}\bigg|_1^{+\infty}=+\infty\text{；}$$

当 $p>1$ 时，有

$$\int_1^{+\infty}\frac{1}{x^p}\mathrm{d}x=\frac{x^{1-p}}{1-p}\bigg|_1^{+\infty}=\frac{1}{p-1}\text{.}$$

因此，当 $p>1$ 时，此反常积分收敛，且其值为 $\dfrac{1}{p-1}$；当 $0<p\leqslant1$ 时，此反常积分发

散．

例 6.36 求 $\int_1^{+\infty}\frac{\ln x-a}{x^2}\mathrm{d}x$.

解 利用第 5 章的 5.3 节例 5.35 的结果，可得

$$\int_1^{+\infty}\frac{\ln x-a}{x^2}\mathrm{d}x=\left(-\frac{\ln x+1-a}{x}\right)\Bigg|_1^{+\infty}=1-a .$$

注：利用软件 MATLAB 可以很方便得到例 6.36 的结果，详见附录例 7.

6.5.2 无界函数的反常积分

现在我们把定积分推广到被积函数为无界函数的情形．

如果函数 $f(x)$ 在点 a 的任一邻域内都无界，那么点 a 称为函数 $f(x)$ 的**瑕点**（也称为无界间断点）．无界函数的反常积分又称为**瑕积分**．

定义 6.3 设函数 $f(x)$ 在区间 $(a,b]$ 上连续，点 a 为 $f(x)$ 的瑕点．定义

$$\int_a^b f(x)\mathrm{d}x=\lim_{t\to a^+}\int_t^b f(x)\mathrm{d}x$$

为函数 $f(x)$ 在 $(a,b]$ 上的反常积分．

若该极限

$$\lim_{t\to a^+}\int_t^b f(x)\mathrm{d}x$$

存在，则称该**反常积分收敛**，且极限值为该反常积分的值；否则称该**反常积分发散**．

类似地：

（1）设函数 $f(x)$ 在区间 $[a,b)$ 上连续，点 b 为 $f(x)$ 的瑕点，则函数 $f(x)$ 在区间 $[a,b)$ 上的反常积分为

$$\int_a^b f(x)\mathrm{d}x=\lim_{t\to b^-}\int_a^t f(x)\mathrm{d}x ;$$

（2）设函数 $f(x)$ 在区间 $[a,b]$ 上除点 $c(a<c<b)$ 外连续，点 c 为 $f(x)$ 的瑕点，则函数 $f(x)$ 在区间 $[a,b]$ 上的反常积分为

$$\begin{aligned}\int_a^b f(x)\mathrm{d}x&=\int_a^c f(x)\mathrm{d}x+\int_c^b f(x)\mathrm{d}x\\&=\lim_{t\to b^-}\int_a^t f(x)\mathrm{d}x+\lim_{t\to a^+}\int_t^b f(x)\mathrm{d}x ,\end{aligned}$$

对于积分 $\int_a^b f(x)\mathrm{d}x$ ，其收敛的充要条件是反常积分 $\int_a^c f(x)\mathrm{d}x$ 及 $\int_c^b f(x)\mathrm{d}x$ 同时收敛．

在计算无界函数的反常积分时，也可以借助于牛顿—莱布尼茨公式．

设 $x=a$ 为 $f(x)$ 的瑕点，设 $F(x)$ 是 $f(x)$ 在 $(a,b]$ 上的一个原函数，如果 $\lim\limits_{x\to a^+}F(x)$ 存在，则反常积分为

$$\int_a^b f(x)\mathrm{d}x=F(b)-\lim_{x\to a^+}F(x)=F(b)-F(a^+) ,$$

如果 $\lim\limits_{x\to a^+}F(x)$ 不存在，则反常积分 $\int_a^b f(x)\mathrm{d}x$ 发散．

我们仍用记号 $F(x)\big|_a^b$ 来表示 $F(b)-F(a^+)$ ，从而形式上仍有

$$\int_a^b f(x)\mathrm{d}x = F(x)\Big|_a^b .$$

对于 $f(x)$ 在区间 $[a,b)$ 上连续，$x=b$ 为 $f(x)$ 瑕点的反常积分，也有类似的计算公式.

例 6.37　判断反常积分 $\int_0^1 \frac{1}{x^2}\mathrm{d}x$ 的敛散性.

解　因为 $\lim\limits_{x\to 0^+}\frac{1}{x^2}=+\infty$，所以 $x=0$ 是被积函数的瑕点，于是

$$\int_0^1 \frac{1}{x^2}\mathrm{d}x = \left(-\frac{1}{x}\right)\Bigg|_0^1 = -1+\lim_{x\to 0^+}\frac{1}{x}=+\infty ,$$

即反常积分 $\int_0^1 \frac{1}{x^2}\mathrm{d}x$ 发散.

例 6.38　求反常积分 $\int_0^2 \frac{x}{\sqrt{4-x^2}}\mathrm{d}x$.

解　因为 $\lim\limits_{x\to 2^-}\frac{x}{\sqrt{4-x^2}}=\infty$，所以 $x=2$ 是被积函数的瑕点，于是

$$\int_0^2 \frac{x}{\sqrt{4-x^2}}\mathrm{d}x = -\frac{1}{2}\int_0^2 (4-x^2)^{-\frac{1}{2}}\mathrm{d}(4-x^2) = -(4-x^2)^{\frac{1}{2}}\Big|_0^2 = 2 .$$

例 6.39　讨论反常积分 $\int_0^1 \frac{\mathrm{d}x}{x^q}(q>0)$ 的敛散性.

解　当 $q=1$ 时，有

$$\int_0^1 \frac{\mathrm{d}x}{x^q} = \ln|x|\Big|_0^1 = +\infty ;$$

当 $q>1$ 时，有

$$\int_0^1 \frac{\mathrm{d}x}{x^q} = \frac{x^{1-q}}{1-q}\Bigg|_0^1 = +\infty .$$

当 $0<q<1$ 时，有

$$\int_0^1 \frac{\mathrm{d}x}{x^q} = \frac{x^{1-q}}{1-q}\Bigg|_0^1 = \frac{1}{1-q} .$$

因此，当 $0<q<1$ 时，此反常积分收敛，其值为 $\frac{1}{1-q}$；当 $q\geqslant 1$ 时，此反常积分发散.

例 6.40　求反常积分 $\int_0^1 \ln x\mathrm{d}x$.

解　因为 $\lim\limits_{x\to 0^+}\ln x=-\infty$，所以 $x=0$ 是瑕点. 由分部积分法，有

$$\int_0^1 \ln x\mathrm{d}x = x\ln x\Big|_0^1 - \int_0^1 x\mathrm{d}(\ln x) = 0-\int_0^1 1\mathrm{d}x = -1 .$$

注： 这里由洛必达法则，可得

$$\lim_{x\to 0^+} x\ln x = \lim_{x\to 0^+}\frac{\ln x}{\frac{1}{x}} = \lim_{x\to 0^+}\frac{\frac{1}{x}}{-\frac{1}{x^2}} = \lim_{x\to 0^+}(-x) = 0 .$$

例 6.41 判断反常积分$\int_0^2 \frac{\mathrm{d}x}{(x-1)^2}$的敛散性.

解 因被积函数在区间$[0,1)\cup(1,2]$上连续，且$\lim\limits_{x\to 1}\frac{1}{(x-1)^2}=\infty$，所以$x=1$是被积函数的瑕点，于是

$$\int_0^2 \frac{\mathrm{d}x}{(x-1)^2}=\int_0^1 \frac{\mathrm{d}x}{(x-1)^2}+\int_1^2 \frac{\mathrm{d}x}{(x-1)^2},$$

而

$$\int_1^2 \frac{\mathrm{d}x}{(x-1)^2}=-\frac{1}{x-1}\Big|_1^2=+\infty,$$

所以反常积分$\int_0^2 \frac{\mathrm{d}x}{(x-1)^2}$发散.

本例中，如果疏忽了$x=1$是被积函数的瑕点，就会得到如下的错误结果，即

$$\int_0^2 \frac{\mathrm{d}x}{(x-1)^2}=-\frac{1}{x-1}\Big|_0^2=-2.$$

由于无界函数的反常积分与定积分形式上没有什么区别，因此在计算有限区间积分时，应注意被积函数在积分区间上是否有瑕点，一旦忽略这个问题，就可能得出错误的结果.

习题 6.5

1．判断下列反常积分的敛散性，若收敛，求其值：

（1）$\int_1^{+\infty}\frac{\mathrm{d}x}{x^4}$；（2）$\int_0^{+\infty}\mathrm{e}^{-x}\sin x\mathrm{d}x$；

（3）$\int_{-\infty}^{+\infty}\sin x\mathrm{d}x$；（4）$\int_{-\infty}^{+\infty}\frac{\mathrm{d}x}{x^2+2x+2}$；

（5）$\int_0^1\frac{x\mathrm{d}x}{\sqrt{1-x^2}}$；（6）$\int_0^1 x\ln x\mathrm{d}x$；

（7）$\int_1^{\mathrm{e}}\frac{\mathrm{d}x}{x\sqrt{1-\ln^2 x}}$；（8）$\int_0^2\frac{\mathrm{d}x}{(1-x)^3}$.

2．当k为何值时，反常积分$\int_2^{+\infty}\frac{\mathrm{d}x}{x(\ln x)^k}$收敛？当$k$为何值时，该反常积分发散？

习题 6

（A）

1．填空题

（1）$\frac{\mathrm{d}}{\mathrm{d}x}\int_{x^2}^0 x\cos t^2\mathrm{d}t=$________；

（2）设$f(x)$连续，$F(x)=\int_0^{x^2}xf(t^2)\mathrm{d}t$，则$F'(x)=$________；

（3）$\dfrac{\mathrm{d}}{\mathrm{d}x}\int_0^x \sin(x-t)^2\mathrm{d}t=$______________；

（4）设 $f(x)$ 连续，则 $\dfrac{\mathrm{d}}{\mathrm{d}x}\int_0^x tf(x^2-t^2)\mathrm{d}t=$______________.

2．求下列定积分：

（1）$\int_{-1}^{1}\dfrac{\tan x}{\sin^2 x+1}\mathrm{d}x$；　（2）$\int_0^2 x^2\sqrt{4-x^2}\mathrm{d}x$；

（3）$\int_0^{\ln 2}\sqrt{\mathrm{e}^x-1}\mathrm{d}x$；　（4）$\int_0^{\frac{\pi}{4}}\dfrac{x}{1+\cos 2x}\mathrm{d}x$；

（5）$\int_0^1\dfrac{x^2}{(1+x^2)^2}\mathrm{d}x$；　（6）$\int_1^2\sqrt{x^2-1}\mathrm{d}x$；

（7）$\int_0^1 x^2\mathrm{e}^{-x}\mathrm{d}x$；　（8）$\int_1^{\mathrm{e}}(\ln x)^2\mathrm{d}x$；

（9）$\int_0^{\frac{\pi}{2}}\dfrac{\cos x-\sin x}{\cos x+\sin x}\mathrm{d}x$；　（10）$\int_0^2\dfrac{1}{x^2-4x+3}\mathrm{d}x$；

（11）$\int_0^1\dfrac{\ln(1+x)}{(2-x)^2}\mathrm{d}x$；　（12）$\int_0^1 x(1-x^4)^{\frac{3}{2}}\mathrm{d}x$；

（13）$\int_1^3 f(x-2)\mathrm{d}x$，其中 $f(x)=\begin{cases}1+x^2, & x\leqslant 0,\\ \mathrm{e}^{-x}, & x>0.\end{cases}$

3．设 $f(x)=x+\int_0^1 xf(x)\mathrm{d}x$，求 $f(x)$ 的表达式.

4．设 $f(x)$ 连续，若 $f(x)$ 满足 $\int_0^1 f(xt)\mathrm{d}t=f(x)+x\mathrm{e}^x$，求 $f(x)$.

5．设 $f(x)$ 在区间 $[a,b]$ 上连续，且 $\int_a^b f(x)\mathrm{d}x=1$，求 $\int_a^b f(a+b-x)\mathrm{d}x$.

6．设 $f(x)$ 为连续函数，证明：$\int_0^x f(t)(x-t)\mathrm{d}t=\int_0^x\left(\int_0^t f(u)\mathrm{d}u\right)\mathrm{d}t$.

7．求函数 $f(x)=\int_0^{x^2}(1-t)\mathrm{e}^{-t}\mathrm{d}t$ 的极值.

8．求下列反常积分：

（1）$\int_0^{+\infty}\dfrac{x\mathrm{e}^{-x}}{(1+\mathrm{e}^{-x})^2}\mathrm{d}x$；　（2）$\int_1^{+\infty}\dfrac{\arctan x}{x^2}\mathrm{d}x$；

（3）$\int_0^{\frac{\pi}{2}}\ln\sin x\mathrm{d}x$；　（4）$\int_1^{\mathrm{e}}\dfrac{\mathrm{d}x}{x\sqrt{\ln x}}$.

9．求抛物线 $y^2=2px$ 及其在点 $\left(\dfrac{p}{2},p\right)$ 处的法线所围成的平面图形的面积.

10．求由曲线 $y=x^{\frac{3}{2}}$ 与直线 $x=4$ 及 x 轴所围成的图形绕 y 轴旋转而成的旋转体的体积.

11．设某产品的边际成本为 $C'(Q)=2-Q$（万元/台），其中 Q 代表产量，固定成本 $C_0=22$（万元），边际收益 $R'(Q)=20-4Q$（万元/台）．试求：

（1）总成本函数和总收益函数；

（2）获得最大利润时的产量；

（3）在获得最大利润时的产量基础上，又多生产了4台，利润的变化.

（B）

1．单项选择题

（1）设函数 $f(x)$ 在区间 $[a,b]$ 上满足 $f(x)>0$，$f'(x)<0$，$f''(x)>0$．令 $S_1=\int_a^b f(x)\mathrm{d}x$，$S_2=f(b)(b-a),S_3=\dfrac{1}{2}[f(a)+f(b)](b-a)$，则（　　）.

（A）$S_1<S_2<S_3$　（B）$S_2<S_1<S_3$　（C）$S_3<S_1<S_2$　（D）$S_2<S_3<S_1$

（2）（2011 年考研数三）设 $I=\int_0^{\frac{\pi}{4}}\ln(\sin x)\mathrm{d}x$，$J=\int_0^{\frac{\pi}{4}}\ln(\cot x)\mathrm{d}x$，$K=\int_0^{\frac{\pi}{4}}\ln(\cos x)\mathrm{d}x$，则 I,J,K 的大小关系为（　　）.

（A）$I<J<K$　（B）$I<K<J$　（C）$J<I<K$　（D）$K<J<I$

（3）（2018 年考研数三）设 $K=\int_{-\frac{\pi}{2}}^{\frac{\pi}{2}}(1+\sqrt{\cos x})\mathrm{d}x$，$M=\int_{-\frac{\pi}{2}}^{\frac{\pi}{2}}\dfrac{(1+x)^2}{1+x^2}\mathrm{d}x$，$N=\int_{-\frac{\pi}{2}}^{\frac{\pi}{2}}\dfrac{1+x}{\mathrm{e}^x}\mathrm{d}x$，则 K,M,N 的大小关系为（　　）.

（A）$M<N<K$　（B）$M<K<N$　（C）$N<M<K$　（D）$K<N<M$．

（4）（2021 年考研数三）当 $x\to 0$ 时，$\int_0^{x^2}(\mathrm{e}^{t^3}-1)\mathrm{d}t$ 是 x^7 的（　　）.

（A）低阶无穷小　（B）等价无穷小

（C）高阶无穷小　（D）同阶但非等价无穷小

（5）（2018 年考研数三）设函数 $f(x)$ 在[0,1]上二阶可导，且 $\int_0^1 f(x)\mathrm{d}x=0$，则（　　）.

（A）当 $f'(x)<0$ 时，$f\left(\dfrac{1}{2}\right)<0$　（B）当 $f''(x)<0$ 时，$f\left(\dfrac{1}{2}\right)<0$

（C）当 $f'(x)>0$ 时，$f\left(\dfrac{1}{2}\right)<0$　（D）当 $f''(x)>0$ 时，$f\left(\dfrac{1}{2}\right)<0$

2．填空题

（1）（2011 年考研数三）由曲线 $y=\sqrt{x^2-1}$、直线 $x=2$ 及 x 轴所围成的平面图行绕 x 轴旋转所成的旋转体的体积为____________；

（2）（2012 年考研数三）由曲线 $y=\dfrac{4}{x}$ 和直线 $y=x$ 及 $y=4x$ 在第一象限中围成的平面图形的面积为____________；

（3）（2014 年考研数三）设 D 是由曲线 $xy+1=0$、直线 $y+x=0$ 及 $y=2$ 所围成的有界区域，则 D 的面积为____________；

（4）（2020 年考研数三）设平面区域 $D=\left\{(x,y)\middle|\dfrac{x}{2}\leqslant y\leqslant\dfrac{1}{1+x^2},0\leqslant x\leqslant 1\right\}$，则 D 绕 y 轴旋转一周所得的旋转体的体积为____________；

（5）（2021 年考研数三）设平面区域 D 是由曲线 $y=\sqrt{x}\cdot\sin\pi x(0\leqslant x\leqslant 1)$ 与 x 轴围成的，

则 D 绕 x 轴旋转一周所得旋转体的体积为_____________；

（6）（2017 年考研数三） $\int_{-\pi}^{\pi}\sin^3 x+\sqrt{\pi^2-x^2}\mathrm{d}x=$ _____________；

（7）（2014 年考研数三）设 $\int_0^a x\mathrm{e}^{2x}\mathrm{d}x=\frac{1}{4}$，则 $a=$ _____________；

（8）（2021 年考研数三） $\int_{\sqrt{5}}^{5}\frac{x}{\sqrt{|x^2-9|}}\mathrm{d}x=$_____________；

（9）（2015 年考研数三）设函数 $f(x)$ 连续，$\varphi(x)=\int_0^{x^2}xf(t)\mathrm{d}t$，若 $\varphi(1)=1$，$\varphi'(1)=5$，则 $f(1)=$_____________；

（10）（2013 年考研数三） $\int_1^{+\infty}\frac{\ln x}{(1+x)^2}\mathrm{d}x=$ _____________；

（11）（2019 年考研数三）已知函数 $f(x)=\int_1^x\sqrt{1+t^4}\mathrm{d}t$，则 $\int_0^1 x^2 f(x)\mathrm{d}x=$ ________.

3．解答题

（1）（2017 年考研数三）求 $\lim\limits_{x\to 0^+}\frac{\int_0^x\sqrt{x-t}\cdot\mathrm{e}^t\mathrm{d}t}{\sqrt{x^3}}$.

（2）设 $f(x)=\int_1^{x^2}\frac{\sin t}{t}\mathrm{d}t$，求 $\int_0^1 xf(x)\mathrm{d}x$.

（3）（2016 年考研数三）设函数 $f(x)=\int_0^1\left|t^2-x^2\right|\mathrm{d}t(x>0)$，求 $f'(x)$，并求 $f(x)$ 的最小值.

（4）设连续函数 $f(x)$ 满足 $f(2x)=2f(x)$，证明：$\int_1^2 xf(x)\mathrm{d}x=7\int_0^1 xf(x)\mathrm{d}x$.

（5）（2013 年考研数三）设 D 是由曲线 $y=x^{\frac{1}{3}}$、直线 $x=a(a>0)$ 及 x 轴所围成的平面图形，V_x 与 V_y 分别是 D 绕 x 轴、y 轴旋转一周所得的旋转体的体积，若 $V_y=10V_x$，求 a 的值.

（6）（2014 年考研数三）设函数 $f(x)$ 与 $g(x)$ 在区间 $[a,b]$ 上均连续，且 $f(x)$ 单调递增，$0\leqslant g(x)\leqslant 1$，证明：

① $0\leqslant\int_a^x g(t)\mathrm{d}t\leqslant x-a(x\in[a,b])$；

② $\int_a^{a+\int_a^b g(t)\mathrm{d}t}f(x)\mathrm{d}x\leqslant\int_a^b f(x)g(x)\mathrm{d}x$.

（7）（2019 年考研数三）设 $a_n=\int_0^1 x^n\sqrt{1-x^2}\mathrm{d}x(n=0,1,2,\cdots)$，

① 证明：数列 $\{a_n\}$ 单调递减，且 $a_n=\frac{n-1}{n+2}a_{n-2},(n=1,2,\cdots)$；

② 求 $\lim\limits_{n\to\infty}\frac{a_n}{a_{n-1}}$.

（8）（2019 年考研数三）求曲线 $y=\mathrm{e}^{-x}\sin x(x\geqslant 0)$ 与 x 轴所围成图形的面积.

第 7 章　多元函数微分学

前面章节所探讨的函数都只有一个自变量，这种函数是一元函数．但在社会、经济、科技等研究领域中，经常需要研究多个变量之间的关系，这在数学上，就表现为一个变量与另外多个变量的相互依赖关系．因而，需要研究多元函数的概念及其微分与积分问题．

一元函数微积分建立在平面解析几何的基础上，要过渡到二元函数，会产生新问题，而二元函数到二元以上的多元函数则可以类推．因此，本章先介绍空间解析几何，然后进一步讨论以二元函数为主要对象的多元函数微分法及其应用．

7.1　空间解析几何初步

7.1.1　空间直角坐标系

在空间中取定一个点 O，过点 O 作三条互相垂直的数轴 Ox, Oy, Oz，依次为 x 轴（横轴）、y 轴（纵轴）、z 轴（竖轴），统称为**坐标轴**．通常按右手法则来确定三条坐标轴的正向，即以右手握住 z 轴，当右手的四个手指从 x 轴的正向以 $\frac{\pi}{2}$ 的角度转向 y 轴的正向时，大拇指的指向就是 z 轴的正向（见图 7.1）．这样可以构建一种标定空间点的位置的系统，该系统被称为**空间直角坐标系**．其中，点 O 为**坐标原点**．

每两条坐标轴可确定一个平面，该平面称为**坐标面**．x 轴和 y 轴所确定的坐标面称为 xOy 面，另外两个由 y 轴、z 轴和由 z 轴、x 轴所确定的坐标面，分别称为 yOz 面、zOx 面．三个坐标面把空间分成 8 个部分，每个部分称为一个**卦限**．如图 7.2 所示，在 xOy 面上方、yOz 面前方、zOx 面右方的这个卦限称为**第一卦限**，其他的为第二、第三、第四卦限，在 xOy 面的上方，按逆时针方向确定前四个卦限．从第五卦限至第八卦限在 xOy 面的下方，第一卦限下方是第五卦限，按逆时针方向确定后四个卦限，这八个卦限分别用罗马数字Ⅰ、Ⅱ、Ⅲ、Ⅳ、Ⅴ、Ⅵ、Ⅶ、Ⅷ表示．

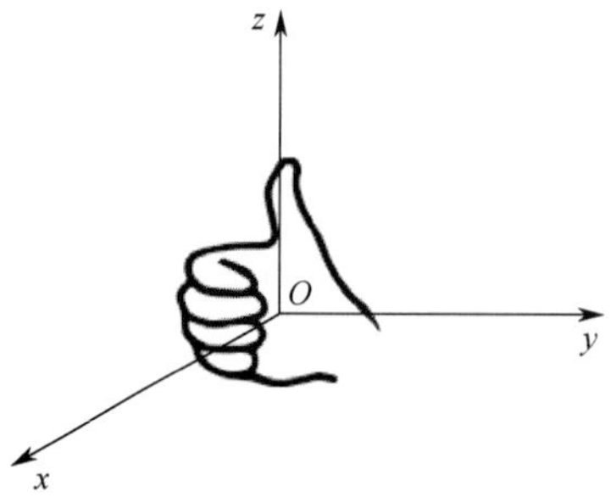

图 7.1

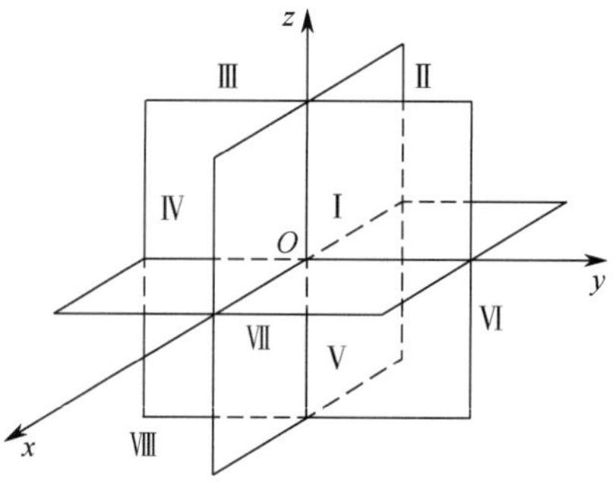

图 7.2

设 M 为空间中的任意一点，过点 M 分别作垂直于三坐标轴的平面，与三坐标轴的交点分别为 P、Q、R（见图 7.3）．设点 P、Q、R 在 Ox、Oy、Oz 轴上的坐标分别为 x_0、y_0、z_0，则称三元有序数组 (x_0,y_0,z_0) 为点 M 的**坐标**，记作 $M(x_0,y_0,z_0)$．反之，任意给定一个三元有序数组 (x_0,y_0,z_0)，在空间中必唯一确定一点 M 与之对应．由此可以看出，三元有序数组 (x_0,y_0,z_0) 与空间中的点 M 构成了一一对应关系

$$M \leftrightarrow (x_0,y_0,z_0).$$

坐标面和坐标轴上的点，其坐标各有一定的特征．例如，如果点 M 在 yOz 面上，则 $x_0=0$；同样，如果点 M 在 zOx 面上，则 $y_0=0$；如果点 M 在 xOy 面上，则 $z_0=0$；如果点 M 在 x 轴上，则 $y_0=z_0=0$；同样，如果点 M 在 y 轴上，则 $x_0=z_0=0$；如果点 M 在 z 轴上，则 $x_0=y_0=0$．

7.1.2　空间中两点间的距离

对于空间中任意两点（见图 7.4）$M_0(x_0,y_0,z_0)$ 和 $M_1(x_1,y_1,z_1)$，容易求得两点的距离为

$$|M_0M_1|=\sqrt{(x_1-x_0)^2+(y_1-y_0)^2+(z_1-z_0)^2}\ .$$

特别地，空间中任意一点 $M(x,y,z)$ 到坐标原点的距离为

$$|OM|=\sqrt{x^2+y^2+z^2}\ .$$

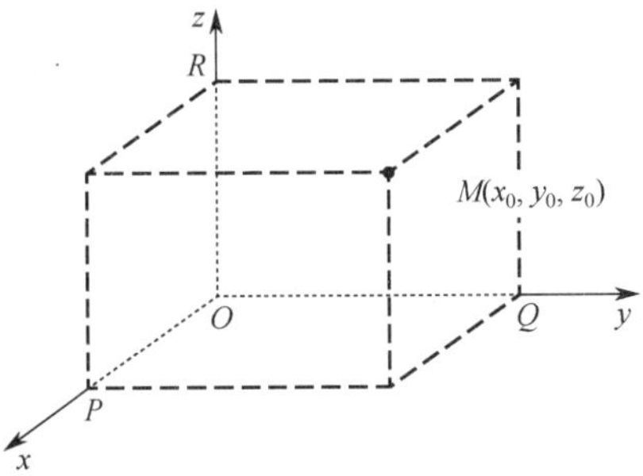

图 7.3

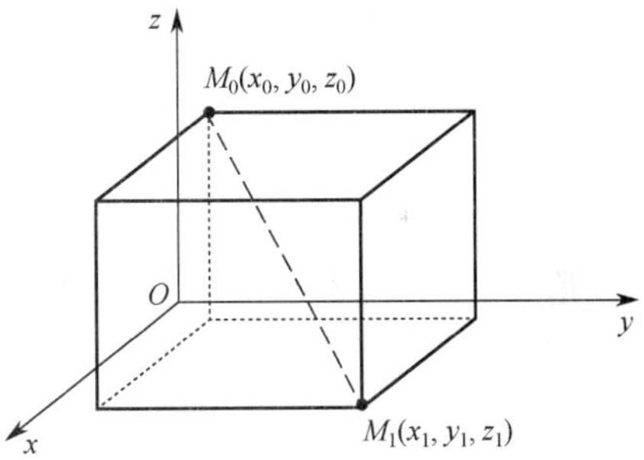

图 7.4

7.1.3　空间曲面与空间曲线

在平面坐标系中，直线可以看成是曲线的一种特例，因此平面解析几何实际上是对平面上一系列曲线及其方程的研究．类似地，在空间中，平面与空间直线可以分别看成是曲面与空间曲线的特例．因此，空间解析几何的研究对象可以统一归结为空间曲面与空间曲线．为了便于研究，先引入有关曲面方程与空间曲线方程的概念．

1．空间曲面与空间曲线的定义

像在平面解析几何中把平面曲线当作动点的轨迹一样，在空间解析几何中，任何曲面或曲线都可以被看成点的几何轨迹．在这种意义下，曲面和空间曲线的方程定义如下：

定义 7.1　如果曲面 S 与三元方程

$$F(x,y,z)=0 \tag{7.1}$$

有下述关系：

（1）曲面 S 上的任意一点的坐标都满足方程（7.1）；

（2）不在曲面 S 上的点的坐标都不满足方程（7.1），
那么，方程（7.1）就称为**曲面 S 的方程**，而曲面 S 就称为**方程**（7.1）**的图形**（见图 7.5）.

空间曲线可以看作两个曲面 S_1、S_2 的交线．设这两个曲面的方程分别是

$$F(x,y,z)=0 \text{ 和 } G(x,y,z)=0,$$

它们的交线为 C（见图 7.6）．因为在曲线 C 上的任何点都应同时在这两个曲面上，即应满足方程组

$$\begin{cases} F(x,y,z)=0, \\ G(x,y,z)=0. \end{cases} \tag{7.2}$$

反过来，如果点 M 不在曲线 C 上，那么它不可能同时在两个曲面上，所以点 M 的坐标不满足方程组（7.2）．因此，曲线 C 可以用方程组（7.2）来表示．方程组（7.2）就称为**空间曲线 C 的方程**，而曲线 C 就称为**方程组**（7.2）**的图形**.

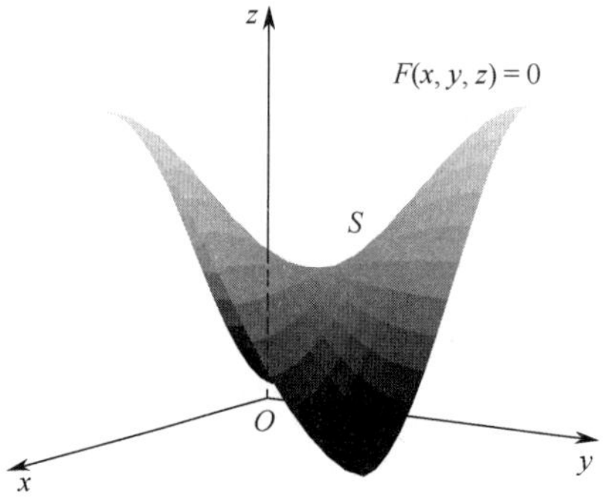

图 7.5

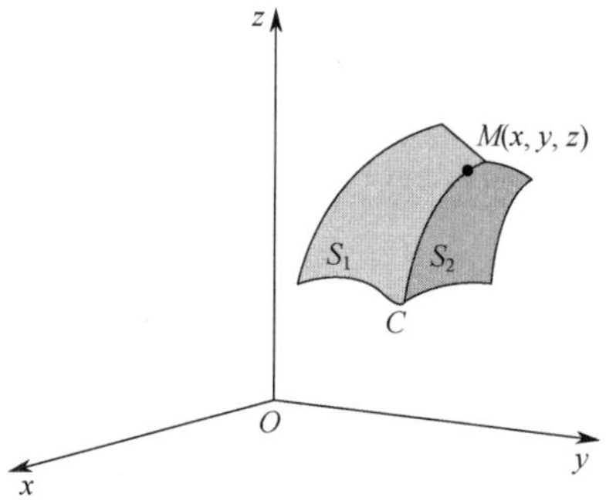

图 7.6

这里有个问题值得注意，在空间中，一个一元方程 $F(x)=0$ 或者一个二元方程 $F(x, y)=0$ 表示什么呢？我们知道，一个一元方程在数轴上表示数轴上的一点，而在平面直角坐标系中表示一条平面曲线；一个二元方程在平面直角坐标系中也表示一条曲线．因此可以类推，一个一元方程或者一个二元方程在空间直角坐标系中仍然表示曲面．例如，方程 $x=0$ 在数轴上表示数轴的原点，在平面直角坐标系中表示 y 轴所在的直线；在空间直角坐标系中表示 yOz 坐标平面.

2．常见的空间曲面

在空间解析几何中，关于曲面的研究有下列两个基本问题：

（1）已知曲面上的点所满足的几何条件，建立这个曲面的方程；

（2）已知曲面方程，研究这个方程表示的曲面形状.

下面分别通过上面两个角度讨论常见的一些曲面，这些曲面包括平面、旋转曲面、柱面和二次曲面等.

（1）平面

平面是空间中最简单且最重要的曲面．可以证明空间中的任意一个平面都可以用三元一次方程

$$Ax+By+Cz+D=0$$

来表示，其中 A,B,C,D 为常数，且 A,B,C 不全为零.

具有特殊位置的平面方程如下：

①平面通过坐标原点：$Ax+By+Cz=0$.

②平面平行于 x 轴的平面：$By+Cz+D=0$;

平面平行于 y 轴的平面：$Ax+Cz+D=0$;

平面平行于 z 轴的平面：$Ax+By+D=0$.

③平面平行于 xOy 面的平面：$Cz+D=0$;

平面平行于 yOz 面的平面：$Ax+D=0$;

平面平行于 xOz 面的平面：$By+D=0$.

例如，$x=a, x+y=a, x+y+z=0$ 均表示空间中的特殊平面（见图 7.7）.

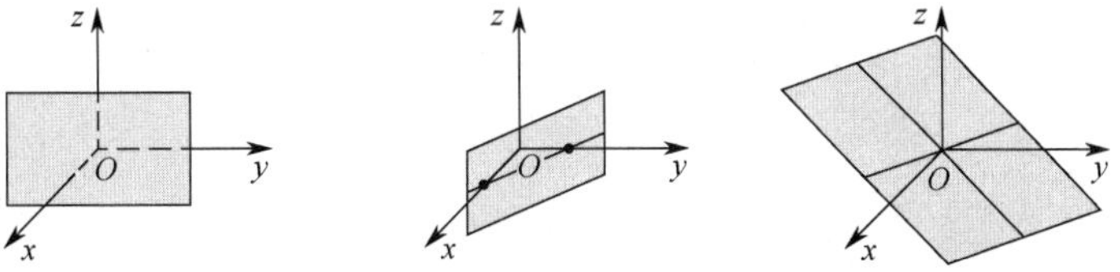

$x=a$　　　　$x+y=a$　　　　$x+y+z=0$

图 7.7

例 7.1　设一个平面与 x 轴、y 轴和 z 轴的交点分别为 $P(a,0,0)$、$Q(0,b,0)$、$R(0,0,c)$ 三点（见图 7.8），求这个平面的方程（其中 $a\neq 0, b\neq 0, c\neq 0$）.

解　设所求的平面方程为

$$Ax+By+Cz+D=0,$$

因 $P(a,0,0)$, $Q(0,b,0)$, $R(0,0,c)$ 三点都在该平面上，则 P,Q,R 三点的坐标都满足平面方程，即有

$$\begin{cases} aA+D=0, \\ bB+D=0, \\ cC+D=0, \end{cases}$$

解得

$$A=-\frac{D}{a}, B=-\frac{D}{b}, C=-\frac{D}{c}.$$

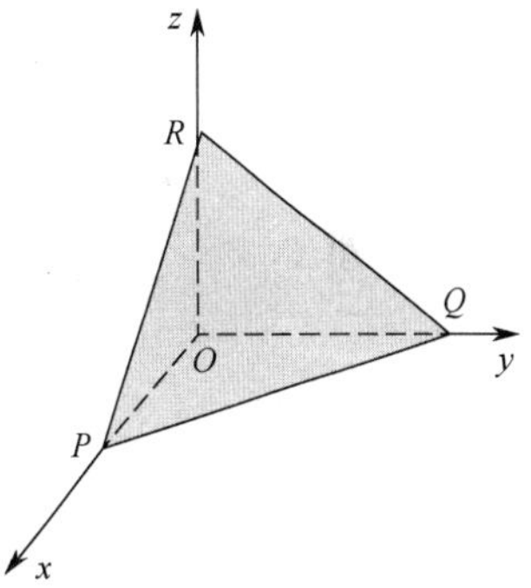

图 7.8

以此代入所设平面方程中，化简可得

$$\frac{x}{a}+\frac{y}{b}+\frac{z}{c}=1.$$

该方程称为**平面的截距式方程**，其中 a,b,c 分别称为平面在 x 轴、y 轴、z 轴上的**截距**.

（2）旋转曲面

一条平面曲线绕其平面上一条定直线旋转一周所成的曲面称为旋转曲面，动曲线和定直线依次称为旋转曲面的**母线**和**旋转轴**.

设在 yOz 坐标面上有一条已知曲线 C，已知它的方程为

$$f(y,z)=0,$$

将该曲线绕 z 轴旋转一周，就得到以 z 轴为轴、以曲线 C 为母线的旋转曲面（见图 7.9），下面来讨论它的方程：

设点 $M_1(0,y_1,z_1)$ 为曲线 C 上的任意一点，则有

$$f(y_1,z_1)=0. \tag{7.3}$$

当曲线绕 z 轴旋转时，点 M_1 绕 z 轴转到另一点 $M(x,y,z)$，这时 $z=z_1$ 保持不变，且点 M 到 z 轴的距离为

$$d=\sqrt{x^2+y^2}=|y_1|.$$

将 $z_1=z, y_1=\pm\sqrt{x^2+y^2}$ 代入（7.3）式，有

$$f(\pm\sqrt{x^2+y^2},z)=0,$$

这就是所求旋转曲面的方程.

由此可见，在曲线 C 的方程 $f(y,z)=0$ 中将 y 改成 $\pm\sqrt{x^2+y^2}$，便可得到曲线 C 绕 z 轴旋转所成的旋转曲面方程.

同理，该曲线 C 绕 y 轴所成的旋转曲面的方程为

$$f(y,\pm\sqrt{x^2+z^2})=0.$$

例 7.2 直线 L 绕另一条与 L 相交的直线旋转一周，所得旋转曲面称为**圆锥面**. 两条直线的交点称为圆锥面的**顶点**，两条直线的夹角 $\alpha\left(0<\alpha<\dfrac{\pi}{2}\right)$ 称为圆锥面的半顶角. 试建立顶点在坐标原点 O、旋转轴为 z 轴、半顶角为 α 的圆锥面（见图 7.10）的方程.

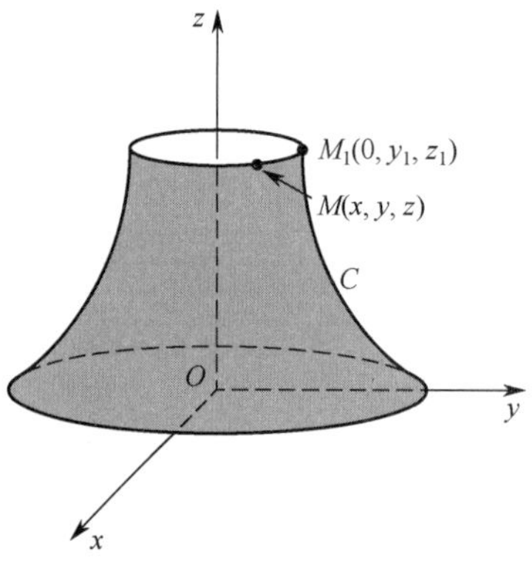

图 7.9

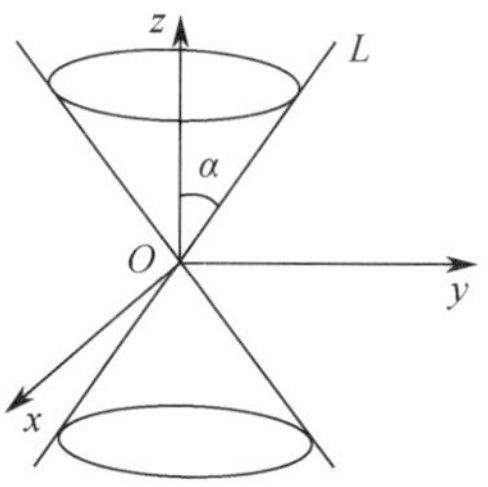

图 7.10

解 在 yOz 坐标面上，直线 L 的方程为

$$z=y\cot\alpha, \tag{7.4}$$

因为旋转轴为 z 轴，所以只需要将方程（7.4）中的 y 改成 $\pm\sqrt{x^2+y^2}$，便得到圆锥面的方程

$$z=\pm\sqrt{x^2+y^2}\cot\alpha,$$

或

$$z^2=(\cot\alpha)^2\cdot(x^2+y^2).$$

特别地，当 $\alpha=\dfrac{\pi}{4}$ 时，xOy 面上方的圆锥面方程为

$$z=\sqrt{x^2+y^2}.$$

（3）柱面

一条动直线 L 与一条定直线平行，并沿定曲线 C 移动所形成的轨迹称为**柱面**. 定曲线

C 称为**柱面的准线**，直线 L 称为**柱面的母线**.

例 7.3　在空间直角坐标系下，方程 $x^2+y^2=R^2$ 表示怎样的曲面？

解　在 xOy 平面中，方程 $x^2+y^2=R^2$ 表示圆心在坐标原点 O，半径为 R 的圆. 在空间直角坐标系中，该方程中没有竖坐标 z，即不论空间点的竖坐标 z 怎样，只要它的横坐标 x 和纵坐标 y 能满足该方程，那么点就在该曲面上. 也就是说，凡是通过 xOy 平面内圆 $x^2+y^2=R^2$ 上一点 $M(x,y,0)$，且平行于 z 轴的直线 l 都在曲面上. 显然，该曲面可以看成是由平行于 z 轴的直线沿 xOy 平面内圆 $x^2+y^2=R^2$ 移动形成的，故称此曲面为**圆柱面**（见图 7.11），xOy 平面上的圆 $x^2+y^2=R^2$ 称为圆柱面的**准线**，平行于 z 轴的直线 l 称为圆柱面的**母线**.

例 7.4　在空间直角坐标系下，方程 $y^2=ax(a>0)$ 表示怎样的曲面？

解　与例 7.3 类似，方程 $y^2=ax(a>0)$ 表示母线平行于 z 轴的柱面，它的准线是 xOy 平面上的抛物线 $y^2=ax$，该柱面称为**抛物柱面**（见图 7.12）.

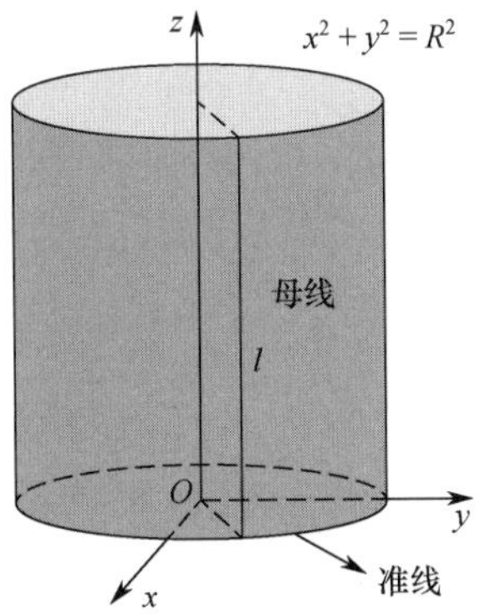

图 7.11

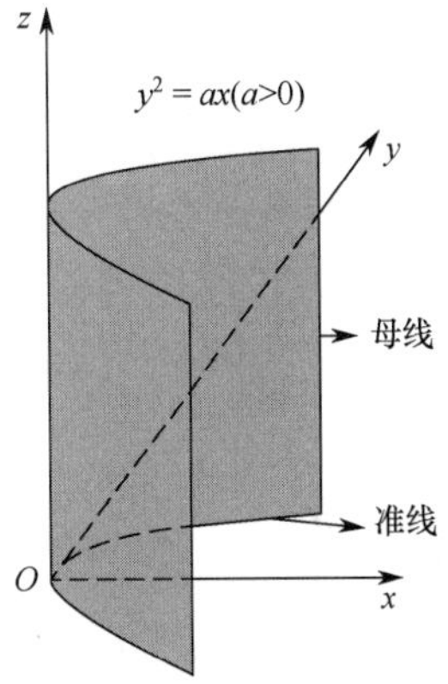

图 7.12

一般地，只有 x,y 而没有 z 的方程 $F(x,y)=0$ 在空间直角坐标系中表示母线平行于 z 轴的柱面，其准线是 xOy 平面上的曲线 C： $F(x,y)=0$.

类似可知，只有 x,z 而没有 y 的方程 $G(x,z)=0$ 和只有 y,z 而没有 x 的方程 $H(y,z)=0$ 分别表示母线平行于 y 轴的柱面和平行于 x 轴的柱面.

（4）二次曲面

我们把三元二次方程 $F(x,y,z)=0$ 所表示的曲面称为**二次曲面**，把平面称为**一次曲面**.

关于二次曲面，我们不做深入讨论，仅介绍几种常见的二次曲面及其方程.

（1）**椭球面**：$\dfrac{x^2}{a^2}+\dfrac{y^2}{b^2}+\dfrac{z^2}{c^2}=1\ (a>0,b>0,c>0)$（见图 7.13）；

（2）**椭圆抛物面**：$z=\dfrac{x^2}{2p}+\dfrac{y^2}{2q}$ （$p>0,q>0$）（见图 7.14）；

（3）**双曲抛物面（马鞍面）**：$-\dfrac{x^2}{2p}+\dfrac{y^2}{2q}=z$ （$p>0,q>0$）（见图 7.15）；

（4）**单叶双曲面**：$\dfrac{x^2}{a^2}+\dfrac{y^2}{b^2}-\dfrac{z^2}{c^2}=1\ (a>0,b>0,c>0)$（见图 7.16）；

（5）**双叶双曲面**：$\dfrac{x^2}{a^2}+\dfrac{y^2}{b^2}+\dfrac{z^2}{c^2}=-1\ (a>0,b>0,c>0)$（见图 7.17）.

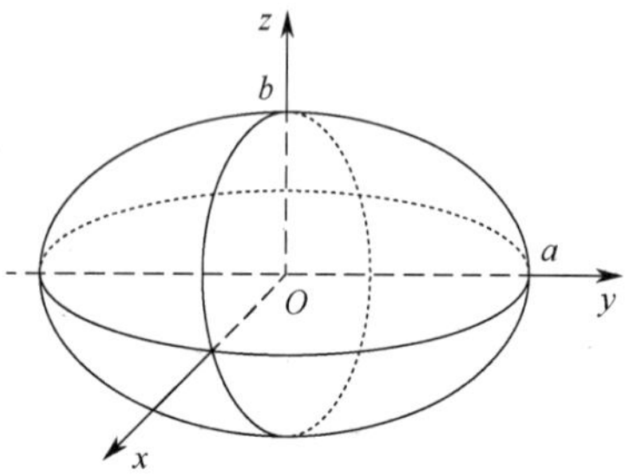

图 7.13

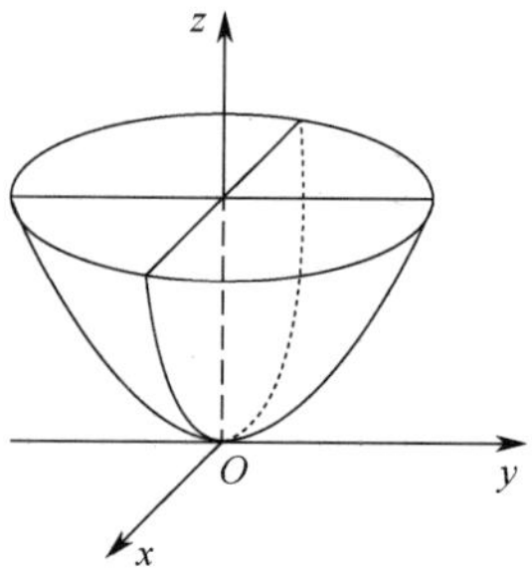

图 7.14

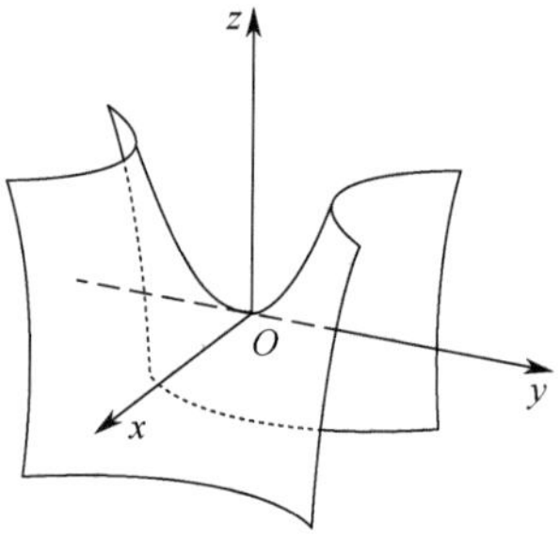

图 7.15

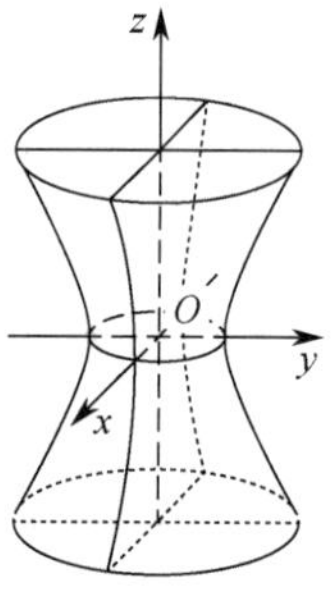

图 7.16

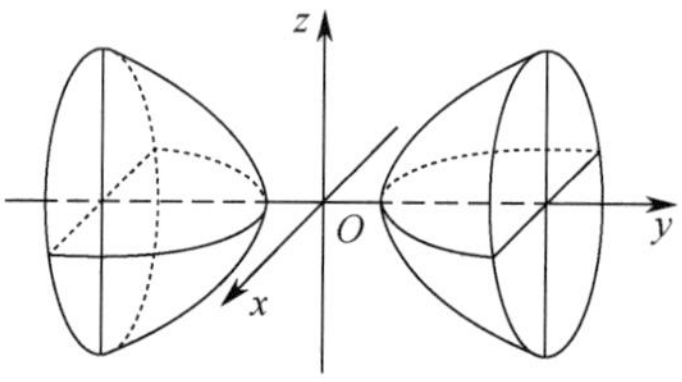

图 7.17

习题 7.1

1．求过 y 轴和点 $(1,1,1)$ 的平面方程.

2．求 zOx 坐标面上的双曲线 $\dfrac{x^2}{9}-\dfrac{z^2}{4}=1$ 分别绕 x 轴和 z 轴旋转一周得到的旋转曲面方程.

3．求以点 $(0,1,0)$ 为球心，且通过坐标原点的球面方程.

7.2 多元函数及其极限

7.2.1 平面点集的概念

在讨论一元函数时，一些概念、理论和方法都是基于数轴上的点集、两点间的距离、区间、邻域等概念的. 为了将一元函数微积分推广到多元函数的情形，首先需要将上述概念进行推广，同时还需要额外引入一些其他概念.

1．平面点集

由平面解析几何可知，在平面上建立直角坐标系后，平面上的点 P 与二元有序实数组之间就建立了一一对应关系. 这样二元有序实数组的全体，即 $R^2=R\times R=\{(x,y)\mid x,y\in R\}$ 表示整个坐标平面.

坐标平面上具有某种性质 P 的点的集合称为**平面点集**，记作

$$E=\{(x,y)|(x,y)具有性质P\}.$$

例如，平面上以原点为中心、r 为半径的圆内所有点的集合是

$$C=\{(x,y)|x^2+y^2<r^2\};$$

平面上直线 $y=x$ 下方所有的点的集合是

$$C=\{(x,y)|y<x\}.$$

2．邻域

设 $P_0(x_0,y_0)$ 是 xOy 平面上的一个点，δ 是某个正数，与点 $P_0(x_0,y_0)$ 距离小于 δ 的点 $P(x,y)$ 的全体称为点 P_0 的 δ **邻域**，记作 $U(P_0,\delta)$，即

$$U(P_0,\delta)=\{(x,y)|\sqrt{(x-x_0)^2+(y-y_0)^2}<\delta\}.$$

点 $P_0(x_0,y_0)$ 的**去心** δ **邻域**，记作 $\overset{\circ}{U}(P_0,\delta)$，即

$$\overset{\circ}{U}(P_0,\delta)=\{P|0<\sqrt{(x-x_0)^2+(y-y_0)^2}<\delta\}.$$

根据定义，$U(P_0,\delta)$ 就是平面上以 $P_0(x_0,y_0)$ 为中心、δ 为半径的圆内部点的全体.

如果不需要强调邻域的半径 δ，则用 $U(P_0)$ 表示点 P_0 的某个邻域，$\overset{\circ}{U}(P_0)$ 表示点 P_0 的某个去心邻域.

3．点与点集的关系

利用邻域可以描述点与点集的关系．平面上任意一点 P 与平面上任意一个点集 E 必有以下三种关系的一种：

（1）内点

如果存在点 P 的某个邻域 $U(P)$，使得 $U(P)\subset E$，那么称 P 为 E 的**内点**（见图 7.18 中的点 P_1）.

（2）外点

如果存在点 P 的某个邻域 $U(P)$，使得 $U(P)\cap E=\varnothing$，那么称 P 为 E 的**外点**（见图 7.18 中的点 P_3）.

（3）边界点

如果点 P 的任意一个邻域既含有属于 E 的点，又含有不属于 E 的点，那么称 P 为 E 的**边界点**（见图 7.18 中的点 P_2）.

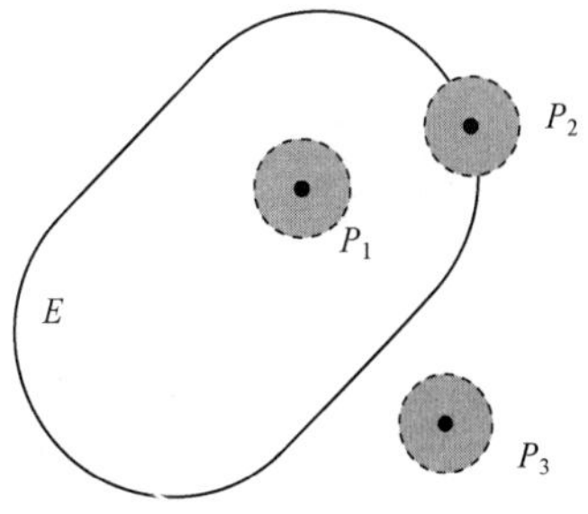

图 7.18

E 的全体边界点称为 E 的**边界**，记作 ∂E．E 的内点必属于 E；E 的外点必不属于 E；E 的边界点可能属于 E，也可能不属于 E.

平面点 P 与平面点集 E 除上述三种关系外，还有另外一种关系，这就是下面的聚点.

如果对于任意给定的正数 δ，点 P 的去心邻域 $\overset{\circ}{U}(P_0,\delta)$ 内总有 E 中的点，那么称 P 是 E 的**聚点**.

由聚点的定义可知，点集 E 的聚点 P 本身可以属于 E，也可以不属于 E.

例如，平面点集

$$E=\{(x,y)|1<x^2+y^2<2\}$$

的所有内点都是聚点；满足方程 $x^2+y^2=1$ 和 $x^2+y^2=2$ 的所有点既是 E_1 的边界，又是 E_1 的聚点，它们都不属于 E.

4．常见的平面点集

根据点集中点的特征，可以定义一些重要的平面点集：

（1）开集

如果点集 E 内任意一点都是 E 的内点，那么称 E 为**开集**.

（2）闭集

如果点集 E 的边界 $\partial E \subset E$，那么称 E 为**闭集**.

例如，集合 $E_1 = \{(x,y) | 1 < x^2 + y^2 < 2\}$ 是开集；集合 $E_2 = \{(x,y) | 1 \leqslant x^2 + y^2 \leqslant 2\}$ 是闭集；而集合 $E_3 = \{(x,y) | 1 \leqslant x^2 + y^2 < 2\}$ 既非开集也非闭集. 如图 7.19 所示.

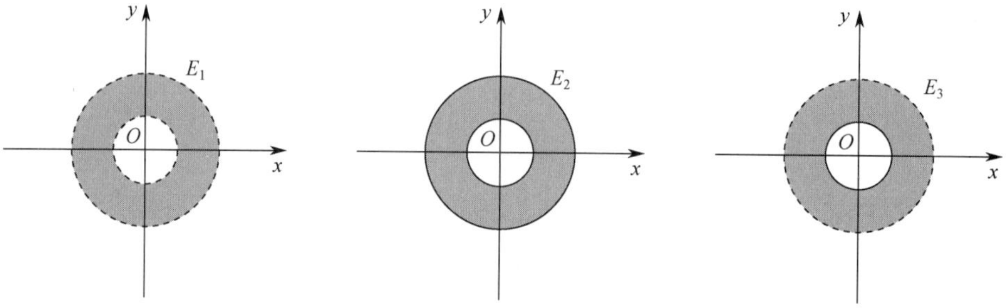

图 7.19

（3）连通集

如果点集 E 中的任意两点都可用折线连接起来，且该折线上的点都属于 E，那么称 E 为**连通集**.

（4）区域

连通的开集称为**区域**或**开区域**.

（5）闭区域

开区域连同它的边界一起所构成的点集称为**闭区域**.

例如，集合 $E_1 = \{(x,y) | 1 < x^2 + y^2 < 2\}$ 是开区域；集合 $E_2 = \{(x,y) | 1 \leqslant x^2 + y^2 \leqslant 2\}$ 是闭区域.

（6）有界集

对于平面点集 E，如果存在某个正实数 r，使得 $E \subset U_r(O)$，其中 O 是坐标原点，那么称 E 为**有界集**.

（7）无界集

一个集合如果不是有界集，就称这个集合为**无界集**.

例如，集合 $E_1 = \{(x,y) | 1 < x^2 + y^2 < 2\}$ 是有界开区域；集合 $E_2 = \{(x,y) | x^2 + y^2 > 2\}$ 是无界开区域；集合 $E_3 = \{(x,y) | x^2 + y^2 \geqslant 2\}$ 是无界闭区域.

7.2.2　多元函数的概念

一元函数是研究一个自变量对因变量的影响. 然而，在很多自然现象和实际问题中，经常会遇到多个变量之间的相互依赖关系，为了解决这类问题，需要引入多元函数的概念.

定义 7.2　设 x, y, z 是三个变量，D 是平面上的一个非空平面点集，如果对于 D 内的任

一点 (x,y)，按照某个法则 f 和变量 z 都有唯一确定的实数与它相对应，则称这个对应法则 f 是定义在 D 上的**二元函数**，记作 $z=f(x,y)$，其中 x 和 y 称为**自变量**，z 称为**因变量**，点集 D 称为该函数的**定义域**，记作 D_f，即 $D=D_f$.

对于任意取定的点 $P(x_0,y_0)\in D$，其对应的值为 z，记为 $z_0=f(x_0,y_0)$，称 z_0 为当 $(x,y)=\ (x_0,y_0)$ 时，函数 $z=f(x,y)$ 的函数值．全体函数值的集合为称为函数的值域，记为 R_f，即

$$R_f=\{z|z=f(x,y),(x,y)\in D\}.$$

类似地，可以定义三元及三元以上的函数．当 $n\geqslant 2$ 时，n 元函数统称为**多元函数**.

关于多元函数的定义域，与一元函数类似，我们做如下约定：在一般地讨论用算式表达多元函数 $u=f(x_1,x_2,\cdots,x_n)$ 时，使这个算式有意义的多元有序实数组 $(x_1,x_2,\cdots,x_n)$ 的集合为这个多元函数的**自然定义域**．因而，对于这类函数，它的定义域不再特别标出.

例 7.5　函数 $z=\ln(x+y)$ 的（自然）定义域为 $\{(x,y)|x+y>0\}$，这是一个无界开区域（见图 7.20）.

例 7.6　函数 $z=\arccos(x^2+y^2)$ 的（自然）定义域为 $\{(x,y)|x^2+y^2\leqslant 1\}$，这是一个有界闭区域（见图 7.21）.

设函数 $z=f(x,y)$ 的定义域为 D，对于任取的点 $P(x,y)\in D$，对应的函数值为 $z=\ f(x,y)$．在空间直角坐标系 $Oxyz$ 中，对于平面点集 D 中的每个点 (x,y) 都有空间中的一点 $M(x,y,z)$ 与之对应．当 (x,y) 取完 D 上的一切点时，可得到一个空间点集

$$\{(x,y,z)|z=f(x,y),(x,y)\in D\},$$

这个点集称为**二元函数** $z=f(x,y)$ **的图形**（见图 7.22）．通常我们也说二元函数的图形是一个曲面，其定义域 D 为该**曲面在 xOy 平面上的投影**.

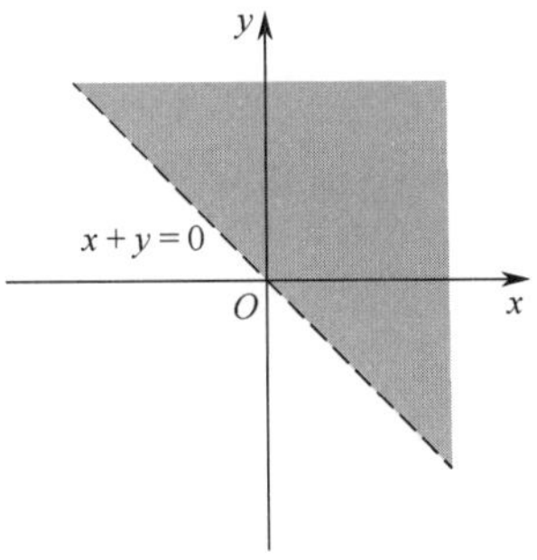

图 7.20

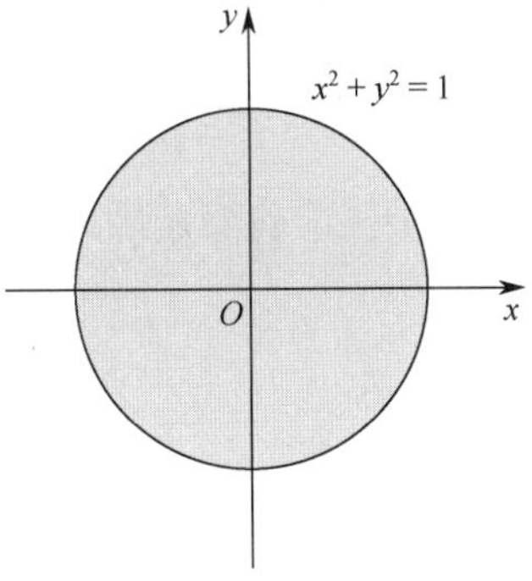

图 7.21

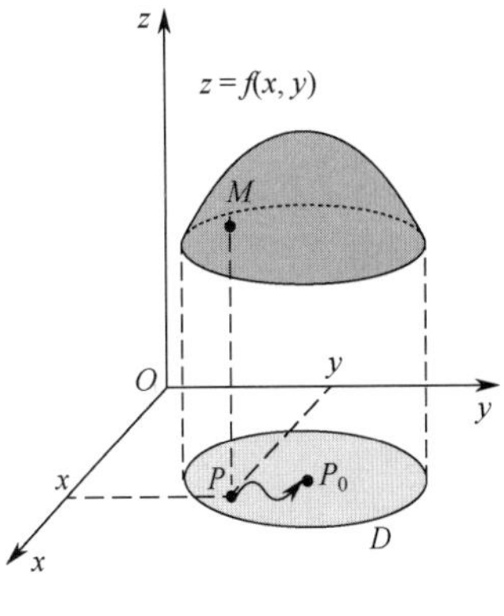

图 7.22

7.2.3　多元函数的极限

先讨论二元函数 $z=f(x,y)$ 当 $(x,y)\to(x_0,y_0)$（即 $P(x,y)\to P_0(x_0,y_0)$）时的极限.

如图 7.22 所示，这里 $P\to P_0$，表示点 P **以任何方式趋于**点 P_0，也就是动点 P 与定点 P_0 间的距离趋于零，即

$$|PP_0|=\sqrt{(x-x_0)^2+(y-y_0)^2}\to 0.$$

与一元函数概念类似，如果在 $P(x,y)\to P_0(x_0,y_0)$ 的过程中，对应的函数值 $f(x,y)$ 无

限地接近于一个确定的常数 A，那么就说 A 是函数 $f(x,y)$ 当 $(x,y)\to(x_0,y_0)$ 时的极限．用“ε-δ”语言描述极限的概念如下：

定义 7.3 设二元函数 $z=f(x,y)$ 的定义域为 D，$P_0(x_0,y_0)$ 为 D 的聚点，A 为某个常数．对于任意给定的正数 ε，总存在正数 δ，使得当点 $P(x,y)\in D\cap\mathring{U}(P_0,\delta)$ 时，都有

$$|f(x,y)-A|<\varepsilon$$

成立，那么就称常数 A 为函数 $f(x,y)$ 当 $(x,y)\to(x_0,y_0)$ 时的**极限**，记作

$$\lim_{(x,y)\to(x_0,y_0)} f(x,y)=A \text{ 或 } f(x,y)\to A((x,y)\to(x_0,y_0))\,,$$

也记作

$$\lim_{P\to P_0} f(x,y)=A \text{ 或 } f(P)\to A\ (P\to P_0)\,.$$

二元函数的极限与一元函数的极限具有相同的性质和运算法则，在此不再详述．为了区别于一元函数的极限，我们把二元函数的极限称为**二重极限**．

值得注意的是，所谓二重极限存在，是指点 P 以任何方式趋于点 P_0，$f(x,y)$ 无限地接近于 A．换句话说，如果点 P 以某一特殊方式趋于点 P_0，即使 $f(x,y)$ 无限地接近于某一确定值，我们还不能由此断定函数的极限存在．但是反过来，如果当点 P 以不同方式趋于点 P_0 时，$f(x,y)$ 趋于不同的值，那么可以断定这个函数的极限不存在．该结论常用来证明某些函数的极限不存在．

例 7.7 考察函数

$$f(x,y)=\begin{cases}\dfrac{xy}{x^2+y^2}, & x^2+y^2\neq 0,\\ 0, & x^2+y^2=0,\end{cases}$$

当点 $(x,y)\to(0,0)$ 时，函数的极限是否存在？

解 考虑点 (x,y) 沿直线 $y=kx$ 趋于 $(0,0)$ 时，

$$\lim_{\substack{(x,y)\to(0,0)\\ (y=kx)}} f(x,y)=\lim_{x\to 0}\frac{x\cdot kx}{x^2+(kx)^2}=\frac{k}{1+k^2}\,,$$

该极限随着直线 $y=kx$ 的斜率 k 的取值不同而改变．因此，当点 $(x,y)\to(0,0)$ 时，函数的极限不存在．

例 7.8 求 $\displaystyle\lim_{(x,y)\to(0,0)}\frac{xy}{\sqrt{x^2+y^2}}$．

解 因为当 $xy\neq 0$ 时，有

$$0\leqslant\left|\frac{xy}{\sqrt{x^2+y^2}}\right|\leqslant\left|\frac{xy}{\sqrt{x^2}}\right|=|y|\to 0((x,y)\to(0,0))\,,$$

所以由夹逼准则，可得

$$\lim_{(x,y)\to(0,0)}\frac{xy}{\sqrt{x^2+y^2}}=0.$$

例 7.9 求 $\displaystyle\lim_{(x,y)\to(0,1)}\frac{x}{\sin(xy)}$．

解 $\lim\limits_{(x,y)\to(0,1)}\dfrac{x}{\sin(xy)}=\lim\limits_{(x,y)\to(0,1)}\left[\dfrac{xy}{\sin(xy)}\cdot\dfrac{1}{y}\right]=\lim\limits_{xy\to 0}\dfrac{xy}{\sin(xy)}\cdot\lim\limits_{y\to 1}\dfrac{1}{y}=1.$

例 7.10 求 $\lim\limits_{(x,y)\to(0,0)}\dfrac{x^3+y^3}{x^2+y^2}$.

解

$$\lim_{(x,y)\to(0,0)}\frac{x^3+y^3}{x^2+y^2}=\lim_{(x,y)\to(0,0)}\frac{x^3}{x^2+y^2}+\lim_{(x,y)\to(0,0)}\frac{y^3}{x^2+y^2}$$
$$=\lim_{(x,y)\to(0,0)}\frac{x^2}{x^2+y^2}\cdot x+\lim_{(x,y)\to(0,0)}\frac{y^2}{x^2+y^2}\cdot y,$$

对于任意的 $(x,y)\neq(0,0)$，有 $0\leqslant\dfrac{x^2}{x^2+y^2}\leqslant 1, 0\leqslant\dfrac{y^2}{x^2+y^2}\leqslant 1$，故当 $(x,y)\to(0,0)$ 时，$\dfrac{x^2}{x^2+y^2}$ 和 $\dfrac{y^2}{x^2+y^2}$ 为有界量，而 x 和 y 为无穷小．于是，由无穷小的性质，$\dfrac{x^2}{x^2+y^2}\cdot x$ 和 $\dfrac{y^2}{x^2+y^2}\cdot y$ 都为无穷小，即有

$$\lim_{(x,y)\to(0,0)}\frac{x^3+y^3}{x^2+y^2}=\lim_{(x,y)\to(0,0)}\frac{x\cdot x^2}{x^2+y^2}+\lim_{(x,y)\to(0,0)}\frac{y\cdot y^2}{x^2+y^2}=0+0=0.$$

例 7.11 求极限 $\lim\limits_{(x,y)\to(0,1)}\dfrac{2-\sqrt{xy+4}}{\sin(xy)}$.

解 因为 $2-\sqrt{xy+4}=\dfrac{-xy}{2+\sqrt{xy+4}}$，所以

$$\lim_{(x,y)\to(0,1)}\frac{2-\sqrt{xy+4}}{\sin(xy)}=\lim_{(x,y)\to(0,1)}\frac{-xy}{\sin(xy)(2+\sqrt{xy+4})}=-\frac{1}{4}\lim_{(x,y)\to(0,1)}\frac{xy}{\sin(xy)},$$

令 $xy=u$，则当 $(x,y)\to(0,1)$ 时，$u\to 0$，于是

$$\lim_{(x,y)\to(0,1)}\frac{2-\sqrt{xy+4}}{\sin(xy)}=-\frac{1}{4}\lim_{u\to 0}\frac{u}{\sin u}=-\frac{1}{4}.$$

注：利用 Matlab 可以很方便得出例 7.11 的结果，详见附录例 3．

以上关于二元函数的极限概念，可相应地推广到 n 元函数 $u=f(x_1,x_2,\cdots,x_n)$ 上去．

7.2.4 多元函数的连续性

定义 7.4 设二元函数 $z=f(x,y)$ 的定义域为 D，$P_0(x_0,y_0)$ 为 D 的聚点，且 $P_0\in D$．如果

$$\lim_{(x,y)\to(x_0,y_0)}f(x,y)=f(x_0,y_0),$$

那么称**函数** $f(x,y)$ **在点** $P_0(x_0,y_0)$ **处连续**．如果函数 $f(x,y)$ 在点 $P_0(x_0,y_0)$ 处不连续，则称 $P_0(x_0,y_0)$ 为函数 $f(x,y)$ 的**间断点**．

设函数 $z=f(x,y)$ 在 D 上有定义，D 内的每个点都是函数定义域的聚点，如果 $f(x,y)$ 在 D 内每个点都连续，那么称**函数** $f(x,y)$ **在** D **上连续**，或者称 $f(x,y)$ 是 D 上的**连续函数**．在区域 D 上的连续函数，其几何图形是空间中的一个连续的曲面．

例如，前面例 7.7 讨论的函数

$$f(x,y)=\begin{cases}\dfrac{xy}{x^2+y^2}, & x^2+y^2\neq 0,\\ 0, & x^2+y^2=0,\end{cases}$$

其定义域为整个平面，当$(x,y)\to(0,0)$时，$f(x,y)$极限不存在，所以$(0,0)$是函数的一个间断点；与一元函数相类似，多元连续函数的和、差、积仍为连续函数；连续函数的商在分母不为零处仍然连续；多元函数的复合函数也是连续函数.

多元初等函数是指可用一个式子表示的多元函数，这个式子是由常数及具有不同自变量的一元基本初等函数经过有限次的四则运算和复合运算而得到的．例如$\sin\dfrac{x+y}{x^2+y^2}$和$x^2y\,\mathrm{e}^{\sqrt{x^2+y^2+z^2}}$都是多元初等函数.

一切多元初等函数在其定义区域内都是连续的．所谓**定义区域**是指包含在定义域内的区域或闭区域.

对于多元初等函数$f(x,y)$，如果要求它在点$P_0(x_0,y_0)$处的极限，而该点又在该函数的定义区域内，则有

$$\lim_{(x,y)\to(x_0,y_0)}f(x,y)=f(x_0,y_0)\,.$$

例 7.12　求$\displaystyle\lim_{(x,y)\to(1,1)}\frac{x+y}{x^2+y^2}$.

解　因为函数$f(x,y)=\dfrac{x+y}{x^2+y^2}$是初等函数，它的定义域为

$$D=\{(x,y)|x^2+y^2\neq 0\}\,,$$

而$P_0(1,1)$在D内，所以

$$\lim_{(x,y)\to(1,1)}\frac{x+y}{x^2+y^2}=f(1,1)=1.$$

例 7.13　求$\displaystyle\lim_{(x,y)\to(0,0)}\frac{xy}{\sqrt{xy+1}-1}$.

解
$$\lim_{(x,y)\to(0,0)}\frac{xy}{\sqrt{xy+1}-1}=\lim_{(x,y)\to(0,0)}\frac{xy(\sqrt{xy+1}+1)}{(\sqrt{xy+1}-1)(\sqrt{xy+1}+1)}$$
$$=\lim_{(x,y)\to(0,0)}(\sqrt{xy+1}+1)=2\,.$$

与闭区间上的连续函数的性质相似，在有界闭区域上的连续的多元函数具有如下性质：

性质 7.1（最值定理）　在有界闭区域D上的多元连续函数，必定在D上有界，且能取得它的最大值和最小值.

性质 7.2（介值定理）　在有界闭区域D上的多元连续函数必取介于它的最大值和最小值之间的任何值.

习题 7.2

1．已知$f(x,y)=x+2y$，试求$f(\sqrt{xy},\sin x)$.

2．已知$f\left(x+y,\dfrac{y}{x}\right)=x^2-y^2$，求$f(x,y)$.

3．判断二元函数 $z=\ln(x^2-y^2)$ 与 $z=\ln(x+y)+\ln(x-y)$ 是否为同一个函数，并说明理由．

4．求下列函数的定义域

（1）$z=\arcsin\dfrac{x^2+y^2}{4}$；　　（2）$z=\ln(y-x)+\dfrac{\sqrt{x}}{\sqrt{1-x^2-y^2}}$．

5．求下列各极限

（1）$\lim\limits_{(x,y)\to(0,1)}\dfrac{2xy+1}{\sqrt{x^2+y^2}}$；　　（2）$\lim\limits_{(x,y)\to(+\infty,+\infty)}(x^2+y^2)\mathrm{e}^{-x-y}$；

（3）$\lim\limits_{(x,y)\to(0,0)}\dfrac{2-\sqrt{4+xy}}{xy}$；　　（4）$\lim\limits_{(x,y)\to(0,0)}(x+2y)\sin\dfrac{1}{x+2y}$；

（5）$\lim\limits_{(x,y)\to(0,0)}(1+xy)^{\frac{1}{x}}$；　　（6）$\lim\limits_{(x,y)\to(0,0)}(x^2+y^2)^{x^2+y^2}$．

6．证明下列极限不存在

（1）$\lim\limits_{(x,y)\to(0,0)}\dfrac{x-y}{x+y}$；　　（2）$\lim\limits_{(x,y)\to(0,0)}\dfrac{x^3y}{x^6+y^2}$；　　（3）$\lim\limits_{(x,y)\to(0,0)}\dfrac{xy}{x+y}$．

7．讨论下列函数在 $(0,0)$ 点处的连续性：

（1）$f(x,y)=\begin{cases}\dfrac{x^2-y^2}{x+y}, & (x,y)\neq(0,0),\\ 0, & (x,y)=(0,0);\end{cases}$　　（2）$f(x,y)=\begin{cases}\dfrac{x^2-y^2}{x^2+y^2}, & (x,y)\neq(0,0),\\ 0, & (x,y)=(0,0).\end{cases}$

7.3　偏导数与全微分

7.3.1　偏导数的定义及计算法

与一元函数类似，在一些实际问题中也需要考虑多元函数的变化率问题．但多元函数的自变量不止一个，因变量与自变量的关系要比一元函数复杂得多．在本节中，我们先考虑多元函数关于其中一个自变量的变化率，最后再考虑多个自变量同时变化的情形．

以二元函数 $z=f(x,y)$ 为例，如果固定自变量 $y=y_0$，则 $z=f(x,y_0)$ 就是 x 的一元函数，该函数对 x 的导数就称为二元函数 $z=f(x,y)$ 对于 x 的**偏导数**，一般地，有如下定义：

定义 7.4　设二元函数 $z=f(x,y)$ 在点 (x_0,y_0) 的某个邻域内有定义，当 y 固定在 y_0 而 x 在 x_0 处有增量 Δx 时，相应的函数有增量

$$f(x_0+\Delta x,y_0)-f(x_0,y_0),$$

如果

$$\lim_{\Delta x\to 0}\frac{f(x_0+\Delta x,y_0)-f(x_0,y_0)}{\Delta x}$$

存在，那么称此极限为函数 $z=f(x,y)$ 在点 (x_0,y_0) 处**对 x 的偏导数**，记作

$$\left.\frac{\partial z}{\partial x}\right|_{\substack{x=x_0\\y=y_0}},\quad \left.\frac{\partial f}{\partial x}\right|_{\substack{x=x_0\\y=y_0}},\quad z'_x\Big|_{\substack{x=x_0\\y=y_0}} \text{ 或 } f'_x(x_0,y_0).$$

类似地，函数 $z=f(x,y)$ 在点 (x_0,y_0) 处**对 y 的偏导数**可定义为

$$\lim_{\Delta y \to 0} \frac{f(x_0, y_0 + \Delta y) - f(x_0, y_0)}{\Delta y},$$

记作

$$\left.\frac{\partial z}{\partial y}\right|_{\substack{x=x_0\\y=y_0}}, \quad \left.\frac{\partial f}{\partial y}\right|_{\substack{x=x_0\\y=y_0}}, \quad z'_y\Big|_{\substack{x=x_0\\y=y_0}} \text{ 或 } f'_y(x_0, y_0).$$

如果函数 $z = f(x, y)$ 在区域 D 内每点 (x, y) 处对 x 的偏导数都存在，那么这个偏导数就是 x 和 y 的函数，它就称为函数 $z = f(x, y)$ **对自变量 x 的偏导函数**，记作

$$\frac{\partial z}{\partial x}, \quad \frac{\partial f}{\partial x}, \quad z'_x \text{ 或 } f'_x(x, y).$$

类似地，可以定义函数 $z = f(x, y)$ **对自变量 y 的偏导函数**，记作

$$\frac{\partial z}{\partial y}, \quad \frac{\partial f}{\partial y}, \quad z'_y \text{ 或 } f'_y(x, y).$$

由偏导数的概念可知，函数 $f(x, y)$ 在点 (x_0, y_0) 处对 x 的偏导数 $f'_x(x_0, y_0)$ 显然就是偏导函数 $f'_x(x, y)$ 在点 (x_0, y_0) 处的函数值；$f'_y(x_0, y_0)$ 显然就是偏导函数 $f'_y(x, y)$ 在点 (x_0, y_0) 处的函数值．就像一元函数的导函数一样，以后也把**偏导函数简称为偏导数**．

上述定义表明，当求 $\frac{\partial f}{\partial x}$ 时，只要把 y 暂时看成常量而对 x 求导数即可；当求 $\frac{\partial f}{\partial y}$ 时，只要把 x 暂时看成常量而对 y 求导数即可．

偏导数的概念还可以推广到二元以上的函数．

例如，三元函数 $u = f(x, y, z)$ 在点 (x_0, y_0, z_0) 处分别对 x, y, z 的偏导数定义为

$$f'_x(x_0, y_0, z_0) = \lim_{\Delta x \to 0} \frac{f(x_0 + \Delta x, y_0, z_0) - f(x_0, y_0, z_0)}{\Delta x},$$

$$f'_y(x_0, y_0, z_0) = \lim_{\Delta y \to 0} \frac{f(x_0, y_0 + \Delta y, z_0) - f(x_0, y_0, z_0)}{\Delta y},$$

$$f'_z(x_0, y_0, z_0) = \lim_{\Delta z \to 0} \frac{f(x_0, y_0, z_0 + \Delta z) - f(x_0, y_0, z_0)}{\Delta z},$$

其中 (x_0, y_0, z_0) 是函数 $f(x, y, z)$ 定义域的内点．

例 7.14 求 $z = x^2 + 2y^2$ 在点 $(1, 2)$ 处的偏导数．

解 把 y 看成常量，对 x 求导可得

$$\frac{\partial z}{\partial x} = 2x;$$

把 x 看成常量，对 y 求导可得

$$\frac{\partial z}{\partial y} = 4y.$$

将点(1,2)代入上面的结果，可得

$$\left.\frac{\partial z}{\partial x}\right|_{\substack{x=1\\y=2}} = 2 \times 1 = 2, \quad \left.\frac{\partial z}{\partial y}\right|_{\substack{x=1\\y=2}} = 4 \times 2 = 8.$$

例 7.15 求 $z = x^y \, (x > 0)$ 的偏导数．

解　$\frac{\partial z}{\partial x}=yx^{y-1}$，$\frac{\partial z}{\partial y}=x^y\ln x$.

例 7.16　求 $z=e^{x^2+2y}$ 的偏导数.

解　把 y 看成常量，e^{x^2+2y} 可以看成是以 x 为自变量的一元复合函数，则

$$\frac{\partial z}{\partial x}=e^{x^2+2y}\cdot 2x=2xe^{x^2+2y};$$

把 x 看成常量，e^{x^2+2y} 可以看成以 y 为自变量的一元复合函数，则

$$\frac{\partial z}{\partial y}=e^{x^2+2y}\cdot 2=2e^{x^2+2y}.$$

例 7.17　求 $u=\sin(xyz)$ 的偏导数.

解　把 y、z 看成常量，对 x 求导可得

$$\frac{\partial u}{\partial x}=yz\sin(xyz);$$

类似可得

$$\frac{\partial u}{\partial y}=xz\sin(xyz),\quad \frac{\partial u}{\partial z}=xy\sin(xyz).$$

在多元函数中，存在如下的特殊情形：当函数的表达式中的任意两个自变量对调后，仍表示原来的函数，将这种现象称为**函数关于自变量的对称性**．对这种具有这种特点的多元函数求偏导数时，可以利用对称性简化计算．以二元函数 $z=f(x,y)$ 为例，只要求得它的偏导数 z'_x 后，再将 z'_x 中的 x 与 y 对换，便可求得 z'_y.

例 7.18　求 $z=\frac{x+y}{\sqrt{xy}}$ 的偏导数.

解　因为

$$\frac{\partial z}{\partial x}=\frac{1\cdot\sqrt{xy}-(x+y)\cdot\frac{1}{2\sqrt{xy}}\cdot y}{(\sqrt{xy})^2}=\frac{xy-y^2}{2(\sqrt{xy})^3},$$

由于 $z=\frac{x+y}{\sqrt{xy}}$ 关于 x 和 y 有对称性，所以将 $\frac{\partial z}{\partial x}$ 中的 x 和 y 对换，则有

$$\frac{\partial z}{\partial y}=\frac{xy-x^2}{2(\sqrt{xy})^3}.$$

例 7.19　求 $r=\sqrt{x^2+y^2+z^2}$ 的偏导数.

解　把 y、z 看成常量，对 x 求导可得

$$\frac{\partial r}{\partial x}=\frac{x}{\sqrt{x^2+y^2+z^2}}=\frac{x}{r},$$

由于所给函数关于自变量有对称性，所以

$$\frac{\partial r}{\partial y}=\frac{y}{r},\quad \frac{\partial r}{\partial z}=\frac{z}{r}.$$

7.3.2 偏导数的几何意义

二元函数 $z=f(x,y)$ 在点 $P_0(x_0,y_0)$ 的偏导数有下述几何意义.

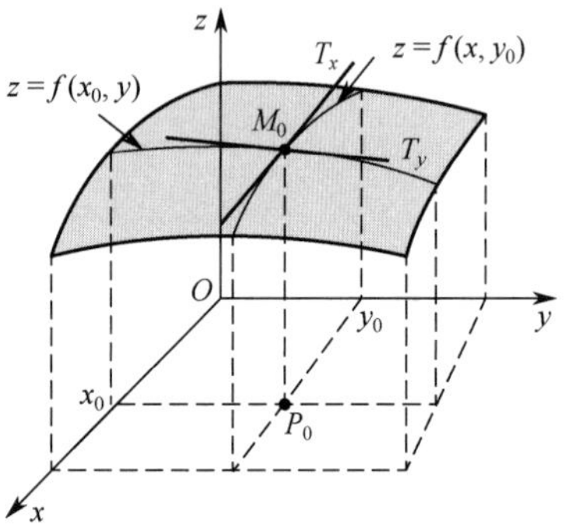

图 7.23

设 $M_0(x_0,y_0,f(x_0,y_0))$ 为曲面 $z=f(x,y)$ 上的一点，过 M_0 作平面 $y=y_0$，截此曲面得一曲线，此曲线在平面 $y=y_0$ 上的方程为 $z=f(x,y_0)$，则导数 $\left.\frac{\mathrm{d}}{\mathrm{d}x}f(x,y_0)\right|_{x=x_0}$，即偏导数为 $f_x'(x_0,y_0)$，就是这曲线在点 M_0 处的切线 M_0T_x 对 x 轴的斜率（见图 7.23）. 同样，偏导数 $f_y'(x_0,y_0)$ 的几何意义是曲面被平面 $x=x_0$ 所截得的曲线在点 M_0 处的切线 M_0T_y 对 y 轴的斜率.

对于一元函数而言，函数在某点具有导数，那么它在该点必定连续. 对于多元函数而言，如果函数在某点的偏导数都存在，那么是否也能保证多元函数在该点的连续性呢？为了解决这个问题，我们来看下面的例子.

例 7.20 判断二元函数

$$f(x,y)=\begin{cases}\dfrac{xy}{x^2+y^2} & x^2+y^2\neq 0,\\ 0 & x^2+y^2=0,\end{cases}$$

在点 $(0,0)$ 处的偏导数是否存在？

解 当 $\Delta x\neq 0$ 时，有

$$f(0+\Delta x,0)=\frac{(0+\Delta x)\cdot 0}{(\Delta x)^2+0^2}=0,$$

根据偏导数的定义，该函数在点 $(0,0)$ 处对 x 的偏导数为

$$f_x'(0,0)=\lim_{\Delta x\to 0}\frac{f(0+\Delta x,0)-f(0,0)}{\Delta x}=\lim_{\Delta x\to 0}0=0;$$

同样有

$$f_y'(0,0)=\lim_{\Delta y\to 0}\frac{f(0,0+\Delta y)-f(0,0)}{\Delta y}=\lim_{\Delta y\to 0}0=0,$$

综上讨论可知，函数在点 $(0,0)$ 处的两个偏导数都存在. 但是，在 7.2 节中，我们已经知道这函数在点 $(0,0)$ 处不连续.

显然，**二元函数 $z=f(x,y)$ 在点 $P_0(x_0,y_0)$ 的偏导数即使都存在，也不能保证函数在该点连续**，该结论对于三元及三元以上的函数也适用.

7.3.3 高阶偏导数

设函数 $z=f(x,y)$ 在区域 D 内具有偏导数

$$\frac{\partial z}{\partial x}=f_x'(x,y),\quad \frac{\partial z}{\partial y}=f_y'(x,y),$$

于是在区域 D 内 $f_x'(x,y)$、$f_y'(x,y)$ 都是 x、y 的函数. 如果这两个函数的偏导数也都存

在，则称它们是函数 $z=f(x,y)$ 的**二阶偏导数**．按照对变量的求导次序的不同有下列四个二阶偏导数，即

$$\frac{\partial}{\partial x}\left(\frac{\partial z}{\partial x}\right)=\frac{\partial^2 z}{\partial x^2}=f''_{xx}(x,y)\,,\quad \frac{\partial}{\partial y}\left(\frac{\partial z}{\partial x}\right)=\frac{\partial^2 z}{\partial x\partial y}=f''_{xy}(x,y)\,,$$
$$\frac{\partial}{\partial x}\left(\frac{\partial z}{\partial y}\right)=\frac{\partial^2 z}{\partial y\partial x}=f''_{yx}(x,y)\,,\quad \frac{\partial}{\partial y}\left(\frac{\partial z}{\partial y}\right)=\frac{\partial^2 z}{\partial y^2}=f''_{yy}(x,y)\,.$$

其中第二个、第三个二阶偏导数称为**混合偏导数**．同样可得三阶、四阶，以及 n 阶偏导数．二阶和二阶以上的偏导数统称为高阶偏导数．

例 7.21　求 $z=x^3+2xy^2+y^3$ 的所有二阶偏导数．

解　先求出一阶偏导数，即

$$\frac{\partial z}{\partial x}=3x^2+2y^2\,,\quad \frac{\partial z}{\partial y}=4xy+3y^2\,.$$

则所有的二阶偏导数为

$$\frac{\partial^2 z}{\partial x^2}=6x\,,\quad \frac{\partial^2 z}{\partial x\partial y}=4y\,,$$
$$\frac{\partial^2 z}{\partial y\partial x}=4y\,,\quad \frac{\partial^2 z}{\partial y^2}=4x+6y\,.$$

注：利用软件 MATLAB 可以很方便得到例 7.21 的结果，详见附录例题 5.

我们看到在例 7.21 中两个二阶混合偏导数相等，即 $\frac{\partial^2 z}{\partial x\partial y}=\frac{\partial^2 z}{\partial y\partial x}$．这不是偶然的，事实上，可以证明有下述定理：

定理 7.1　如果函数 $z=f(x,y)$ 的两个二阶混合偏导数 $\frac{\partial^2 z}{\partial x\partial y}$ 和 $\frac{\partial^2 z}{\partial y\partial x}$ 在区域 D 内连续，则在该区域内有 $\frac{\partial^2 z}{\partial x\partial y}=\frac{\partial^2 z}{\partial y\partial x}$．

这个定理表明，二阶混合偏导数在连续的条件下与求偏导的顺序无关．

对于二元以上的函数，也可以类似的定义高阶偏导数，而且高阶混合偏导数在偏导数连续的条件下也与求导的顺序无关．

7.3.4　全微分

由偏导数定义，当二元函数的一个自变量固定时，则可以将其看成是一元函数，它对非固定自变量的偏导数实际上是因变量相对于非固定自变量的变化率．根据一元函数微分学中增量与微分的关系，可得

$$f(x+\Delta x,y)-f(x,y)\approx f_x(x,y)\Delta x\,,$$
$$f(x,y+\Delta y)-f(x,y)\approx f_y(x,y)\Delta y\,.$$

上面两式的左端分别称为二元函数对 x 和对 y 的**偏增量**，而右端分别称为二元函数对 x 和对 y 的**偏微分**．

在实际问题中，有时需要研究多元函数的所有自变量同时发生变化时，多元函数又具有怎样的变化特征？为了便于理解，下面以一个简单的二元函数为例进行讨论．

我们先来考虑矩形面积随边长变化的情况．设矩形的边长分别为 x 和 y，则矩形的面积 z 为 x 和 y 的二元函数，即

$$z = f(x,y) = xy .$$

当边长的增量分别为 Δx 和 Δy 时（见图 7.24），面积的增量 Δz 可以通过以下方式计算：

$$\begin{aligned}\Delta z &= f(x+\Delta x, y+\Delta y) - f(x,y) = (x+\Delta x)(y+\Delta y) - xy \\ &= D_1 + D_2 + D_3 = y\Delta x + x\Delta y + \Delta x\Delta y ,\end{aligned}$$

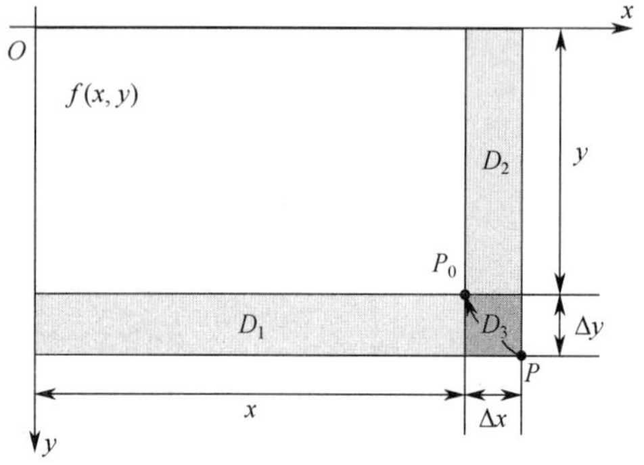

图 7.24

其中，$y\Delta x + x\Delta y$ 为 Δx 和 Δy 的线性函数，即如图 7.24 所示的 D_1 和 D_2 两个矩形的面积之和，矩形 D_3 面积为 $\Delta x\Delta y$．由 7.2 节可知，当 $P_0(x+\Delta x, y+\Delta y)$ 以任何方式趋于 $P(x,y)$，即 $\rho = \sqrt{(\Delta x)^2 + (\Delta y)^2} \to 0$ 时，有

$$\frac{\Delta x\Delta y}{\rho} \to 0 ,$$

因而 $\Delta x\Delta y$ 是 ρ 的高阶无穷小．忽略 D_3 的面积，可得 $\Delta z \approx y\Delta x + x\Delta y$．我们称 $y\Delta x + x\Delta y$ 为二元函数 $f(x,y) = xy$ 的**全微分**．

对于更一般的二元函数 $z = f(x,y)$，也可以用自变量的增量 Δx、Δy 的线性函数来近似替代函数值的增量

$$\Delta z = f(x+\Delta x, y+\Delta y) - f(x,y) , \tag{7.5}$$

其中，Δz 称为二元函数 $z = f(x,y)$ 的**全增量**．为了严格描述这种近似关系，引入如下定义．

定义 7.5 设二元函数 $z = f(x,y)$ 在点 (x,y) 的某个邻域内有定义，如果函数在点 (x,y) 处的全增量

$$\Delta z = f(x+\Delta x, y+\Delta y) - f(x,y)$$

可表示为

$$\Delta z = A\Delta x + B\Delta y + o(\rho) , \tag{7.6}$$

其中，A 和 B 不依赖于 Δx 和 Δy 而仅与 x 和 y 有关，$\rho = \sqrt{(\Delta x)^2 + (\Delta y)^2}$，那么称函数 $z = f(x,y)$ 在点 (x,y) 处**可微分**，而 $A\Delta x + B\Delta y$ 称为函数 $z = f(x,y)$ 在点 (x,y) 处的**全微分**，记作 $\mathrm{d}z$，即

$$\mathrm{d}z = A\Delta x + B\Delta y .$$

如果函数在区域 D 内的各点处都可微分，那么称这函数**在 D 内可微分**．

在本节曾指出，多元函数在某点的偏导数存在，并不能保证函数在该点连续．但是，由上述定义可知，**如果函数 $z = f(x,y)$ 在点 (x,y) 处可微分，那么这个函数在该点一定连续**．事实上，由式（7.6）可得

$$\lim_{(\Delta x,\Delta y)\to(0,0)} \Delta z = \lim_{(\Delta x,\Delta y)\to(0,0)} [A\Delta x + B\Delta y + o(\rho)] = 0 ,$$

从而，由式（7.5）可得

$$\lim_{(\Delta x,\Delta y)\to(0,0)} f(x+\Delta x, y+\Delta y) = \lim_{(\Delta x,\Delta y)\to(0,0)} [f(x,y) + \Delta z] = f(x,y) .$$

因此函数在点 (x,y) 处连续．

下面讨论函数 $z = f(x,y)$ 在点 (x,y) 处可微分的条件．

定理 7.2（必要条件） 如果函数 $z=f(x,y)$ 在点 (x,y) 处可微分，那么该函数点 (x,y) 处的偏导数 $\dfrac{\partial z}{\partial x}$ 和 $\dfrac{\partial z}{\partial y}$ 必定存在，且函数 $z=f(x,y)$ 在点 (x,y) 的全微分为

$$\mathrm{d}z=\frac{\partial z}{\partial x}\Delta x+\frac{\partial z}{\partial y}\Delta y\,. \tag{7.7}$$

证 设函数 $z=f(x,y)$ 在点 $P(x,y)$ 处可微分．于是对于点 P 的某个邻域内任意一点 $P'(x+\Delta x,y+\Delta y)$，式（7.6）总成立．特别地，当 $\Delta y=0$ 时，式（7.6）也应成立，此时 $\rho=|\Delta x|$，所以（7.6）成为

$$f(x+\Delta x,y)-f(x,y)=A\cdot\Delta x+o(|\Delta x|)\,.$$

上式两边各除以 Δx，再令 $\Delta x\to 0$ 而取极限，可得

$$\lim_{\Delta x\to 0}\frac{f(x+\Delta x,y)-f(x,y)}{\Delta x}=A\,,$$

从而偏导数 $\dfrac{\partial z}{\partial x}$ 存在，且等于 A．同样可证 $\dfrac{\partial z}{\partial y}=B$．所以式（7.7）成立．

反过来，**二元函数各偏导数存在只是全微分存在的必要条件而不是充分条件**．

例如，对于二元函数

$$f(x,y)=\begin{cases}\dfrac{xy}{x^2+y^2}, & x^2+y^2\neq 0,\\ 0, & x^2+y^2=0,\end{cases}$$

在 7.2 节中已经求得，即

$$f_x'(0,0)=f_y'(0,0)=0\,,$$

而

$$\Delta z-[f_x'(0,0)\Delta x+f_y'(0,0)\Delta y]=\frac{\Delta x\cdot\Delta y}{\sqrt{(\Delta x)^2+(\Delta y)^2}}\,,$$

若令 $P'(\Delta x,\Delta y)$ 沿着直线 $y=x$ 方向趋于 $(0,0)$，则有

$$\frac{\Delta z-[f_x'(0,0)\Delta x+f_y'(0,0)\Delta y]}{\rho}=\frac{\dfrac{\Delta x\cdot\Delta y}{\sqrt{(\Delta x)^2+(\Delta y)^2}}}{\sqrt{(\Delta x)^2+(\Delta y)^2}}=\frac{(\Delta x)^2}{(\Delta x)^2+(\Delta x)^2}=\frac{1}{2}\,,$$

它不能随 $\rho\to 0$ 而趋于 0，这表明当 $\rho\to 0$ 时，有

$$\Delta z-[f_x'(0,0)\Delta x+f_y'(0,0)\Delta y]$$

不是关于 ρ 的高阶无穷小．因此，函数 $f(x,y)$ 在点 $(0,0)$ 处不可微．

由此可见，对二元函数而言，偏导数存在并不一定可微．但是，如果再假定函数的各个偏导数连续，那么可以证明函数是可微分的．

定理 7.3（充分条件） 如果函数 $z=f(x,y)$ 在点 (x,y) 处的偏导数 $\dfrac{\partial z}{\partial x}$ 和 $\dfrac{\partial z}{\partial y}$ 均连续，那么这个函数在该点可微分．

定理 7.3 的证明从略．

值得注意的是，以上几个定理表明了二元函数的偏导数、可微分和连续三者间的关系．同时可以发现，这些结论和一元函数的情形是不同的，可用下面的关系网来进

行对比.

一元函数 $f(x)$ 在点 x 处：

可导 $\Leftrightarrow$ 可微 $\Longrightarrow$ 连续 $\Longrightarrow$ 有极限

二元函数 $f(x,y)$ 在点 (x,y) 处：

偏导数存在 $\Longleftarrow$ 可微 $\Longrightarrow$ 连续 $\Longrightarrow$ 有极限

$\Uparrow$

存在连续偏导数

以上关于二元函数全微分的定义及可微分的必要条件和充分条件，可以完全类似地推广到三元及三元以上的多元函数.

习惯上，将自变量 Δx 和 Δy 分别记为 $\mathrm{d}x$ 和 $\mathrm{d}y$，并分别称为自变量 x 和 y 的微分. 这样，函数 $z=f(x,y)$ 的全微分就可写为

$$\mathrm{d}z=\frac{\partial z}{\partial x}\mathrm{d}x+\frac{\partial z}{\partial y}\mathrm{d}y\ . \tag{7.8}$$

类似地，如果三元函数 $u=f(x,y,z)$ 可微分，则它的全微分可写为

$$\mathrm{d}u=\frac{\partial u}{\partial x}\mathrm{d}x+\frac{\partial u}{\partial y}\mathrm{d}y+\frac{\partial u}{\partial z}\mathrm{d}z\ .$$

例 7.22 求 $z=\sqrt{\dfrac{x}{y}}(x>0,y>0)$ 的全微分.

解 因为

$$\frac{\partial z}{\partial x}=\frac{1}{\sqrt{y}}\cdot\frac{1}{2\sqrt{x}}=\frac{1}{2\sqrt{xy}}\,,\quad \frac{\partial z}{\partial y}=\sqrt{x}\cdot\left(-\frac{1}{2}\right)\cdot y^{-\frac{3}{2}}=-\frac{\sqrt{x}}{2y^{\frac{3}{2}}}\,,$$

所以

$$\mathrm{d}z=\frac{1}{2\sqrt{xy}}\mathrm{d}x-\frac{\sqrt{x}}{2y^{\frac{3}{2}}}\mathrm{d}y\ .$$

例 7.23 求 $z=\mathrm{e}^{xy}$ 在点 $(1,2)$ 处的全微分.

解 因为

$$\frac{\partial z}{\partial x}=y\mathrm{e}^{xy}\,,\quad \frac{\partial z}{\partial x}=x\mathrm{e}^{xy}\,,$$

$$\left.\frac{\partial z}{\partial x}\right|_{\substack{x=1\\y=2}}=2\mathrm{e}^2\,,\quad \left.\frac{\partial z}{\partial y}\right|_{\substack{x=1\\y=2}}=\mathrm{e}^2\,,$$

所以

$$\left.\mathrm{d}z\right|_{\substack{x=1\\y=2}}=2\mathrm{e}^2\mathrm{d}x+\mathrm{e}^2\mathrm{d}y\ .$$

例 7.24 求 $u=xz^3\sin y$ 的全微分.

解 因为

$$\frac{\partial u}{\partial x}=z^3\sin y\text{，}\quad \frac{\partial u}{\partial y}=xz^3\cos y\text{，}\quad \frac{\partial u}{\partial z}=3xz^2\sin y\text{，}$$

所以

$$\mathrm{d}u=z^3\sin y\mathrm{d}x+xz^3\cos y\mathrm{d}y+3xz^2\sin y\mathrm{d}z .$$

由二元函数全微分的定义及关于全微分存在的充分条件可知，当二元函数 $z=f(x,y)$ 在点 (x,y) 处可微时，并且 $|\Delta x|$ 和 $|\Delta y|$ 都较小时，就有近似计算式

$$\Delta z\approx f_x'(x,y)\Delta x+f_y'(x,y)\Delta y . \tag{7.9}$$

式（7.9）也可以写成

$$f(x+\Delta x,y+\Delta x)\approx f(x,y)+f_x'(x,y)\Delta x+f_y'(x,y)\Delta y . \tag{7.10}$$

利用式（7.10）就可以对二元函数做近似计算.

例 7.25　求 $(0.97)^{2.98}$ 的近似值.

解　设函数 $f(x,y)=x^y$. 则

$$(0.97)^{2.98}=f(0.97,2.98)\text{，}$$

取 $x=1$ ，$y=3$ ，$\Delta x=-0.03$ ，$\Delta y=-0.02$ ，由于

$$f_x'(x,y)=yx^{y-1}\text{，}\quad f_y'(x,y)=x^y\ln x\text{，}$$

$$f(1,3)=1\text{，}\quad f_x'(1,3)=3\text{，}\quad f_y'(1,3)=0 .$$

所以，由式（7.10），可得，

$$(0.97)^{2.98}=f(0.97,2.98)\approx f(1,3)+f_x'(1,3)\cdot\Delta x+f_y'(1,3)\cdot\Delta y=1-0.09=0.91 .$$

习题 7.3

1．求下列函数的一阶偏导数

（1）$z=x^2+y^2-3x^2y$ ；　　（2）$z=\dfrac{x^2+y^2}{xy}$ ；

（3）$z=\sqrt{\ln(xy)}$ ；　　（4）$z=\sin(xy)-\cos y$ ；

（5）$z=(1+xy)^y$.

2．解答下列各题

（1）设 $f(x,y)=\arctan\dfrac{x^2+y^2}{x-y}$ ，求 $f_x'(1,0)$ ；

（2）设 $f(x,y)=\ln\sqrt{x^2+y^2}+\sin(x^2-1)\mathrm{e}^{\arctan\left(x^2+\sqrt{x^2+y^2}\right)}$ ，求 $f_y'(1,2)$ ；

（3）设 $f(x,y,z)=\ln(x-yz)$ ，求 $f_x'(2,0,1), f_y'(2,0,1), f_z'(2,0,1)$.

3．已知 $z=x^yy^x$ ，证明 $x\dfrac{\partial z}{\partial x}+y\dfrac{\partial z}{\partial x}=x(x+y+\ln z)$.

4．求下列函数的所有二阶偏导

（1）$z=x^2+y^2-3x^2y$ ；　　（2）$z=(\cos y+y\sin x)\mathrm{e}^x$.

5．设 $r=\sqrt{x^2+y^2+z^2}$ ，证明

（1）$\left(\dfrac{\partial r}{\partial x}\right)^2+\left(\dfrac{\partial r}{\partial y}\right)^2+\left(\dfrac{\partial r}{\partial z}\right)^2=1$；　　（2）$\dfrac{\partial^2 r}{\partial x^2}+\dfrac{\partial^2 r}{\partial y^2}+\dfrac{\partial^2 r}{\partial z^2}=\dfrac{2}{r}$.

6．求下列函数的全微分

（1）$z=4xy^3+5x^2y^6$；　　（2）$z=\sqrt{1-x^2-y^2}$；

（3）$u=\ln(x-yz)$；　　（4）$u=x+\sin\dfrac{y}{2}+\mathrm{e}^{yz}$.

7．求 $\sqrt{(1.08)^2+(1.92)^2}$ 的近似值.

8．设有一个无盖的圆柱形玻璃容器，容器的内高为 20cm，内半径为 4cm，容器的壁与底的厚度均为 0.1cm，求容器外壳体积的近似值.

7.4　多元复合函数与隐函数的微分法

7.4.1　多元复合函数微分法

一元函数复合函数导数的“链式法则”可以推广到多元复合函数的情形.

1．复合函数的中间变量为一元函数的情形

定理 7.4　如果函数 $u=u(t)$ 与 $v=v(t)$ 都在点 t 处可导，函数 $z=f(u,v)$ 在对应点 (u,v) 处具有连续偏导数，则复合函数 $z=f[u(t),v(t)]$ 在点 t 处可导，且有

$$\frac{\mathrm{d}z}{\mathrm{d}t}=\frac{\partial z}{\partial u}\cdot\frac{\mathrm{d}u}{\mathrm{d}t}+\frac{\partial z}{\partial v}\cdot\frac{\mathrm{d}v}{\mathrm{d}t}. \tag{7.11}$$

证　因为 $z=f(u,v)$ 具有连续的偏导数，所以它是可微的，即有

$$\mathrm{d}z=\frac{\partial z}{\partial u}\cdot\mathrm{d}u+\frac{\partial z}{\partial v}\cdot\mathrm{d}v. \tag{7.12}$$

又因为 $u=u(t)$ 及 $v=v(t)$ 都可导，所以可微，即有

$$\mathrm{d}u=\frac{\mathrm{d}u}{\mathrm{d}t}\mathrm{d}t,\quad \mathrm{d}v=\frac{\mathrm{d}v}{\mathrm{d}t}\mathrm{d}t,$$

代入式（7.12），可得

$$\mathrm{d}z=\frac{\partial z}{\partial u}\cdot\frac{\mathrm{d}u}{\mathrm{d}t}\mathrm{d}t+\frac{\partial z}{\partial v}\cdot\frac{\mathrm{d}v}{\mathrm{d}t}\mathrm{d}t=\left(\frac{\partial z}{\partial u}\cdot\frac{\mathrm{d}u}{\mathrm{d}t}+\frac{\partial z}{\partial v}\cdot\frac{\mathrm{d}v}{\mathrm{d}t}\right)\mathrm{d}t,$$

从而

$$\frac{\mathrm{d}z}{\mathrm{d}t}=\frac{\partial z}{\partial u}\cdot\frac{\mathrm{d}u}{\mathrm{d}t}+\frac{\partial z}{\partial v}\cdot\frac{\mathrm{d}v}{\mathrm{d}t}.$$

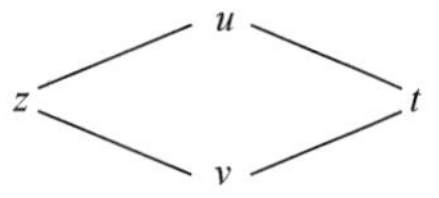

图 7.25

定理 7.4 中的函数 z 通过中间变量与自变量 t 关联，其复合关系如图 7.25 所示.

定理 7.4 可推广到中间变量多于两个的情形．如设 $z=f(u,v,w)$，$u=u(t)$，$v=v(t)$，$w=w(t)$，则 $z=f[u(t),v(t),w(t)]$ 对 t 的导数为

$$\frac{\mathrm{d}z}{\mathrm{d}t}=\frac{\partial z}{\partial u}\cdot\frac{\mathrm{d}u}{\mathrm{d}t}+\frac{\partial z}{\partial v}\cdot\frac{\mathrm{d}v}{\mathrm{d}t}+\frac{\partial z}{\partial w}\cdot\frac{\mathrm{d}w}{\mathrm{d}t}. \tag{7.13}$$

式（7.11）和式（7.13）中的导数 $\dfrac{\mathrm{d}z}{\mathrm{d}t}$ 为全导数.

例 7.26　设 $z=u\ln v$，而 $u=\sin t$，$v=\cos t$，求全导数 $\dfrac{\mathrm{d}z}{\mathrm{d}t}$.

解　因为

$$\frac{\partial z}{\partial u}=\ln v,\quad \frac{\partial z}{\partial v}=\frac{u}{v},\quad \frac{\mathrm{d}u}{\mathrm{d}t}=\cos t,\quad \frac{\mathrm{d}v}{\mathrm{d}t}=-\sin t,$$

因此由式（7.11）可得到

$$\begin{aligned}\frac{\mathrm{d}z}{\mathrm{d}t}&=\frac{\partial z}{\partial u}\cdot\frac{\mathrm{d}u}{\mathrm{d}t}+\frac{\partial z}{\partial v}\cdot\frac{\mathrm{d}v}{\mathrm{d}t}\\&=(\ln v)\cos t-\frac{u}{v}\sin t\\&=(\ln\cos t)\cos t-(\tan t)\sin t.\end{aligned}$$

例 7.27　设 $z=u^2v\sin t$，而 $u=\mathrm{e}^t$，$v=\cos t$，求全导数 $\dfrac{\mathrm{d}z}{\mathrm{d}t}$.

解　$$\begin{aligned}\frac{\mathrm{d}z}{\mathrm{d}t}=\frac{\partial z}{\partial u}\cdot\frac{\mathrm{d}u}{\mathrm{d}t}+\frac{\partial z}{\partial v}\cdot\frac{\mathrm{d}v}{\mathrm{d}t}+\frac{\partial z}{\partial t}&=2uv\sin t\cdot\mathrm{e}^t+u^2\sin t(-\sin t)+u^2v\cos t\\&=2\mathrm{e}^t\cos t\cdot\sin t\cdot\mathrm{e}^t-\mathrm{e}^{2t}\sin^2 t+\mathrm{e}^{2t}\cos^2 t\\&=\mathrm{e}^{2t}(\sin 2t+\cos 2t).\end{aligned}$$

2．复合函数的中间变量为多元函数的情形

定理 7.5　如果函数 $u=u(x,y)$，$v=v(x,y)$ 都在点 (x,y) 处具有对 x 和对 y 的偏导数，函数 $z=f(u,v)$ 在对应点 (u,v) 处具有连续偏导数，则复合函数 $z=f[u(x,y),v(x,y)]$ 在点 (x,y) 处的两个偏导数都存在，且有

$$\frac{\partial z}{\partial x}=\frac{\partial z}{\partial u}\cdot\frac{\partial u}{\partial x}+\frac{\partial z}{\partial v}\cdot\frac{\partial v}{\partial x},\tag{7.14}$$

$$\frac{\partial z}{\partial y}=\frac{\partial z}{\partial u}\cdot\frac{\partial u}{\partial y}+\frac{\partial z}{\partial v}\cdot\frac{\partial v}{\partial y}.\tag{7.15}$$

定理 7.5 中的函数 z 通过中间变量 u,v 与自变量 x,y 关联的复合关系如图 7.26 所示.

定理 7.5 可看成定理 7.4 的推广，如将式（7.11）的 t 分别换成 x 和 y，微分符号 d 换成 ∂，则立即得到式（7.14）和式（7.15）. 这提醒我们，如果函数的自变量只有一个，则求导时要用微分符号 d，否则求偏导数时，要用偏导符号 ∂.

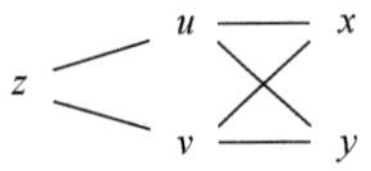

图 7.26

例 7.28　设 $z=\mathrm{e}^u\sin v$，而 $u=xy$，$v=x+y$，求 $\dfrac{\partial z}{\partial x}$ 和 $\dfrac{\partial z}{\partial y}$.

解　直接应用式（7.14）和（7.15）可得

$$\frac{\partial z}{\partial x}=\frac{\partial z}{\partial u}\cdot\frac{\partial u}{\partial x}+\frac{\partial z}{\partial v}\cdot\frac{\partial v}{\partial x}=\mathrm{e}^u\sin v\cdot y+\mathrm{e}^u\cos v\cdot 1=\mathrm{e}^{xy}[y\sin(x+y)+\cos(x+y)],$$

$$\frac{\partial z}{\partial y}=\frac{\partial z}{\partial u}\cdot\frac{\partial u}{\partial y}+\frac{\partial z}{\partial v}\cdot\frac{\partial v}{\partial y}=\mathrm{e}^u\sin v\cdot x+\mathrm{e}^u\cos v\cdot 1=\mathrm{e}^{xy}[x\sin(x+y)+\cos(x+y)].$$

例 7.29　设 $z=x^n f\left(\dfrac{y}{x^2}\right)$，其中 f 是可微函数，证明：

$$x\frac{\partial z}{\partial x}+2y\frac{\partial z}{\partial y}=nz.$$

证　由 $z=x^n f\left(\dfrac{y}{x^2}\right)$，令 $u=\dfrac{y}{x^2}$，则

$$\frac{\partial u}{\partial x}=-\frac{2y}{x^3},\quad \frac{\partial u}{\partial y}=\frac{1}{x^2},$$

因此

$$\frac{\partial z}{\partial x}=nx^{n-1}f(u)+x^n f'(u)\cdot\frac{\partial u}{\partial x}=nx^{n-1}f(u)+x^n f'(u)\cdot\left(-\frac{2y}{x^3}\right),$$

$$\frac{\partial z}{\partial y}=x^n f'(u)\cdot\frac{\partial u}{\partial y}=x^n f'(u)\cdot\frac{1}{x^2},$$

所以

$$x\frac{\partial z}{\partial x}+2y\frac{\partial z}{\partial y}=x\left[nx^{n-1}f(u)+x^n f'(u)\cdot\left(-\frac{2y}{x^3}\right)\right]+2y\left[x^n f'(u)\cdot\frac{1}{x^2}\right]$$
$$=nx^n f(u)=nz .$$

定理 7.5 的结论可以推广到中间变量多于两个的情形。例如

$$z=f(u,v,w),\quad u=u(x,y),\quad v=v(x,y),\quad w=w(x,y),$$

则

$$\frac{\partial z}{\partial x}=\frac{\partial z}{\partial u}\cdot\frac{\partial u}{\partial x}+\frac{\partial z}{\partial v}\cdot\frac{\partial v}{\partial x}+\frac{\partial z}{\partial w}\cdot\frac{\partial w}{\partial x},$$
$$\frac{\partial z}{\partial y}=\frac{\partial z}{\partial u}\cdot\frac{\partial u}{\partial y}+\frac{\partial z}{\partial v}\cdot\frac{\partial v}{\partial y}+\frac{\partial z}{\partial w}\cdot\frac{\partial w}{\partial y}.$$

其变量间的复合关系如图 7.27 所示.

特别地，当 $v=x$，$w=y$ 时，$z=f[u(x,y),x,y]$ 分别对 x 和 y 的偏导数为

$$\frac{\partial z}{\partial x}=\frac{\partial f}{\partial u}\cdot\frac{\partial u}{\partial x}+\frac{\partial f}{\partial x},\qquad \frac{\partial z}{\partial y}=\frac{\partial f}{\partial u}\cdot\frac{\partial u}{\partial y}+\frac{\partial f}{\partial y}.$$

其变量间的复合关系如图 7.28 所示.

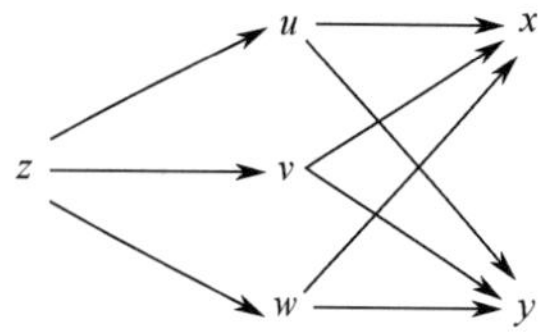

图 7.27

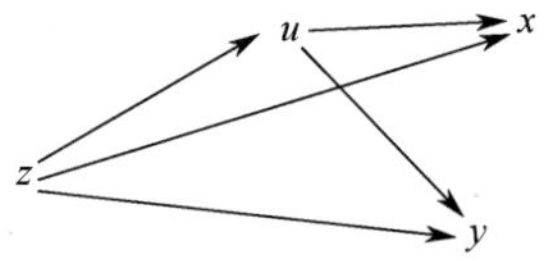

图 7.28

注：这里 $\dfrac{\partial z}{\partial x}$ 与 $\dfrac{\partial f}{\partial x}$ 是不同的，$\dfrac{\partial z}{\partial x}$ 是把复合函数 $z=f[u(x,y),x,y]$ 中的 y 看成不变而对 x 的偏导数，$\dfrac{\partial f}{\partial x}$ 是把函数 $z=f(u,x,y)$ 中的 u 及 y 看成不变而对 x 的偏导数．$\dfrac{\partial z}{\partial y}$ 与 $\dfrac{\partial f}{\partial y}$ 也有类似的区别.

例 7.30　设 $u=f(x,y,z)=\mathrm{e}^{x^2+y^2+z^2}$，$z=x^2\sin y$，求 $\dfrac{\partial u}{\partial x}$ 和 $\dfrac{\partial u}{\partial y}$.

解　$\dfrac{\partial u}{\partial x}=\dfrac{\partial f}{\partial x}+\dfrac{\partial f}{\partial z}\cdot\dfrac{\partial z}{\partial x}=2x\mathrm{e}^{x^2+y^2+z^2}+2z\mathrm{e}^{x^2+y^2+z^2}\cdot 2x\sin y$

$$= 2x(1+2x^2\sin^2 y)\mathrm{e}^{x^2+y^2+x^4\sin^2 y},$$

$$\frac{\partial u}{\partial y} = \frac{\partial f}{\partial y} + \frac{\partial f}{\partial z}\frac{\partial z}{\partial y} = 2y\mathrm{e}^{x^2+y^2+z^2} + 2z\mathrm{e}^{x^2+y^2+z^2}\cdot x^2\cos y$$

$$= 2(y + x^4\sin y\cos y)\mathrm{e}^{x^2+y^2+x^4\sin^2 y}.$$

定理 7.5 的结论还可以推广中间变量是三元及三元以上函数的情形。例如

$$w = f(u,v),\quad u = u(x,y,z),\quad v = v(x,y,z),$$

则

$$\frac{\partial w}{\partial x} = \frac{\partial w}{\partial u}\cdot\frac{\partial u}{\partial x} + \frac{\partial w}{\partial v}\cdot\frac{\partial v}{\partial x},$$

$$\frac{\partial w}{\partial y} = \frac{\partial w}{\partial u}\cdot\frac{\partial u}{\partial y} + \frac{\partial w}{\partial v}\cdot\frac{\partial v}{\partial y},$$

$$\frac{\partial w}{\partial z} = \frac{\partial w}{\partial u}\cdot\frac{\partial u}{\partial z} + \frac{\partial w}{\partial v}\cdot\frac{\partial v}{\partial z}.$$

其变量间的复合关系如图 7.29 所示.

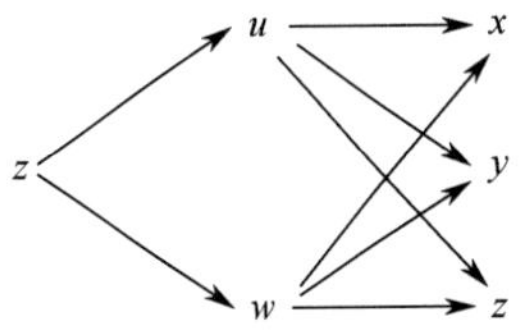

图 7.29

例 7.31　设 $w = f(x+y+z, xyz)$，f 具有二阶连续偏导数，求 $\frac{\partial w}{\partial x}$ 及 $\frac{\partial^2 w}{\partial x\partial z}$.

解　令 $u = x+y+z$，$v = xyz$，则 $w = f(u,v)$.

引入符号：$f_1' = \frac{\partial f(u,v)}{\partial u}$，$f_{12}'' = \frac{\partial^2 f(u,v)}{\partial u\partial v}$，其中下标 1 表示对第 1 个变量 u 求偏导数，下标 2 表示对第 2 个变量 v 求偏导数. 同理有 f_2'，f_{11}''，f_{22}'' 等. 这种符号的好处是简便，不必写出中间变量.

由定理 7.5，可得

$$\frac{\partial w}{\partial x} = \frac{\partial f}{\partial u}\cdot\frac{\partial u}{\partial x} + \frac{\partial f}{\partial v}\cdot\frac{\partial v}{\partial x} = f_1' + yzf_2',$$

上式再对变量 z 求偏导数，可得到

$$\frac{\partial^2 w}{\partial x\partial z} = \frac{\partial}{\partial z}(f_1' + yzf_2') = \frac{\partial f_1'}{\partial z} + yf_2' + yz\frac{\partial f_2'}{\partial z}, \tag{7.16}$$

又

$$\frac{\partial f_1'}{\partial z} = \frac{\partial f_1'}{\partial u}\cdot\frac{\partial u}{\partial z} + \frac{\partial f_1'}{\partial v}\cdot\frac{\partial v}{\partial z} = f_{11}'' + xyf_{12}'',$$

$$\frac{\partial f_2'}{\partial z} = \frac{\partial f_2'}{\partial u}\cdot\frac{\partial u}{\partial z} + \frac{\partial f_2'}{\partial v}\cdot\frac{\partial v}{\partial z} = f_{21}'' + xyf_{22}''$$

代入式（7.16）式，可得

$$\frac{\partial^2 w}{\partial x\partial z} = f_{11}'' + xyf_{12}'' + yf_2'' + yzf_{21}'' + xy^2zf_{22}'',$$

注意到 f 具有二阶连续偏导数，于是

$$f_{12}'' = f_{21}'',$$

从而

$$\frac{\partial^2 w}{\partial x\partial z}=f''_{11}+y(x+z)f''_{12}+yf'_2+xy^2zf''_{22}.$$

7.4.2 全微分形式不变性

由 7.3 节全微分的定义与计算可知，如果函数 $z=f(u,v)$ 具有连续偏导数，则有全微分

$$\mathrm{d}z=\frac{\partial z}{\partial u}\mathrm{d}u+\frac{\partial z}{\partial v}\mathrm{d}v.$$

如果 $z=f(u,v)$ 具有连续偏导数，这时如果 $u=u(x,y)$， $v=v(x,y)$ 也具有连续偏导数，则

$$\begin{aligned}\mathrm{d}z=\frac{\partial z}{\partial u}\mathrm{d}x+\frac{\partial z}{\partial v}\mathrm{d}y&=\left(\frac{\partial z}{\partial u}\cdot\frac{\partial u}{\partial x}+\frac{\partial z}{\partial v}\cdot\frac{\partial v}{\partial x}\right)\mathrm{d}x+\left(\frac{\partial z}{\partial u}\cdot\frac{\partial u}{\partial y}+\frac{\partial z}{\partial v}\cdot\frac{\partial v}{\partial y}\right)\mathrm{d}y\\&=\frac{\partial z}{\partial u}\left(\frac{\partial u}{\partial x}\mathrm{d}x+\frac{\partial u}{\partial y}\mathrm{d}y\right)+\frac{\partial z}{\partial v}\left(\frac{\partial v}{\partial x}\mathrm{d}x+\frac{\partial v}{\partial y}\mathrm{d}y\right)\\&=\frac{\partial z}{\partial u}\mathrm{d}u+\frac{\partial z}{\partial v}\mathrm{d}v.\end{aligned}$$

由此可见，无论 z 是自变量 x 与 y 的函数或中间变量 u 与 v 的函数，它的全微分形式是一样的．这个性质称为全微分形式不变性．

例 7.32 利用全微分形式不变性求解本节的例 7.28，即：设 $z=\mathrm{e}^u\sin v$ ，而 $u=xy$ ，$v=x+y$ ，求 $\frac{\partial z}{\partial x}$ 和 $\frac{\partial z}{\partial y}$.

解 因为 $\mathrm{d}z=\mathrm{d}(\mathrm{e}^u\sin v)=\mathrm{e}^u\sin v\mathrm{d}u+\mathrm{e}^u\cos v\mathrm{d}v$.

因 $\mathrm{d}u=\mathrm{d}(xy)=y\mathrm{d}x+x\mathrm{d}y$， $\mathrm{d}v=\mathrm{d}(x+y)=\mathrm{d}x+\mathrm{d}y$，代入后归并含 $\mathrm{d}x$ 及 $\mathrm{d}y$ 的项，可得

$$\mathrm{d}z=(\mathrm{e}^u y\sin v+\mathrm{e}^u\cos v)\mathrm{d}x+(\mathrm{e}^u x\sin v+\mathrm{e}^u\cos v)\mathrm{d}y,$$

即

$$\mathrm{d}z=\mathrm{e}^{xy}[y\sin(x+y)+\cos(x+y)]\mathrm{d}x+\mathrm{e}^{xy}[x\sin(x+y)+\cos(x+y)]\mathrm{d}y.$$

将上式与全微分公式

$$\mathrm{d}z=\frac{\partial z}{\partial x}\mathrm{d}x+\frac{\partial z}{\partial y}\mathrm{d}y$$

比较可得

$$\frac{\partial z}{\partial x}=\mathrm{e}^{xy}[y\sin(x+y)+\cos(x+y)],$$

$$\frac{\partial z}{\partial y}=\mathrm{e}^{xy}[x\sin(x+y)+\cos(x+y)].$$

该结果与例 7.28 的结果一样.

7.4.3 隐函数微分法

在一元函数微分学中，已经知道由形如 $F(x,y)=0$ 的方程所确定函数 $y=f(x)$ 称为隐函数，其求导的方法是利用复合函数求导法则，不必经过显化而直接由方程求出导数．这里将进一步从理论上阐明隐函数的存在性，并通过多元复合函数的求导法则建立隐函数的求导公式，给出一套所谓的“隐式”求导法.

定理 7.6　设函数 $F(x,y)$ 在点 $P(x_0,y_0)$ 的某一邻域内具有连续的偏导数，且

$$F'_y(x_0,y_0)\neq 0\text{，}\quad F(x_0,y_0)=0\text{，}$$

则方程 $F(x,y)=0$ 在点 $P(x_0,y_0)$ 的某一邻域内恒能唯一确定一个连续且具有连续导数的函数 $y=f(x)$，它满足 $y_0=f(x_0)$，并有

$$\frac{\mathrm{d}y}{\mathrm{d}x}=-\frac{F'_x}{F'_y}. \tag{7.17}$$

这个定理我们不做严格证明．仅就公式（7.17）做如下推导：

将方程 $F(x,y)=0$ 所确定的函数 $y=f(x)$ 代入该方程，可得

$$F[x,f(x)]=0\text{，}$$

利用复合函数求导法则在上式两端同时对 x 求得，可得

$$\frac{\partial F}{\partial x}+\frac{\partial F}{\partial y}\cdot\frac{\mathrm{d}y}{\mathrm{d}x}=0\text{，}$$

由于 F'_y 连续，且 $F'_y(x_0,y_0)\neq 0$，因此存在 (x_0,y_0) 的一个邻域，在这个邻域内有 $F'_y\neq 0$，于是得到

$$\frac{\mathrm{d}y}{\mathrm{d}x}=-\frac{F'_x}{F'_y}.$$

例 7.33　求由方程 $xy+\mathrm{e}^{-x}-\mathrm{e}^{y}=0$ 所确定的隐函数 y 的导数 $\left.\dfrac{\mathrm{d}y}{\mathrm{d}x}\right|_{x=0}$．

解　令 $F=xy+\mathrm{e}^{-x}-\mathrm{e}^{y}$，则

$$F'_x=y-\mathrm{e}^{-x}\text{，}\quad F'_y=x-\mathrm{e}^{y}\text{，}$$

利用公式（7.17）可得

$$\frac{\mathrm{d}y}{\mathrm{d}x}=-\frac{F'_x}{F'_y}=\frac{\mathrm{e}^{-x}-y}{x-\mathrm{e}^{y}}\text{，}$$

由原方程知当 $x=0,y=0$ 时，有

$$\left.\frac{\mathrm{d}y}{\mathrm{d}x}\right|_{x=0}=\left.\frac{\mathrm{e}^{-x}-y}{x-\mathrm{e}^{y}}\right|_{\substack{x=0\\y=0}}=-1\,.$$

既然一个二元方程 $F(x,y)=0$ 满足一定条件就可以确定一个一元隐函数，则一个三元方程 $F(x,y,z)=0$ 就有可能确定一个二元隐函数．此时有如下定理：

定理 7.7　设函数 $F(x,y,z)$ 在点 $P(x_0,y_0,z_0)$ 的某一邻域内有连续的偏导数，且

$$F'_z(x_0,y_0,z_0)\neq 0\text{，}\quad F(x_0,y_0,z_0)=0\text{，}$$

则方程 $F(x,y,z)=0$ 在点 $P(x_0,y_0,z_0)$ 的某个邻域内恒能唯一确定一个单值连续且具有连续偏导数的函数 $z=f(x,y)$，它满足条件 $z_0=f(x_0,y_0)$，并有

$$\frac{\partial z}{\partial x}=-\frac{F'_x}{F'_z}\text{，}\quad\frac{\partial z}{\partial y}=-\frac{F'_y}{F'_z}\,. \tag{7.18}$$

这个定理我们同样不做严格证明．仅就公式（7.18）做如下推导：

将 $F(x,y,z)=0$ 所确定的函数 $z=f(x,y)$ 代入方程，可得

$$F(x,y,f(x,y))=0\text{，}$$

利用复合函数求导法则在上式两端分别对 x 和 y 求导，可得

$$F'_x + F'_z\frac{\partial z}{\partial x} = 0 \text{ 和 } F'_y + F'_z\frac{\partial z}{\partial y} = 0 .$$

由于 F'_z 连续，且 $F'_z(x_0, y_0, z_0) \neq 0$，故存在点 $P(x_0, y_0, z_0)$ 的一个邻域，在这个邻域内 $F'_z \neq 0$，于是得到

$$\frac{\partial z}{\partial x} = -\frac{F'_x}{F'_z}, \quad \frac{\partial z}{\partial y} = -\frac{F'_y}{F'_z} .$$

例 7.34 求由方程 $\frac{x}{z} = \ln\frac{z}{y}$ 所确定的隐函数 $z = f(x, y)$ 的偏导数 $\frac{\partial z}{\partial x}, \frac{\partial z}{\partial y}$.

解 令 $F(x, y, z) = \frac{x}{z} - \ln\frac{z}{y}$，则

$$F'_x = \frac{1}{z}, \quad F'_y = \frac{1}{y}, \quad F'_z = -\frac{x + z}{z^2} .$$

利用式（7.18），可得

$$\frac{\partial z}{\partial x} = -\frac{F'_x}{F'_z} = \frac{z}{x + z}, \quad \frac{\partial z}{\partial y} = -\frac{F'_y}{F'_z} = \frac{z^2}{y(x + z)} .$$

例 7.35 求由方程 $\mathrm{e}^{-xy} - z^2 + \mathrm{e}^z = 0$ 所确定的隐函数 $z = f(x, y)$ 的偏导数 $\frac{\partial z}{\partial x}, \frac{\partial z}{\partial y}$.

解 方法一：令 $F(x, y, z) = \mathrm{e}^{-xy} - z^2 + \mathrm{e}^z$，则

$$F'_x = -y\mathrm{e}^{-xy}, \quad F'_y = -x\mathrm{e}^{-xy}, \quad F'_z = -2z + \mathrm{e}^z$$

利用式（7.18），可得

$$\frac{\partial z}{\partial x} = -\frac{F'_x}{F'_z} = \frac{y\mathrm{e}^{-xy}}{\mathrm{e}^z - 2z}, \quad \frac{\partial z}{\partial y} = -\frac{F'_y}{F'_z} = \frac{x\mathrm{e}^{-xy}}{\mathrm{e}^z - 2z} .$$

方法二：因为 $\mathrm{d}(\mathrm{e}^{-xy} - z^2 + \mathrm{e}^z) = 0$，所以

$$\mathrm{e}^{-xy}\mathrm{d}(-xy) - 2z\mathrm{d}z + \mathrm{e}^z\mathrm{d}z = 0 ,$$

因为将 $\mathrm{d}(-xy) = -y\mathrm{d}x - x\mathrm{d}y$ 代入上式并化简，可得

$$(\mathrm{e}^z - 2z)\mathrm{d}z = \mathrm{e}^{-xy}(x\mathrm{d}y + y\mathrm{d}x) ,$$

解得

$$\mathrm{d}z = \frac{y\mathrm{e}^{-xy}}{\mathrm{e}^z - 2z}\mathrm{d}x + \frac{x\mathrm{e}^{-xy}}{\mathrm{e}^z - 2z}\mathrm{d}y .$$

从而

$$\frac{\partial z}{\partial x} = \frac{y\mathrm{e}^{-xy}}{\mathrm{e}^z - 2z}, \quad \frac{\partial z}{\partial y} = \frac{x\mathrm{e}^{-xy}}{\mathrm{e}^z - 2z} .$$

例 7.36 设由方程 $z = f(x + y + z, xyz)$ 可确定函数 $z = z(x, y)$，其中 f 具有一阶连续偏导数，求 $\frac{\partial z}{\partial x}, \frac{\partial z}{\partial y}$.

解 方法一：令 $F = z - f(x + y + z, xyz)$，则

$$F'_x = -f'_1 - yzf'_2, \quad F'_y = -f'_1 - xzf'_2, \quad F'_z = 1 - f'_1 - xyf'_2 .$$

利用式（7.18），可得

$$\frac{\partial z}{\partial x}=-\frac{F_x'}{F_z'}=\frac{f_1'+yzf_2'}{1-f_1'-xyf_2'}，\quad \frac{\partial z}{\partial y}=-\frac{F_y'}{F_z'}=\frac{f_1'+xzf_2'}{1-f_1'-xyf_2'}.$$

方法二：因 z 是 x,y 的二元函数，故将方程

$$z=f(x+y+z,xyz)$$

两端同时对 x 求偏导数，可得

$$\frac{\partial z}{\partial x}=f_1'\cdot\left(1+\frac{\partial z}{\partial x}\right)+f_2'\cdot\left(yz+xy\frac{\partial z}{\partial x}\right),$$

解得

$$\frac{\partial z}{\partial x}=\frac{f_1'+yzf_2'}{1-f_1'-xyf_2'}.$$

同理可得

$$\frac{\partial z}{\partial y}=\frac{f_1'+xzf_2'}{1-f_1'-xyf_2'}.$$

例 7.37　设由方程 $x+y^2-z=\mathrm{e}^z$ 确定了函数 $z=z(x,y)$，求 $\frac{\partial^2 z}{\partial x^2},\frac{\partial^2 z}{\partial x\partial y},\frac{\partial^2 z}{\partial y^2}$.

解　因 z 是 x,y 的二元函数，将方程

$$x+y^2-z=\mathrm{e}^z$$

两端同时分别对 x 和 y 求偏导数，可得

$$1-\frac{\partial z}{\partial x}=\mathrm{e}^z\frac{\partial z}{\partial x}，\quad 2y-\frac{\partial z}{\partial y}=\mathrm{e}^z\frac{\partial z}{\partial y}.$$

解得

$$\frac{\partial z}{\partial x}=\frac{1}{\mathrm{e}^z+1}，\quad \frac{\partial z}{\partial y}=\frac{2y}{\mathrm{e}^z+1},$$

于是

$$\frac{\partial^2 z}{\partial x^2}=\frac{\partial}{\partial x}\left(\frac{\partial z}{\partial x}\right)=-\frac{\mathrm{e}^z\frac{\partial z}{\partial x}}{(\mathrm{e}^z+1)^2}=-\frac{\mathrm{e}^z}{(\mathrm{e}^z+1)^3},$$

$$\frac{\partial^2 z}{\partial x\partial y}=\frac{\partial}{\partial y}\left(\frac{\partial z}{\partial x}\right)=-\frac{\mathrm{e}^z\frac{\partial z}{\partial y}}{(\mathrm{e}^z+1)^2}=-\frac{2y\mathrm{e}^z}{(\mathrm{e}^z+1)^3},$$

$$\frac{\partial^2 z}{\partial y^2}=\frac{\partial}{\partial y}\left(\frac{\partial z}{\partial y}\right)=\frac{2-2y\mathrm{e}^z\frac{\partial z}{\partial y}}{(\mathrm{e}^z+1)^2}=\frac{2\mathrm{e}^z+2-4y^2\mathrm{e}^z}{(\mathrm{e}^z+1)^3}.$$

习题 7.4

1．解答下列各题

（1）设 $z=\mathrm{e}^{3u+2v}$，而 $u=t^2,v=\cos t$，求全导数 $\frac{\mathrm{d}z}{\mathrm{d}t}$；

（2）设 $z=\arctan(u-v)$，而 $u=3x,v=4x^3$，求全导数 $\frac{\mathrm{d}z}{\mathrm{d}x}$；

（3）设 $z = xy + \sin t$，而 $x = \mathrm{e}^t, y = \cos t$，求全导数 $\dfrac{\mathrm{d}z}{\mathrm{d}t}$.

2．解答下列各题

（1）设 $z = u^2 v - uv^2$，而 $u = x\sin y, v = x\cos y$，求 $\dfrac{\partial z}{\partial x}$ 和 $\dfrac{\partial z}{\partial y}$；

（2）设 $z = (3x^2 + y^2)^{4x+2y}$，求 $\dfrac{\partial z}{\partial x}$ 和 $\dfrac{\partial z}{\partial y}$；

（3）设 $u = \mathrm{e}^{x+2y+3z}$，而 $z = x^2\cos y$，求 $\dfrac{\partial u}{\partial x}$ 和 $\dfrac{\partial u}{\partial y}$；

（4）设 $w = f(x, x^2 y, xy^2 z)$，f 具有一阶连续偏导数，求 $\dfrac{\partial w}{\partial x}, \dfrac{\partial w}{\partial y}, \dfrac{\partial w}{\partial z}$.

3．求函数 $z = \arctan\dfrac{x+y}{1-xy}$ 的全微分.

4．已知由方程 $\sin(xy) - 2z + \mathrm{e}^z = 0$ 确定了函数 $z = f(x,y)$，求 $\dfrac{\partial z}{\partial x}$ 和 $\dfrac{\partial z}{\partial y}$.

5．设函数 $f(u)$ 可导，验证下列各式：

（1）设 $u = yf(x^2 - y^2)$，则 $y^2\dfrac{\partial u}{\partial x} + xy\dfrac{\partial u}{\partial y} = xu$；

（2）设 $z = xy + xf\left(\dfrac{y}{x}\right)$，则 $x\dfrac{\partial z}{\partial x} + y\dfrac{\partial z}{\partial y} = z + xy$.

6．求下列函数的二阶偏导数（其中 f 具有二阶连续偏导数）：

（1）$z = \arctan\dfrac{x+y}{1-xy}$；　　（2）$z = y^{\ln x}$；　　（3）$z = f(xy, x^2 - y^2)$.

7．求由下列方程所确定的隐函数 $z = f(x,y)$ 的偏导数 $\dfrac{\partial z}{\partial x}, \dfrac{\partial z}{\partial y}$：

（1）$x^2 + y^2 + z^2 - 4z = 0$；　　（2）$z^3 - 3xyz = 1$.

7.5　多元函数的极值及其应用

在大量的经济和科技的实际问题中，常常需要解决多元函数的最大值和最小值的问题．与一元函数的情形类似，多元函数的最大值、最小值与极大值、极小值联系密切．下面以二元函数为例来讨论多元函数的极值问题.

7.5.1　二元函数的极值

定义 7.5　设函数 $z = f(x,y)$ 在点 (x_0, y_0) 的某一邻域内有定义，对于该邻域内任意一点 (x,y)，如果

$$f(x,y) \leqslant f(x_0, y_0),$$

则称 $f(x_0, y_0)$ 为函数 $f(x,y)$ 的**极大值**；如果

$$f(x,y) \geqslant f(x_0, y_0),$$

则称 $f(x_0, y_0)$ 为函数 $f(x,y)$ 的**极小值**.

极大值、极小值统称为**极值**，使函数取得极值的点称为**极值点**.

例如，函数 $z=\dfrac{x^2}{4}+\dfrac{y^2}{9}$ 在点 $(0,0)$ 处有极小值，而函数 $z=xy$ 在点 $(0,0)$ 处不取极值.

三元及三元以上的函数也有类似的极值定义.

在一元函数中，可导函数在点 x_0 有极值的必要条件是该点处的导数为零，对于二元函数也有类似的结论.

定理 7.8（必要条件） 设函数 $z=f(x,y)$ 在点 (x_0,y_0) 处具有偏导数，且在点 (x_0,y_0) 处取得极值，则它在该点的偏导数必然为零，即

$$f_x'(x_0,y_0)=0\,,\quad f_y'(x_0,y_0)=0\,.$$

证 由定义 7.5 及已知条件，易知一元函数 $z=f(x,y_0)$ 在 x_0 处取得极值，因此，

$$f_x'(x_0,y_0)=0\,;$$

类似可证

$$f_y'(x_0,y_0)=0\,.$$

与一元函数类似，凡是能使得 $f_x'(x_0,y_0)=0$ 和 $f_y'(x_0,y_0)=0$ 成立的点 (x_0,y_0) 为函数 $z=f(x,y)$ 的**驻点**. 从定理 7.8 可知，具有偏导数的函数的极值点必定是驻点，但函数的驻点不一定是极值点. 例如，点 $(0,0)$ 是 $z=xy$ 的驻点，但函数在该点不取极值.

怎样判定一个驻点是否为极值点呢？下面的定理在一定程度上回答了这个问题.

定理 7.9（充分条件） 设函数 $z=f(x,y)$ 在点 (x_0,y_0) 的某邻域内有直到二阶的连续偏导数，又因点 (x_0,y_0) 是 $f(x,y)$ 的驻点，记

$$f_{xx}''(x_0,y_0)=A\,,\ f_{xy}''(x_0,y_0)=B\,,\ f_{yy}''(x_0,y_0)=C\,,$$

（1）当 $AC-B^2>0$ 时，函数 $z=f(x,y)$ 在 (x_0,y_0) 处取得极值，且当 $A>0$ 时取极小值，当 $A<0$ 时取极大值；

（2）当 $AC-B^2<0$ 时，函数 $z=f(x,y)$ 在 (x_0,y_0) 处不取极值；

（3）当 $AC-B^2=0$ 时，函数 $z=f(x,y)$ 在 (x_0,y_0) 处可能取极值，也可能不取极值.

定理 7.9 的证明从略.

注：在定理 7.9 中，如果 $AC-B^2=0$，则不能确定 $f(x_0,y_0)$ 是否是 $f(x,y)$ 的极值，需要另做讨论.

根据定理 7.8 与定理 7.9，如果函数 $f(x,y)$ 具有二阶连续偏导数，则求 $z=f(x,y)$ 的极值的一般步骤如下：

（1）解方程组 $f_x'(x_0,y_0)=0$ 与 $f_y'(x_0,y_0)=0$，求出 $f(x,y)$ 的所有驻点；

（2）求出驻点处函数 $f(x,y)$ 的二阶偏导数的值 A、B、C；

（3）根据 $AC-B^2$ 的符号逐一判定驻点是否为极值点. 最后求出函数 $f(x,y)$ 在极值点处的极值.

例 7.38 求函数 $f(x,y)=x^3-y^3+3x^2+3y^2-9x-1$ 的极值.

解 先解方程组

$$\begin{cases} f_x'(x,y)=3x^2+6x-9=0, \\ f_y'(x,y)=-3y^2+6y=0, \end{cases}$$

求得驻点为 $(1,0)$, $(1,2)$, $(-3,0)$, $(-3,2)$.

再求出二阶偏导数 $f''_{xx}(x,y)=6x+6$， $f''_{xy}(x,y)=0$， $f''_{yy}(x,y)=-6y+6$．

在点 $(1,0)$ 处， $AC-B^2=12\times 6-0=72>0$， 又因 $A>0$， 所以函数在点 $(1,0)$ 处取得极小值，且极小值为 $f(1,0)=-6$；

在点 $(1,2)$ 处， $AC-B^2=-72<0$， 所以函数在点 $(1,2)$ 处不取极值；

在点 $(-3,0)$ 处， $AC-B^2=-72<0$， 所以函数在点 $(-3,0)$ 处不取极值；

在点 $(-3,2)$ 处， $AC-B^2=72>0$， 又因 $A<0$， 所以函数在点 $(-3,2)$ 处取得极大值，且极大值为 $f(-3,2)=30$；

值得注意的是，不是驻点的点也可能是极值点．例如，函数 $z=\sqrt{x^2+y^2}$ 在点 $(0,0)$ 处有极小值，而该函数在点 $(0,0)$ 的偏导数不存在，即点 $(0,0)$ 不是该函数的驻点．因此，在考虑函数的极值问题时，除了考虑函数的驻点，还要考虑偏导数不存在的点．

7.5.2 二元函数的最大值与最小值

由 7.2 节的性质 7.1（最值定理）可知，在有界闭区域 D 上的二元连续函数一定有最大值和最小值，并且函数最大值点或最小值点必在函数的极值点或在 D 的边界点上，因此只需要求出 $f(x,y)$ 在各驻点和不可导点的函数值及在边界上的最大值和最小值，然后加以比较即可．

假设函数 $f(x,y)$ 在 D 上连续，偏导数存在且驻点只有有限个，则求函数 $f(x,y)$ 在 D 处的最大值和最小值的一般步骤如下：

（1）求函数 $f(x,y)$ 在 D 内所有驻点处的函数值；

（2）求 $f(x,y)$ 在 D 的边界上的最大值和最小值；

（3）将前两步得到的所有函数值进行比较，其中最大者即为最大值，最小者即为最小值．

在通常遇到的实际问题中，如果根据问题的性质，可以判断出函数 $f(x,y)$ 的最大值（最小值）一定在 D 的内部取得，而函数 $f(x,y)$ 在 D 上连续、可微且在 D 内只有一个驻点，则可以肯定该驻点处的函数值就是函数 $f(x,y)$ 在 D 上的最大值（最小值）．

例 7.39 求二元函数 $f(x,y)=x^2y(4-x-y)$ 在由直线 $x+y=6$、x 轴和 y 轴所围成的三角形闭区域 D 上的最大值与最小值．

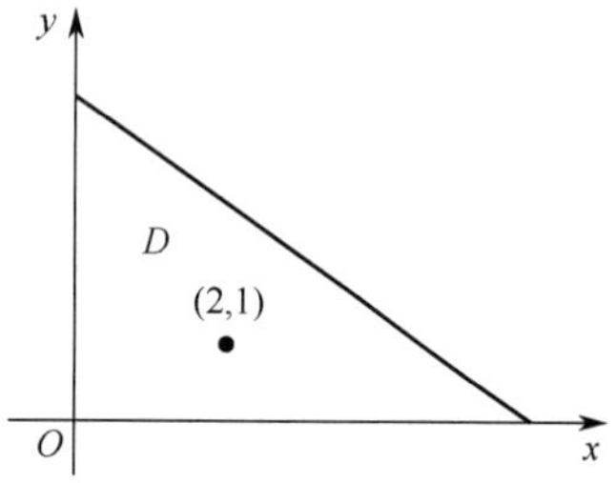

图 7.30

解 （1）先求函数在 D 内的驻点．解方程组

$$\begin{cases} f'_x(x,y)=2xy(4-x-y)-x^2y=xy(8-3x-2y)=0 \\ f'_y(x,y)=x^2(4-x-y)-x^2y=x^2(4-x-2y)=0 \end{cases}$$

因驻点在 D 内部，且 $x>0, y>0$，故求得唯一驻点 $(2,1)$，如图 7.30 所示，且 $f(2,1)=4$．

（2）再求 $f(x,y)$ 在 D 的边界上的最值．

在边界 $x+y=6(0\leqslant x\leqslant 6)$ 上，即 $y=6-x(0\leqslant x\leqslant 6)$，于是

$$f(x,y)=x^2(6-x)(-2)(0\leqslant x\leqslant 6).$$

由 $f'_x=4x(x-6)+2x^2=0$，求得 $x_1=0$， $x_2=4$，又 $f(0,6)=0$， $f(4,2)=-64$， $f(6,0)=0$，比较可得，在边界 $x+y=6(0\leqslant x\leqslant 6)$ 上， $f(x,y)$ 的最小值为 $f(4,2)=-64$； $f(x,y)$ 的最大值为 $f(0,6)=f(6,0)=0$．

而在三角形 D 的两条直角边边界上，有 $f(x,y)=0$．

（3）比较上述（1）（2）中得到的函数值，从而得到 $f(x,y)$ 在 D 上的最大值为 $f(2,1)=4$；最小值为 $f(4,2)=-64$．

例 7.40　某工厂生产甲、乙两种产品，甲种产品的售价为每吨900元，乙种产品的售价为每吨 1000 元，已知生产 x 吨甲种产品和 y 吨乙种产品的总成本为

$$C(x,y)=30000+300x+200y+3x^2+xy+3y^2 \text{（元）},$$

问甲、乙两种产品的产量为多少时，利润最大？

解　设 $L(x,y)$ 为生产 x 吨甲种产品和 y 吨乙种产品所获得的总利润，则

$$\begin{aligned}L(x,y)&=900x+1000y-C(x,y)\\&=-3x^2-xy-3y^2+600x+800y-30000(x>0,y>0).\end{aligned}$$

解方程组

$$\begin{cases}L'_x(x,y)=-6x-y+600=0,\\L'_y(x,y)=-x-6y+800=0,\end{cases}$$

得 $x=80$， $y=120$，可得唯一驻点 $(80,120)$．

由题意可知，利润的最大值一定存在，并且在 $D=\{(x,y)|x>0,y>0\}$ 内部取得，又因函数 $L(x,y)$ 在 D 内只有一个驻点，因此可以断定当生产80吨甲种产品和120吨乙种产品时，利润最大，且最大利润值为

$$L(80,120)=42000 \text{（元）}.$$

7.5.3　条件极值与拉格朗日乘数法

在本节例 7.39 的求解过程中，涉及求二元函数 $z=f(x,y)$ 在条件 $x+y=6(0\leqslant x\leqslant 6)$ 上的极值问题．这种对自变量有**附加条件**（称为**约束条件**）的极值称为**条件极值**，而将无其他限制条件的极值称为**无条件极值**．

对于有些实际问题，可以把条件极值问题化为无条件极值问题．

例如，求表面积为 a^2 的长方体的最大体积问题．设长方体的长、宽、高分别为 x、y、z，这个问题就是求函数 $V=xyz$ 在约束条件 $2(xy+yz+xz)=a^2$ 下的最大值问题．

由条件 $2(xy+yz+xz)=a^2$ 容易解得 $z=\dfrac{a^2-2xy}{2(x+y)}$，于是得 $V=\dfrac{xy}{2}\left(\dfrac{a^2-2xy}{x+y}\right)$，故只需求 V 的无条件极值问题．然而，一般地讲，这样做很不方便，下面我们介绍求解一般条件极值问题的**拉格朗日乘数法**．

求 $z=f(x,y)$ 在满足条件 $\varphi(x,y)=0$ 的极值问题的基本步骤如下：

（1）构造拉格朗日函数

$$L(x,y,\lambda)=f(x,y)+\lambda\varphi(x,y),$$

其中 λ 为常数．

（2）由方程组

$$\begin{cases}L'_x=f'_x(x,y)+\lambda\varphi'_x(x,y)=0,\\L'_y=f'_y(x,y)+\lambda\varphi'_y(x,y)=0,\\\varphi(x,y)=0.\end{cases}$$

解出 x、y 及 λ，这样得到的 (x,y) 就是 $f(x,y)$ 在附加条件 $\varphi(x,y)=0$ 下的可能极值点．

注： 利用拉格朗日乘数法只给出函数取极值的必要条件，因此按照这种方法求出来的点是否为极值点，还需要加以讨论．不过在实际问题中，往往可以根据问题本身的性质来判定所求的点是不是极值点．

拉格朗日乘数法可推广到自变量多于两个而条件多于一个的情形．

例如，求函数 $u=f(x,y,z)$ 在约束条件

$$\varphi(x,y,z)=0, \quad \psi(x,y,z)=0$$

下的极值问题．可构造拉格朗日函数

$$L(x,y,z,\lambda_1,\lambda_2)=f(x,y,z)+\lambda_1\varphi(x,y,z)+\lambda_2\psi(x,y,z),$$

其中 λ_1 与 λ_2 均为常数，再由方程组

$$\begin{cases} L'_x=f'_x(x,y,z)+\lambda_1\varphi'_x(x,y,z)+\lambda_2\psi'_x(x,y,z)=0, \\ L'_y=f'_y(x,y,z)+\lambda_1\varphi'_y(x,y,z)+\lambda_2\psi'_x(x,y,z)=0, \\ L'_z=f'_z(x,y,z)+\lambda_1\varphi'_z(x,y,z)+\lambda_2\psi'_z(x,y,z)=0, \\ \varphi(x,y,z)=0, \\ \psi(x,y,z)=0. \end{cases}$$

解出 x、y、z、λ_1 及 λ_2，这样得到的 (x,y,z) 就是 $f(x,y,z)$ 在附加条件 $\varphi(x,y,z)=0$，$\psi(x,y,z)=0$ 下的可能极值点．

例 7.41 求表面积为 a^2 而体积为最大的长方体的体积．

解 设长方体的长、宽、高分别为 x、y、z，则长方体的体积 $V=xyz$，长方体的表面积 $S=2(xy+yz+xz)=a^2$，所求问题就是在约束条件

$$2xy+2yz+2xz-a^2=0$$

下，求函数 $V=xyz$（$x>0,y>0,z>0$）的最大值．

构造拉格朗日函数

$$L(x,y,z)=xyz+\lambda(2xy+2yz+2xz-a^2),$$

令

$$\begin{cases} L'_x(x,y,z)=yz+2\lambda(y+z)=0, \\ L'_y(x,y,z)=xz+2\lambda(x+z)=0, \\ L'_z(x,y,z)=xy+2\lambda(y+x)=0, \\ 2xy+2yz+2xz-a^2=0, \end{cases}$$

由于 x,y,z 均大于零，由前 3 个方程可得

$$\frac{x}{y}=\frac{x+z}{y+z}, \quad \frac{y}{z}=\frac{x+y}{x+z},$$

由以上两式解得

$$x=y=z,$$

将其代入约束条件，便解得 $x=y=z=\dfrac{\sqrt{6}}{6}a$，这是唯一可能的极值点．因为由问题本身可知最大值一定存在，所以最大值就在这个可能的极值点处取得．即在表面积为 a^2 的长方体中，长、宽、高均为 $\dfrac{\sqrt{6}a}{6}$ 的正方体的体积为最大，且最大体积 $V=\dfrac{\sqrt{6}}{36}a^3$．

例 7.42　已知某公司销售收入 R（单位：万元）与花费在两种广告宣传的费用 x 与 y（单位：万元）之间的关系为

$$R=\frac{200x}{x+5}+\frac{100y}{10+y},$$

而利润额是销售收入的 2 成，并要扣除广告费用．已知广告费用总预算是 15 万元，试问如何分配两种广告费用使利润最大？（预算需全部用完）

解　设利润为 Z，则所求问题就是在约束条件

$$x+y=15(x>0,y>0)$$

下，求函数

$$Z=\frac{1}{5}R-x-y=\frac{40x}{x+5}+\frac{20y}{10+y}-x-y$$

的最大值．

令

$$L(x,y,\lambda)=\frac{40x}{x+5}+\frac{20y}{10+y}-x-y+\lambda(x+y-15)$$

由

$$\begin{cases}L'_x=\dfrac{200}{(x+5)^2}-1+\lambda=0,\\ L'_y=\dfrac{200}{(y+10)^2}-1+\lambda=0,\\ x+y-15=0,\end{cases}$$

的前两个方程，可得

$$(x+5)^2=(y+10)^2,$$

又 $y=15-x$，解得 $x=10$，$y=5$．

根据问题本身的意义及驻点的唯一性知，当投入两种广告的费用分别为 10 万元和 5 万元时，可使利润最大．

例 7.43　在经济学中有著名的柯布—道格拉斯生产函数模型

$$f(x,y)=cx^a y^{1-a},$$

其中 x 表示劳动力的数量，y 表示资本数量（确切地说是 y 个单位资本），c 与 $a(0<a<1)$ 是常数，由各企业的具体情形而定，函数值表示生产量．

现在已知某制造商的柯布—道格拉斯生产函数是

$$f(x,y)=100x^{\frac{3}{4}}y^{\frac{1}{4}},$$

每个劳动力与每单位资本的成本分别是 150 元及 250 元，该制造商的总预算是 50000 元，问该制造商该如何分配这笔钱用于雇用劳动力与投入资本，以使生产量最高？（预算需全部用完）

解　设雇佣的劳动力数量为 x，投入资本数量为 y，则所求问题就是在约束条件

$$150x+250y=50000,$$

下，求函数

$$f(x,y)=100x^{\frac{3}{4}}y^{\frac{1}{4}},$$

的最大值.

令

$$L(x,y,\lambda)=100x^{\frac{3}{4}}y^{\frac{1}{4}}+\lambda(50000-150x-250y),$$

由方程组

$$\begin{cases}L_x'=75x^{-\frac{1}{4}}y^{\frac{1}{4}}-150\lambda=0,\\ L_y'=25x^{\frac{3}{4}}y^{-\frac{3}{4}}-250\lambda=0,\\ 50000-150x-250y=0,\end{cases}$$

其中的第 1 个方程解得 $\lambda=\dfrac{1}{2}x^{-\frac{1}{4}}y^{\frac{1}{4}}$，将其代入第 2 个方程中，可得

$$25x^{\frac{3}{4}}y^{-\frac{3}{4}}-125x^{-\frac{1}{4}}y^{\frac{1}{4}}=0,$$

在上式两边同乘 $x^{\frac{1}{4}}y^{\frac{3}{4}}$，便有 $25x-125y=0$，即 $x=5y$. 将此结果代入约束条件，解得

$$x=250,\quad y=50,$$

根据问题本身的意义及驻点的唯一性可知，该制造商应该雇用 250 个劳动力，投入 50 个资本，即分配劳动力成本为 37500 元，资本成本为 12500 元，这时可获得最高产量 $f(250,50)\approx 16719$ 个.

习题 7.5

1．求下列二元函数的极值

（1）$f(x,y)=x^2+y^3-6xy+18x-39y+16$；

（2）$f(x,y)=3xy-x^3-y^3+1$.

2．求二元函数 $f(x,y)=x^2-2xy+2y$ 在矩形区域 $D=\{(x,y)|0\leqslant x\leqslant 3,0\leqslant y\leqslant 2\}$ 上的最大值和最小值.

3．求二元函数 $f(x,y)=3x^2+3y^2-x^3$ 在区域 $D=\{(x,y)|x^2+y^2\leqslant 16\}$ 上的最小值.

4．要用铁板做成一个体积为 8m^3 的有盖长方体水箱，如何设计才能使用料最省？

5．某工厂生产甲、乙两种产品的日产量分别为 x 件和 y 件，总成本函数为

$$C(x,y)=1000+8x^2-xy+12y^2\ （元），$$

要求每天生产这两种产品的总量为 42 件，问甲、乙两种产品的日产量为多少时，成本最低？

6．某公司通过电视和报纸两种媒体做广告，已知销售收入 R（单位：万元）与电视广告费 x（单位：万元）和报纸广告费 y（单位：万元）之间的关系为

$$R(x,y)=15+14x+32y-8xy-2x^2-10y^2,$$

（1）若广告费用不设限，求最佳广告策略.

（2）若广告费用总预算是 2 万元，求最佳广告策略.

7．设某电视机厂生产一台电视机的成本为 c，每台电视机的销售价格为 p，销售量为 x. 假设该厂电视机的生产量等于销售量. 根据市场预测，销售量 x 与销售价格 p 之间的关系为

$$x = Me^{-ap}(M>0, a>0),$$

其中 M 为市场最大需求量，a 是价格系数．同时，生产部门根据对生产环节的分析，对每台电视机的生产成本 c 有如下测算

$$c = c_0 - k\ln x (k>0, x>1),$$

其中 c_0 是只生产一台电视机时的成本，k 是规模系数．根据上述条件，应如何确定电视机的售价 p，才能使该厂获得最大利润？

习题 7

（A）

1．设 $z=\sqrt{y}+f(\sqrt[3]{x}-1)$，且已知当 $y=1$ 时，$z=x$，则 $f(x)=$____，$z=$____．

2．设 $f(x,y)=\begin{cases}\dfrac{x^3}{x^2+y^2}, & (x,y)\neq(0,0),\\ 0, & (x,y)=(0,0),\end{cases}$ 则 $f'_x(0,0)=$_____，$f'_y(0,0)=$____．

3．设 $z=\arctan\dfrac{x+y}{x-y}$，则 $\mathrm{d}z=$________．

4．已知 $z=\left(\dfrac{y}{x}\right)^{\frac{x}{y}}$，则 $\left.\dfrac{\partial z}{\partial x}\right|_{(1,2)}=$__________．

5．若函数 $z=f(x,y)$ 在点 (x_0,y_0) 处的偏导数存在，则在该点处函数 $z=f(x,y)$（　　）．

（A）有极限　　（B）连续　　（C）可微　　（D）以上三项都不成立

6．偏导数 $f'_x(x_0,y_0)$ 与 $f'_y(x_0,y_0)$ 存在是函数 $z=f(x,y)$ 在点 (x_0,y_0) 连续的（　　）．

（A）充分条件　　（B）必要条件

（C）充要条件　　（D）即非充分也非必要条件

7．设函数 $f(x,y)=1-x^2+y^2$，则下列结论正确的是（　　）．

（A）点 $(0,0)$ 是 $f(x,y)$ 的极小值点　　（B）点 $(0,0)$ 是 $f(x,y)$ 的极大值点

（C）点 $(0,0)$ 不是 $f(x,y)$ 的驻点　　（D）点 $(0,0)$ 不是 $f(x,y)$ 的极值点

8．求下列极限

（1）$\lim\limits_{(x,y)\to(0,0)}(x^2+y^2)\sin\dfrac{1}{xy}$；　　（2）$\lim\limits_{(x,y)\to(0,0)}\dfrac{\sqrt{xy+1}-1}{xy}$．

9．设 $u=e^{3x-y}$，而 $x+y=t^2, x-y=t+2$，求 $\left.\dfrac{\mathrm{d}u}{\mathrm{d}t}\right|_{t=0}$．

10．设 $z=f(x,y)$ 由方程 $xy+yz+xz=1$ 所确定，求 $\dfrac{\partial z}{\partial x},\dfrac{\partial z}{\partial y},\dfrac{\partial^2 z}{\partial x^2},\dfrac{\partial^2 z}{\partial x\partial y}$．

11．设 $f(u,v)$ 具有二阶连续偏导数，且满足 $\dfrac{\partial^2 f}{\partial u^2}+\dfrac{\partial^2 f}{\partial v^2}=1$，又

$$g(x,y)=f\left[xy,\frac{1}{2}(x^2-y^2)\right],$$

证明：

$$\frac{\partial^2 g}{\partial x^2}+\frac{\partial^2 g}{\partial y^2}=x^2+y^2.$$

12．求函数 $f(x,y)=x^2(2+y^2)+y\ln y$ 的极值.

13．设商品 A 及 B 的收益函数分别为

$$R_1=16x-2x^2+4xy,\ R_2=20y+4xy-10y^2,$$

总成本函数为 $C=2x-8y+88$，x 与 y 分别为商品 A 与 B 的价格，试问价格取何值时可以使总利润最大？

（B）

1．设 $z=\mathrm{e}^{-x}+f(x-2y)$，且已知 $y=0$ 时，$z=x^2$，则 $\dfrac{\partial z}{\partial x}=$__________.

2．设 $f(x,y,z)=\mathrm{e}^x yz^2$，其中 $z=z(x,y)$ 是由 $x+y+z+xyz=0$ 确定的隐函数，则 $f'_x(0,1,-1)=$________.

3．设 $z=\ln(\sqrt{x}+\sqrt{y})$，则 $x\dfrac{\partial z}{\partial x}+y\dfrac{\partial z}{\partial y}=$__________.

4．（2000 年考研数学三）设 $z=f\left(xy,\dfrac{x}{y}\right)+g\left(\dfrac{y}{x}\right)$，其中 f 和 g 均可微，则 $\dfrac{\partial^2 z}{\partial x\partial y}=$_____.

5．设 $f(x,y)=\mathrm{e}^{\sqrt{x^2+y^4}}$，则下列结论正确的是（　　）.

（A）$f'_x(0,0)$，$f'_y(0,0)$ 都存在　　（B）$f'_x(0,0)$ 存在，$f'_y(0,0)$ 不存在

（C）$f'_x(0,0)$ 不存在，$f'_y(0,0)$ 存在　　（D）$f'_x(0,0)$，$f'_y(0,0)$ 都不存在

6．（2006 年考研数学三）设 $f(x,y)$，$g(x,y)$ 均为可微函数，且 $g'_y(x,y)\neq 0$，已知 (x_0,y_0) 是 $f(x,y)$ 在约束条件 $g(x,y)=0$ 下的一个极值点，下列结论正确的是（　　）

（A）若 $f_x'(x_0,y_0)=0$，则 $f_y'(x_0,y_0)=0$　　（B）若 $f_x'(x_0,y_0)=0$，则 $f_y'(x_0,y_0)\neq 0$

（C）若 $f_x'(x_0,y_0)\neq 0$，则 $f_y'(x_0,y_0)=0$　　（D）若 $f_x'(x_0,y_0)\neq 0$，则 $f_y'(x_0,y_0)\neq 0$

7．设函数 $u=f(x,y,z)$ 有连续偏导数，且 $z=z(x,y)$ 是由 $x\mathrm{e}^x-y\mathrm{e}^y=z\mathrm{e}^z$ 所确定的隐函数，求 $\mathrm{d}u$.

8．设函数 $u=f(x,y,z)$ 有连续偏导数，且 $y=y(x)$，$z=z(x)$ 分别由下列两式确定：

$$\mathrm{e}^{xy}-xy=2,\quad \mathrm{e}^x=\int_0^{x-z}\frac{\sin t}{t}\mathrm{d}t,$$

求 $\dfrac{\mathrm{d}u}{\mathrm{d}x}$.

9．设 $z=f(x,y)$ 由方程 $x^2+y^2-z=g(x+y+z)$ 确定，其中 $g(u)$ 具有二阶连续导数且 $g'(u)\neq -1$.（1）求 $\mathrm{d}z$；（2）求 $u=\dfrac{1}{x-y}\left(\dfrac{\partial z}{\partial x}-\dfrac{\partial z}{\partial y}\right)$.

10．（2009 年考研数学三）求 $f(x,y)=x^2(2+y^2)+y\ln y$ 的极值.

11．（2020 年考研数学三）求 $f(x,y)=x^3+8y^3-xy$ 的极值.

12．设 $z=z(x,y)$ 是由方程 $x^2-6xy+10y^2-2yz-z^2+18=0$ 所确定的函数，求 $z=z(x,y)$ 的极值点和极值.

13．求函数 $u=x^2+y^2+z^2$ 在约束条件 $z=x^2+y^2$ 和 $x+y+z=4$ 下的最大值和最小值.

14．（2018 年考研数学三）将长为 2m 的铁丝分成 3 段，依次围成圆、正方形与正三角形，问这 3 段分别长为多少时所得的三个图形的面积之和最小，并求出该最小值.

第 8 章　二重积分

在一元函数积分学中我们已经知道，定积分是某种特定形式的和的极限．本章将定积分的概念推广到定义在某个平面区域上的二元函数的情形，建立二重积分的概念，并讨论它的计算方法．

8.1　二重积分的概念与性质

8.1.1　二重积分的概念

1．引例——求曲顶柱体的体积

设有一个立体，它的底是 xOy 平面上的有界闭区域 D，它的侧面是以 D 的边界曲线为准线而母线平行于 z 轴的柱面，它的顶是曲面 $z=f(x,y)$，这里假设 $f(x,y)\geqslant 0$，且 $f(x,y)$ 在 D 上连续，这样的柱体称为曲顶柱体（见图 8.1）．

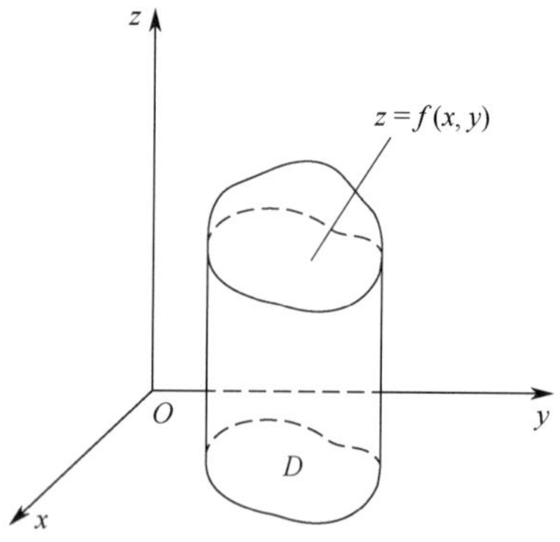

图 8.1

下面来讨论如何求曲顶柱体的体积．

我们知道平顶柱体的高是不变的，它的体积我们可以用体积公式

体积=底面积×高

来计算，但曲顶柱体的高是变化的，不能按上述公式来计算体积．我们回忆一下在求曲边梯形面积时，也曾遇到过这类问题．当时我们是这样解决问题的：先在局部上“以直代曲”求得曲边梯形面积的近似值，然后通过取极限，由近似值得到精确值．那么求曲顶柱体的体积同样可以用“细分、近似代替、求和得近似值、取极限得精确值”的方法．

（1）细分

先将区域 D 分割成 n 个小区域：$\Delta\sigma_1,\Delta\sigma_2,\cdots,\Delta\sigma_n$，同时也用 $\Delta\sigma_i$ 表示第 i 个小区域的面积 $(i=1,2,\cdots,n)$．以每个小区域的边界线为准线，作母线平行于 z 轴的柱面，这样就把给定的曲顶柱体分割成了 n 个小曲顶柱体．用 d_i 表示第 i 个小区域内任意两点之间的距离的最大值（也称为第 i 个小区域的直径）$(i=1,2,\cdots n)$，并记 $\lambda=\max\{d_1,d_2,\cdots,d_n\}$．

（2）近似替代

当分割很细密时，由于 $z=f(x,y)$ 是连续变化的，在每个小区域 $\Delta\sigma_i$ 上，各点高度变化不大，可以近似看作平顶柱体．这时在 $\Delta\sigma_i$ 中任意取一点 (ξ_i,η_i)，把这点的高度 $f(\xi_i,\eta_i)$ 作为这个小平顶柱体的高度（见图 8.2）．则第 i 个小曲顶柱体的体积的近似值为

$$\Delta V_i\approx f(\xi_i,\eta_i)\Delta\sigma_i\,.$$

（3）求和得近似值

把 n 个小曲顶柱体的体积的近似值相加，可得到整个曲顶柱体体积 V 的近似值

$$V \approx \sum_{i=1}^{n} \Delta V_i = \sum_{i=1}^{n} f(\xi_i, \eta_i) \Delta\sigma_i .$$

（4）取极限得精确值

当分割越来越细，小区域 $\Delta\sigma_i$ 的直径越来越小时，$\sum_{i=1}^{n} f(\xi_i,\eta_i)\Delta\sigma_i$ 就越来越接近 V．若令 $\lambda \to 0$，对该和式取极限，如果极限值存在，则此极限值就是曲顶柱体的体积 V，即

$$V = \lim_{\lambda \to 0} \sum_{i=1}^{n} f(\xi_i, \eta_i) \Delta\sigma_i .$$

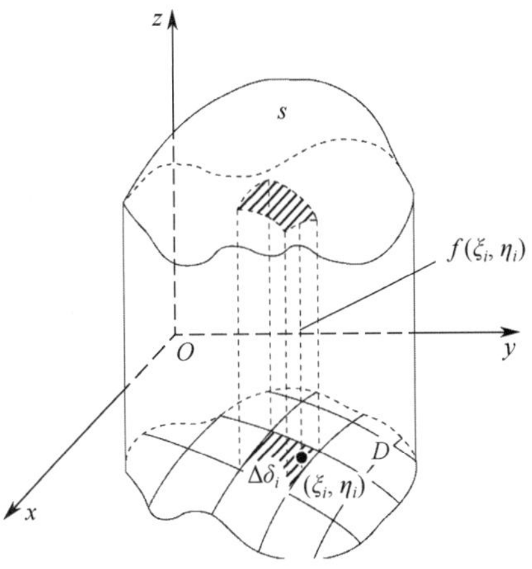

图 8.2

事实上，还有许多实际问题都可以化为上述形式的和式极限，不考虑上述问题的几何背景，只考虑其中数量上的关系，我们可以抽象出定积分的定义.

2．二重积分的定义

定义 8.2　设二元函数 $f(x,y)$ 在有界闭区域 D 上有界，将 D 任意划分成 n 个小区域 $\Delta\sigma_1, \Delta\sigma_2, \cdots, \Delta\sigma_n$，并以 $\Delta\sigma_i$ 和 d_i 分别表示第 i 个小区域的面积和直径，记 $\lambda = \max\{d_1, d_2, \cdots, d_n\}$．在每个小区域 $\Delta\sigma_i$ 上任取一点 (x_i, y_i) $(i = 1,2,\ldots n)$，作乘积 $f(x_i, y_i)\Delta\sigma_i$，并作和

$$\sum_{i=1}^{n} f(x_i, y_i) \Delta\sigma_i ,$$

如果极限 $\lim\limits_{\lambda \to 0} \sum_{i=1}^{n} f(x_i, y_i)\Delta\sigma_i$ 存在，则称此极限为函数 $f(x,y)$ 在闭区域 D 上的**二重积分**，记作 $\iint\limits_D f(x,y)\mathrm{d}\sigma$，即

$$\iint\limits_D f(x,y)\mathrm{d}\sigma = \lim_{\lambda \to 0} \sum_{i=1}^{n} f(x_i, y_i) \Delta\sigma_i .$$

其中 $f(x,y)$ 为被积函数，x, y 为积分变量，$f(x,y)\mathrm{d}\sigma$ 为被积表达式，$\mathrm{d}\sigma$ 为面积元素，D 为积分区域.

对二重积分定义进行如下说明：

（1）如果二重积分 $\iint\limits_D f(x,y)\mathrm{d}\sigma$ 存在，则称 $f(x,y)$ 在区域 D 上是**可积的**．可以证明，如果 $f(x,y)$ 在区域 D 上连续，则 $f(x,y)$ 在区域 D 上是可积的．后面，我们总假定被积函数 $f(x,y)$ 在区域 D 上是连续的，即 $\iint\limits_D f(x,y)\mathrm{d}\sigma$ 总是存在的.

（2）如果 $f(x,y)$ 在 D 上可积，则二重积分 $\iint\limits_D f(x,y)\mathrm{d}\sigma$ 的值与区域 D 的划分方式无关．因此，在直角坐标系中，常用分别平行于 x 轴和 y 轴的两组直线来分割积分区域 D（见图 8.3）．这样除了包含边界点的一些小闭区域，其他小闭区域都是小矩形．这时小区域

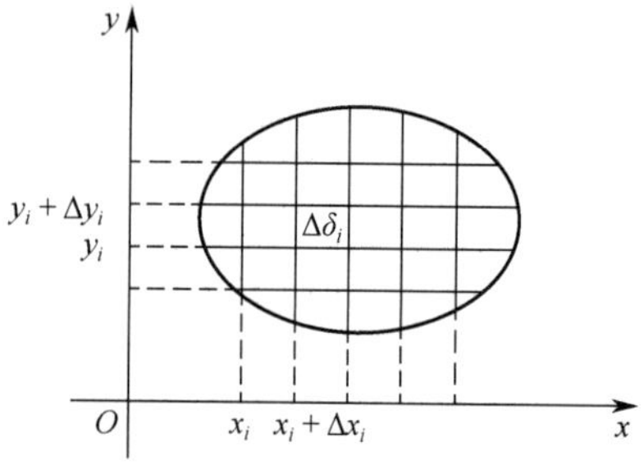

图 8.3

的面积 $\Delta\sigma_i=\Delta x_i\cdot\Delta y_i\ (i=1,2,\cdots n)$，故在直角坐标系中，面积微元 $\mathrm{d}\sigma$ 可记为 $\mathrm{d}x\mathrm{d}y$，即

$$\mathrm{d}\sigma=\mathrm{d}x\mathrm{d}y,$$

进而二重积分可记为

$$\iint_D f(x,y)\mathrm{d}\sigma=\iint_D f(x,y)\mathrm{d}x\mathrm{d}y.$$

（3）如果 $f(x,y)$ 在 D 上可积，则二重积分 $\iint_D f(x,y)\mathrm{d}\sigma$ 是一个数值，此积分只与积分区域 D 和被积函数 $f(x,y)$ 有关，而与积分变量用什么字母无关，即

$$\iint_D f(x,y)\mathrm{d}x\mathrm{d}y=\iint_D f(s,t)\mathrm{d}s\mathrm{d}t=\iint_D f(u,v)\mathrm{d}u\mathrm{d}v.$$

3．二重积分的几何意义

（1）当 $f(x,y)\geqslant 0$ 时，二重积分 $\iint_D f(x,y)\mathrm{d}\sigma$ 表示以积分区域 D 为底、曲面 $z=f(x,y)$ 为顶的曲顶柱体的体积.

（2）当 $f(x,y)\leqslant 0$ 时，以积分区域 D 为底、曲面 $z=f(x,y)$ 为顶的曲顶柱体位于 xOy 面的下方，二重积分 $\iint_D f(x,y)\mathrm{d}\sigma$ 的绝对值仍等于曲顶柱体的体积，但二重积分的值是负的.

8.1.2 二重积分的性质

二重积分与定积分具有类似的性质，而且其证明也与定积分性质的证明类似.

性质 8.1 $\iint_D [f(x,y)+g(x,y)]\mathrm{d}\sigma=\iint_D f(x,y)\mathrm{d}\sigma+\iint_D g(x,y)\mathrm{d}\sigma$.

性质 8.2 $\iint_D kf(x,y)\mathrm{d}\sigma=k\iint_D f(x,y)\mathrm{d}\sigma$（$k$ 是常数）.

性质 8.3 若积分区域 σ 的面积为 σ，则有

$$\iint_D 1\mathrm{d}\sigma=\iint_D \mathrm{d}\sigma=\sigma.$$

性质 8.4 若积分区域 D 由 D_1,D_2 组成（其中 D_1,D_2 除边界外无公共点），则

$$\iint_D f(x,y)\mathrm{d}\sigma=\iint_{D_1} f(x,y)\mathrm{d}\sigma+\iint_{D_2} f(x,y)\mathrm{d}\sigma.$$

性质 8.5 如果在区域 D 上，有 $f(x,y)\geqslant g(x,y)$，则

$$\iint_D f(x,y)\mathrm{d}\sigma\geqslant\iint_D g(x,y)\mathrm{d}\sigma.$$

推论 8.1 如果在区域 D 上，有 $f(x,y)\geqslant 0$，则 $\iint_D f(x,y)\mathrm{d}\sigma\geqslant 0$.

推论 8.2 $\left|\iint_D f(x,y)\mathrm{d}\sigma\right|\leqslant\iint_D |f(x,y)|\mathrm{d}\sigma$.

性质 8.6 设 M,m 分别是函数 $f(x,y)$ 在闭区域 D 上的最大值与最小值，σ 是 D 的面积，则

$$m\sigma \leqslant \iint\limits_D f(x,y)\mathrm{d}\sigma \leqslant M\sigma .$$

性质 8.7（二重积分中值定理） 设 $f(x,y)$ 在闭区域 D 上连续，σ 是 D 的面积，则在 D 上至少存在一点 (ξ,η)，使得

$$\iint\limits_D f(x,y)\mathrm{d}\sigma = f(\xi,\eta)\sigma .$$

中值定理的几何意义：以区域 D 为底、以曲面 $f(x,y)$ 为顶的曲顶柱体的体积等于区域 D 上以某点 (ξ,η) 的函数值 $f(\xi,\eta)$ 为高的平顶柱体的体积.

例 8.1 比较积分 $\iint\limits_D [\ln(x+y)]^2 \mathrm{d}\sigma$ 与 $\iint\limits_D [\ln(x+y)]^3 \mathrm{d}\sigma$ 的大小，其中区域 D 是三角形闭区域，三个顶点分别为 $(0,1),(1,1),(0,2)$.

解 因为区域 D 是直角三角形闭区域，斜边方程为 $x+y=2$，则在 D 上有

$$1 \leqslant x+y \leqslant 2 ,$$

从而在 D 上有

$$0 \leqslant \ln(x+y) < 1 ,$$

于是在 D 上有

$$[\ln(x+y)]^2 \geqslant [\ln(x+y)]^3 ,$$

因此由二重积分性质 8.5，可得

$$\iint\limits_D [\ln(x+y)]^2 \mathrm{d}\sigma \geqslant \iint\limits_D [\ln(x+y)]^3 \mathrm{d}\sigma .$$

例 8.2 设 $D=\{(x,y)\,|\,1 \leqslant x^2+y^2 \leqslant 9\}$，求 $\iint\limits_D 2\mathrm{d}\sigma$.

解 注意到区域 D 是由半径为 3 和 1 的两个同心圆围成的圆环，其面积为

$$\sigma = \pi\cdot 3^2 - \pi\cdot 1^2 = 8\pi ,$$

由二重积分性质 8.2 和性质 8.3，可得

$$\iint\limits_D 2\mathrm{d}\sigma = 2\iint\limits_D \mathrm{d}\sigma = 2\sigma = 16\pi .$$

习题 8.1

1．设 D 为圆域：$x^2+y^2=4$，求 $\iint\limits_D \mathrm{d}\sigma$.

2．设 $D=\{(x,y)\,|\,x^2+y^2 \leqslant 2x\}$，求 $\iint\limits_D \mathrm{d}x\mathrm{d}y$.

3．试比较下列二重积分的大小：

（1）$\iint\limits_D (x+y)^2\mathrm{d}\sigma$ 与 $\iint\limits_D (x+y)^3\mathrm{d}\sigma$，其中 D 由 x 轴、y 轴及直线 $x+y=1$ 围成的区域；

（2）$\iint\limits_D \ln(x+y)\mathrm{d}\sigma$ 与 $\iint\limits_D [\ln(x+y)]^2\mathrm{d}\sigma$，其中 D 是以 $A(1,0),B(1,1),C(2,0)$ 为顶点的三角形闭区域.

8.2 直角坐标系下二重积分的计算

从二重积分的定义我们知道，一般情况下用定义计算二重积分是困难的．下面从二重积分的几何意义出发，介绍计算二重积分的方法，该方法将二重积分的计算问题化为两次定积分的计算问题．

8.2.1 直角坐标系下二重积分的计算

在具体讨论二重积分的计算之前，先介绍所谓 X **型区域**和 Y **型区域**的概念．

设积分区域 D 是由曲线 $y=\varphi_1(x)$，$y=\varphi_2(x)$ 及直线 $x=a$, $x=b$ 围成的，其中 $a<b$ ，函数 $\varphi_1(x),\varphi_2(x)$ 均在闭区间 $[a,b]$ 上连续，且 $\varphi_1(x)<\varphi_2(x)$ ，则区域 D 可表示为

$$D=\{(x,y)\big|a\leqslant x\leqslant b,\varphi_1(x)\leqslant y\leqslant \varphi_2(x)\},$$

并称此区域为 X **型区域**．这种区域的特点是：穿过区域 D 内部且平行于 y 轴的直线与 D 边界的交点不多于两个（见图 8.4）．

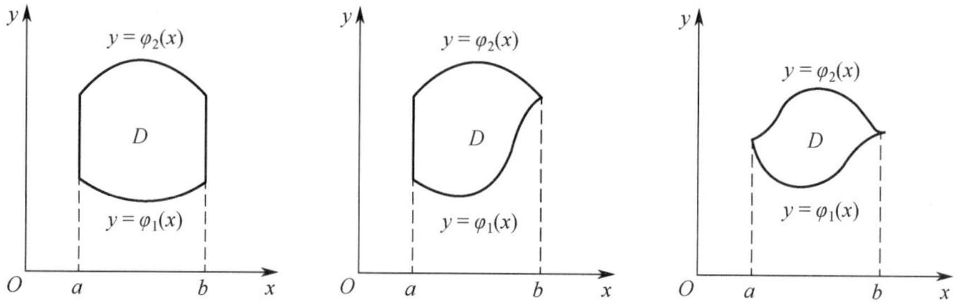

图 8.4

设积分区域 D 是由曲线 $x=\psi_1(y)$, $x=\psi_2(y)$ 及直线 $y=c$, $y=d$ 围成的，其中 $c<d$ ，函数 $\psi_1(y),\psi_2(y)$ 均在闭区间 $[a,b]$ 上连续，且 $\psi_1(y)<\psi_2(y)$ ，则区域 D 可表示为

$$D=\{(x,y)\big|c\leqslant x\leqslant d,\psi_1(y)\leqslant y\leqslant \psi_2(y)\},$$

并称此区域为 Y 型区域．这种区域的特点是：穿过区域 D 内部且平行于 x 轴的直线与 D 边界的交点不多于两个（见图 8.5）．

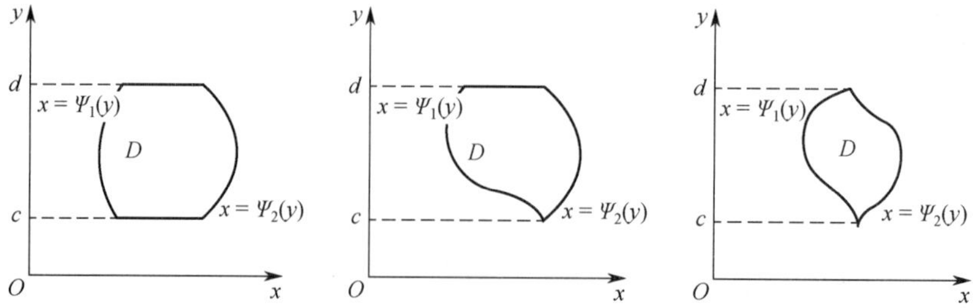

图 8.5

在推导 $\iint\limits_D f(x,y)\mathrm{d}\sigma$ 的计算公式时，假定 $f(x,y)$ 连续，且 $f(x,y)\geqslant 0$.

假定积分区域 D 为如下 X 型区域，即

$$D=\{(x,y)\mid a\leqslant x\leqslant b,\varphi_1(x)\leqslant y\leqslant\varphi_2(x)\}.$$

由二重积分的几何意义，$\iint\limits_D f(x,y)\mathrm{d}\sigma$ 的值等于以 D 为底、以曲面 $z=f(x,y)$ 为顶的曲顶柱体的体积（见图 8.6）.

我们用“切片法”来求这个曲顶柱体的体积．首先在区间 $[a,b]$ 上任取一个子区间 $[x,x+\mathrm{d}x]$，用过 x 轴上的点 x 且平行于 yOz 坐标面的平面去截曲顶柱体，截得的截面是以空间曲线 $z=f(x,y)$ 为曲边、以 $[\varphi_1(x),\varphi_2(x)]$ 为底边的曲边梯形，其面积为

$$A(x)=\int_{\varphi_1(x)}^{\varphi_2(x)}f(x,y)\mathrm{d}y.$$

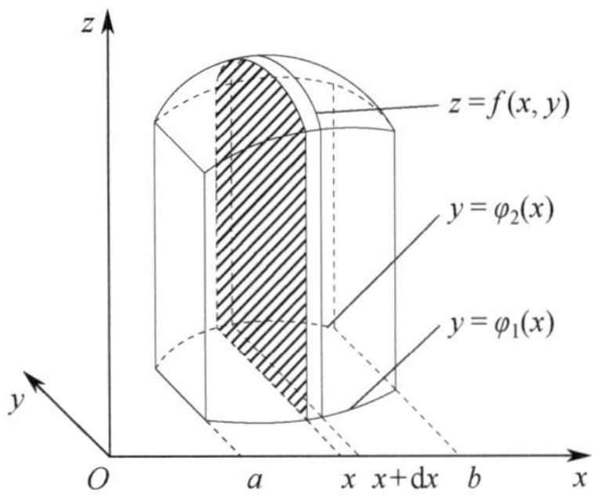

图 8.6

再作过 x 轴上的点 $x+\mathrm{d}x$ 且平行于 yOz 坐标面的平面去截曲顶柱体，可得一个夹在两个平行平面之间的薄曲顶柱体．可将其近似看成以截面面积 $A(x)$ 为底面积、$\mathrm{d}x$ 为厚度的薄柱体，可得体积元素为

$$\mathrm{d}V=A(x)\mathrm{d}x.$$

所以曲顶柱体的体积为

$$V=\int_a^b A(x)\mathrm{d}x=\int_a^b\left[\int_{\varphi_1(x)}^{\varphi_2(x)}f(x,y)\mathrm{d}y\right]\mathrm{d}x,$$

或记为

$$V=\int_a^b\mathrm{d}x\int_{\varphi_1(x)}^{\varphi_2(x)}f(x,y)\mathrm{d}y.$$

于是得到二重积分的计算公式，即

$$\iint\limits_D f(x,y)\mathrm{d}x\mathrm{d}y=\int_a^b\mathrm{d}x\int_{\varphi_1(x)}^{\varphi_2(x)}f(x,y)\mathrm{d}y.\tag{8.1}$$

上式右端的积分称为先对 y、后对 x 的**二次积分**.

类似分析，如果积分区域 D 为如下 Y 型区域

$$D=\{(x,y)\mid c\leqslant x\leqslant d,\psi_1(y)\leqslant y\leqslant\psi_2(y)\},$$

则有

$$\iint\limits_D f(x,y)\mathrm{d}x\mathrm{d}y=\int_c^d\mathrm{d}y\int_{\psi_1(y)}^{\psi_2(y)}f(x,y)\mathrm{d}x.\tag{8.2}$$

上式右端的积分称为先对 x、后对 y 的**二次积分**.

如果 D 既不是 X 型区域也不是 Y 型区域，则可以将 D 分割成若干个无公共内点的小区域，并使每个小区域能表示成 X 型区域或 Y 型区域（见图 8.7），然后在每块小区域上分别应用式（8.1）或者式（8.2），再利用二重积分对积分区域的可加性，就可以算出所给二重积分.

注：虽然在讨论中，我们假定了 $f(x,y)\geqslant 0$，这只是为几何上说明方便而引入的条件，实际上，式（8.1）和式（8.2）的成立不受此条件的限制.

从式（8.1）和式（8.2）可以看出，将二重积分化为二次积分，关键是确定积分限，而确定积分限依赖于区域 D 的几何形状．因此，首先必须掌握区域 D 的图形形状，并能将 D 表示为 X 型区域或 Y 型区域.

例 8.3 求$\iint\limits_D xy^2 \mathrm{d}\sigma$，其中$D$是由直线$y=0$、$x=1$及$y=x$围成的闭区域.

解 方法一：首先画出积分区域D的几何图形（见图 8.8），将D表示为X型区域

$$D=\{(x,y)\mid 0\leqslant x\leqslant 1, 0\leqslant y\leqslant x\},$$

则由式（8.1），可得

$$\iint\limits_D xy^2 \mathrm{d}\sigma=\int_0^1 \mathrm{d}x\int_0^x xy^2 \mathrm{d}y=\int_0^1 x\left(\left.\frac{y^3}{3}\right|_0^x\right)\mathrm{d}x=\int_0^1 \frac{x^4}{3}\mathrm{d}x=\frac{1}{15}.$$

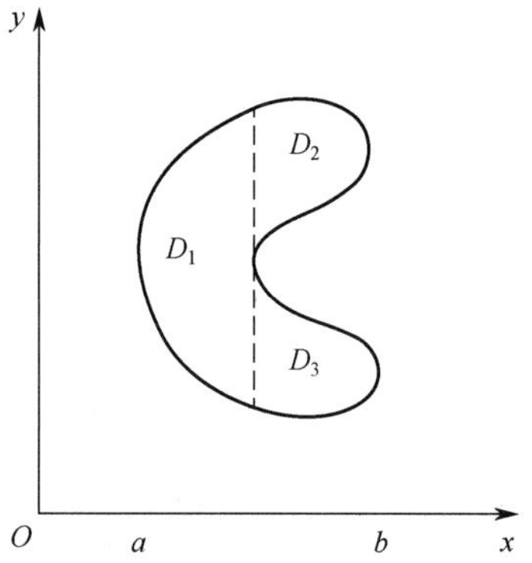

图 8.7

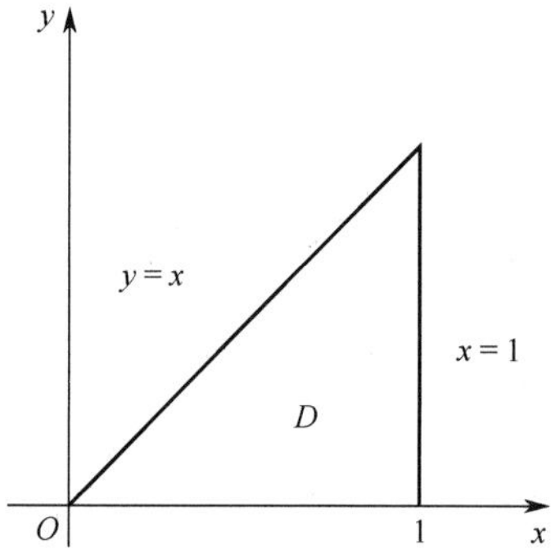

图 8.8

方法二：将D表示为Y型区域

$$D=\{(x,y)\mid 0\leqslant y\leqslant 1, y\leqslant x\leqslant 1\},$$

则由式（8.2）得

$$\iint\limits_D xy^2 \mathrm{d}\sigma=\int_0^1 \mathrm{d}y\int_y^1 xy^2 \mathrm{d}x=\int_0^1 y^2\left(\left.\frac{x^2}{2}\right|_y^1\right)\mathrm{d}y=\frac{1}{2}\int_0^1 (y^2-y^4)\mathrm{d}y=\frac{1}{15}.$$

从上面解题过程可以看到，该例题用X型区域和Y型区域都可以.

例 8.4 求$\iint\limits_D y\sqrt{1+x^2-y^2}\mathrm{d}\sigma$，其中$D$是由直线$y=x$、$x=-1$及$y=1$围成的闭区域.

解 画出积分区域D的几何图形（见图 8.9），显然D既是X型的，又是Y型的.

若将D表示为X型区域

$$D=\{(x,y)\mid -1\leqslant x\leqslant 1, x\leqslant y\leqslant 1\},$$

则由式（8.1），可得

$$\begin{aligned}\iint\limits_D y\sqrt{1+x^2-y^2}\mathrm{d}\sigma&=\int_{-1}^1 \mathrm{d}x\int_x^1 y\sqrt{1+x^2-y^2}\mathrm{d}y\\&=\int_{-1}^1\left[-\frac{1}{2}\int_x^1\sqrt{1+x^2-y^2}\mathrm{d}(1+x^2-y^2)\right]\mathrm{d}x\\&=-\frac{1}{3}\int_{-1}^1\left[\left.(1+x^2-y^2)^{\frac{3}{2}}\right|_x^1\right]\mathrm{d}x=-\frac{1}{3}\int_{-1}^1(|x|^3-1)\mathrm{d}x\\&=-\frac{2}{3}\int_0^1(x^3-1)\mathrm{d}x=\frac{1}{2}.\end{aligned}$$

若将 D 表示为 X 型区域

$$D=\{(x,y)\,|\,-1\leqslant y\leqslant 1,-1\leqslant x\leqslant y\},$$

则由式（8.2），可得

$$\iint_D y\sqrt{1+x^2-y^2}\,\mathrm{d}\sigma=\int_{-1}^{1}\mathrm{d}y\int_{-1}^{y}y\sqrt{1+x^2-y^2}\,\mathrm{d}x,$$

上式右端内层关于 x 的积分计算比较麻烦．所以这里用式（8.1）计算较为方便．

例 8.5　求 $\iint_D xy\mathrm{d}x\mathrm{d}y$，其中 D 是由曲线 $y^2=x$ 及直线 $y=x-2$ 围成的闭区域．

解　画出积分区域 D 的几何图形（见图 8.10）．联立 $\begin{cases}y^2=x,\\ y=x-2,\end{cases}$ 求得曲线与直线的交点为 $(1,-1)$ 和 $(4,2)$，

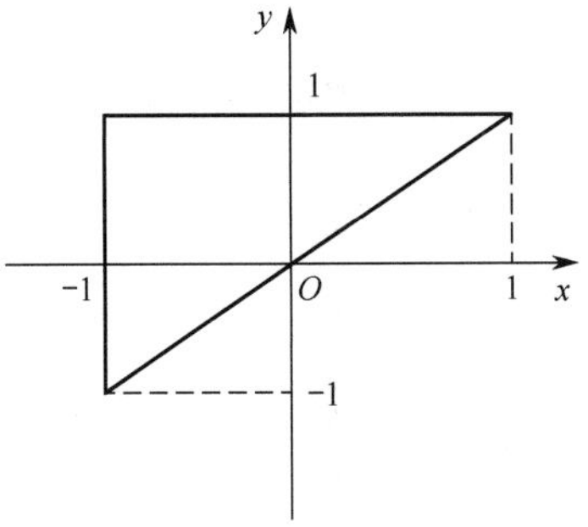

图 8.9

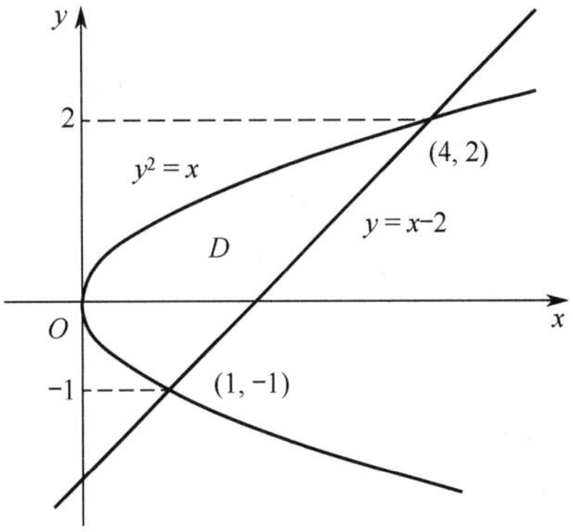

图 8.10

方法一：若将 D 表示为 Y 型区域

$$D=\{(x,y)\,|\,-1\leqslant y\leqslant 2,y^2\leqslant x\leqslant y+2\},$$

则

$$\iint_D xy\mathrm{d}x\mathrm{d}y=\int_{-1}^{2}\mathrm{d}y\int_{y^2}^{y+2}xy\mathrm{d}x=\int_{-1}^{2}\left[\left(\frac{y}{2}x^2\right)\Big|_{y^2}^{y+2}\right]\mathrm{d}y$$

$$=\frac{1}{2}\int_{-1}^{2}(-y^5+y^3+4y^2+4y)\mathrm{d}y=\frac{45}{8}.$$

下面再用另外一种积分顺序计算这个二重积分．

方法二：若将 D 表示为 X 型区域

$$D=\{(x,y)\,|\,0\leqslant x\leqslant 1,-\sqrt{x}\leqslant y\leqslant\sqrt{x}\}\cup\{(x,y)\,|\,1\leqslant x\leqslant 4,x-2\leqslant y\leqslant\sqrt{x}\},$$

则

$$\iint_D xy\mathrm{d}x\mathrm{d}y=\int_0^1\mathrm{d}x\int_{-\sqrt{x}}^{\sqrt{x}}xy\mathrm{d}y+\int_1^4\mathrm{d}x\int_{x-2}^{\sqrt{x}}xy\mathrm{d}y=\frac{45}{8}.$$

显然，本题的方法二比方法一麻烦．由此可见，积分顺序的选取关系到二重积分计算的繁简程度，其中既要考虑积分区域的形状，又要考虑被积函数的特征．

例 8.6　求 $\iint_D \frac{\sin y}{y}\mathrm{d}x\mathrm{d}y$，其中 D 是由直线 $y=1$、$y=x$ 及 $x=0$ 围成的闭区域．

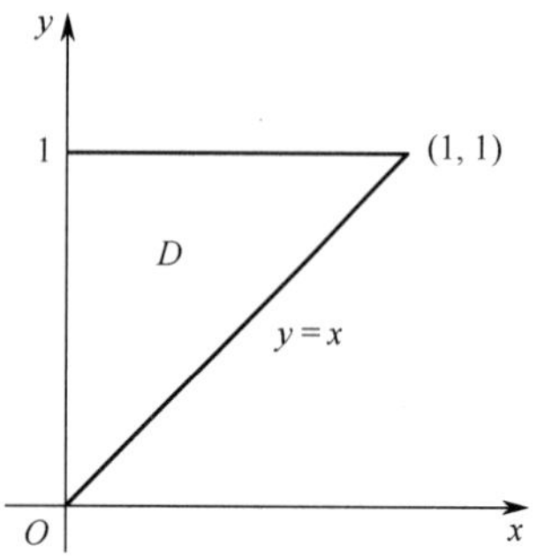

图 8.11

解　画出积分区域D的几何图形（见图 8.11）.

若将D表示为X型区域

$$D=\{(x,y)|0\leqslant x\leqslant 1, x\leqslant y\leqslant 1\},$$

则

$$\iint_D \frac{\sin y}{y}\mathrm{d}x\mathrm{d}y=\int_0^1\left[\int_x^1\frac{\sin y}{y}\mathrm{d}y\right]\mathrm{d}x .$$

注意到$\frac{\sin y}{y}$的原函数不能用初等函数表示，因此积分$\int_x^1\frac{\sin y}{y}\mathrm{d}y$无法计算出来.

下面改用先对x积分，再对y积分，即把积分区域D表示为Y型区域

$$D=\{(x,y)|0\leqslant y\leqslant 1, 0\leqslant x\leqslant y\},$$

则

$$\iint_D \frac{\sin y}{y}\mathrm{d}x\mathrm{d}y=\int_0^1\mathrm{d}y\int_0^y\frac{\sin y}{y}\mathrm{d}x=\int_0^1\frac{\sin y}{y}\left(\int_0^y 1\mathrm{d}x\right)\mathrm{d}y=\int_0^1\sin y\mathrm{d}y=1-\cos 1 .$$

可见，积分顺序的选取有时会关系到积分能否算得出来.

8.2.2　交换二次积分顺序

从前面的几个例子可以看到，合理选择积分顺序是很关键的一步，积分顺序选择不当可能会使计算烦琐甚至无法求出来. 因此对给定的二次积分，有时需要交换其积分顺序.

下面给出几个交换二次积分顺序例子.

例 8.7　交换二次积分$\int_0^1\mathrm{d}x\int_{x^2}^x f(x,y)\mathrm{d}y$的积分顺序.

解　由所给二次积分的上、下限可知，D为X型区域（见图 8.12），可表示为

$$D=\{(x,y)|0\leqslant x\leqslant 1, x^2\leqslant y\leqslant x\}.$$

将积分区域D改为Y型区域

$$D=\{(x,y)|0\leqslant y\leqslant 1, y\leqslant x\leqslant \sqrt{y}\},$$

则

$$\int_0^1\mathrm{d}x\int_{x^2}^x f(x,y)\mathrm{d}y=\int_0^1\mathrm{d}y\int_y^{\sqrt{y}} f(x,y)\mathrm{d}x.$$

例 8.8　交换二次积分$\int_0^1\mathrm{d}y\int_y^{1+\sqrt{1-y^2}} f(x,y)\mathrm{d}x$的积分顺序.

解　由所给积分的上、下限可知，积分区域D为Y型区域（见图 8.13），可表示为

$$D=\{(x,y)|0\leqslant y\leqslant 1, y\leqslant x\leqslant 1+\sqrt{1-y^2}\},$$

将积分区域D表示为X型区域

$$D=\{(x,y)|0\leqslant x\leqslant 1, 0\leqslant y\leqslant x\}\cup\{(x,y)|1\leqslant x\leqslant 2, 0\leqslant y\leqslant \sqrt{2x-x^2}\},$$

则

$$\int_0^1\mathrm{d}y\int_y^{1+\sqrt{1-y^2}} f(x,y)\mathrm{d}x=\int_0^1\mathrm{d}x\int_0^x f(x,y)\mathrm{d}y+\int_1^2\mathrm{d}x\int_0^{\sqrt{2x-x^2}} f(x,y)\mathrm{d}y.$$

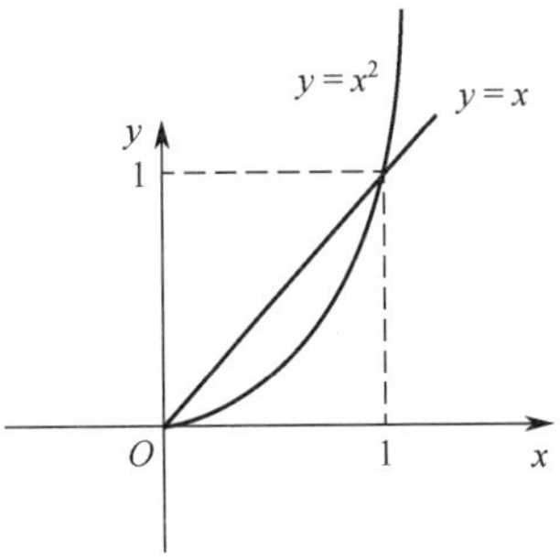

图 8.12

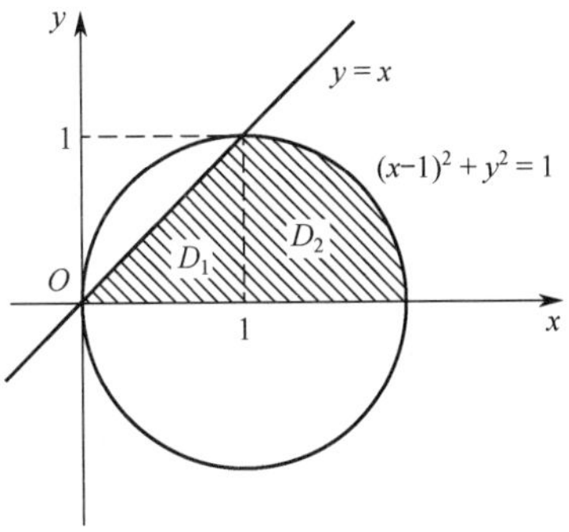

图 8.13

8.2.3　利用对称性和奇偶性化简二重积分的计算

利用被积函数的奇偶性和积分区域 D 的对称性，常常会大大简化二重积分的计算．与处理关于原点对称的区间的奇（偶）函数的定积分类似，对于二重积分也要同时兼顾被积函数 $f(x,y)$ 的奇偶性和积分区域 D 的对称性两方面．为应用方便，总结如下：

（1）如果积分区域 D 关于 y 轴对称，则

若 $f(x,y)$ 关于 x 是奇函数，即 $f(-x,y)=-f(x,y)$ $((x,y)\in D)$，有

$$\iint_D f(x,y)\mathrm{d}x\mathrm{d}y=0 .$$

若 $f(x,y)$ 关于 x 是偶函数，即 $f(-x,y)=f(x,y)$ $((x,y)\in D)$，有

$$\iint_D f(x,y)\mathrm{d}x\mathrm{d}y=2\iint_{D_1} f(x,y)\mathrm{d}x\mathrm{d}y$$

其中，D_1 是位于 y 轴右侧的部分，即 $D_1=\{(x,y)|(x,y)\in D,x\geqslant 0\}$．

（2）如果积分区域 D 关于 x 轴对称，则

若 $f(x,y)$ 关于 y 是奇函数，即 $f(x,-y)=-f(x,y)$ $((x,y)\in D)$，有

$$\iint_D f(x,y)\mathrm{d}x\mathrm{d}y=0 .$$

若 $f(x,y)$ 关于 y 是偶函数，即 $f(x,-y)=f(x,y)$ $((x,y)\in D)$，有

$$\iint_D f(x,y)\mathrm{d}x\mathrm{d}y=2\iint_{D_2} f(x,y)\mathrm{d}x\mathrm{d}y$$

其中，D_2 是位于 x 轴上方的部分，即 $D_2=\{(x,y)|(x,y)\in D,y\geqslant 0\}$

（3）若 $f(x,y)$ 关于 x 和 y 都是偶函数，且积分区域 D 关于 x 轴和 y 轴都对称，则

$$\iint_D f(x,y)\mathrm{d}x\mathrm{d}y=4\iint_{D_3} f(x,y)\mathrm{d}x\mathrm{d}y$$

其中，D_3 是位于第一象限的部分，即 $D_3=\{(x,y)|(x,y)\in D,x\geqslant 0,y\geqslant 0\}$．

例 8.9　求 $\iint_D (x+y^2)\mathrm{d}x\mathrm{d}y$，其中积分区域 D 是由曲线 $x^2+y^2=1$ 围成的区域．

解　显然积分区域 D 关于 x 轴和 y 轴都对称，而函数 x 关于 x 是奇函数，y^2 关于 x 和 y 都是偶函数，设区域 $D_1=\{(x,y)|x^2+y^2=1,x\geqslant 0,y\geqslant 0\}$，则

$$\iint_D x\mathrm{d}x\mathrm{d}y=0，\quad \iint_D y^2\mathrm{d}x\mathrm{d}y=4\iint_{D_1} y^2\mathrm{d}x\mathrm{d}y$$

于是

$$\iint_D (x+y^2)\mathrm{d}x\mathrm{d}y = \iint_D x\mathrm{d}x\mathrm{d}y + \iint_D y^2\mathrm{d}x\mathrm{d}y = 0 + 4\iint_{D_1} y^2\mathrm{d}x\mathrm{d}y$$

$$= 4\int_0^1 \mathrm{d}y \int_0^{\sqrt{1-y^2}} y^2\mathrm{d}x = 4\int_0^1 y^2\sqrt{1-y^2}\,\mathrm{d}y\,,$$

令 $y=\sin\theta$，则

$$\int_0^1 y^2\sqrt{1-y^2}\,\mathrm{d}y = \int_0^{\frac{\pi}{2}} (\sin^2\theta)(\cos\theta)\mathrm{d}(\sin\theta)$$

$$= \int_0^{\frac{\pi}{2}} (\sin^2\theta)(\cos^2\theta)\mathrm{d}\theta = \frac{1}{4}\int_0^{\frac{\pi}{2}} \sin^2 2\theta\mathrm{d}\theta$$

$$= \frac{1}{4}\int_0^{\frac{\pi}{2}} \frac{1-\cos 4\theta}{2}\mathrm{d}\theta = \frac{1}{8}\left(\theta - \frac{1}{4}\sin 4\theta\right)\Bigg|_0^{\frac{\pi}{2}} = \frac{\pi}{16}\,,$$

从而

$$\iint_D (x+y^2)\mathrm{d}x\mathrm{d}y = 4\int_0^1 y^2\sqrt{1-y^2}\,\mathrm{d}y = \frac{\pi}{4}.$$

注：利用 MATLAB 软件可以很方便得到例 8.9 的结果，详见附录例 8.

8.2.4 二重积分的几何应用

1 利用二重积分求平面区域的面积.

由二重积分的性质可知，$\iint\limits_D \mathrm{d}x\mathrm{d}y$ 的值就是由曲线所围成的区域 D 的面积.

例 8.10 求在 xOy 平面上由曲线 $y=x^2$ 与 $y=4x-x^2$ 所围成的区域 D 的面积 A.

解 画出区域 D 的几何图形（见图 8.14）. 易求得曲线 $y=x^2$ 与 $y=4x-x^2$ 的交点为 $(0,0)$ 和 $(2,4)$，则

$$A = \iint_D \mathrm{d}x\mathrm{d}y = \int_0^2 \mathrm{d}x\int_{x^2}^{4x-x^2}\mathrm{d}y = \int_0^2 (4x-2x^2)\mathrm{d}x = \left(2x^2 - \frac{2}{3}x^3\right)\Bigg|_0^2 = \frac{8}{3}.$$

2 利用二重积分求立体的体积.

利用二重积分求曲顶柱体的体积的步骤如下：

① 确定曲顶柱体顶部曲面的方程，即被积函数；

② 确定曲顶柱体在 xOy 面上的投影区域，即积分区域 D；

③ 计算二重积分 $V=\iint\limits_D |f(x,y)|\mathrm{d}\sigma$，即为所求曲顶柱体的体积.

例 8.11 求由圆柱面 $x^2+y^2=1$ 与平面 $z=0$ 和 $z=2-x-y$ 围成的立体的体积.

解 所求曲顶柱体的顶部平面方程为 $z=2-x-y$（见图 8.15），它在 xOy 面上的投影区域为

$$D=\{(x,y)\,|\,x^2+y^2\leqslant 1\}\,,$$

故所求曲顶柱体的体积

$$V = \iint_D (2-x-y)\mathrm{d}\sigma = 2\iint_D \mathrm{d}\sigma - \iint_D x\mathrm{d}\sigma - \iint_D y\mathrm{d}\sigma$$

$$= 2\times\pi\times 1^2 - 0 - 0 = 2\pi\,.$$

其中，因积分区域 D 关于 x 轴和 y 轴都对称，而函数 x 关于 x 是奇函数，y 关于 y 是奇函数，所以

$$\iint_D x\mathrm{d}x\mathrm{d}y = \iint_D y\mathrm{d}x\mathrm{d}y = 0 .$$

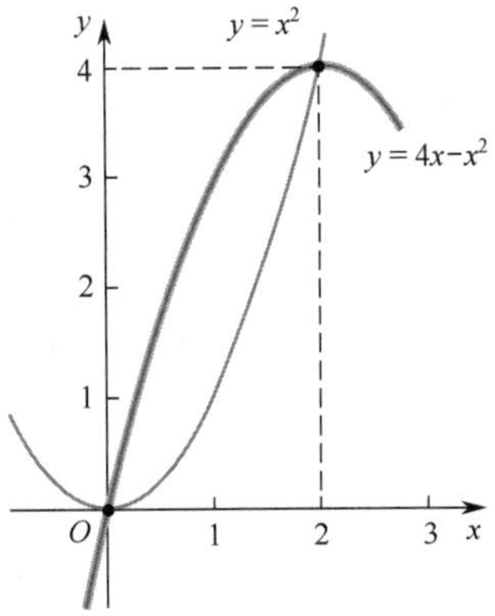

图 8.14

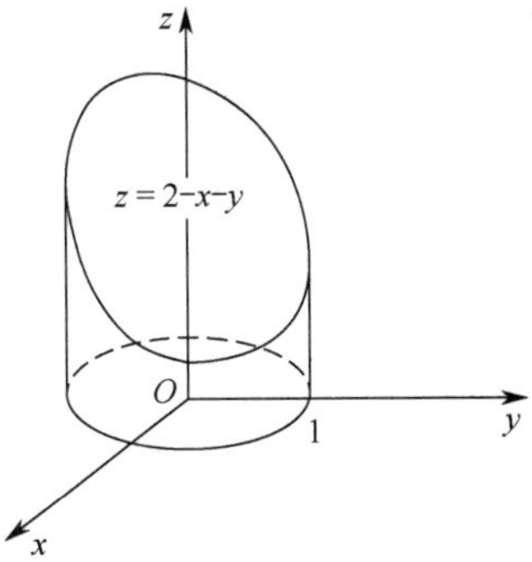

图 8.15

习题 8.2

1．将二重积分 $\iint_D f(x,y)\mathrm{d}x\mathrm{d}y$ 化为二次积分（两种顺序都要尝试），其中积分区域 D 分别为：

（1）$|x|\leqslant 1,|y|\leqslant 2$；

（2）由直线 $y=x$ 及抛物线 $y^2=4x$ 围成；

（3）由 x 轴及半圆周 $x^2+y^2=r^2(y\geqslant 0)$ 围成.

2．交换下列二次积分的顺序

（1）$\int_0^1 \mathrm{d}y\int_y^{\sqrt{y}} f(x,y)\mathrm{d}x$；

（2）$\int_0^1 \mathrm{d}x\int_0^{x^2} f(x,y)\mathrm{d}y+\int_1^3 \mathrm{d}x\int_0^{\frac{1}{2}(3-x)} f(x,y)\mathrm{d}y$.

3．计算下列二重积分

（1）$\iint_D (3x+2y)\mathrm{d}\sigma$ ，其中 D 是由两坐标轴及直线 $x+y=2$ 围成的闭区域；

（2）$\iint_D \mathrm{e}^{x+y}\mathrm{d}\sigma$，其中 D：$|x|\leqslant 1,|y|\leqslant 1$；

（3）$\iint_D x^2y\mathrm{d}\sigma$ ，其中 D 是由直线 $y=1,x=2$ 及 $y=x$ 围成的区域；

（4）$\iint_D (x-1)\mathrm{d}x\mathrm{d}y$，其中 D 是由 $y=x(x\geqslant 0)$ 和 $y=x^3(x\geqslant 0)$ 围成的区域；

（5）$\iint_D (x^2+y^2)\mathrm{d}x\mathrm{d}y$，其中 D：$|x|+|y|\leqslant 1$.

8.3 极坐标系下二重积分的计算

有些二重积分的积分区域 D 的边界曲线用极坐标表示比较方便，而且被积函数用极坐标变量 r,θ 表达也比较简单，这时就可以考虑用极坐标来计算二重积分.

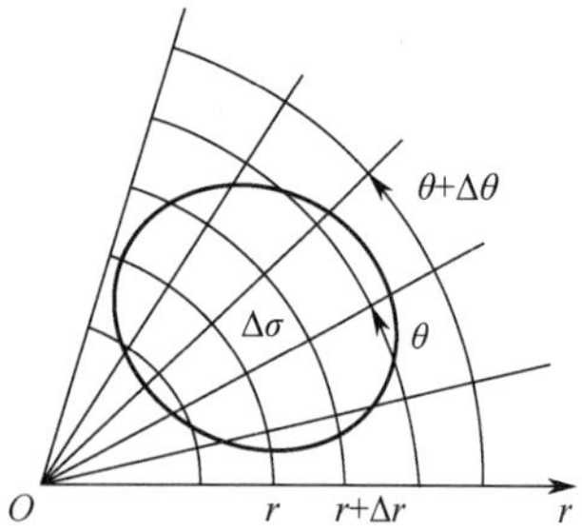

图 8.16

设有极坐标系下的积分区域 D（见图 8.16），我们用一组以极点为圆心的同心圆（$r=$ 常数）及过极点的一组射线（$\theta=$ 常数）将区域 D 分割成 n 个小闭区域. 其中一个典型小闭区域 $\Delta\sigma$（$\Delta\sigma$ 同时也表示该小闭区域的面积）是由半径分别为 r 和 $r+\Delta r$ 的同心圆和极角分别为 θ 和 $\theta+\Delta\theta$ 的射线所确定的，则

$$\Delta\sigma=\frac{1}{2}(r+\Delta r)^2\Delta\theta-\frac{1}{2}r^2\Delta\theta=r\Delta r\Delta\theta+\frac{1}{2}(\Delta r)^2\Delta\theta$$

$$\approx r\Delta r\cdot\Delta\theta\quad(\Delta r\to 0,\Delta\theta\to 0).$$

于是，根据微元法可得极坐标系下的面积微元为

$$\mathrm{d}\sigma=r\mathrm{d}r\mathrm{d}\theta .$$

再根据平面上的点的直角坐标 (x,y) 与该点的极坐标 (r,θ) 之间的关系，即

$$x=r\cos\theta,\quad y=r\sin\theta,$$

这样就得到在直角坐标系下与极坐标系下二重积分的转换公式为

$$\iint\limits_D f(x,y)\mathrm{d}x\mathrm{d}y=\iint\limits_D f(r\cos\theta,r\sin\theta)r\mathrm{d}r\mathrm{d}\theta,\tag{8.3}$$

与直角坐标系相似，在极坐标系下计算二重积分同样要化为关于坐标变量 r 和 θ 的二次积分来计算. 以下根据区域 D 的三种情形加以讨论.

（1）若极点 O 在区域 D 外，且 D 由射线 $\theta=\alpha,\theta=\beta$ 和两条连续曲线 $r=r_1(\theta),r=r_2(\theta)$ 围成（见图 8.17（a）），则区域 D 可表示为

$$D=\{(r,\theta)|\alpha\leqslant\theta\leqslant\beta,r_1(\theta)\leqslant r\leqslant r_2(\theta)\},$$

$$\iint\limits_{D^*} f(r\cos\theta,r\sin\theta)r\mathrm{d}r\mathrm{d}\theta=\int_\alpha^\beta d\theta\int_{r_1(\theta)}^{r_2(\theta)} f(r\cos\theta,r\sin\theta)r\mathrm{d}r.\tag{8.4}$$

（2）极点 O 在区域 D 的边界上，且 D 由射线 $\theta=\alpha,\theta=\beta$ 和连续曲线 $r=r(\theta)$ 所围成（见图 8.17（b）），则区域 D 可表示为

$$D=\{(r,\theta)|\alpha\leqslant\theta\leqslant\beta,0\leqslant r\leqslant r(\theta)\},$$

$$\iint\limits_{D^*} f(r\cos\theta,r\sin\theta)r\mathrm{d}r\mathrm{d}\theta=\int_\alpha^\beta \mathrm{d}\theta\int_0^{r(\theta)} f(r\cos\theta,r\sin\theta)r\mathrm{d}r.\tag{8.5}$$

（3）若极点 O 在区域 D 内，且 D 的边界曲线为连续封闭曲线 $r=r(\theta)$ $(0\leqslant\theta\leqslant 2\pi)$，（见图 8.17（c）），则区域 D 可表示为

$$D=\{(r,\theta)|0\leqslant\theta\leqslant 2\pi,0\leqslant r\leqslant r(\theta)\},$$

$$\iint\limits_{D^*} f(r\cos\theta,r\sin\theta)r\mathrm{d}r\mathrm{d}\theta=\int_0^{2\pi}\mathrm{d}\theta\int_0^{r(\theta)} f(r\cos\theta,r\sin\theta)r\mathrm{d}r .\tag{8.6}$$

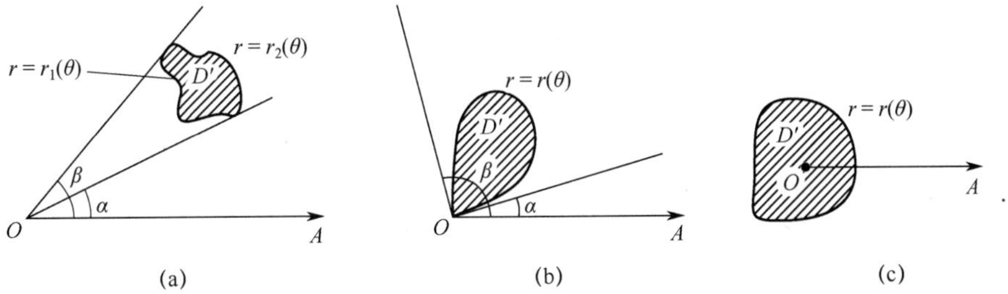

图 8.17

例 8.12　求 $\iint\limits_D xy^2\mathrm{d}x\mathrm{d}y$，其中 D 为单位圆在第一象限的部分.

解　画出区域 D（见图 8.18）. 积分区域 D 可表示为

$$D=\left\{(r,\theta)\middle|0\leqslant\theta\leqslant\frac{\pi}{2},0\leqslant r\leqslant 1\right\},$$

则

$$\iint\limits_D xy^2\mathrm{d}x\mathrm{d}y=\int_0^{\frac{\pi}{2}}\mathrm{d}\theta\int_0^1 r\cos\theta\cdot r^2\sin^2\theta\cdot r\mathrm{d}r=\int_0^{\frac{\pi}{2}}\cos\theta\sin^2\theta\mathrm{d}\theta\cdot\int_0^1 r^4\mathrm{d}r=\frac{1}{15}.$$

例 8.13　计算 $\iint\limits_D \mathrm{e}^{-x^2-y^2}\mathrm{d}x\mathrm{d}y$，其中 D 是由 $x^2+y^2=1$ 与 $x^2+y^2=4$ 围成的区域.

解　画出区域 D（见图 8.19）. 积分区域 D 可表示为

$$D=\{(r,\theta)|0\leqslant\theta\leqslant 2\pi,1\leqslant r\leqslant 2\},$$

则

$$\iint\limits_D \mathrm{e}^{-x^2-y^2}\mathrm{d}x\mathrm{d}y=\int_0^{2\pi}\mathrm{d}\theta\int_1^2\mathrm{e}^{-r^2}r\mathrm{d}r=2\pi\cdot\int_1^2\mathrm{e}^{-r^2}r\mathrm{d}r=2\pi\cdot\left(-\frac{1}{2}\mathrm{e}^{-r^2}\right)\Bigg|_1^2=\pi\left(\frac{1}{\mathrm{e}}-\frac{1}{\mathrm{e}^4}\right).$$

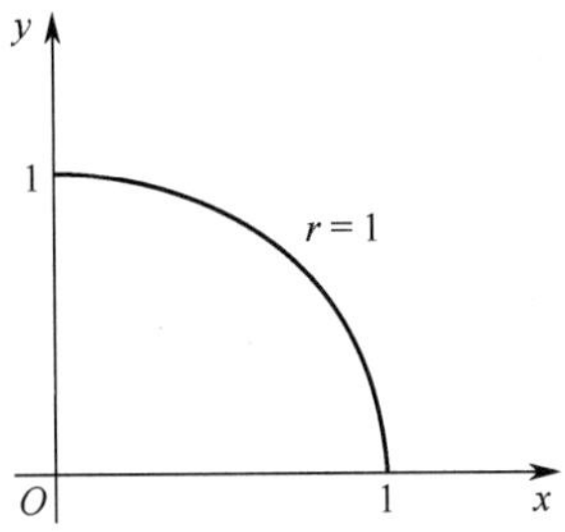

图 8.18

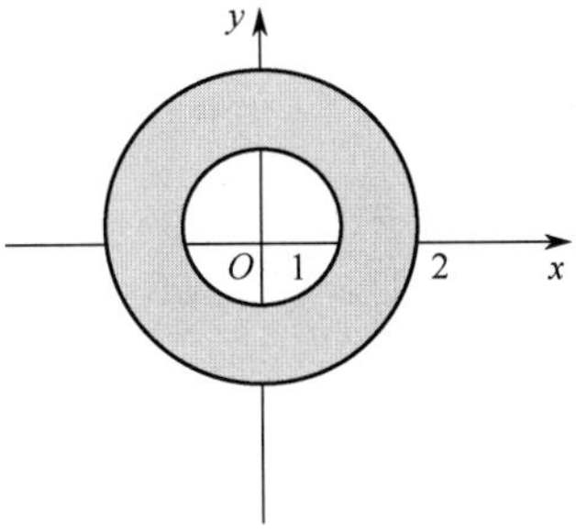

图 8.19

例 8.14　求 $\iint\limits_D \frac{y}{x}\mathrm{d}x\mathrm{d}y$，其中积分区域 $D=\{(x,y)|1\leqslant x^2+y^2\leqslant -2x\}$.

解　方法一：画出区域 D（见图 8.20）. 易求得曲线 $x^2+y^2=1$ 与 $x^2+y^2=-2x$ 的交点为

$$\left(-\frac{1}{2},\frac{\sqrt{3}}{2}\right),\ \left(-\frac{1}{2},-\frac{\sqrt{3}}{2}\right),$$

于是积分区域 D 可表示为

$$D=\left\{(r,\theta)\left|\frac{2\pi}{3}\leqslant\theta\leqslant\frac{4\pi}{3},1\leqslant r\leqslant-2\cos\theta\right.\right\}$$

则

$$\iint_D\frac{y}{x}\mathrm{d}x\mathrm{d}y=\iint_D\tan\theta\cdot r\mathrm{d}r\mathrm{d}\theta=\int_{\frac{2\pi}{3}}^{\frac{4\pi}{3}}\mathrm{d}\theta\int_1^{-2\cos\theta}\tan\theta\cdot r\mathrm{d}r=\int_{\frac{2\pi}{3}}^{\frac{4\pi}{3}}\tan\theta\left(\frac{1}{2}r^2\Big|_1^{-2\cos\theta}\right)\mathrm{d}\theta$$

$$=\int_{\frac{2\pi}{3}}^{\frac{4\pi}{3}}\tan\theta\left(2\cos^2\theta-\frac{1}{2}\right)\mathrm{d}\theta=\int_{\frac{2\pi}{3}}^{\frac{4\pi}{3}}\left(\sin2\theta-\frac{1}{2}\tan\theta\right)\mathrm{d}\theta$$

$$=\left(-\frac{1}{2}\cos2\theta+\frac{1}{2}\ln|\cos\theta|\right)\Bigg|_{\frac{2\pi}{3}}^{\frac{4\pi}{3}}=0.$$

方法二：注意到积分区域D关于x轴对称，被积函数$\dfrac{y}{x}$关于y为奇函数，所以利用二重积分的对称性可知

$$\iint_D\frac{y}{x}\mathrm{d}x\mathrm{d}y=0.$$

一般地，当二重积分的积分区域为圆域或圆域的一部分，被积函数为$f(\sqrt{x^2+y^2})$、$f\left(\dfrac{y}{x}\right)$或$f\left(\dfrac{x}{y}\right)$等形式时，就可以考虑在极坐标系下计算该二重积分.

例 8.15　证明$\displaystyle\int_0^{+\infty}\mathrm{e}^{-x^2}\mathrm{d}x=\frac{\sqrt{\pi}}{2}$.

证　令区域

$$D=\{(x,y)|0\leqslant x\leqslant a,0\leqslant y\leqslant a\},$$

$$D_1=\{(x,y)|x^2+y^2\leqslant a^2,x\geqslant0,y\geqslant0\},$$

$$D_2=\{(x,y)|x^2+y^2\leqslant2a^2,x\geqslant0,y\geqslant0\},$$

以上 3 个区域的图形如图 8.21 所示，由二重积分的性质，有

$$\iint_{D_1}\mathrm{e}^{-x^2-y^2}\mathrm{d}x\mathrm{d}y\leqslant\iint_D\mathrm{e}^{-x^2-y^2}\mathrm{d}x\mathrm{d}y\leqslant\iint_{D_2}\mathrm{e}^{-x^2-y^2}\mathrm{d}x\mathrm{d}y.$$

而

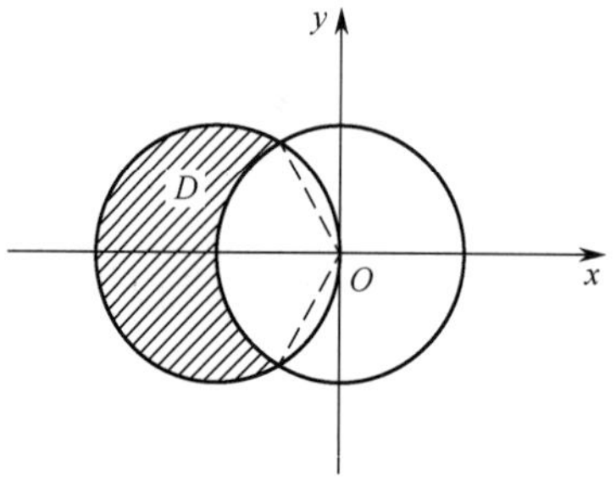

图 8.20

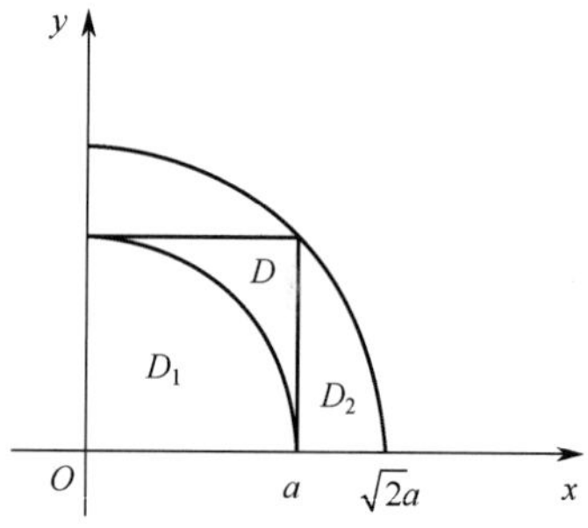

图 8.21

$$\iint_D e^{-x^2-y^2}dxdy=\int_0^a e^{-x^2}dx\cdot\int_0^a e^{-y^2}dy=\left(\int_0^a e^{-x^2}dx\right)^2,$$

下面在极坐标系下计算

$$\iint_{D_1} e^{-x^2-y^2}dxdy=\int_0^{\frac{\pi}{2}}d\theta\int_0^a e^{-r^2}rdr=\frac{\pi}{2}\cdot\int_0^a e^{-r^2}rdr=\frac{\pi}{2}\cdot\left(-\frac{1}{2}e^{-r^2}\right)\Bigg|_0^a=\frac{\pi}{4}(1-e^{-a^2}),$$

类似可得

$$\iint_{D_2} e^{-x^2-y^2}dxdy=\frac{\pi}{4}(1-e^{-2a^2}),$$

从而有

$$\frac{\pi}{4}(1-e^{-a^2})\leqslant\left(\int_0^a e^{-x^2}dx\right)^2\leqslant\frac{\pi}{4}(1-e^{-2a^2}).$$

令 $a\to+\infty$，上式两端同时趋向于同一极限 $\frac{\pi}{4}$，再由夹逼定理，可得

$$\int_0^{+\infty}e^{-x^2}dx=\frac{\sqrt{\pi}}{2}.$$

习题 8.3

1．把下列积分化为极坐标形式，并计算积分值：

（1）$\int_0^a dy\int_0^{\sqrt{a^2-y^2}}(x^2+y^2)dx$；　　（2）$\int_0^1 dx\int_{x^2}^{x}\sqrt{x^2+y^2}dy$.

2．在极坐标系下计算下列二重积分：

（1）$\iint\limits_D e^{x^2+y^2}dxdy$，其中 D 是圆形闭区域：$x^2+y^2\leqslant 1$；

（2）$\iint\limits_D \ln(1+x^2+y^2)dxdy$，其中 D 是由圆周 $x^2+y^2=1$ 及坐标轴围成的在第一象限内的闭区域；

（3）$\iint\limits_D \arctan\frac{y}{x}d\sigma$，其中 D 是由圆周 $x^2+y^2=1$，$x^2+y^2=4$ 及直线 $y=0, y=x$ 围成的在第一象限内的闭区域；

（4）$\iint\limits_D (x^2+y^2)d\sigma$，其中 D 是由圆环 $1\leqslant x^2+y^2\leqslant 2$ 围成的闭区域；

（5）$\iint\limits_D \sqrt{R^2-x^2-y^2}d\sigma$，其中 D 是圆周闭区域：$x^2+y^2=Rx(R>0)$.

习题 8

（A）

1．求下列二重积分

（1）$\iint\limits_D (x^2+y^2-x)d\sigma$，其中 D 是由直线 $y=2, y=x, y=2x$ 围成的闭区域；

（2）$\iint\limits_D x^2 y\mathrm{d}\sigma$，其中 D 是由 $x^2+y^2\leqslant 4, x\geqslant 0$ 围成的闭区域；

（3）$\iint\limits_D x\ln y\mathrm{d}\sigma$，其中 D 为 $0\leqslant x\leqslant 4, 1\leqslant y\leqslant \mathrm{e}$；

（4）$\iint\limits_D (x+y)\mathrm{d}x\mathrm{d}y$，其中 D 为 $|x|+|y|\leqslant 1$；

（5）$\iint\limits_D \frac{1}{y}\sin y\mathrm{d}\sigma$，其中 D 是由 $y^2=\frac{\pi}{2}x$ 和 $y=x$ 围成的闭区域；

（6）$\iint\limits_D (4-x-y)\mathrm{d}\sigma$，其中 D 是圆域 $x^2+y^2\leqslant R^2$；

（7）$\iint\limits_D \sqrt{x^2+y^2}\mathrm{d}\sigma$，其中 D 是圆域 $x^2+y^2=2y$；

（8）$\iint\limits_D \left(\frac{y}{x}\right)^2\mathrm{d}x\mathrm{d}y$，其中 D 是由 $y=\sqrt{1-x^2}, y=x, y=0$ 及 $x>0$ 围成的区域.

2．交换下列二次积分的顺序

（1）$\int_0^1 \mathrm{d}y\int_y^{\sqrt{y}} f(x,y)\mathrm{d}x$；　　（2）$\int_0^{2a} \mathrm{d}x\int_0^{\sqrt{2ax-x^2}} f(x,y)\mathrm{d}y$；

（3）$\int_0^1 \mathrm{d}x\int_0^x f(x,y)\mathrm{d}y+\int_1^2 \mathrm{d}x\int_0^{2-x} f(x,y)\mathrm{d}y$.

3．求 $\int_0^1 \mathrm{d}x\int_{x^2}^x \frac{x}{x^2+y^2}\mathrm{d}y$.

4．求 $\int_0^2 \mathrm{d}x\int_x^2 \mathrm{e}^{y^2}\mathrm{d}y$.

5．求 $\iint\limits_D x^2 y\mathrm{d}\sigma$，其中 D 是由直线 $y=0$，$y=1$ 及曲线 $x^2-y^2=1$ 围成的闭区域.

6．设函数 $f(x)$ 在区间[0,1]上连续，且 $\int_0^1 f(x)\mathrm{d}x=A$，求 $\int_0^1 \mathrm{d}x\int_x^1 f(x)f(y)\mathrm{d}y$.

7．证明 $\int_a^b \mathrm{d}x\int_a^x (x-y)^{n-2} f(y)\mathrm{d}y=\frac{1}{n-1}\int_a^b (b-y)^{n-1} f(y)\mathrm{d}y$，其中 n 是大于 1 的正整数.

（B）

1．（2011 年考研数学三）设函数 $f(t)$ 连续，则二次积分 $\int_0^{\frac{\pi}{2}} \mathrm{d}\theta\int_{2\cos\theta}^2 f(r^2)r\mathrm{d}r=$（　　）.

（A）$\int_0^2 \mathrm{d}x\int_{\sqrt{2x-x^2}}^{\sqrt{4-x^2}} \sqrt{x^2+y^2}f(x^2+y^2)\mathrm{d}y$　　（B）$\int_0^2 \mathrm{d}x\int_{\sqrt{2x-x^2}}^{\sqrt{4-x^2}} f(x^2+y^2)\mathrm{d}y$

（C）$\int_0^2 \mathrm{d}y\int_{1+\sqrt{1-y^2}}^{\sqrt{4-y^2}} \sqrt{x^2+y^2}f(x^2+y^2)\mathrm{d}x$　　（D）$\int_0^2 \mathrm{d}y\int_{1+\sqrt{1-y^2}}^{\sqrt{4-y^2}} f(x^2+y^2)\mathrm{d}x$

2．（2013 年考研数学三）设 D_k 是圆域 $D=\{(x,y)\,|\,x^2+y^2\leqslant 1\}$ 位于第 k 象限的部分，记 $\iint\limits_{D_k} (y-x)\mathrm{d}x\mathrm{d}y (k=1,2,3,4)$，则（　　）.

（A）$I_1>0$　　（B）$I_2>0$　　（C）$I_3>0$　　（D）$I_4>0$

3．（2015 年考研数学三）设 $D=\{(x,y)\,|\,x^2+y^2\leqslant 2x, x^2+y^2\leqslant 2y\}$，函数 $f(x,y)$ 在 D 上

连续，则 $\iint\limits_D f(x,y)\mathrm{d}x\mathrm{d}y=$（　　）.

（A）$\int_0^{\frac{\pi}{4}}\mathrm{d}\theta\int_0^{2\cos\theta}f(r\cos\theta,r\sin\theta)r\mathrm{d}r+\int_{\frac{\pi}{4}}^{\frac{\pi}{2}}\mathrm{d}\theta\int_0^{2\sin\theta}f(r\cos\theta,r\sin\theta)r\mathrm{d}r$

（B）$\int_0^{\frac{\pi}{4}}\mathrm{d}\theta\int_0^{2\sin\theta}f(r\cos\theta,r\sin\theta)r\mathrm{d}r+\int_{\frac{\pi}{4}}^{\frac{\pi}{2}}\mathrm{d}\theta\int_0^{2\cos\theta}f(r\cos\theta,r\sin\theta)r\mathrm{d}r$

（C）$2\int_0^1\mathrm{d}x\int_{1-\sqrt{1-x^2}}^{x}f(x,y)\mathrm{d}y$

（D）$2\int_0^1\mathrm{d}x\int_x^{\sqrt{2x-x^2}}f(x,y)\mathrm{d}y$

4.（2015 年考研数学三）设 $J_i=\iint\limits_{D_i}\sqrt[3]{x-y}\mathrm{d}x\mathrm{d}y(i=1,2,3)$，其中

$$D_1=\{(x,y)|0\leqslant x\leqslant 1,0\leqslant y\leqslant 1\},$$
$$D_2=\{(x,y)|0\leqslant x\leqslant 1,0\leqslant y\leqslant \sqrt{x}\},$$
$$D_3=\{(x,y)|0\leqslant x\leqslant 1,x^2\leqslant y\leqslant 1\},$$

则（　　）.

（A）$J_1<J_2<J_3$　（B）$J_3<J_1<J_2$　（C）$J_2<J_3<J_1$　（D）$J_2<J_1<J_3$

5.（2014 年考研数学三）二次积分 $\int_0^1\mathrm{d}y\int_y^1\left(\frac{\mathrm{e}^{x^2}}{x}-\mathrm{e}^{y^2}\right)\mathrm{d}x=$____________.

6.（2016 年考研数学三）设 $D=\{(x,y)||x|\leqslant y\leqslant 1,-1\leqslant x\leqslant 1\}$，则 $\iint\limits_D x^2\mathrm{e}^{-y^2}\mathrm{d}x\mathrm{d}y=$____.

7.（2011 年考研数学三）设函数 $f(x)$ 在区间 $[0,1]$ 上具有连续导数，$f(0)=1$，且满足 $\iint\limits_{D_t}f'(x+y)\mathrm{d}x\mathrm{d}y=\iint\limits_{D_t}f(t)\mathrm{d}x\mathrm{d}y$，其中 $D_t=\{(x,y)|0\leqslant y\leqslant t-x,0\leqslant x\leqslant t\}(0<t\leqslant 1)$．求 $f(x)$ 的表达式.

8.（2014 年考研数学三）设平面区域 $D=\{(x,y)|1\leqslant x^2+y^2\leqslant 4,x\geqslant 0,y\geqslant 0\}$，计算 $\iint\limits_D\frac{x\sin(\pi\sqrt{x^2+y^2})}{x+y}\mathrm{d}x\mathrm{d}y$.

9.（2020 年考研数学三）设 $D=\{(x,y)|x^2+y^2\leqslant 1,y\geqslant 0\}$，连续函数 $f(x,y)$ 满足 $f(x,y)=y\sqrt{1-x^2}+x\cdot\iint\limits_D f(x,y)\mathrm{d}x\mathrm{d}y$，求 $\iint\limits_D xf(x,y)\mathrm{d}x\mathrm{d}y$.

10.（2022 年考研数学三）已知平面区域 $D=\{(x,y)|y-2\leqslant x\leqslant\sqrt{4-y^2},0\leqslant y\leqslant 2\}$，求 $\iint\limits_D\frac{(x-y)^2}{x^2+y^2}\mathrm{d}x\mathrm{d}y$.

第 9 章　无穷级数

无穷级数是微积分的一个重要组成部分，它是一种用于表示函数、研究函数性质，以及进行数值计算的工具，对微积分的进一步发展及其在各种实际问题中的应用起着非常重要的作用．本章先讨论常数项级数，介绍级数的一些基本知识，然后讨论函数项级数，并讨论如何将函数展开成幂级数的问题．

9.1　常数项级数的概念和性质

9.1.1　常数项级数的概念

在前面章节介绍的定积分，其实质是一类和式的极限．有限和的极限实际上是无穷多个数相加之和，所谓和式极限存在是指无穷多项相加之和是一个有限数．在某些实际问题中，会出现无穷多项相加的情形．《庄子 • 天下》里有一句名言："一尺之棰，日取其半，万世不竭．"若把每天截下的那一部分的长度"加"起来，即

$$\frac{1}{2}+\frac{1}{2^2}+\cdots+\frac{1}{2^n}+\cdots, \tag{9.1}$$

这就是"无限个数相加"的一个例子，从直观上可以看到，它的和是 1．对于"无限项之和"，这是一个未知的新概念，不能简单地引用有限项相加的概念，而需要建立其本身严格的理论．

定义 9.1　给定一个数列 $\{u_n\}$，由这个数列构成的表达式

$$u_1+u_2+u_3+\cdots+u_n+\cdots$$

称为（**常数项**）**无穷级数**，简称为（**常数项**）**级数**，记为 $\sum\limits_{n=1}^{\infty}u_n$，即

$$\sum_{n=1}^{\infty}u_n=u_1+u_2+u_3+\cdots+u_n+\cdots, \tag{9.2}$$

其中，第 n 项 u_n 称为级数的**一般项**或**通项**．

可将表达式（9.1）表示成级数形式 $\sum\limits_{n=1}^{\infty}\frac{1}{2^n}$，其"和"为 1．对于有些常数项级数，如 $\sum\limits_{n=1}^{\infty}1^n$，其"和"不存在．现在要研究的问题是，判断级数（9.2）是否有"和"？若有"和"，怎样去求？为了寻求解决这个问题的途径，我们借助定积分的定义，可以从有限项的和出发，观察它们的变化趋势，借用极限这个工具来实现．

设级数（9.2）的前 n 项的和为 S_n，即

$$S_n=u_1+u_2+u_3+\cdots+u_n=\sum_{k=1}^{n}u_k,$$

S_n 称为常数项级数（9.2）的**前 n 项部分和**，简称**部分和**．当 n 依次取 $1,2,3,\cdots$ 时，它们构

成一个新的数列$\{S_n\}$，即

$$S_1 = u_1,\quad S_2 = u_1 + u_2,\quad S_3 = u_1 + u_2 + u_3,\quad \cdots,\quad S_n = u_1 + u_2 + u_3 + \cdots + u_n$$

称此数列为常数项级数（9.2）的**部分和数列**．根据这个数列是否存在极限，我们引进了级数（9.2）的收敛与发散的概念．

定义 9.2　对于级数$\sum\limits_{n=1}^{\infty} u_n$，若其部分和数列$\{S_n\}$收敛，则称级数$\sum\limits_{n=1}^{\infty} u_n$**收敛**，并称极限

$$S = \lim_{n\to\infty} S_n$$

为级数$\sum\limits_{n=1}^{\infty} u_n$的**和**，记作

$$S = u_1 + u_2 + u_3 + \cdots + u_n + \cdots,$$

若$\lim\limits_{n\to\infty} S_n$不存在（即数列$\{S_n\}$发散），则称级数$\sum\limits_{n=1}^{\infty} u_n$**发散**．

此定义的实质是用“有限和S_n（部分和）”来研究“无限和$\sum\limits_{n=1}^{\infty} u_n$”．

当级数收敛时，其部分和S_n是级数和S的近似值，它们之间的差值

$$R_n = S - S_n = u_{n+1} + u_{n+2} + \cdots$$

称为级数的**余项**．显然$\lim\limits_{n\to\infty} R_n = 0$，而$|R_n|$是用部分和$S_n$代替级数和$S$所产生的**误差**．

从上述定义可知，级数与数列极限有着紧密的联系．给定级数$\sum\limits_{n=1}^{\infty} u_n$，就有部分和数列$\left\{S_n = \sum\limits_{k=1}^{n} u_k\right\}$；反之，给定数列$\{S_n\}$，就有以$\{S_n\}$为部分和数列的级数，即

$$S_1 + (S_2 - S_1) + \cdots + (S_i - S_{i-1}) + \cdots = S_1 + \sum_{n=2}^{\infty}(S_n - S_{n-1}) = \sum_{n=1}^{\infty} u_n,$$

其中$u_1 = S_1$，$u_n = S_n - S_{n-1} (n \geqslant 2)$．按定义，级数$\sum\limits_{n=1}^{\infty} u_n$与数列$\{S_n\}$同时收敛或同时发散．并且在收敛时，有$\sum\limits_{n=1}^{\infty} u_n = \lim\limits_{x\to\infty} S_n$，而发散的级数没有“和”可言．

例 9.1　给定级数$\sum\limits_{n=1}^{\infty}(-1)^n$，（1）求部分和$S_n$；（2）判断此级数的收敛性．

解　（1）不难看出

$$S_n = \begin{cases} -1, & n = 2k-1, \\ 0, & n = 2k \end{cases} \quad (k = 1, 2, \cdots).$$

（2）由于$\lim\limits_{k\to\infty} S_{2k-1} = -1$，$\lim\limits_{k\to\infty} S_{2k} = 0$．因此$\lim\limits_{n\to\infty} S_n$不存在，故级数发散．

例 9.2　判断级数$\sum\limits_{n=1}^{\infty} \dfrac{1}{n(n+1)}$的收敛性．

解　由于

$$\frac{1}{n(n+1)} = \frac{1}{n} - \frac{1}{n+1},\quad (n = 1, 2, \cdots)$$

所以

$$S_n = \frac{1}{1\cdot 2} + \frac{1}{2\cdot 3} + \cdots + \frac{1}{n(n+1)}$$
$$= \left(1 - \frac{1}{2}\right) + \left(\frac{1}{2} - \frac{1}{3}\right) + \cdots \frac{1}{n} - \frac{1}{n+1}$$
$$= 1 - \frac{1}{n+1}.$$

因此

$$\lim_{n\to\infty} S_n = \lim_{n\to\infty}\left(1 - \frac{1}{n+1}\right) = 1,$$

故题设级数收敛，且其和为 1.

例 9.3 讨论**等比级数**（也称**几何级数**）

$$\sum_{n=0}^{\infty} aq^n = a + aq + aq^2 + \cdots + aq^n + \cdots$$

的收敛性 $(a \neq 0)$.

解 若 $q \neq 1$，则部分和

$$S_n = a + aq + aq^2 + \cdots + aq^{n-1} = \frac{a(1-q^n)}{1-q} = \frac{a}{1-q} - \frac{aq^n}{1-q}.$$

（1）当 $|q| < 1$ 时，$\lim\limits_{n\to\infty} S_n = \dfrac{a}{1-q}$，此时级数收敛，其和为 $\dfrac{a}{1-q}$；

（2）当 $|q| > 1$ 时，$\lim\limits_{n\to\infty} S_n = \infty$，级数发散；

（3）当 $q = 1$ 时，$S_n = na$，级数发散；

（4）当 $q = -1$ 时，$S_{2k-1} = a$，$S_{2k} = 0\ (k = 1, 2, \cdots)$，级数发散.

综上讨论可得：

当 $|q| < 1$ 时，等比级数收敛，且 $\sum\limits_{n=0}^{\infty} aq^n = \dfrac{a}{1-q}$；当 $|q| \geqslant 1$ 时，等比级数发散.

例 9.4 证明**调和级数**

$$\sum_{n=1}^{\infty} \frac{1}{n} = 1 + \frac{1}{2} + \frac{1}{3} + \cdots + \frac{1}{n} + \cdots$$

是发散的.

证 当 $0 < k \leqslant x \leqslant k+1$ 时，有 $\dfrac{1}{k+1} \leqslant \dfrac{1}{x} \leqslant \dfrac{1}{k}$，因此

$$\int_k^{k+1} \frac{1}{x}\mathrm{d}x \leqslant \int_k^{k+1} \frac{1}{k}\mathrm{d}x = \frac{1}{k},$$

于是

$$S_n = \sum_{k=1}^{n} \frac{1}{k} \geqslant \sum_{k=1}^{n} \int_k^{k+1} \frac{1}{x}\mathrm{d}x = \int_1^{n+1} \frac{1}{x}\mathrm{d}x = \ln(n+1).$$

由于

$$\lim_{n\to\infty} \ln(n+1) = +\infty,$$

故

$$\lim_{n\to\infty} S_n = +\infty,$$

即调和级数是发散的.

9.1.2　常数项级数的基本性质

性质 9.1　级数 $\sum_{n=1}^{\infty} u_n$ 的收敛性与每项都乘以一个不为零的常数 k 所得到的级数 $\sum_{n=1}^{\infty} ku_n$ 的收敛性相同，且若 $\sum_{n=1}^{\infty} u_n$ 收敛于 A，则 $\sum_{n=1}^{\infty} ku_n$ 收敛于 kA.

证　设级数 $\sum_{n=1}^{\infty} u_n$ 与级数 $\sum_{n=1}^{\infty} ku_n$ 的部分和分别为 A_n 和 S_n，则

$$S_n = ku_1 + ku_2 + \cdots ku_n = kA_n.$$

可见，如果 A_n 没有极限，则 S_n 也没有极限；如果 A_n 有极限，则 S_n 也有极限，且

$$\lim_{n\to\infty} S_n = \lim_{n\to\infty} kA_n = k\lim_{n\to\infty} A_n = kA,$$

即

$$\sum_{n=1}^{\infty} ku_n = k\sum_{n=1}^{\infty} u_n = kA.$$

以上推演反之亦然，所以，级数 $\sum_{n=1}^{\infty} u_n$ 与级数 $\sum_{n=1}^{\infty} ku_n$ 的收敛性相同.

性质 9.2　如果两个级数 $\sum_{n=1}^{\infty} u_n$ 和 $\sum_{n=1}^{\infty} v_n$ 分别收敛于 A 和 B，则级数 $\sum_{n=1}^{\infty} (u_n \pm v_n)$ 收敛，且

$$\sum_{n=1}^{\infty} (u_n \pm v_n) = A \pm B.$$

证　设级数 $\sum_{n=1}^{\infty} u_n$ 和 $\sum_{n=1}^{\infty} v_n$ 的部分和分别为 A_n 和 B_n，则有

$$\lim_{n\to\infty} A_n = A,\quad \lim_{n\to\infty} B_n = B.$$

设级数 $\sum_{n=1}^{\infty} (u_n \pm v_n)$ 的部分和为 S_n，则

$$\begin{aligned} S_n &= (u_1 \pm v_1) + (u_2 \pm v_2) + \cdots + (u_n \pm v_n) \\ &= (u_1 + u_2 + \cdots + u_n) \pm (v_1 + v_2 + \cdots + v_n) \\ &= A_n \pm B_n. \end{aligned}$$

故

$$\lim_{n\to\infty} S_n = \lim_{n\to\infty} (A_n \pm B_n) = A \pm B,$$

所以级数 $\sum_{n=1}^{\infty} (u_n \pm v_n)$ 收敛，且

$$\sum_{n=1}^{\infty} (u_n \pm v_n) = \sum_{n=1}^{\infty} u_n \pm \sum_{n=1}^{\infty} v_n = A \pm B.$$

由性质 9.2，我们可以得到以下几个有用的结论：

（1）若级数 $\sum_{n=1}^{\infty}u_n$ 与级数 $\sum_{n=1}^{\infty}v_n$ 收敛，则 $\sum_{n=1}^{\infty}(u_n \pm v_n)$ 必收敛，且

$$\sum_{n=1}^{\infty}(u_n \pm v_n)=\sum_{n=1}^{\infty}u_n \pm \sum_{n=1}^{\infty}v_n .$$

（2）若级数 $\sum_{n=1}^{\infty}u_n$ 收敛，而级数 $\sum_{n=1}^{\infty}v_n$ 发散，则级数 $\sum_{n=1}^{\infty}(u_n \pm v_n)$ 必发散.

证 结论（2）（反证法）假设级数 $\sum_{n=1}^{\infty}(u_n \pm v_n)$ 收敛，则级数 $\sum_{n=1}^{\infty}[(u_n \pm v_n)-u_n]$ 也收敛，即级数 $\sum_{n=1}^{\infty}\pm(v_n)$ 收敛，从而级数 $\sum_{n=1}^{\infty}v_n$ 收敛，这与原条件相矛盾.

注：若级数 $\sum_{n=1}^{\infty}u_n$，级数 $\sum_{n=1}^{\infty}v_n$ 均发散，那么级数 $\sum_{n=1}^{\infty}(u_n \pm v_n)$ 可能收敛，也可能发散.

例如：（1）设 $u_n=1$，$v_n=(-1)^n$，则级数

$$\sum_{n=1}^{\infty}(u_n+v_n)=\sum_{n=1}^{\infty}[1+(-1)^n]=0+2+0+\cdots+0+2+\cdots \quad \text{发散；}$$

（2）设 $u_n=1$，$v_n=-1$，则级数

$$\sum_{n=1}^{\infty}(u_n+v_n)=\sum_{n=1}^{\infty}(1-1)=0+0+\cdots+0+\cdots \quad \text{收敛.}$$

性质 9.3 在一个级数中加上、去掉或改变有限项，级数的收敛性不变.

证 我们这里只证明“在级数的前面部分去掉 k 项不改变级数的收敛性”，其他情形类似可证.

设将级数

$$u_1+u_2+\cdots+u_k+u_{k+1}+\cdots+u_{k+n}+\cdots \tag{9.3}$$

的前 k 项去掉，则得级数

$$u_{k+1}+u_{k+2}+\cdots+u_{k+n}+\cdots, \tag{9.4}$$

于是新得的级数的部分和为

$$T_n=u_{k+1}+u_{k+2}+\cdots+u_{k+n}=S_{k+n}-S_k ,$$

其中，S_{k+n} 是原来级数的前 $k+n$ 项的和．因为 S_k 是常数，所以当 $n\to\infty$ 时，T_n 与 S_{k+n} 或者同时具有极限，或者同时没有极限，即级数（9.3）与级数（9.4）有相同的收敛性.

性质 9.4 收敛级数加括号后所成的新级数仍收敛，且其和不变.

证 设级数 $\sum_{n=1}^{\infty}u_n=S$，其部分和为 S_n，加括号后的新级数（把每个括号内的项的和视为一项），为

$$(u_1+u_2+\cdots+u_{n_1})+(u_{n_1+1}+u_{n_1+2}+\cdots+u_{n_2})+\cdots+((u_{n_{k-1}+1}+u_{n_{k-1}+2}+\cdots+u_{n_k})+\cdots .$$

设其前 k 项之和为 A_k，则有

$$A_1=u_1+u_2+\cdots+u_{n_1}=S_{n_1},$$

$$A_2=(u_1+u_2+\cdots+u_{n_1})+(u_{n_1+1}+u_{n_1+2}+\cdots+u_{n_2})=S_{n_2},$$

$$\vdots$$

$$A_k=(u_1+u_2+\cdots+u_{n_1})+(u_{n_1+1}+u_{n_1+2}+\cdots+u_{n_2})+\cdots+(u_{n_{k-1}+1}+u_{n_{k-1}+2}+\cdots+u_{n_k})=S_{n_k},$$

可见数列$\{A_k\}$是数列$\{S_n\}$的一个子列，由 2.1 节收敛数列与其子列的关系可知，数列$\{A_k\}$必定收敛，且有$\lim\limits_{k\to\infty} A_k = \lim\limits_{n\to\infty} S_n = S$，即加括号所成的级数收敛，且其和不变.

注：即使加括号后形成的级数收敛，但却不能确定原来的级数也收敛. 例如，级数

$$(-1+1)+(-1+1)+(-1+1)\cdots$$

收敛于零，但级数$\sum\limits_{n=1}^{\infty}(-1)^n$却是发散的.

推论　若加括号后所成的级数发散，则原来的级数也发散.

性质 9.5（级数收敛的必要条件）　如果级数$\sum\limits_{n=1}^{\infty}u_n$收敛，则$\lim\limits_{n\to\infty}u_n = 0$.

证　因为$u_n = S_n - S_{n-1}$，所以

$$\lim_{n\to\infty}u_n = \lim_{n\to\infty}(S_n - S_{n-1}) = \lim_{n\to\infty}S_n - \lim_{n\to\infty}S_{n-1} = S - S = 0 ,$$

注：（1）由性质 9.5 可知，如果级数的一般项不趋于零，则级数必然发散.

例如，级数$\sum\limits_{n=1}^{\infty}\left(1+\dfrac{1}{n}\right)^n$的一般项为$u_n = \left(1+\dfrac{1}{n}\right)^n$，显然

$$\lim_{n\to\infty}\left(1+\frac{1}{n}\right)^n = \mathrm{e} \neq 0 ,$$

因此该级数是发散的.

（2）级数$\sum\limits_{n=1}^{\infty}u_n$的一般项趋于零，则该级数不一定收敛.

例如，已知调和级数$\sum\limits_{n=1}^{\infty}\dfrac{1}{n}$，虽然

$$\lim_{n\to\infty}u_n = \lim_{n\to\infty}\frac{1}{n} = 0 ,$$

但在例 9.4 中已经证明了该级数是发散的.

习题 9.1

1．写出下列级数的一般项

（1）$\dfrac{1}{2}+\dfrac{1}{4}+\dfrac{1}{6}+\dfrac{1}{8}+\cdots$；　　（2）$\dfrac{1}{2}+\dfrac{1}{4}+\dfrac{1}{8}+\dfrac{1}{16}+\cdots$；

（3）$\dfrac{1}{2}-\dfrac{2}{3}+\dfrac{3}{4}-\dfrac{4}{5}+\cdots$；　　（4）$1+3a+5a^2+7a^3+\cdots$.

2．已知级数$\sum\limits_{n=1}^{\infty}u_n$的部分和为$S_n = \dfrac{n}{n+2}$，求$u_1, u_2, u_n$，并求级数的和.

3．用定义判断下列级数的收敛性

（1）$\sum\limits_{n=1}^{\infty}(\sqrt{n+1}-\sqrt{n})$；　　（2）$\sum\limits_{n=1}^{\infty}\dfrac{1}{n(n+1)}$；　　（3）$\sum\limits_{n=1}^{\infty}\ln\left(1+\dfrac{1}{n}\right)$.

4．判断下列级数的收敛性

（1）$-\dfrac{2}{3}+\dfrac{2^2}{3^2}-\dfrac{2^3}{3^3}+\cdots+(-1)^n\dfrac{2^n}{3^n}+\cdots$；　　（2）$\sum\limits_{n=1}^{\infty}n\sin\dfrac{\pi}{n}$；

（3）$\sum_{n=1}^{\infty}\frac{n}{n+1}$；　　　　（4）$\sum_{n=1}^{\infty}\left(\frac{1}{2n}-\frac{1}{2^n}\right)$.

9.2 常数项级数的审敛法

一般情况下，利用定义判断级数的收敛性是很困难的，能否找到更简单有效的判别方法呢？下面先从最简单的一类级数找到突破口，那就是正项级数.

9.2.1 正项级数及其审敛法

若级数$\sum_{n=1}^{\infty}u_n$中的各项都是非负的（即$u_n \geqslant 0$，$n=1,2,\cdots$），则称级数$\sum_{n=1}^{\infty}u_n$为**正项级数.**

由于许多级数的收敛性可归结为正项级数的收敛性问题，故正项级数的收敛性判断就显得十分重要.

1．基本定理

定理 9.1 正项级数$\sum_{n=1}^{\infty}u_n$收敛的充分必要条件是：它的部分和数列$\{S_n\}$有界.

证 因为$u_n \geqslant 0(n=1,2,\cdots)$，所以它的部分和数列是单调递增的，即

$$S_1\leqslant S_2\leqslant S_3\leqslant\cdots\leqslant S_n\leqslant\cdots.$$

若数列$\{S_n\}$有界，即$\{S_n\}$有上界，由 2.5 节准则II的推论，单调递增且有上界的数列必有极限，可知级数$\sum_{n=1}^{\infty}u_n$收敛.

反过来，若正项级数$\sum_{n=1}^{\infty}u_n$收敛，则其部分和数列$\{S_n\}$收敛，由 2.1 节定理 2.2，收敛数列必有界的性质可知，数列$\{S_n\}$是有界的.

2．比较审敛法

借助正项级数收敛的基本定理，我们来建立一系列具有实用性的正项级数审敛法.

定理 9.2 （比较审敛法）给定两个正项级数$\sum_{n=1}^{\infty}u_n$与$\sum_{n=1}^{\infty}v_n$，且$u_n\leqslant v_n$ $(n=1,2,\cdots)$，则

（1）若级数$\sum_{n=1}^{\infty}v_n$收敛，则级数$\sum_{n=1}^{\infty}u_n$也收敛；

（2）若级数$\sum_{n=1}^{\infty}u_n$发散，则级数$\sum_{n=1}^{\infty}v_n$也发散.

证 设级数$\sum_{n=1}^{\infty}u_n$与$\sum_{n=1}^{\infty}v_n$的部分和分别为A_n与B_n，由$u_n\leqslant v_n(n=1,2,\cdots)$，可得

$$A_n=u_1+u_2+\cdots+u_n\leqslant v_1+v_2+\cdots+v_n=B_n.$$

（1）若级数$\sum_{n=1}^{\infty}v_n$收敛，则其部分和数列$\{B_n\}$有界，从而级数$\sum_{n=1}^{\infty}u_n$的部分和数列$\{A_n\}$

有界，由定理 9.1 可知级数 $\sum_{n=1}^{\infty}u_n$ 收敛．

（2）若级数 $\sum_{n=1}^{\infty}u_n$ 发散，则级数 $\sum_{n=1}^{\infty}v_n$ 必发散，否则级数 $\sum_{n=1}^{\infty}v_n$ 收敛，由定理 9.2 的（1）可知级数 $\sum_{n=1}^{\infty}u_n$ 也收敛，与条件级数 $\sum_{n=1}^{\infty}u_n$ 发散矛盾，故级数 $\sum_{n=1}^{\infty}v_n$ 发散．

注： 由级数的每项同乘不为零的常数 C，以及去掉级数前有限项不改变级数的收敛性可知，定理 9.2 的条件可以减弱为

$$u_n \leqslant Cv_n (C>0 \text{ 为常数}，\ n=k,k+1,\cdots).$$

在定理 9.2 中，级数 $\sum_{n=1}^{\infty}v_n$ 称为级数 $\sum_{n=1}^{\infty}u_n$ 的比较级数，我们常采用几何级数、调和级数等级数作为比较级数．

例 9.5　判断级数 $\sum_{n=1}^{\infty}\left(\frac{n-1}{3n+2}\right)^n$ 的收敛性．

解　因为 $\left(\frac{n-1}{3n+2}\right)^n<\left(\frac{n}{3n}\right)^n=\left(\frac{1}{3}\right)^n (n=1,2,\cdots)$，而等比级数 $\sum_{n=1}^{\infty}\left(\frac{1}{3}\right)^n$ 是收敛的，因此由比较审敛法可得，级数 $\sum_{n=1}^{\infty}\left(\frac{n-1}{3n+2}\right)^n$ 收敛．

例 9.6　讨论 $p-$级数

$$\sum_{n=1}^{\infty}\frac{1}{n^p}=1+\frac{1}{2^p}+\frac{1}{3^p}+\cdots+\frac{1}{n^p}+\cdots$$

的收敛性，其中 $p>0$．

解　（1）若 $0<p\leqslant 1$，则

$$n^p \leqslant n (n=1,2,\cdots),$$

于是

$$\frac{1}{n^p}\geqslant\frac{1}{n}(n=1,2,\cdots),$$

而调和级数 $\sum_{n=1}^{\infty}\frac{1}{n}$ 发散，故级数 $\sum_{n=1}^{\infty}\frac{1}{n^p}$ 也发散；

（2）若 $p>1$，由 $k-1\leqslant x<k$，有 $\frac{1}{k^p}<\frac{1}{x^p}$，所以

$$\frac{1}{k^p}=\int_{k-1}^{k}\frac{1}{k^p}\mathrm{d}x<\int_{k-1}^{k}\frac{1}{x^p}\mathrm{d}x\,(k=2,3,\cdots),$$

$p-$级数的部分和为

$$S_n=1+\frac{1}{2^p}+\frac{1}{3^p}+\cdots+\frac{1}{n^p}<1+\int_1^2\frac{1}{x^p}\mathrm{d}x+\int_2^3\frac{1}{x^p}\mathrm{d}x+\cdots+\int_{n-1}^{n}\frac{1}{x^p}\mathrm{d}x=1+\int_1^n\frac{1}{x^p}\mathrm{d}x$$
$$=1+\frac{1}{p-1}\left(1-\frac{1}{n^{p-1}}\right)<1+\frac{1}{p-1},$$

即部分和数列 $\{S_n\}$ 有上界．于是，由定理 9.1 可知，级数 $\sum_{n=1}^{\infty}\frac{1}{n^p}$ 收敛．

综上讨论，可得：当$0<p\leqslant 1$时，$p-$级数是发散的；当$p>1$时，$p-$级数是收敛的.

例 9.7 （1）判断级数$\sum_{n=1}^{\infty}\frac{1}{\sqrt{n(n+1)(n+2)}}$的收敛性；（2）判断级数$\sum_{n=1}^{\infty}\frac{1}{\sqrt{(n+1)(n+2)}}$的收敛性.

解 （1）因为$\frac{1}{\sqrt{n(n+1)(n+2)}}<\frac{1}{\sqrt{n^3}}=\frac{1}{n^{\frac{3}{2}}}(n=1,2,\cdots)$，而$p-$级数$\sum_{n=1}^{\infty}\frac{1}{n^{\frac{3}{2}}}$是收敛的，所以由比较审敛法可得，级数$\sum_{n=1}^{\infty}\frac{1}{\sqrt{n(n+1)(n+2)}}$收敛.

（2）因为$\frac{1}{\sqrt{(n+1)(n+2)}}>\frac{1}{\sqrt{(n+2)^2}}=\frac{1}{n+2}(n=1,2,\cdots)$，而级数

$$\sum_{n=1}^{\infty}\frac{1}{n+2}=\frac{1}{3}+\frac{1}{4}+\cdots+\frac{1}{n+2}+\cdots$$

是发散的，所以由比较审敛法可得，级数$\sum_{n=1}^{\infty}\frac{1}{\sqrt{(n+1)(n+2)}}$发散.

定理 9.3 （比较审敛法的极限形式） 给定两个正项级数$\sum_{n=1}^{\infty}u_n$与$\sum_{n=1}^{\infty}v_n$，且

$$\lim_{n\to\infty}\frac{u_n}{v_n}=l\,,$$

则有：

（1）若$0<l<+\infty$，则级数$\sum_{n=1}^{\infty}u_n$与级数$\sum_{n=1}^{\infty}v_n$同时收敛或同时发散；

（2）若$l=0$，则当级数$\sum_{n=1}^{\infty}v_n$收敛时，级数$\sum_{n=1}^{\infty}u_n$收敛；

（3）若$l=+\infty$，则当级数$\sum_{n=1}^{\infty}v_n$发散时，级数$\sum_{n=1}^{\infty}u_n$发散.

证 （1）由数列极限的定义，对于$\varepsilon=\frac{l}{2}$，存在正整数N，当$n>N$时，有不等式

$$l-\frac{l}{2}<\frac{u_n}{v_n}<l+\frac{l}{2}\,,$$

即

$$\frac{l}{2}v_n<u_n<\frac{3l}{2}v_n\,.$$

于是，由比较审敛法即可得要证明的结论.

（2）当$l=0$时，取$\varepsilon=1$，由数列极限的定义，存在正整数N，当$n>N$时，有$0\leqslant\frac{u_n}{v_n}<1$，即$u_n<v_n$. 由比较审敛法可得，当级数$\sum_{n=1}^{\infty}v_n$收敛时，级数$\sum_{n=1}^{\infty}u_n$收敛.

（3）当$l=+\infty$时，由数列极限的定义可知，存在正整数N，当$n>N$时，有$\frac{u_n}{v_n}>1$，即

$u_n > v_n$．由比较审敛法可知，当级数$\sum_{n=1}^{\infty} v_n$发散时，级数$\sum_{n=1}^{\infty} u_n$发散．

注： 在情形（1）中，特别地，当$n \to \infty, u_n \to 0, v_n \to 0$，且$l=1$时，可以表述为：若当$n \to \infty$时，$u_n \sim v_n$，则级数$\sum_{n=1}^{\infty} u_n$与级数$\sum_{n=1}^{\infty} v_n$同时收敛或同时发散．

例 9.8 判断下列正项级数的收敛性：

（1）$\sum_{n=1}^{\infty} \sin\frac{1}{n}$；　　（2）$\sum_{n=1}^{\infty} \ln\left(1+\frac{1}{n^2}\right)$．

解 （1）因为当$n \to \infty$时，$\sin\frac{1}{n} \sim \frac{1}{n}$，而调和级数$\sum_{n=1}^{\infty} \frac{1}{n}$发散，所以由定理 9.3 可得题设级数发散；

（2）因为当$n \to \infty$时，$\ln\left(1+\frac{1}{n^2}\right) \sim \frac{1}{n^2}$，而$p-$级数$\sum_{n=1}^{\infty} \frac{1}{n^2}$收敛，所以由定理 9.3 可得题设级数收敛．

3．比值审敛法和根值审敛法

定理 9.4 **（比值审敛法）** 若正项级数$\sum_{n=1}^{\infty} u_n$满足

$$\lim_{n\to\infty}\frac{u_{n+1}}{u_n} = \rho,$$

则

（1）当$\rho<1$时，级数收敛；

（2）当$\rho>1$（或$\lim_{n\to\infty}\frac{u_{n+1}}{u_n} = +\infty$）时，级数发散；

（3）当$\rho=1$时，本审敛法失效．

证 （1）当$\rho<1$时，可取一个适当小的正数ε，使得$0<\rho+\varepsilon=\gamma<1$．根据数列极限定义，存在正整数$N$，当$n>N$时，有

$$\left|\frac{u_{n+1}}{u_n}-\rho\right|<\varepsilon,$$

即

$$\frac{u_{n+1}}{u_n}<\rho+\varepsilon=\gamma(n>N).$$

由此，并且利用归纳法，容易证明

$$u_{N+k}<\gamma^k \cdot u_N (k=1,2,\cdots),$$

而当$0<\gamma<1$时，等比级数$\sum_{k=1}^{\infty}\gamma^k$收敛，$u_N$是常数，所以级数$\sum_{k=1}^{\infty}\gamma^k u_N$也收敛，再由比较审敛法可得，级数$\sum_{k=1}^{\infty}u_{N+k}$也收敛．由于级数$\sum_{n=1}^{\infty}u_n$只比$\sum_{k=1}^{\infty}u_{N+k}$多前$N$项，因此级数$\sum_{n=1}^{\infty}u_n$也收敛．

（2）当$\rho>1$时，取一个适当小的正数ε，使得$\rho-\varepsilon>1$，根据极限定义，存在正整数

N，当$n>N$时，有

$$\left|\frac{u_{n+1}}{u_n}-\rho\right|<\varepsilon,$$

即

$$\frac{u_{n+1}}{u_n}>\rho-\varepsilon>1(n>N),$$

进而$u_{n+1}>u_n(n>N)$．即当$n>N$时，级数的一般项u_n逐渐增大，从而$\lim\limits_{n\to\infty}u_n\neq 0$，由级数收敛的必要条件可得，级数$\sum\limits_{n=1}^{\infty}u_n$发散．

类似地，可以证明当$\lim\limits_{n\to\infty}\frac{u_{n+1}}{u_n}=+\infty$时，级数$\sum\limits_{n=1}^{\infty}u_n$发散．

（3）当$\rho=1$时，本审敛法失效．

注：当$\rho=1$时，级数可能收敛也可能发散．例如，$p-$级数$\sum\limits_{n=1}^{\infty}\frac{1}{n^p}$，不论$p$为何值都有

$$\lim_{n\to\infty}\frac{u_{n+1}}{u_n}=\lim_{n\to\infty}\frac{\frac{1}{(n+1)^p}}{\frac{1}{n^p}}=1,$$

但当$0<p\leqslant 1$时，$p-$级数发散；当$p>1$时，$p-$级数收敛．

例 9.9　判断下列正项级数的收敛性

（1）$\sum\limits_{n=1}^{\infty}\frac{n}{3^n}$；　　（2）$\sum\limits_{n=1}^{\infty}\frac{n!}{n^n}$；　　（3）$\sum\limits_{n=1}^{\infty}\frac{4^n}{n^4}$．

解　（1）因为$\lim\limits_{n\to\infty}\frac{u_{n+1}}{u_n}=\lim\limits_{n\to\infty}\frac{\frac{n+1}{3^{n+1}}}{\frac{n}{3^n}}=\lim\limits_{n\to\infty}\frac{n+1}{3n}=\frac{1}{3}<1$，所以由比值审敛法，可得级数$\sum\limits_{n=1}^{\infty}\frac{n}{3^n}$收敛．

（2）因为$\lim\limits_{n\to\infty}\frac{u_{n+1}}{u_n}=\lim\limits_{n\to\infty}\frac{\frac{(n+1)!}{(n+1)^{n+1}}}{\frac{n!}{n^n}}=\lim\limits_{n\to\infty}\left(\frac{n}{n+1}\right)^n==\lim\limits_{n\to\infty}\frac{1}{\left(1+\frac{1}{n}\right)^n}=\frac{1}{\mathrm{e}}<1$，所以由比值审敛法，可得$\sum\limits_{n=1}^{\infty}\frac{n!}{n^n}$收敛．

（3）因为$\lim\limits_{n\to\infty}\frac{u_{n+1}}{u_n}=\lim\limits_{n\to\infty}\frac{\frac{4^{n+1}}{(n+1)^4}}{\frac{4^n}{n^4}}=\lim\limits_{n\to\infty}4\cdot\left(\frac{n}{n+1}\right)^4=4>1$，所以由比值审敛法，可得级数

$\sum_{n=1}^{\infty}\frac{4^n}{n^4}$发散.

定理 9.5　**（根值审敛法）**若正项级数$\sum_{n=1}^{\infty}u_n$满足

$$\lim_{n\to\infty}\sqrt[n]{u_n}=\rho,$$

则

（1）当$\rho<1$时，级数收敛；

（2）当$\rho>1$（或$\lim_{n\to\infty}\sqrt[n]{u_n}=+\infty$）时，级数发散；

（3）当$\rho=1$时，本审敛法失效.

证　（1）当$\rho<1$时，可取一个适当小的正数ε，使得$0<\rho+\varepsilon=\gamma<1$．根据数列极限的定义，存在正整数$N$，当$n>N$时，有

$$\left|\sqrt[n]{u_n}-\rho\right|<\varepsilon,$$

即

$$\sqrt[n]{u_n}<\rho+\varepsilon=\gamma(n>N).$$

也即$u_n<\gamma^n$．而当$0<\gamma<1$时，等比级数$\sum_{n=1}^{\infty}\gamma^n$是收敛的，由比较审敛法可得，级数$\sum_{n=1}^{\infty}u_n$也收敛.

（2）当$\rho>1$时，取一个适当小的正数ε，使得$\rho-\varepsilon>1$，根据极限定义，存在正整数N，当$n>N$时，有

$$\left|\sqrt[n]{u_n}-\rho\right|<\varepsilon,$$

即

$$\sqrt[n]{u_n}>\rho-\varepsilon>1(n>N),$$

也即$u_n>1$，从而$\lim_{n\to\infty}u_n\neq0$，由级数收敛的必要条件可得，级数$\sum_{n=1}^{\infty}u_n$发散.

（3）当$\rho=1$时，本审敛法失效.

注：当$\rho=1$时，级数可能收敛也可能发散．例如，$p-$级数$\sum_{n=1}^{\infty}\frac{1}{n^p}$，不论$p$为何值都有

$$\lim_{n\to\infty}\sqrt[n]{\frac{1}{n^p}}=1,$$

但当$0<p\leqslant1$时，$p-$级数发散；当$p>1$时，$p-$级数收敛.

例 9.10　判断下列正项级数的收敛性.

（1）$\sum_{n=1}^{\infty}\left(\frac{2n}{3n+1}\right)^n$；　　（2）$\sum_{n=1}^{\infty}\frac{2^n}{3^{\ln n}}$；　　（3）$\sum_{n=1}^{\infty}\frac{2^n}{4^n-3^n}$.

解　（1）因为$\lim_{n\to\infty}\sqrt[n]{u_n}=\lim_{n\to\infty}\frac{2n}{3n+1}=\frac{2}{3}<1$，所以由根值审敛法，可得级数$\sum_{n=1}^{\infty}\left(\frac{2n}{3n+1}\right)^n$收敛；

（2）因为 $\lim\limits_{n\to\infty}\sqrt[n]{u_n}=\lim\limits_{n\to\infty}\dfrac{2}{3^{\frac{\ln n}{n}}}=2>1$，所以由根值审敛法，可得级数 $\sum\limits_{n=1}^{\infty}\dfrac{2^n}{3^{\ln n}}$ 发散.

（3）方法一：因为 $\lim\limits_{n\to\infty}\sqrt[n]{\dfrac{2^n}{4^n-3^n}}=\lim\limits_{n\to\infty}\dfrac{2}{\sqrt[n]{4^n-3^n}}=\lim\limits_{n\to\infty}\dfrac{2}{4\cdot\sqrt[n]{1-\left(\dfrac{3}{4}\right)^n}}=\dfrac{1}{2}<1$，所以由根值审敛法，可得级数 $\sum\limits_{n=1}^{\infty}\dfrac{2^n}{4^n-3^n}$ 收敛；

方法二：因为 $\lim\limits_{n\to\infty}\dfrac{u_{n+1}}{u_n}=\lim\limits_{n\to\infty}\dfrac{\dfrac{2^{n+1}}{4^{n+1}-3^{n+1}}}{\dfrac{2^n}{4^n-3^n}}=2\lim\limits_{n\to\infty}\dfrac{4^n-3^n}{4^{n+1}-3^{n+1}}=2\lim\limits_{n\to\infty}\dfrac{1-\left(\dfrac{3}{4}\right)^n}{4-3\left(\dfrac{3}{4}\right)^n}=\dfrac{1}{2}<1$，所以由比值审敛法，可得级数 $\sum\limits_{n=1}^{\infty}\dfrac{2^n}{4^n-3^n}$ 收敛.

9.2.2 交错级数及其审敛法

交错级数是各项正、负交错的级数，其形式为

$$u_1-u_2+u_3-u_4+\cdots,$$

或

$$-u_1+u_2-u_3+u_4-\cdots,$$

其中，$u_1,u_2,u_3,\cdots$ 都是正数.

定理 9.6 **（莱布尼茨定理）**若交错级数 $\sum\limits_{n=1}^{\infty}(-1)^{n-1}u_n$ 满足如下条件：

（1）$u_n\geqslant u_{n+1}\ (n=1,2,3,\cdots)$；

（2）$\lim\limits_{n\to\infty}u_n=0$，

则级数 $\sum\limits_{n=1}^{\infty}(-1)^{n-1}u_n$ 收敛，且其和 $S\leqslant u_1$，其余项 R_n 的绝对值 $|R_n|\leqslant u_{n+1}$.

证 先证明前 $2n$ 项的和 S_{2n} 的极限存在，为此把 S_{2n} 写成以下两种形式

$$S_{2n}=(u_1-u_2)+(u_3-u_4)+\cdots+(u_{2n-1}-u_{2n})$$

和

$$S_{2n}=u_1-(u_2-u_3)-(u_4-u_5)-\cdots-(u_{2n-2}-u_{2n-1})-u_{2n}.$$

根据条件（1）知道，所有括号里面的差都是非负的. 由第一种形式可见，数列 $\{S_{2n}\}$ 是单调递增的，由第二种形式可见 $S_{2n}<u_1$. 于是由单调有界数列必有极限的准则，可得 $\{S_{2n}\}$ 收敛，并设 $\lim\limits_{n\to\infty}S_{2n}=S$，则

$$\lim_{n\to\infty}S_{2n}=S\leqslant u_1,$$

再证明 $\lim\limits_{n\to\infty}S_{2n+1}=S$，因为

$$S_{2n+1}=S_{2n}+u_{2n+1}.$$

由定理 9.6 的条件（2）可知

$$\lim_{n\to\infty} u_{2n+1} = 0 .$$

因此

$$\lim_{n\to\infty} S_{2n+1} = \lim_{n\to\infty}(S_{2n} + u_{2n+1}) = S .$$

由于级数的前偶数项和与奇数项的和趋于同一极限 S，故级数 $\sum_{n=1}^{\infty}(-1)^{n-1}u_n$ 的部分和数列 S_n 当 $n\to\infty$ 时具有极限 S．这就证明了级数 $\sum_{n=1}^{\infty}(-1)^{n-1}u_n$ 收敛于和 S，且 $S\leqslant u_1$．

最后，不难看出余项 R_n 可以写成

$$R_n = \pm(u_{n+1} - u_{n+2} + \cdots) ,$$

其绝对值

$$|R_n| = u_{n+1} - u_{n+2} + \cdots ,$$

上式右端也是一个交错级数，它也满足收敛的两个条件，所以其和小于级数的第一项，也就是说 $|R_n|\leqslant u_{n+1}$ ．

注：由去掉级数前有限项不改变级数的收敛性可知，定理 9.6 的条件（1）可以减弱为

$$u_n \geqslant u_{n+1}\ (n = k, k+1, \cdots) .$$

例 9.11　判断级数 $\sum_{n=1}^{\infty}(-1)^{n-1}\frac{1}{n} = 1 - \frac{1}{2} + \frac{1}{3} - \frac{1}{4} + \cdots + (-1)^{n-1}\frac{1}{n} + \cdots$ 的收敛性.

解　该级数为交错级数，而 $u_n = \frac{1}{n} \geqslant \frac{1}{n+1} = u_{n+1}(n = 1,2,3,\cdots)$，且 $\lim_{n\to\infty} u_n = 0$，由莱布尼茨定理，可得级数 $\sum_{n=1}^{\infty}(-1)^{n-1}\frac{1}{n}$ 收敛.

例 9.12　判断级数 $\sum_{n=1}^{\infty}(-1)^{n-1}\frac{\ln n}{n}$ 的收敛性.

解　该级数为交错级数，令 $f(x) = \frac{\ln x}{x}(x > 3)$，则

$$f'(x) = \frac{1 - \ln x}{x^2} < 0(x > 3) ,$$

即当 $n > 3$ 时，数列 $\left\{\frac{\ln n}{n}\right\}$ 是单调递减数列，又利用洛必达法则，有

$$\lim_{n\to\infty}\frac{\ln n}{n} = \lim_{x\to+\infty}\frac{\ln x}{x} = \lim_{x\to+\infty}\frac{\frac{1}{x}}{1} = 0 ,$$

于是，由莱布尼茨定理，可得级数 $\sum_{n=1}^{\infty}(-1)^{n-1}\frac{\ln n}{n}$ 收敛.

9.2.3　绝对收敛与条件收敛

现在考虑一般级数

$$\sum_{n=1}^{\infty} u_n = u_1 + u_2 + \cdots + u_n + \cdots , \tag{9.5}$$

它的各项为任意实数．对应此级数，构造一个新的正项级数

$$\sum_{n=1}^{\infty}|u_n| = |u_1| + |u_2| + \cdots + |u_n| + \cdots \tag{9.6}$$

称级数（9.6）为原级数（9.5）的绝对值级数.

级数（9.6）和级数（9.5）的收敛性有一定的联系.

定理 9.7 如果级数 $\sum_{n=1}^{\infty}|u_n|$ 收敛，则级数 $\sum_{n=1}^{\infty}u_n$ 收敛.

证 因为 $0 \leqslant u_n + |u_n| \leqslant 2|u_n| (n = 1,2,\cdots)$，且级数 $\sum_{n=1}^{\infty}|u_n|$ 收敛，进而 $\sum_{n=1}^{\infty}2|u_n|$ 收敛，由比较审敛法，可得级数 $\sum_{n=1}^{\infty}(u_n + |u_n|)$ 收敛，又

$$u_n = (u_n + |u_n|) - |u_n|,$$

由 9.1 节收敛级数的性质 9.2，可得级数 $\sum_{n=1}^{\infty}u_n$ 收敛.

如果级数 $\sum_{n=1}^{\infty}|u_n|$ 收敛，那么称级数 $\sum_{n=1}^{\infty}u_n$ **绝对收敛**；如果级数 $\sum_{n=1}^{\infty}u_n$ 收敛，而级数 $\sum_{n=1}^{\infty}|u_n|$ 发散，那么称级数 $\sum_{n=1}^{\infty}u_n$ **条件收敛**.

例如，级数 $\sum_{n=1}^{\infty}(-1)^{n-1}\frac{1}{n^2}$ 是绝对收敛级数， 而级数 $\sum_{n=1}^{\infty}(-1)^{n-1}\frac{1}{n}$ 是条件收敛级数.

注：如果级数 $\sum_{n=1}^{\infty}|u_n|$ 发散，则不能判定级数 $\sum_{n=1}^{\infty}u_n$ 也发散. 例如，级数 $\sum_{n=1}^{\infty}\left|(-1)^{n-1}\frac{1}{n}\right| = \sum_{n=1}^{\infty}\frac{1}{n}$ 发散，但级数 $\sum_{n=1}^{\infty}(-1)^{n-1}\frac{1}{n}$ 收敛.

但是，如果用比值审敛法或者根值审敛法根据 $\lim_{n\to\infty}\left|\frac{u_{n+1}}{u_n}\right| = \rho > 1$ 或 $\lim_{n\to\infty}\sqrt[n]{|u_n|} = \rho > 1$ 判定级数 $\sum_{n=1}^{\infty}|u_n|$ 发散，那么可以断定级数 $\sum_{n=1}^{\infty}u_n$ 必定发散. 这是因为由 $\rho > 1$ 可推知 $\lim_{n\to\infty}|u_n| \neq 0$，从而 $\lim_{n\to\infty}u_n \neq 0$，因此级数 $\sum_{n=1}^{\infty}u_n$ 发散.

对于一般常数项级数 $\sum_{n=1}^{\infty}u_n$，应当判断它是绝对收敛、条件收敛、还是发散. 而在判断一般常数项级数的绝对收敛时，可以借助正项级数的审敛法来讨论.

例 9.13 判断级数 $\sum_{n=1}^{\infty}\frac{(-1)^{n-1}}{n^p}(p > 0)$ 的收敛性.

解 由 $\sum_{n=1}^{\infty}\left|\frac{(-1)^{n-1}}{n^p}\right| = \sum_{n=1}^{\infty}\frac{1}{n^p}$，易知当 $p > 1$ 时，题设级数绝对收敛；当 $0 < p \leqslant 1$ 时，对于题设的交错级数，由莱布尼茨定理，可得 $\sum_{n=1}^{\infty}\frac{(-1)^{n-1}}{n^p}$ 收敛，但级数 $\sum_{n=1}^{\infty}\frac{1}{n^p}$ 发散，故此时级数条件收敛.

例 9.14　证明级数$\sum_{n=1}^{\infty}(-1)^n\frac{n!}{n^n}$绝对收敛.

证　先判断级数$\sum_{n=1}^{\infty}\left|(-1)^n\frac{n!}{n^n}\right|=\sum_{n=1}^{\infty}\frac{n!}{n^n}$的收敛性，利用比值审敛法，因为

$$\lim_{n\to\infty}\frac{\dfrac{(n+1)!}{(n+1)^{(n+1)}}}{\dfrac{n!}{n^n}}=\lim_{n\to\infty}\frac{n^n}{(n+1)^n}=\lim_{n\to\infty}\left(\frac{n}{n+1}\right)^n=\lim_{n\to\infty}\frac{1}{\left(1+\dfrac{1}{n}\right)^n}=\frac{1}{\mathrm{e}}<1,$$

所以级数$\sum_{n=1}^{\infty}\frac{n!}{n^n}$收敛，从而题设级数绝对收敛.

例 9.15　判断级数$\sum_{n=1}^{\infty}(-1)^n\frac{2^n}{n}$的收敛性.

解　先判断$\sum_{n=1}^{\infty}\left|(-1)^n\frac{2^n}{n}\right|=\sum_{n=1}^{\infty}\frac{2^n}{n}$的收敛性，利用比值审敛法，因为

$$\lim_{n\to\infty}\frac{\dfrac{2^{n+1}}{n+1}}{\dfrac{2^n}{n}}=\lim_{n\to\infty}\frac{2n}{n+1}=2>1,$$

所以级数$\sum_{n=1}^{\infty}\frac{2^n}{n}$发散，从而题设级数也发散.

例 9.16　判断级数$\sum_{n=1}^{\infty}\frac{\cos n}{n^3}$的收敛性.

解　因为$\left|\frac{\cos n}{n^3}\right|\leqslant\frac{1}{n^3}$，而级数$\sum_{n=1}^{\infty}\frac{1}{n^3}$收敛，故级数$\sum_{n=1}^{\infty}\left|\frac{\cos n}{n^3}\right|$收敛，从而题设级数绝对收敛.

习题 9.2

1．利用比较审敛法判断下列级数的收敛性：

（1）$1+\frac{1}{3}+\frac{1}{5}+\cdots+\frac{1}{2n-1}+\cdots$；

（2）$1+\frac{1+2}{1+2^2}+\frac{1+3}{1+3^2}+\cdots+\frac{1+n}{1+n^2}+\cdots$；

（3）$\sin\frac{\pi}{2}+\sin\frac{\pi}{2^2}+\sin\frac{\pi}{2^3}+\cdots+\sin\frac{\pi}{2^n}+\cdots$；

（4）$\sum_{n=1}^{\infty}\frac{1}{\sqrt{3+n^3}}$；　（5）$\sum_{n=1}^{\infty}\frac{1}{\ln(1+n)}$；　（6）$\sum_{n=1}^{\infty}\frac{1}{1+a^n}\ (a>0)$.

2．利用比值审敛法判断下列级数的收敛性：

（1）$\frac{2}{1000}+\frac{2^2}{2000}+\frac{2^3}{3000}+\frac{2^4}{4000}+\cdots$；　（2）$1+\frac{2}{2!}+\frac{2^2}{3!}+\frac{2^3}{4!}+\cdots$；

（3）$\sum_{n=1}^{\infty}\frac{n^2}{2^n}$；　　（4）$\sum_{n=1}^{\infty}\frac{a^n}{n^p}(a>0,p>0)$；

（5）$\sum_{n=1}^{\infty}n\left(\frac{3}{4}\right)^n$；　　（6）$\sum_{n=1}^{\infty}\frac{2^n}{n(n+1)}$.

3．利用根值审敛法判断下列级数的收敛性：

（1）$\sum_{n=1}^{\infty}\left(\frac{4n}{2n+3}\right)^n$；　　（2）$\sum_{n=1}^{\infty}\frac{1}{[\ln(n+2)]^n}$；

（3）$\sum_{n=1}^{\infty}\left(\frac{n}{2n+1}\right)^{2n-1}$；　　（4）$\sum_{n=1}^{\infty}\frac{3^n}{\left(1+\frac{1}{n}\right)^{n^2}}$；

（5）$\sum_{n=1}^{\infty}\left(\frac{3n^2}{2n^2+1}\right)^{n+2}$；　　（6）$\sum_{n=1}^{\infty}\frac{3^n}{2^n+\mathrm{e}^n}$.

4．判断下列级数是否收敛？若收敛，是绝对收敛还是条件收敛？

（1）$1-\frac{1}{\sqrt{2}}+\frac{1}{\sqrt{3}}-\frac{1}{\sqrt{4}}+\cdots$；　　（2）$\sum_{n=1}^{\infty}(-1)^n\frac{1}{\ln(1+n)}$；

（3）$\sum_{n=1}^{\infty}(-1)^n\frac{3^n}{n!}$.　　（4）$\sum_{n=1}^{\infty}(-1)^n\frac{\sqrt{n}}{n+1}$.

（5）$\sum_{n=1}^{\infty}\sin\left(n\pi+\frac{1}{n}\right)$.　　（6）$\sum_{n=1}^{\infty}(-1)^n\frac{3^n}{1+2^n}$.

5．设数列$\{u_n\},\{v_n\},\{w_n\}$满足$u_n\leqslant v_n\leqslant w_n\ (n=1,2,\cdots)$，且$\sum_{n=1}^{\infty}u_n$和$\sum_{n=1}^{\infty}w_n$都收敛，证明级数$\sum_{n=1}^{\infty}v_n$也收敛.

9.3 幂级数

9.3.1 函数项级数的概念

定义 9.3 设$\{u_n(x)\}$是定义在数集I上的一个函数列，则由此函数列构成的表达式

$$\sum_{n=1}^{\infty}u_n(x)=u_1(x)+u_2(x)+\cdots+u_n(x)+\cdots$$

称为定义在数集I上的**函数项级数**.

对于每个确定的实数$x_0\in I$，函数项级数$\sum_{n=1}^{\infty}u_n(x)$在$x_0$处对应一个常数项级数

$$\sum_{n=1}^{\infty}u_n(x_0)=u_1(x_0)+u_2(x_0)+\cdots+u_n(x_0)+\cdots.$$

定义 9.4 若级数$\sum_{n=1}^{\infty}u_n(x_0)$收敛，则称$x_0$是函数项级数$\sum_{n=1}^{\infty}u_n(x)$的**收敛点**；若级数

$\sum_{n=1}^{\infty}u_n(x_0)$ 发散，则称 x_0 是函数项级数 $\sum_{n=1}^{\infty}u_n(x)$ 的**发散点**.

函数项级数的所有收敛点组成的集合称为它的**收敛域**，所有发散点组成的集合称为它的**发散域**.

例如，对于函数项级数 $\sum_{n=1}^{\infty}\frac{1}{n^x}$，当 $x=2$ 时，级数为 $\sum_{n=1}^{\infty}\frac{1}{n^2}$，它是收敛的，所以 2 是 $\sum_{n=1}^{\infty}\frac{1}{n^x}$ 的收敛点；当 $x=1$ 时，级数为 $\sum_{n=1}^{\infty}\frac{1}{n}$，它是发散的，所以1为 $\sum_{n=1}^{\infty}\frac{1}{n^x}$ 的发散点. 事实上，由 9.2 节中的例 9.6 讨论的 $p-$级数的收敛性结果，可知 $\sum_{n=1}^{\infty}\frac{1}{n^x}$ 的收敛域为 $(1,+\infty)$，发散域为 $(-\infty,1]$.

对于函数项级数收敛域内的任意一个点 x，都对应一个收敛的常数项级数，因而有一个确定的和，记为 $S(x)$，于是在收敛域内，这个和 $S(x)$ 是 x 的函数，通常称为该函数项级数的**和函数**. 这个函数的定义域就是级数的收敛域，并写成

$$S(x)=u_1(x)+u_2(x)+\cdots+u_n(x)+\cdots=\sum_{n=1}^{\infty}u_n(x).$$

把函数项级数 $\sum_{n=1}^{\infty}u_n(x)$ 的前 n 项的部分和记作 $S_n(x)$，在收敛域上有

$$\lim_{n\to\infty}S_n(x)=S(x).$$

称 $R_n(x)=S(x)-S_n(x)$ 为函数项级数 $\sum_{n=1}^{\infty}u_n(x)$ 的**余项**，对收敛域上的每个点 x，都有

$$\lim_{n\to\infty}R_n(x)=0.$$

例 9.17　判断下列级数的收敛性，并求其收敛域与和函数.

（1）$\sum_{n=1}^{\infty}x^{n-1}$；　　　　（2）$\sum_{n=1}^{\infty}\frac{1}{x^n}\ (x\neq 0)$.

解　（1）由 9.1 节的例 9.3 可知，当 $|x|<1$ 时，级数收敛；当 $|x|\geqslant 1$ 时，级数发散. 故其收敛域为 $(-1,1)$，在收敛域 $(-1,1)$ 内，和函数为

$$S(x)=\lim_{n\to\infty}S_n(x)=\lim_{n\to\infty}\sum_{k=1}^{n}x^{n-1}=\lim_{n\to\infty}\frac{1-x^n}{1-x}=\frac{1}{1-x}.$$

即 $\sum_{n=1}^{\infty}x^{n-1}=\frac{1}{1-x}(-1<x<1)$，此结果在许多问题中均有重要应用.

（2）由（1）可得，当 $\left|\frac{1}{x}\right|<1$ 时，级数收敛；当 $\left|\frac{1}{x}\right|\geqslant 1$ 时，级数发散. 故其收敛域为 $(-\infty,-1)\cup(1,+\infty)$，在收敛域 $(-\infty,-1)\cup(1,+\infty)$ 内，和函数为

$$S(x)=\frac{\frac{1}{x}}{1-\frac{1}{x}}=\frac{1}{x-1},$$

即 $\sum_{n=1}^{\infty}\frac{1}{x^n}=\frac{1}{x-1}(|x|>1)$.

9.3.2　幂级数及其收敛性

函数项级数中简单而应用广泛的一类级数就是各项都是幂函数的级数，即所谓的**幂级数**，它的一般形式为

$$\sum_{n=0}^{\infty}a_n(x-x_0)^n=a_0+a_1(x-x_0)+a_2(x-x_0)^2+\cdots+a_n(x-x_0)^n+\cdots,$$

或

$$\sum_{n=0}^{\infty}a_nx^n=a_0+a_1x+a_2x^2+\cdots+a_nx^n+\cdots,$$

其中，常数 a_n $(n=0,1,2,\cdots)$ 称为**幂级数系数**，x_0 是常数.

对于第一种形式的幂级数，只需要做变换 $t=x-x_0$，就可以化为第二种形式．因此，在下述讨论中，如不做特殊说明，我们用第二种形式的幂级数作为讨论的对象.

1．幂级数的收敛域、发散域的构造

先看一个典型的例子，考察等比级数（显然也是幂级数）

$$\sum_{n=1}^{\infty}x^n=1+x+x^2+\cdots+x^n+\cdots$$

的收敛性.

由例 9.17 可知，该级数的收敛域为 $(-1,1)$，这个例子表明，等比级数 $\sum_{n=1}^{\infty}x^n$ 的收敛域是一个区间．事实上，这个结论对一般的幂级数也是成立的.

定理 9.8（**阿贝尔定理**）　若 $x=x_0$ $(x_0\neq 0)$，幂级数 $\sum_{n=0}^{\infty}a_nx^n$ 收敛，则适合不等式 $|x|<|x_0|$ 的一切 x 幂级数 $\sum_{n=0}^{\infty}a_nx^n$ 绝对收敛；若 $x=x_0$ $(x_0\neq 0)$，幂级数 $\sum_{n=0}^{\infty}a_nx^n$ 发散，则适合不等式 $|x|>|x_0|$ 的一切 x 幂级数 $\sum_{n=0}^{\infty}a_nx^n$ 发散.

证　设 $x=x_0$ $(x_0\neq 0)$ 是幂级数 $\sum_{n=0}^{\infty}a_nx^n$ 的收敛点，即级数

$$a_0+a_1x_0+a_2{x_0}^2+\cdots+a_n{x_0}^n+\cdots$$

收敛，则

$$\lim_{n\to\infty}a_nx_0^n=0.$$

于是存在一个正数 M，使得

$$|a_nx_0^n|\leqslant M\ (n=0,1,2,\cdots),$$

从而

$$|a_nx^n|=\left|a_nx_0^n\cdot\frac{x^n}{x_0^n}\right|=|a_nx_0^n|\cdot\left|\frac{x}{x_0}\right|^n\leqslant M\cdot\left|\frac{x}{x_0}\right|^n\ (n=0,1,2,\cdots).$$

当$|x|<|x_0|$时，$\left|\dfrac{x}{x_0}\right|<1$，等比级数$\sum\limits_{n=0}^{\infty}M\cdot\left|\dfrac{x}{x_0}\right|^n$收敛，从而$\sum\limits_{n=0}^{\infty}\left|a_nx^n\right|$收敛，故幂级数$\sum\limits_{n=0}^{\infty}a_nx^n$绝对收敛.

定理 9.8 的第二部分可以用反证法证明．假设幂级数$\sum\limits_{n=0}^{\infty}a_nx^n$当$x=x_0$ $(x_0\neq 0)$时发散，而有一个点x_1，满足$|x_1|>|x_0|$，并使级数$\sum\limits_{n=0}^{\infty}a_nx_1^n$收敛．由定理的第一部分可知，当$x=x_0$ $(x_0\neq 0)$时级数应收敛，这与定理的条件相矛盾，故定理 9.8 的第二部分成立.

定理 9.8 的结论表明，如果幂级数在$x=x_0$ $(x_0\neq 0)$处收敛，则对于开区间$(-|x_0|,|x_0|)$内的任何x，幂级数都绝对收敛：如果幂级数在$x=x_0$ $(x_0\neq 0)$处发散，则对于闭区间$[-|x_0|,|x_0|]$外的任何x，幂级数都发散.

如果幂级数在数轴上既有收敛点（不仅是原点），又有发散点．那么现从数轴的原点出发沿 x 轴正方向移动，最初只遇到收敛点，越过一个分界点后，就只遇到发散点．这个分界点可能是收敛点，也可能是发散点．从数轴的原点出发沿 x 轴负方向移动的情形也是如此．两个分界点P与Q在原点的两侧，且由定理 9.8 可以证明它们关于原点对称（见图 9.1）.

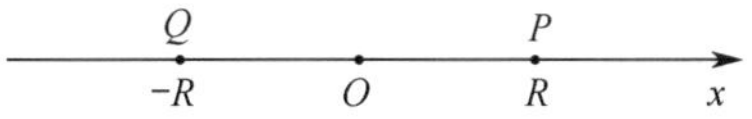

图 9.1

从上面的分析，可得以下重要结论：

推论 9.2　如果幂级数$\sum\limits_{n=0}^{\infty}a_nx^n$不仅在点$x=0$处收敛，也不是在整个数轴上都收敛，那么必定存在一个确定的正数R，使得

（1）当$|x|<R$时，幂级数绝对收敛；

（2）当$|x|>R$时，幂级数发散；

（3）当$|x|=R$时，幂级数可能收敛，也可能发散.

正数R通常称为幂级数的**收敛半径**，开区间$(-R,R)$称为幂级数的**收敛区间**，再由幂级数在$x=\pm R$处的收敛性可知，它的收敛域是$(-R,R)$、$[-R,R)$、$(-R,R]$或$[-R,R]$这四个区间之一.

特别地，如果幂级数$\sum\limits_{n=0}^{\infty}a_nx^n$只在$x=0$处收敛，这时收敛域只有一点$x=0$，但为了方便起见，规定这时收敛半径$R=0$；如果幂级数$\sum\limits_{n=0}^{\infty}a_nx^n$对一切$x$都收敛，则规定收敛半径$R=+\infty$，这时收敛域为$(-\infty,+\infty)$.

2．幂级数的收敛半径的求法

定理 9.9　设幂级数$\sum\limits_{n=0}^{\infty}a_nx^n$的所有系数$a_n\neq 0(n=0,1,2,\cdots)$，如果

$$\lim_{n\to\infty}\left|\frac{a_{n+1}}{a_n}\right|=\rho,$$

则

（1）当 $0<\rho<+\infty$ 时，此幂级数的收敛半径 $R=\dfrac{1}{\rho}$；

（2）当 $\rho=0$ 时，此幂级数的收敛半径 $R=+\infty$；

（3）当 $\rho=+\infty$ 时，此幂级数的收敛半径 $R=0$．

证 对绝对值级数 $\sum\limits_{n=0}^{\infty}\left|a_n x^n\right|$ 应用比值审敛法，有

$$\lim_{n\to\infty}\left|\frac{a_{n+1}x^{n+1}}{a_n x^n}\right|=\lim_{n\to\infty}\frac{\left|a_{n+1}\right|}{\left|a_n\right|}\cdot|x|=\rho\cdot|x|,$$

（1）若 $\lim\limits_{n\to\infty}\left|\dfrac{a_{n+1}}{a_n}\right|=\rho(\rho\neq 0)$ 存在，则当 $\rho\cdot|x|<1$ 时，即当 $|x|<\dfrac{1}{\rho}$ 时，级数 $\sum\limits_{n=0}^{\infty}\left|a_n x^n\right|$ 收敛；当 $\rho\cdot|x|>1$ 时，即 $|x|>\dfrac{1}{\rho}$ 时，级数 $\sum\limits_{n=0}^{\infty}\left|a_n x^n\right|$ 发散，从而 $\sum\limits_{n=0}^{\infty}a_n x^n$ 也发散．于是幂级数 $\sum\limits_{n=0}^{\infty}a_n x^n$ 的收敛半径 $R=\dfrac{1}{\rho}$；

（2）当 $\rho=0$ 时，对任何 x 都有 $\rho\cdot|x|<1$，幂级数 $\sum\limits_{n=0}^{\infty}\left|a_n x^n\right|$ 收敛，从而幂级数 $\sum\limits_{n=0}^{\infty}a_n x^n$ 绝对收敛，于是 $R=+\infty$；

（3）当 $\rho=+\infty$ 时，对除 $x=0$ 外的任何 x 都有 $\lim\limits_{n\to\infty}\left|\dfrac{a_{n+1}x^{n+1}}{a_n x^n}\right|=+\infty$，幂级数 $\sum\limits_{n=0}^{\infty}\left|a_n x^n\right|$ 发散，从而幂级数 $\sum\limits_{n=0}^{\infty}a_n x^n$ 发散，于是 $R=0$．

注：（1）根据幂级数的系数形式，有时，我们也可用根值审敛法的原理来求收敛半径，此时有

$$\lim_{n\to\infty}\sqrt[n]{a_n}=\rho .$$

（2）在定理 9.9 中，假设幂级数 $\sum\limits_{n=0}^{\infty}a_n x^n$ 的所有系数 $a_n\neq 0$，如果幂级数有缺项，则应直接利用比值审敛法或者根值审敛法的原理来求收敛半径.

例 9.18 求下列幂级数的收敛半径、收敛区间和收敛域：

（1）$\sum\limits_{n=1}^{\infty}(-1)^{n-1}\dfrac{x^n}{n}$；　　（2）$\sum\limits_{n=1}^{\infty}\dfrac{2n}{3^n}x^{2n-2}$．

解 （1）因为 $\rho=\lim\limits_{n\to\infty}\left|\dfrac{a_{n+1}}{a_n}\right|=\lim\limits_{n\to\infty}\dfrac{n}{n+1}=1$，所以由定理 9.9，可得收敛半径 $R=1$．

当 $x=1$ 时，幂级数成为 $\sum\limits_{n=1}^{\infty}(-1)^{n-1}\dfrac{1}{n}$，它是收敛的；当 $x=-1$ 时，幂级数成为 $-\sum\limits_{n=1}^{\infty}\dfrac{1}{n}$，它是发散的，故题设幂级数的收敛区间为 $(-1,1)$，收敛域为 $(-1,1]$；

（2）此幂级数缺少奇数次项，可根据比值审敛法的原理来求收敛半径．因为

$$\lim_{n\to\infty}\frac{\left|\frac{2(n+1)}{3^{n+1}}x^{2n}\right|}{\left|\frac{2n}{3^n}x^{2n-2}\right|}=\frac{1}{3}\lim_{n\to\infty}\frac{2(n+1)x^2}{2n}=\frac{x^2}{3},$$

所以当 $\frac{x^2}{3}<1$ 时，即当 $x\in(-\sqrt{3},\sqrt{3})$ 时，幂级数收敛；当 $\frac{x^2}{3}>1$ 时，即当 $|x|>\sqrt{3}$ 时，幂级数发散；当 $x=\pm\sqrt{3}$ 时，幂级数成为 $\sum_{n=1}^{\infty}\frac{2n}{3}$，它是发散的，故题设幂级数的收敛半径为 $R=\sqrt{3}$，收敛区间为 $(-\sqrt{3},\sqrt{3})$，收敛域为 $(-\sqrt{3},\sqrt{3})$.

注：也可以用根值审敛法例 9.18 的第（2）题的收敛半径，留给读者自行完成.

例 9.19　求下列幂级数的收敛半径：

（1）$\sum_{n=0}^{\infty}n!x^n$；　　　　（2）$\sum_{n=1}^{\infty}\frac{x^n}{n!}$.

解　（1）因为 $\rho=\lim_{n\to\infty}\left|\frac{a_{n+1}}{a_n}\right|=\lim_{n\to\infty}\frac{(n+1)!}{n!}=+\infty$，所以由定理 9.9 可知，收敛半径 $R=0$，即题设级数仅在 $x=0$ 收敛.

（2）因为 $\rho=\lim_{n\to\infty}\left|\frac{a_{n+1}}{a_n}\right|=\lim_{n\to\infty}\frac{n!}{(n+1)!}=0$，所以由定理 9.9 可知，收敛半径 $R=+\infty$，从而题设幂级数的收敛区间和收敛域均为 $(-\infty,+\infty)$.

例 9.20　求幂级数 $\sum_{n=1}^{\infty}\frac{(x-1)^n}{\sqrt{n}}$ 的收敛域.

解　令 $t=x-1$，将题设幂级数化为 $\sum_{n=1}^{\infty}\frac{t^n}{\sqrt{n}}$. 因为

$$\rho=\lim_{n\to\infty}\left|\frac{a_{n+1}}{a_n}\right|=\lim_{n\to\infty}\frac{\sqrt{n}}{\sqrt{n+1}}=1,$$

所以由定理 9.9 可知，收敛半径 $R=1$，收敛区间为 $-1<t<1$，即 $0<x<2$.

当 $x=0$ 时，幂级数 $\sum_{n=1}^{\infty}\frac{(x-1)^n}{\sqrt{n}}$ 变为 $\sum_{n=1}^{\infty}\frac{(-1)^n}{\sqrt{n}}$，该级数是收敛的；当 $x=2$ 时，幂级数 $\sum_{n=1}^{\infty}\frac{(x-1)^n}{\sqrt{n}}$ 变为 $\sum_{n=1}^{\infty}\frac{1}{\sqrt{n}}$，该级数是发散的. 于是所求幂级数的收敛域为 $[0,2)$.

3．幂级数的运算

设幂级数 $\sum_{n=0}^{\infty}a_nx^n$、$\sum_{n=0}^{\infty}b_nx^n$ 的收敛半径分别为 R_1、R_2，记 $R=\min\{R_1,R_2\}$，则这两个幂级数可进行以下代数运算：

（1）**加减法运算：**当 $x\in(-R,R)$ 时，有

$$\sum_{n=0}^{\infty}a_nx^n\pm\sum_{n=0}^{\infty}b_nx^n=\sum_{n=0}^{\infty}(a_n\pm b_n)x^n.$$

（2）**乘法运算：**当 $x\in(-R,R)$ 时，有

$$\left(\sum_{n=0}^{\infty}a_nx^n\right)\left(\sum_{n=0}^{\infty}b_nx^n\right)=\sum_{n=0}^{\infty}c_nx^n,$$

其中，$c_n=\sum\limits_{k=0}^{n}a_kb_{n-k}=a_0b_n+a_1b_{n-1}+\cdots+a_nb_0$.

下面，我们不加以证明给出幂级数的和函数的几个重要性质：

性质 9.6 幂级数$\sum\limits_{n=0}^{\infty}a_nx^n$的和函数$S(x)$在其收敛域$I$上连续，即设$x_0\in I$，则

$$\sum_{n=0}^{\infty}a_nx_0^n=S(x_0)=\lim_{x\to x_0}S(x).$$

性质 9.7 幂级数$\sum\limits_{n=0}^{\infty}a_nx^n$的和函数$S(x)$在其收敛域$I$上可积，并有逐项积分公式

$$\int_0^x S(t)\mathrm{d}t=\int_0^x\left[\sum_{n=0}^{\infty}a_nt^n\right]\mathrm{d}t=\sum_{n=0}^{\infty}\int_0^x a_nt^n\mathrm{d}t=\sum_{n=0}^{\infty}\frac{a_n}{n+1}x^{n+1}(x\in I).$$

且逐项积分后得到的幂级数和原幂级数有相同的收敛半径.

性质 9.8 幂级数$\sum\limits_{n=0}^{\infty}a_nx^n$的和函数$S(x)$在其收敛区间$(-R,R)$内可导，并有逐项求导公式

$$S'(x)=\left(\sum_{n=0}^{\infty}a_nx^n\right)'=\sum_{n=0}^{\infty}(a_nx^n)'=\sum_{n=1}^{\infty}na_nx^{n-1}(-R<x<R).$$

且逐项求导后得到的幂级数和原幂级数有相同的收敛半径.

注：反复应用性质 9.8 可得，幂级数$\sum\limits_{n=0}^{\infty}a_nx^n$的和函数$S(x)$在其收敛区间$(-R,R)$内具有任意阶导数.

例 9.21 求幂级数$\sum\limits_{n=1}^{\infty}(-1)^{n-1}\dfrac{x^n}{n}$的收敛域及和函数，并求级数

$$\sum_{n=1}^{\infty}(-1)^{n-1}\frac{1}{n}=1-\frac{1}{2}+\frac{1}{3}-\frac{1}{4}+\cdots+(-1)^{n-1}\frac{1}{n}+\cdots$$

的和.

解 由例 9.18 的第（1）题结果可知，$\sum\limits_{n=1}^{\infty}(-1)^{n-1}\dfrac{x^n}{n}$的收敛域为$(-1,1]$，设其和函数为$S(x)$，显然$S(0)=0$，当时，由性质 9.8，可得

$$S'(x)=\left(\sum_{n=1}^{\infty}(-1)^{n-1}\frac{x^n}{n}\right)'=\sum_{n=1}^{\infty}\left((-1)^{n-1}\frac{x^n}{n}\right)'=\sum_{n=1}^{\infty}(-1)^{n-1}x^{n-1}$$
$$=\sum_{n=1}^{\infty}(-x)^{n-1}=\frac{1}{1-(-x)}=\frac{1}{1+x},$$

由定积分计算公式$\int_0^x S'(t)\mathrm{d}t=S(t)\big|_0^x=S(x)-S(0)$，可得

$$S(x)=S(0)+\int_0^x S'(t)\mathrm{d}t=\int_0^x\frac{1}{1+t}\mathrm{d}t=\ln(1+x).$$

而注意到幂级数$\sum_{n=1}^{\infty}(-1)^{n-1}\frac{x^n}{n}$在$x=1$处收敛，于是

$$S(x)=\sum_{n=1}^{\infty}(-1)^{n-1}\frac{x^n}{n}=\ln(1+x)(-1<x\leqslant 1).$$

上式中，令$x=1$可得

$$\sum_{n=1}^{\infty}(-1)^{n-1}\frac{1}{n}=\ln 2,$$

即

$$1-\frac{1}{2}+\frac{1}{3}-\cdots+(-1)^{n-1}\frac{1}{n}+\cdots=\ln 2.$$

例 9.22　求幂级数$\sum_{n=1}^{\infty}nx^{n-1}$的收敛域及和函数，并求级数$\sum_{n=1}^{\infty}\frac{n}{2^n}$的和.

解　因为$\rho=\lim_{n\to\infty}\frac{n+1}{n}=1$，故幂级数$\sum_{n=1}^{\infty}nx^{n-1}$的收敛半径$R=1$，显然当$x=\pm 1$时，幂级数$\sum_{n=1}^{\infty}nx^{n-1}$发散，所以幂级数$\sum_{n=1}^{\infty}nx^{n-1}$收敛区间为$(-1,1)$，收敛域为$(-1,1)$，设其和函数为$S(x)$.

当$-1<x<1$时，由性质 9.7 可得

$$\int_0^x S(t)\mathrm{d}t=\int_0^x\left[\sum_{n=1}^{\infty}nt^{n-1}\right]\mathrm{d}t=\sum_{n=1}^{\infty}\int_0^x nt^{n-1}\mathrm{d}t=\sum_{n=1}^{\infty}x^n=\frac{x}{1-x},$$

将上式两边同时对x求导，可得

$$S(x)=\left[\int_0^x S(x)dx\right]'=\left(\frac{x}{1-x}\right)'=\frac{1}{(1-x)^2},$$

即

$$S(x)=\sum_{n=1}^{\infty}nx^{n-1}=\frac{1}{(1-x)^2}(-1<x<1).$$

上式中，令$x=\frac{1}{2}$，可得

$$\sum_{n=1}^{\infty}n\left(\frac{1}{2}\right)^{n-1}=\sum_{n=1}^{\infty}\frac{n}{2^{n-1}}=\frac{1}{\left(1-\frac{1}{2}\right)^2}=4,$$

于是

$$\sum_{n=1}^{\infty}\frac{n}{2^n}=\frac{1}{2}\sum_{n=1}^{\infty}\frac{n}{2^{n-1}}=\frac{1}{2}\times 4=2.$$

习题 9.3

1．求下列幂级数的收敛域

（1）$\sum_{n=1}^{\infty}nx^n$；　　（2）$\sum_{n=1}^{\infty}\frac{n!}{n^n}x^n$；

（3）$\sum_{n=1}^{\infty}\frac{x^n}{2^n\cdot n^2}$；

（4）$\sum_{n=0}^{\infty}(-1)^n\frac{x^{2n+1}}{2n+1}$.

（5）$\sum_{n=1}^{\infty}\frac{(x+2)^n}{2^n\cdot n}$；

（6）$\sum_{n=1}^{\infty}\frac{2^n}{n}(x-1)^n$.

2．求下列幂级数的和函数

（1）$\sum_{n=0}^{\infty}(-1)^n\frac{x^n}{n+1}$；

（2）$\sum_{n=0}^{\infty}(2n+1)x^n$.

3．求下列级数的和

（1）$\sum_{n=1}^{\infty}\frac{1}{(2n-1)2^n}$；

（2）$\sum_{n=1}^{\infty}\frac{n(n+1)}{2^n}$.

9.4 函数展开为幂级数

9.3 节讨论了幂级数的收敛域及幂级数在收敛域上的和函数．但实际应用中常常提出相反的问题：对于给定的函数 $f(x)$，能否在某个区间内用幂级数表示？如何表示？本节将讨论并解决这一问题.

9.4.1 泰勒级数

由 4.3 节的泰勒公式可知，如果函数 $f(x)$ 在 $x=x_0$ 的某邻域内有直到 $n+1$ 阶的导数，则在这个邻域内任意一点，有

$$f(x)=f(x_0)+f'(x_0)(x-x_0)+\frac{f''(x_0)}{2!}(x-x_0)^2+\cdots+\frac{f^{(n)}(x_0)}{n!}(x-x_0)^n+R_n(x) \tag{9.7}$$

其中

$$R_n(x)=\frac{f^{(n+1)}(\xi)}{(n+1)!}(x-x_0)^{n+1},$$

这里 ξ 是介于 x_0 与 x 之间的某个值.

如果令 $x_0=0$，就得到 $f(x)$ 的 n 阶麦克劳林公式

$$f(x)=f(0)+f'(0)x+\frac{f''(0)}{2!}x^2+\cdots+\frac{f^{(n)}(0)}{n!}x^n+R_n(x) \tag{9.8}$$

此时

$$R_n(x)=\frac{f^{(n+1)}(\xi)}{(n+1)!}x^{n+1}=\frac{f^{(n+1)}(\theta x)}{(n+1)!}x^{n+1}\quad (0<\theta<1).$$

如果函数 $f(x)$ 在 $x=x_0$ 的某邻域内有任意阶导数，则称幂级数

$$f(x_0)+f'(x_0)(x-x_0)+\frac{f''(x_0)}{2!}(x-x_0)^2+\cdots+\frac{f^{(n)}(x_0)}{n!}(x-x_0)^n+\cdots \tag{9.9}$$

为 $f(x)$ 的**泰勒级数**.

当 $x_0=0$ 时，幂级数

$$f(0)+f'(0)x+\frac{f''(0)}{2!}x^2+\cdots+\frac{f^{(n)}(0)}{n!}x^n+\cdots \tag{9.10}$$

又称为 $f(x)$ 的**麦克劳林级数**.

那么，泰勒级数（9.9）是否以 $f(x)$ 为和函数呢？若令其前 $n+1$ 项和为 $S_{n+1}(x)$，即

$$S_{n+1}(x)=f(x_0)+f'(x_0)(x-x_0)+\frac{f''(x_0)}{2!}(x-x_0)^2+\cdots+\frac{f^{(n)}(x_0)}{n!}(x-x_0)^n,$$

那么，级数（9.9）以 $f(x)$ 为和函数条件为

$$\lim_{n\to\infty}S_{n+1}(x)=f(x).$$

注意到泰勒公式（9.7）与泰勒级数（9.10）的关系，可知

$$f(x)=S_{n+1}(x)+R_n(x),$$

于是，当 $\lim\limits_{n\to\infty}R_n(x)=0$ 时，有

$$\lim_{n\to\infty}S_{n+1}(x)=f(x).$$

反之，若

$$\lim_{n\to\infty}S_{n+1}(x)=f(x),$$

则必有

$$\lim_{n\to\infty}R_n(x)=0.$$

这表明，泰勒级数（9.9）以 $f(x)$ 为和函数的充分必要条件是，泰勒公式（9.7）中的余项

$$R_n(x)\to 0\ \ (n\to\infty).$$

这样，我们就得到了函数 $f(x)$ 在 x_0 处的**幂级数展开式**，即

$$\begin{aligned}f(x)&=f(x_0)+f'(x_0)(x-x_0)+\frac{f''(x_0)}{2!}(x-x_0)^2+\cdots+\frac{f^{(n)}(x_0)}{n!}(x-x_0)^n+\cdots\\&=\sum_{n=0}^{\infty}\frac{f^{(n)}(x_0)}{n!}(x-x_0)^n\end{aligned}\tag{9.11}$$

容易证明，函数的幂级数展开式是唯一的．事实上，假设函数 $f(x)$ 可以表示为幂级数

$$f(x)=a_0+a_1(x-x_0)+a_2(x-x_0)^2+\cdots+a_n(x-x_0)^n+\cdots\tag{9.12}$$

那么，根据幂级数在收敛域内可逐项求导的性质，再令 $x=x_0$（幂级数显然在 $x=x_0$ 点收敛），就容易得到

$$a_0=f(x_0),a_1=f'(x_0),a_2=\frac{f''(x_0)}{2!},\cdots,a_n=\frac{f^{(n)}(x_0)}{n!},\cdots$$

将它们代入式（9.12），结果与式（9.11）完全相同.

综上所述，如果函数 $f(x)$ 在包含 x_0 的某区间内有任意阶导数，且在此区间内的泰勒公式中的余项 $R_n(x)$ 满足

$$\lim_{n\to\infty}R_n(x)=0,$$

则在该区间内，函数 $f(x)$ 就可展开成形如式（9.11）的幂级数.

下面重点讨论 $f(x)$ 在 $x=0$ 处的幂级数展开式，即将 $f(x)$ 将展开成 x 的幂级数.

9.4.2 函数展开为幂级数

1．直接展开法

将 $f(x)$ 将展开成 x 的幂级数的步骤如下：

（1）求出 $f^{(n)}(0)(n=0,1,2,\cdots)$；

（2）写出对应的幂级数 $\sum\limits_{n=0}^{\infty}\frac{f^{(n)}(0)}{n!}x^n$ ，并求出其收敛半径 R；

（3）验证在区间 $(-R,R)$ 内，当 $n\to\infty$ 时，余项 $R_n(x)$ 极限是否为零，如果为零，则函数 $f(x)$ 在区间 $(-R,R)$ 内的幂级数展开式为

$$f(x)=f(0)+f'(0)x+\frac{f''(0)}{2!}x^2+\cdots+\frac{f^{(n)}(0)}{n!}x^n+\cdots\ (-R<x<R).$$

例 9.23 试将函数 $f(x)=\mathrm{e}^x$ 展开成 x 的幂级数.

解 因为

$$f^{(n)}(x)=\mathrm{e}^x\ (n=1,2,\cdots),$$

所以

$$f(0)=f'(0)=f''(0)=\cdots=f^{(n)}(0)=1,$$

于是得到幂级数

$$1+x+\frac{1}{2!}x^2+\cdots+\frac{1}{n!}x^n+\cdots,\tag{9.13}$$

易求得该幂级数的收敛半径 $R=+\infty$.

因为余项

$$R_n(x)=\frac{\mathrm{e}^{\theta x}}{(n+1)!}x^{n+1}\ (0<\theta<1)，且\ \theta x\leqslant|\theta x|<|x|,$$

所以

$$|R_n(x)|=\frac{\mathrm{e}^{\theta x}}{(n+1)!}|x|^{n+1}<\frac{\mathrm{e}^{|x|}}{(n+1)!}|x|^{n+1}.$$

注意到对任意一个确定的 x 值，$\mathrm{e}^{|x|}$ 是一个确定的常数，而级数 $\sum\limits_{i=1}^{n}\frac{1}{(n+1)!}|x|^{n+1}$ 是收敛的，因此其一般项当 $n\to\infty$ 时，$\frac{|x|^{n+1}}{(n+1)!}\to 0$，由此可得

$$\lim_{n\to\infty}R_n(x)=0.$$

于是

$$\mathrm{e}^x=1+x+\frac{1}{2!}x^2+\cdots+\frac{1}{n!}x^n+\cdots\quad(-\infty<x<+\infty).$$

例 9.24 将函数 $f(x)=\sin x$ 展开成 x 的幂级数.

解 因为

$$f^{(n)}(x)=\sin\left(x+\frac{n\pi}{2}\right)(n=1,2,\cdots,),$$

所以

$$f(0)=0, f'(0)=1, f''(0)=0, f'''(0)=-1, \cdots, f^{(2n-1)}(0)=(-1)^{n-1}, f^{(2n)}(0)=0 .$$

于是，可得到幂级数

$$x-\frac{1}{3!}x^3+\frac{1}{5}x^5-\cdots+(-1)^n\frac{x^{2n+1}}{(2n+1)!}+\cdots,$$

易求得该幂级数得收敛半径 $R=+\infty$.

又因

$$R_n(x)=\frac{\sin\left[\theta x+\frac{(n+1)\pi}{2}\right]}{(n+1)!}x^{n+1},$$

于是

$$\left|R_{n(x)}\right|=\frac{\left|\sin\left[\theta x+\frac{(n+1)\pi}{2}\right]\right|}{(n+1)!}|x|^{n+1}\leqslant\frac{|x|^{n+1}}{(n+1)!}\to 0 \text{（当 } n\to\infty \text{ 时）},$$

从而

$$\sin x=x-\frac{1}{3!}x^3+\frac{1}{5!}x^5-\cdots+(-1)^n\frac{x^{2n+1}}{(2n+1)!}+\cdots \quad (-\infty<x<+\infty) .$$

这种运用麦克劳林公式将函数展开成幂级数的方法，虽然步骤明确，但是运算往往过于烦琐，因此人们普遍采用下面的比较简便的幂级数间接展开法.

2．间接展开法

根据函数幂级数的唯一性，利用已知函数的幂级数展开式，通过线性运算法则、变量替换、恒等变形、逐项积分或逐项求导等方法间接地求得幂级数展开式，即为**间接展开法**.

例 9.25　试求函数 $f(x)=\cos x$ 在 $x=0$ 处的幂级数展开式.

解　因为

$$(\sin x)'=\cos x,$$

而

$$\sin x=x-\frac{1}{3!}x^3+\frac{1}{5!}x^5-\cdots+\frac{(-1)^n}{(2n+1)!}x^{2n+1}+\cdots \quad (-\infty<x<+\infty),$$

所以根据幂级数可逐项求导的性质，可得

$$\cos x=1-\frac{1}{2!}x^2+\frac{1}{4!}x^4-\cdots+\frac{(-1)^n}{(2n)!}x^{2n}+\cdots \quad (-\infty<x<+\infty) .$$

例 9.26　将函数 $f(x)=\ln(1+x)$ 展开成 x 的幂级数.

解　注意到

$$\ln(1+x)=\int_0^x\frac{1}{1+t}\mathrm{d}t,$$

而

$$\frac{1}{1+t}=\frac{1}{1-(-t)}=1-t+t^2-\cdots+(-1)^n t^n+\cdots \quad (-1<t<1),$$

将上式两边同时从 0 到 x 积分，可得

$$\ln(1+x)=x-\frac{1}{2}x^2+\frac{1}{3}x^3-\cdots+\frac{(-1)^n}{n+1}x^{n+1}+\cdots=\sum_{n=1}^{\infty}\frac{(-1)^{n-1}}{n}x^n .$$

因为幂级数逐项积分后收敛半径 R 不变，所以上式右边级数的收敛半径仍为 $R=1$；而当 $x=-1$ 时，该级数发散；当 $x=1$ 时，该级数收敛. 于是

$$\ln(1+x)=x-\frac{1}{2}x^2+\frac{1}{3}x^3-\cdots+\frac{(-1)^n}{n+1}x^{n+1}+\cdots=\sum_{n=1}^{\infty}\frac{(-1)^{n-1}}{n}x^n \quad (-1<x\leqslant 1)$$

例 9.27 试求函数 $f(x)=\arctan x$ 在 $x=0$ 处的幂级数展开式.

解 因为

$$\arctan x=\int_0^x\frac{1}{1+t^2}\mathrm{d}t ,$$

而

$$\frac{1}{1+t^2}=\frac{1}{1-(-t^2)}=1-t^2+t^4-\cdots+(-1)^n t^{2n}+\cdots \ (-1<t<1) .$$

将上式两边同时从 0 到 x 积分，可得

$$\arctan x=x-\frac{1}{3}x^3+\frac{1}{5}x^5-\cdots+(-1)^n\frac{x^{2n+1}}{(2n+1)}+\cdots .$$

因为幂级数逐项积分后收敛半径 R 不变，所以上式右边级数的收敛半径仍为 $R=1$；而当 $x=-1$ 时，该级数收敛；当 $x=1$ 时，该级数也收敛. 于是

$$\arctan x=x-\frac{1}{3}x^3+\frac{1}{5}x^5-\cdots+(-1)^n\frac{x^{2n+1}}{(2n+1)}+\cdots \ (-1\leqslant x\leqslant 1).$$

例 9.28 试将函数 $f(x)=\dfrac{1}{x^2-3x+2}$ 展开成 x 的幂级数.

解 因为

$$f(x)=\frac{1}{x^2-3x+2}=\frac{1}{(1-x)(2-x)}=\frac{1}{1-x}-\frac{1}{2-x} ,$$

而

$$\frac{1}{2-x}=\frac{1}{2}\cdot\frac{1}{1-\dfrac{x}{2}}=\frac{1}{2}\left[1+\frac{x}{2}+\left(\frac{x}{2}\right)^2+\cdots+\left(\frac{x}{2}\right)^n+\cdots\right] \ (-2<x<2) ,$$

$$\frac{1}{1-x}=1+x+x^2+\cdots+x^n+\cdots \quad (-1<x<1)$$

所以

$$\begin{aligned}f(x)&=\frac{1}{1-x}-\frac{1}{2-x}=(1+x+x^2+\cdots+x^n+\cdots)-\frac{1}{2}\left[1+\frac{x}{2}+\left(\frac{x}{2}\right)^2+\cdots+\left(\frac{x}{2}\right)^n+\cdots\right]\\&=\sum_{n=0}^{\infty}x^n-\frac{1}{2}\sum_{n=0}^{\infty}\frac{1}{2^n}x^n=\sum_{n=0}^{\infty}\left(1-\frac{1}{2^{n+1}}\right)x^n\\&=\sum_{n=0}^{\infty}\frac{2^{n+1}-1}{2^{n+1}}x^n \ (-1<x<1) .\end{aligned}$$

最后，我们将几个常用的函数的幂级数展开式列在下面，以便于读者查用.

$$e^x=1+x+\frac{1}{2!}x^2+\cdots+\frac{1}{n!}x^n+\cdots\quad(-\infty<x<+\infty);$$

$$\ln(1+x)=x-\frac{1}{2}x^2+\frac{1}{3}x^3-\cdots+(-1)^n\frac{1}{n+1}x^{n+1}+\cdots\ (-1<x\leqslant1);$$

$$\sin x=x-\frac{1}{3!}x^3+\frac{1}{5!}x^5-\cdots+(-1)^n\frac{x^{2n+1}}{(2n+1)!}+\cdots\ (-\infty<x<+\infty);$$

$$\cos x=1-\frac{1}{2!}x^2+\frac{1}{4}x^4-\cdots+(-1)^n\frac{1}{(2n)!}x^{2n}+\cdots\quad(-\infty<x<+\infty);$$

$$\arctan x=x-\frac{1}{3}x^3+\frac{1}{5}x^5-\cdots+(-1)^n\frac{x^{2n+1}}{2n+1}+\cdots\ (-1\leqslant x\leqslant1);$$

$$(1+x)^\alpha=1+\alpha x+\frac{\alpha(\alpha-1)}{2!}x^2+\cdots+\frac{\alpha(\alpha-1)\cdots(\alpha-n+1)}{n!}x^n+\cdots\ (-1<x<1).$$

习题 9.4

1．将下列函数展开成 x 的幂级数：

（1）$\cos^2\frac{x}{2}$；　（2）$\sin\frac{x}{2}$；　（3）xe^{-x^2}；　（4）$\frac{1}{1-x^2}$；　（5）$\frac{1}{2}(e^x-e^{-x})$．

2．将下列函数在指定点处展开成幂级数，并求其收敛区间：

（1）$\frac{1}{3-x}$，在 $x_0=1$ 处；　（2）$\cos x$，在 $x_0=\frac{\pi}{3}$ 处；

（3）$\frac{1}{x^2+4x+3}$，在 $x_0=1$ 处；　（4）$\frac{1}{x^2}$，在 $x_0=3$ 处．

9.5　级数的应用

9.5.1　农夫分牛问题

著名的农夫分牛问题在许多趣味数学书中都有收录，但是很少给出具体解题的思路和背后隐藏的数学问题．

农夫分牛问题：农夫养 17 头牛，临死前要把这 17 头牛分给自己的 3 个儿子．遗嘱是这样的：老大得 $\frac{1}{2}$，老二得 $\frac{1}{3}$，老三得 $\frac{1}{9}$．既不能把牛杀死，也不能卖了分钱．农夫去世后，农夫的 3 个儿子怎么也想不出分牛的方法．兄弟 3 人只好向邻居请教，邻居想了想说：我借给你们一头牛，就好分了．这样，老大得到 18 头牛的 $\frac{1}{2}$ 为 9 头，老二得到 $\frac{1}{3}$ 为 6 头，老三得到 $\frac{1}{9}$ 为 2 头，合计刚好为 17 头，剩下 1 头牛还给邻居．

农夫的问题得到解决，邻居的聪明才智令人赞扬．

我们再仔细思考一下，这样分牛合理吗？也就说，老大、老二和老三得到的牛数是否真的按农夫的遗嘱丝毫不差？

我们来仔细分析并计算这个问题．

假设就按 17 头牛进行分配，第一次分后，老大得到 $17\times\frac{1}{2}$ 头牛，老二得到 $17\times\frac{1}{3}$ 头牛，老三得到 $17\times\frac{1}{9}$ 头牛.

由于牛不能分割，分数的分法在这里不起作用. 这就是农夫儿子想不出办法的原因.

为什么会出现分数而不是整数呢？问题就出在这里. 按照农夫的遗嘱，第一次分后牛不能够把 17 头牛完全分完，还剩下 $\frac{17}{18}$ 头牛.

每个人必须按照遗嘱继续分掉剩下的牛.

第二次分后，牛也没有分完，还剩下 $\frac{17}{18^2}$ 头牛. 每个人按照遗嘱继续分牛.

继续分下去，这就是一个收敛的无穷级数.

因此，老大得到的牛头数为

$$17\times\frac{1}{2}+\frac{17}{18}\times\frac{1}{2}+\frac{17}{18^2}\times\frac{1}{2}+\cdots,$$

老二得到的牛头数为

$$17\times\frac{1}{3}+\frac{17}{18}\times\frac{1}{3}+\frac{17}{18^2}\times\frac{1}{3}+\cdots,$$

老三得到的牛头数为

$$17\times\frac{1}{9}+\frac{17}{18}\times\frac{1}{9}+\frac{17}{18^2}\times\frac{1}{9}+\cdots,$$

因为等比级数为

$$\frac{1}{18}+\frac{1}{18^2}+\frac{1}{18^3}+\cdots=\frac{1}{17},$$

于是，老大得到的牛头数为

$$\frac{17}{2}+\frac{17}{2}\times\left(\frac{1}{18}+\frac{1}{18^2}+\cdots\right)=\frac{17}{2}+\frac{17}{2}\times\frac{1}{17}=9,$$

老二得到的牛头数为

$$\frac{17}{3}+\frac{17}{3}\times\left(\frac{1}{18}+\frac{1}{18^2}+\cdots\right)=\frac{17}{3}+\frac{17}{3}\times\frac{1}{17}=6,$$

老三得到的牛头数为

$$\frac{17}{9}+\frac{17}{9}\times\left(\frac{1}{18}+\frac{1}{18^2}+\cdots\right)=\frac{17}{9}+\frac{17}{9}\times\frac{1}{17}=2.$$

可以看到，经过级数计算的结果与邻居分牛的结果完全一致.

9.5.2 近似计算

3.5 节已经讲过利用微分进行近似计算，4.3 节也讲过利用麦克劳林公式进行近似计算，这里讲解利用级数进行近似计算.

在函数的幂级数展开式中，取前面有限项，就可得到函数的近似公式，这对于计算复杂函数的函数值是非常方便的.

例 9.29 求 $\ln 2$ 的近似值（误差不超过 10^{-4}）.

解　由于函数 $\ln(1+x)$ 的幂级数展开式为

$$\ln(1+x)=x-\frac{x^2}{2}+\frac{x^3}{3}-\frac{x^4}{4}+\cdots+(-1)^n\frac{x^{n+1}}{n+1}+\cdots\quad(-1<x\leqslant 1)$$

上式中，令 $x=1$ 可得

$$\ln 2=1-\frac{1}{2}+\frac{1}{3}-\cdots\ +(-1)^{n-1}\frac{1}{n}+\cdots,$$

如果取该级数的前 n 项和作为 $\ln 2$ 的近似值，由 9.2 节的莱布尼兹定理，可得其误差为

$$|R_n|\leqslant\frac{1}{n+1}.$$

为了保证误差不超过 10^{-4}，就需要取级数的前 10000 项进行计算．这样做计算量太大了，故必须用收敛较快的级数来代替它．

把展开式

$$\ln(1+x)=x-\frac{x^2}{2}+\frac{x^3}{3}-\frac{x^4}{4}+\cdots+(-1)^n\frac{x^{n+1}}{n+1}+\cdots\quad(-1<x\leqslant),\tag{9.14}$$

中的 x 换成 $-x$，得

$$\ln(1-x)=-x-\frac{x^2}{2}-\frac{x^3}{3}-\frac{x^4}{4}-\cdots\quad(-1\leqslant x<1),\tag{9.15}$$

式（9.14）与式（9.15）相减，可得

$$\ln\frac{1+x}{1-x}=\ln(1+x)-\ln(1-x)=2\left(x+\frac{1}{3}x^3+\frac{1}{5}x^5+\cdots\right)\ (-1<x<1).\tag{9.16}$$

令 $\frac{1+x}{1-x}=2$，解出 $x=\frac{1}{3}$，以 $x=\frac{1}{3}$ 代入式（9.16），可得

$$\ln 2=2\left(\frac{1}{3}+\frac{1}{3}\times\frac{1}{3^3}+\frac{1}{5}\times\frac{1}{3^5}+\frac{1}{7}\times\frac{1}{3^7}+\cdots\right).$$

如果取前 4 项作为 $\ln 2$ 的近似值，则误差为

$$\begin{aligned}|R_4|&=2\left(\frac{1}{9}\times\frac{1}{3^9}+\frac{1}{11}\times\frac{1}{3^{11}}+\frac{1}{13}\times\frac{1}{3^{13}}+\cdots\right)\\&<\frac{2}{3^{11}}\left[1+\frac{1}{9}+\left(\frac{1}{9}\right)^2+\cdots\right]\\&=\frac{2}{3^{11}}\times\frac{1}{1-\frac{1}{9}}=\frac{1}{4\times 3^9}<\frac{1}{70000}.\end{aligned}$$

于是取 $\ln 2\approx 2\left(\frac{1}{3}+\frac{1}{3}\times\frac{1}{3^3}+\frac{1}{5}\times\frac{1}{3^5}+\frac{1}{7}\times\frac{1}{3^7}\right)$．考虑到舍入误差，计算时应取五位小数，即

$$\frac{1}{3}\approx 0.33333,\qquad \frac{1}{3}\cdot\frac{1}{3^3}\approx 0.01235,$$

$$\frac{1}{5}\times\frac{1}{3^5}\approx 0.00082,\qquad \frac{1}{7}\times\frac{1}{3^7}\approx 0.00007.$$

于是

$$\ln 2\approx 0.6931.$$

例 9.30 求定积分 $\frac{2}{\sqrt{\pi}}\int_0^{1/2}\mathrm{e}^{-x^2}\mathrm{d}x$ 的近似值，要求误差不超过0.0001（取 $\frac{1}{\sqrt{\pi}}\approx 0.56419$）.

解 由于 e^{-x^2} 的原函数不是初等函数，因此这个定积分无法直接通过牛顿莱布尼茨公式计算.

利用 e^x 的幂级数展开式，将 x 替换成 x^2，可得

$$\mathrm{e}^{-x^2}=\sum_{n=0}^{\infty}\frac{(-1)^n}{n!}x^{2n}\quad(-\infty<x<+\infty).$$

在收敛区间内逐项积分，可得

$$\frac{2}{\sqrt{\pi}}\int_0^{1/2}\mathrm{e}^{-x^2}\mathrm{d}x=\frac{2}{\sqrt{\pi}}\int_0^{1/2}\left[\sum_{n=0}^{\infty}\frac{(-1)^n}{n!}x^{2n}\right]\mathrm{d}x=\frac{2}{\sqrt{\pi}}\sum_{n=0}^{\infty}\frac{(-1)^n}{n!}\int_0^{1/2}x^{2n}\mathrm{d}x$$

$$=\frac{1}{\sqrt{\pi}}\left(1-\frac{1}{2^2\cdot 3}+\frac{1}{2^4\cdot 5\cdot 2!}-\frac{1}{2^6\cdot 7\cdot 3!}+\cdots\right).$$

取前 4 项的和作为近似值，则其误差为

$$|R_4|\leqslant\frac{1}{\sqrt{\pi}}\cdot\frac{1}{2^8\times 9\times 4!}<\frac{1}{90000},$$

于是

$$\frac{2}{\sqrt{\pi}}\int_0^{1/2}\mathrm{e}^{-x^2}\mathrm{d}x\approx\frac{1}{\sqrt{\pi}}\left(1-\frac{1}{2^2\times 3}+\frac{1}{2^4\times 5\times 2!}-\frac{1}{2^6\times 7\times 3!}\right)\approx 0.5205.$$

9.5.3 经济中的应用

例 9.31 （奖励基金创立问题） 为了创立某奖励基金，需要筹集资金，现假定该基金从创立之日起，每年需要支付 4 百万元作为奖励，设基金的利率为每年 5%，分别以（1）年复利计算利息；（2）连续复利计算利息；问需要筹集的资金各为多少？

解 （1）以年复利计算利息，则

第一次奖励发生在创立之日，第一次所需要筹集的资金 4（百万元）;

第二次奖励发生一年后，第二次所需要筹集的资金为（单位：百万元）

$$\frac{4}{1+0.05}=\frac{4}{1.05};$$

第三次奖励发生二年后，第三次所需要筹集的资金为（单位：百万元）

$$\frac{4}{(1+0.05)^2}=\frac{4}{1.05^2};$$

一直延续下去，则需要筹集的资金总额为（单位：百万元）

$$4+\frac{4}{1.05}+\frac{4}{1.05^2}+\cdots+\frac{4}{1.05^n}+\cdots$$

这是一个公比为 $\frac{1}{1.05}$ 的等比级数，收敛于 $\frac{4}{1-\frac{1}{1.05}}=84$.

因此，在以年复利计算利息时，需要筹集资金 84（百万元）来创立该奖励基金.

（2）以连续复利计算利息时，由 1.4 节可知：

第一次所需要筹集的资金 4（百万元）;

第二次所需要筹集的资金 $4\mathrm{e}^{-0.05}$（百万元）；

第三次所需要筹集的资金 $4(\mathrm{e}^{-0.05})^2$（百万元）；

一直延续下去，则总所需要筹集的资金为（单位：百万元）

$$4+4\mathrm{e}^{-0.05}+4(\mathrm{e}^{-0.05})^2+4(\mathrm{e}^{-0.05})^3+\cdots,$$

这是一个公比为 $\mathrm{e}^{-0.05}$ 的等比级数，收敛于 $\dfrac{4}{1-\mathrm{e}^{-0.05}}\approx 82.02$.

因此，在以连续复利计算利息时，需要筹集 82.02（百万元）的资金来创立该奖励基金.

例 9.32 （合同签订问题） 某演艺公司与某位演员签订一份合同，合同规定演艺公司在第 n 年年末必须支付该演员或其后代 n 万元 $(n=1,2,\cdots)$，假定银行存款按 4%的年复利计算利息，问演艺公司需要在签约当天存入银行的资金为多少？

解　设 $r=4\%$ 为年复利率，因第 n 年年末必须支付 n 万元 $(n=1,2,\cdots)$，故在银行存入的资金总额为

$$\frac{1}{1+r}+\frac{2}{(1+r)^2}+\cdots+\frac{n}{(1+r)^n}+\cdots=\sum_{n=1}^{\infty}\frac{n}{(1+r)^n},$$

为了求出该级数的和，先考察幂级数

$$\sum_{n=1}^{\infty}nx^n=x+2x^2+3x^3+\cdots+nx^n+\cdots,$$

该幂级数的收敛域为 $(-1,1)$，当 $r=4\%$ 时，$\dfrac{1}{1+r}\in(-1,1)$.

因此，只要求出幂级数 $\sum\limits_{i=1}^{\infty}nx^n$ 的和函数 $S(x)$，则 $S\left(\dfrac{1}{1+r}\right)$ 即为所求的资金总额.

因为

$$S(x)=\sum_{i=1}^{\infty}nx^n=x\sum_{i=1}^{\infty}nx^{n-1},$$

令 $f(x)=\sum\limits_{n=1}^{\infty}nx^{n-1}$，即可得

$$S(x)=xf(x).$$

由幂级数的逐项可积分的性质，可得

$$\int_0^x f(t)\mathrm{d}t=\int_0^x\left(\sum_{n=1}^{\infty}nt^{n-1}\right)\mathrm{d}x=\sum_{n=1}^{\infty}\int_0^x nt^{n-1}\mathrm{d}t=\sum_{n=1}^{\infty}x^n=\frac{x}{1-x},$$

因此

$$f(x)=\left(\frac{x}{1-x}\right)'=\frac{1}{(1-x)^2},$$

于是

$$S(x)=xf(x)=\frac{x}{(1-x)^2},$$

从而

$$S\left(\frac{1}{1+r}\right)=\frac{\frac{1}{1+r}}{\left(1-\frac{1}{1+r}\right)^2}=\frac{1+r}{r^2}.$$

将 $r=4\%$ 代入上式，即可求得演艺公司需要在签约当天存入银行的资金为

$$S\left(\frac{1}{1+4\%}\right)=\frac{1+0.04}{0.04^2}=650\text{（万元）}.$$

习题 9.5

1．利用幂级数的展开式求下列各数的近似值：

（1）$\sqrt[5]{240}$（误差不超过 10^{-4}）；

（2）$\ln 3$（误差不超过 10^{-4}）；

（3）$\sin 9^\circ$（误差不超过 10^{-5}）．

2．求 $\int_0^1 \frac{\sin x}{x}\mathrm{d}x$ 的近似值，误差不超过 10^{-4}．

3．假定银行的年存款利率为5%，若以年复利计算利息，某公司应在银行中一次性存入多少资金？才能保证从存入之日起，以后每年都能从银行提取300万元作为职工的福利直至永远．

习题 9

（A）

1．判断下列正项级数的敛散性：

（1）$\sum_{n=1}^{\infty}\frac{1}{\ln^2 n}$；（2）$\sum_{n=1}^{\infty}\frac{1}{n\sqrt[n]{n}}$；

（3）$\sum_{n=1}^{\infty}\left(1-\cos\frac{2}{n}\right)$；（4）$\sum_{n=1}^{\infty}\frac{n^n}{(n!)^2}$；

（5）$\sum_{n=1}^{\infty}\left(\frac{n}{n+1}\right)^n$；（6）$\sum_{n=1}^{\infty}\frac{1+\frac{1}{2}+\frac{1}{3}+\cdots+\frac{1}{n}}{n}$．

2．设正项级数 $\sum_{n=1}^{\infty}u_n,\sum_{n=1}^{\infty}v_n$ 都收敛，证明级数 $\sum_{n=1}^{\infty}(u_n+v_n)^2$ 也收敛．

3．判断下列级数是绝对收敛、条件收敛、还是发散的．

（1）$\sum_{n=1}^{\infty}\frac{(-1)^{n-1}}{\ln(2+n)}$；（2）$\sum_{n=1}^{\infty}\frac{n^{10}}{(-3)^n}$；

（3）$\sum_{n=1}^{\infty}(-1)^n\frac{n}{n+1}$；（4）$\sum_{n=1}^{\infty}(-1)^n\frac{(n+1)!}{n^{n+1}}$；

（5）$\sum_{n=1}^{\infty}\frac{\sin^3 n}{n\sqrt{n}}$；（6）$\sum_{n=1}^{\infty}(-1)^{n-1}\frac{1}{1+a^n}(a>0)$．

4．求下列幂级数的收敛域：

（1）$\sum_{n=0}^{\infty}(2n)!x^n$；　（2）$\sum_{n=1}^{\infty}\frac{x^{2n}}{(2n-1)!}$；

（3）$\sum_{n=1}^{\infty}\frac{3^n+5^n}{n}x^n$；　（4）$\sum_{n=1}^{\infty}\frac{(x+4)^n}{n}$；

（5）$\sum_{n=0}^{\infty}10^n(x-1)^n$；　（6）$\sum_{n=1}^{\infty}\frac{(-1)^n}{n^2}(x-3)^n$．

5．求下列幂级数的收敛域及和函数：

（1）$\sum_{n=1}^{\infty}n^2x^{n-1}$；　（2）$\sum_{n=0}^{\infty}(n+1)x^{n+1}$；

（3）$\sum_{n=0}^{\infty}\frac{1}{2^{n-1}}x^n$；　（4）$\sum_{n=1}^{\infty}\frac{1}{n(n+1)}x^{n+1}$．

6．将下列函数展开成 x 的幂级数：

（1）3^x；　（2）$\frac{x^2}{1+x^2}$；

（3）$\ln(1+x-2x^2)$；　（4）$\frac{1}{(x-1)(x-2)}$；

（5）$\int_0^x\frac{\sin t}{t}\mathrm{d}t$；　（6）$\int_0^x \mathrm{e}^{t^2}\mathrm{d}t$．

7．求下列函数在指定点处的幂级数展开式：

（1）$f(x)=\mathrm{e}^x, x_0=1$；　（2）$f(x)=\frac{1}{x}, x_0=2$．

（B）

1．讨论级数 $\sum_{n=1}^{\infty}\frac{(n+1)!}{n^{n+1}}$ 的收敛性．

2．已知正项级数 $\sum_{n=1}^{\infty}u_n$ 收敛，证明级数 $\sum_{n=1}^{\infty}u_n^2$ 也收敛．反之，若 $\sum_{n=1}^{\infty}u_n^2$ 收敛，$\sum_{n=1}^{\infty}u_n$ 是否一定收敛？

3．已知级数 $\sum_{n=1}^{\infty}u_n^2$ 收敛，证明级数 $\sum_{n=1}^{\infty}\frac{u_n}{n}$ 绝对收敛．

4．求幂级数 $\sum_{n=1}^{\infty}(-1)^{n-1}\frac{(3x-2)^n}{2n+1}$ 的收敛半径和收敛域．

5．将函数 $f(x)=\arctan\frac{1+x}{1-x}$ 展开为 x 的幂级数，并求其收敛域．

6．利用幂级数求下列级数的和：

（1）$\sum_{n=2}^{\infty}\frac{1}{(n^2-1)2^n}$；　（2）$\sum_{n=1}^{\infty}(-1)^n\frac{n(n+1)}{2^{2n}}$．

7．利用级数证明 $\lim_{n\to\infty}\frac{c^n}{n!}=0$，其中，$c>1$ 是常数．

8．设数列$\{na_n\}$有界，证明级数$\sum_{n=1}^{\infty}a_n^2$收敛．

9．（2007 年考研数学一）设幂级数$\sum_{n=0}^{\infty}a_nx^n$在$(-\infty,+\infty)$内收敛，其和函数$y(x)$满足

$$y''-2xy'-4y=0, y(0)=0, y'(0)=1 .$$

（1）证明$a_{n+2}=\frac{2}{n+1}a_n(n=1,2,\cdots)$；

（2）求$y(x)$的表达式．

10．（2017 年考研数学一）设$a_0=1$，$a_1=0$，$a_{n+1}=\frac{1}{n+1}(na_n+a_{n-1})$ $(n=1,2,3,\cdots)$，$S(x)$为$\sum_{n=0}^{\infty}a_nx^n$的和函数，

（1）证明：$\sum_{n=0}^{\infty}a_nx^n$的收敛半径不小于 1；

（2）证明：$(1-x)S'(x)-xS(x)=0$ $(x\in(-1,1))$，并求$S(x)$的表达式．

第 10 章　微分方程与差分方程

在生产实践和科学技术中，往往需要寻求有关变量之间的函数关系．有时这种关系很难直接建立起来，但可能建立起这些变量与它们的导数或微分之间的联系，从而得到一个含有待求函数的导数或微分的关系式，这样的关系式称为**微分方程**．通过解微分方程便可得到要寻求的未知函数．因此，微分方程是数学联系实际，并应用于实际的重要途径和桥梁，是各个学科进行科学研究的强有力的工具．

本章主要介绍常微分方程的基本概念和几种常用的常微分方程的解法．在经济管理等实际问题中，大部分数据是以等时间间隔进行处理的，如银行中的定期存款按所设定的时间等间隔计息，国家财政预算按年制定等．因此，本章后两节专门介绍与此相关的差分方程的知识．

10.1　微分方程的基本概念

10.1.1　引例

通过下面几个实例，引入微分方程的有关基本概念．

例 10.1　一条曲线通过点 $(1,2)$，且在该曲线上任意一点 $M(x,y)$ 处的切线斜率等于这点横坐标的 2 倍，求曲线方程．

解　根据导数的几何意义，所求曲线 $y=f(x)$ 应满足方程

$$\frac{\mathrm{d}y}{\mathrm{d}x}=2x \text{ 或 } \mathrm{d}y=2x\mathrm{d}x$$

将上式两边积分，可得

$$y=\int 2x\mathrm{d}x=x^2+C, \tag{10.1}$$

其中，C 为任意常数．

按题意，所求曲线通过点 $(1,2)$，将 $x=1$ 与 $y=2$ 代入式（10.1），即得 $C=1$，于是，所求的曲线方程为

$$y=x^2+1.$$

例 10.2（商品的价格调整模型）　如果设某商品在时刻 t 的售价为 P，社会对该商品的需求量和供给量分别是 P 的函数 $D(P)$ 与 $S(P)$，则在时刻 t 的价格对于时间 t 的变化率可认为与该商品在同时刻的超额需求量 $D(P)-S(P)$ 成正比，即有

$$\frac{\mathrm{d}P}{\mathrm{d}t}=k[D(P)-S(P)]\ (k>0)$$

在 $D(P)$ 和 $S(P)$ 确定情况下，可解出 P 与 t 的函数关系，这就是商品的价格调整模型．

10.1.2　基本概念

定义 10.1　含有未知函数及未知函数的导数（或微分）的方程称为微分方程．微分方

程中未知函数的最高阶导数（或微分）的阶数称为微分方程的阶.

在微分方程中，当自变量只有一个时为常微分方程，当自变量有二个或二个以上时为偏微分方程. 本章只讨论常微分方程.

n阶常微分方程一般形式为

$$F(x,y,y',\cdots,y^{(n)})=0 \tag{10.2}$$

其中x为自变量，$y=y(x)$是未知函数. 在方程（10.2）中，$y^{(n)}$必须出现，而其余变量可以不出现. 例如，以下常微分方程

（1）$y'+y-2x=1$　　（2）$\mathrm{d}y+y\tan x\mathrm{d}x=0$

（3）$y''+\frac{1}{x}(y')^2+\cos x=0$　　（4）$\frac{\mathrm{d}y}{\mathrm{d}x}+\sin y=2x$

其中方程（3）是二阶常微分方程，方程（1）、（2）和（4）是一阶常微分方程.

如果方程（10.2）可以表示为如下形式

$$y^{(n)}+a_1(x)y^{(n-1)}+\cdots+a_{n-1}(x)y'+a_n(x)y=g(x), \tag{10.3}$$

其中$a_1(x),a_2(x),\cdots,a_n(x)$和$g(x)$均为自变量$x$的已知函数，则称方程（10.3）为$n$阶线性微分方程.

例如，方程$y''+xy'+x^2=\sin x$为二阶线性微分方程，而$\frac{\mathrm{d}^2y}{\mathrm{d}x^2}+\left(\frac{\mathrm{d}y}{\mathrm{d}x}\right)^2+x=1$为二阶非线性微分方程，因为方程中含有$\frac{\mathrm{d}y}{\mathrm{d}x}$的平方项.

定义 10.2 把某个已知函数代入微分方程中，能使该方程成为恒等式，则称此函数为该微分方程的解.

例如，容易验证函数$y=\mathrm{e}^x$和$y=C\mathrm{e}^x$（C为任意常数）都是一阶微分方程$y'=y$的解；函数$y=\mathrm{e}^x+\mathrm{e}^{-x}$和$y=C_1\mathrm{e}^x+C_2\mathrm{e}^{-x}$（$C_1,C_2$均为任意常数）都是二阶微分方程$y''=y$的解.

从上述例子可以看到，微分方程的解可能含有也可能不含有任意常数. 一般地，如果微分方程的解不含有任意常数，则称此解为微分方程的**特解**. 如果微分方程的解中含有相互独立的任意常数，且其个数与微分方程的阶数相同，则称此解为该微分方程的**通解**.

注：这里所说的任意常数的相互独立，是指它们不能通过合并而使得通解中的任意常数的个数减少.

例如，$y=\mathrm{e}^x$和$y=\mathrm{e}^x+\mathrm{e}^{-x}$分别为微分方程$y'=y$和$y''=y$的特解，而$y=C\mathrm{e}^x$和$y=C_1\mathrm{e}^x+C_2\mathrm{e}^{-x}$分别为$y'=y$和$y''=y$的通解.

在许多实际问题中都要求寻找满足某些附加条件的解，此时，这类附加条件就可以用来确定通解中的任意常数，这类附加条件称为**初始条件**，也称为**定解条件**.

一般地，一阶微分方程$F(x,y,y')=0$的初始条件为

$$y\big|_{x=x_0}=y_0,$$

其中，x_0，y_0都是已知常数.

二阶微分方程$F(x,y,y',y'')=0$的初始条件为

$$y\big|_{x=x_0}=y_0,\quad y'\big|_{x=x_0}=y_1.$$

其中，x_0,y_0,y_1都是已知常数.

带有初始条件的微分方程称为微分方程的**初值问题**.

例如，将一阶微分方程的初值问题记为

$$\begin{cases} y' = f(x,y), \\ y\big|_{x=x_0} = y_0, \end{cases} \tag{10.4}$$

微分方程的解的图形是一族曲线，叫作微分方程的**积分曲线**. 初值问题（10.4）的几何意义是：求微分方程的通过点(x_0,y_0)的那条积分曲线.

将二阶微分方程的初值问题记为

$$\begin{cases} y'' = f(x,y,y'), \\ y\big|_{x=x_0} = y_0, y'\big|_{x=x_0} = y_0', \end{cases}. \tag{10.5}$$

其几何意义是：求微分方程的通过点(x_0,y_0)且在该点处的切线斜率为y_1的那条积分曲线.

例 10.3　验证函数$x = C_1\mathrm{e}^{3t} + C_2\mathrm{e}^{-t}$（$C_1,C_2$为任意常数）是微分方程

$$\frac{\mathrm{d}^2x}{\mathrm{d}t^2} - 2\frac{\mathrm{d}x}{\mathrm{d}t} - 3x = 0$$

的通解.

解　要验证一个函数是否是方程的通解，只要将函数代入方程，验证是否恒等，再看函数式中含有的相互独立的任意常数的个数是否与方程的阶数相同即可.

求出函数$x = C_1\mathrm{e}^{3t} + C_2\mathrm{e}^{-t}$的导数，即

$$\frac{\mathrm{d}x}{\mathrm{d}t} = 3C_1\mathrm{e}^{3t} - C_2\mathrm{e}^{-t},$$

$$\frac{\mathrm{d}^2x}{\mathrm{d}t^2} = 9C_1\mathrm{e}^{3t} + C_2\mathrm{e}^{-t}.$$

将以上两式代入题设方程的左端，可得

$$9C_1\mathrm{e}^{3t} + C_2\mathrm{e}^{-t} - 2(3C_1\mathrm{e}^{3t} - C_2\mathrm{e}^{-t}) - 3(C_1\mathrm{e}^{3t} + C_2\mathrm{e}^{-t}) = 0.$$

因此，函数$x = C_1\mathrm{e}^{3t} + C_2\mathrm{e}^{-t}$是题设方程的解，又因为此函数中含有两个独立的任意常数，而题设方程为二阶微分方程，因此，函数$x = C_1\mathrm{e}^{3t} + C_2\mathrm{e}^{-t}$是题设方程的通解.

例 10.4　验证由方程$x^2 - xy + y^2 = C$确定的隐函数是微分方程

$$(x-2y)y' = 2x - y$$

的解，并求出满足初始条件$y\big|_{x=1} = 1$的特解.

解　将方程$x^2 - xy + y^2 = C$两边同时对x求导，可得

$$2x - y - xy' + 2yy' = 0,$$

即

$$(x-2y)y' = 2x - y.$$

所以由方程$x^2 - xy + y^2 = C$确定的隐函数是微分方程的解.

将初始条件$y\big|_{x=1} = 1$代入方程$x^2 - xy + y^2 = C$，求得$C = 1$. 于是，所求特解为

$$x^2 - xy + y^2 = 1.$$

习题 10.1

1．指出下列微分方程的阶数：

（1） $x^2(y')^2 - yy' + 2xy = 0$；　　（2） $xy'' - 3y' + 2xy = 0$；

（3） $xy''' + (y')^4 + x^2 y = 0$；　　（4） $(x-2y)\mathrm{d}x + (x-y)\mathrm{d}y = 0$．

2．指出下列各题中的函数是否为所给微分方程的解：

（1） $y' + y = \mathrm{e}^{-x}$， $y = (x+C)\mathrm{e}^{-x}$；

（2） $y'' + a^2 y = 0$， $y = C_1 \cos ax + C_2 \sin ax$；

（3） $y'' - 2y' + y = 0$， $y = x^2 \mathrm{e}^x$；

（4） $y'' + 9y = 5\cos 2x$， $y = \cos 2x + C_1 \cos 3x + C_2 \sin 3x$．

3．验证 $y = (x+C)\cos x$ 是微分方程 $y' + y\tan x - \cos x = 0$ 的通解．

10.2　一阶微分方程

一阶微分方程的一般形式为

$$F(x, y, y') = 0$$

或

$$y' = f(x, y),$$

其中 $F(x,y,y')$ 是 x, y, y' 的已知函数， $f(x,y)$ 是 x, y 的已知函数．本节只介绍几种简单的一阶微分方程的解法．这些方法通过求积分就可以找到未知函数与自变量的函数关系，称这种求解微分方程的解法为初等积分法．

10.2.1　可分离变量的微分方程

定义 10.3　形如

$$\frac{\mathrm{d}y}{\mathrm{d}x} = f(x)g(y) \tag{10.6}$$

的一阶微分方程称为**可分离变量的微分方程**，其中 $f(x)$， $g(y)$ 都是连续函数．

这类方程的特点是：方程经过适当的变形后，可以将含有同一变量的函数与微分分离到等式的同一端．

设 $g(y) \neq 0$，用 $g(y)$ 除方程的两端，用 $\mathrm{d}x$ 乘以方程的两端，使得未知函数与自变量置于等号的两边，可得

$$\frac{1}{g(y)}\mathrm{d}y = f(x)\mathrm{d}x.$$

再对上述等式两边积分，即得

$$\int \frac{1}{g(y)}\mathrm{d}y = \int f(x)\mathrm{d}x$$

如果 $g(y_0) = 0$，则易知 $y = y_0$ 也是方程（10.6）的解．

上述求解可分离变量的微分方程的方法称为**分离变量法**．

例 10.5　求微分方程 $\dfrac{dy}{dx}=4xy$ 的全部解.

解　当 $y\neq 0$ 时，分离变量，可得

$$\frac{dy}{y}=4x dx,$$

两端积分

$$\int\frac{dy}{y}=\int 4x dx,$$

可得

$$\ln|y|=2x^2+C_1$$

化简得

$$y=Ce^{2x^2}\ （其中 C=\pm e^{C_1}）.$$

又因 $y=0$ 也是原方程的解，所以原方程的全部解为

$$y=Ce^{2x^2}\ （其中 C 为任意常数）$$

例 10.6　求微分方程 $xydy-dx=y^2dx-ydy$ 的通解.

解　方程可化为

$$(x+1)ydy=(y^2+1)dx,$$

分离变量得

$$\frac{y}{y^2+1}dy=\frac{1}{x+1}dx,$$

两边积分得

$$\frac{1}{2}\ln(y^2+1)=\ln|x+1|+C_1,$$

化简得

$$y^2+1=C(x+1)^2\ （其中 C=e^{2C_1}）.$$

于是原方程的通解为

$$y^2+1=C(x+1)^2\ （其中 C 为大于零的常数）.$$

例 10.7　某公司 t 年的净资产为 $W(t)$（百万元），并且资产本身以每年 5%的速度连续增长，同时该公司每年要以 30 百万元的数额连续支付职工工资.

（1）给出描述净资产 $W(t)$ 的微分方程；

（2）求解方程，这时假设初始净资产为 W_0；

（3）讨论在 $W_0=500,600,700$ 三种情况下，$W(t)$ 的变化特点.

解　（1）利用平衡法，即由

净资产增长速度=资产本身增长速度 − 职工工资支付速度

得到所求微分方程为

$$\frac{dW}{dt}=0.05W-30.$$

（2）当 $W\neq 600$ 时，分离变量，有

$$\frac{dW}{W-600}=0.05dt,$$

两边积分得

$$\ln|W-600|=0.05t+\ln C_1,$$

化简得

$$W-600=Ce^{0.05t} \quad (其中 C=\pm C_1),$$

将 $W(0)=W_0$ 代入上式，可得方程的通解为

$$W=600+(W_0-600)e^{0.05t},$$

当 $W=600$ 时，由 $\frac{dW}{dt}=0$ 可知

$$W=600=W_0,$$

通常称此解为平衡解，仍包含在通解表达式中.

（3）由通解表达式可知，当 $W_0=500$ 百万元时，净资产额单调递减，公司将在第 36 年破产；当 $W_0=600$ 百万元时，公司收支平衡，资产将保持在 600 百万元不变；当 $W_0=700$ 百万元时，公司净资产将按指数不断增长.

10.2.2 齐次方程

定义 10.4 形如

$$\frac{dy}{dx}=g\left(\frac{y}{x}\right). \tag{10.7}$$

的一阶微分方程称为齐次微分方程，简称**齐次方程**.

通过**变量替换**将齐次方程（10.7）化为可分离变量的微分方程，即令

$$u=\frac{y}{x} \text{ 或 } y=ux,$$

其中，$u=u(x)$ 是新的未知函数，则有

$$\frac{dy}{dx}=x\frac{du}{dx}+u$$

把上面两式代入式（10.7），可得

$$x\frac{du}{dx}+u=g(u), \tag{10.8}$$

整理后得到一个可分离变量方程

$$\frac{du}{dx}=\frac{g(u)-u}{x},$$

分离变量，并两边同时积分

$$\int\frac{du}{g(u)-u}=\int\frac{dx}{x},$$

求出积分后，再将 $u=\frac{y}{x}$ 代回，便得到方程（10.7）的通解.

注：如果有 u_0，使得 $g(u_0)-u_0=0$，则显然 $u=u_0$ 也是方程（10.8）的解，从而 $y=u_0x$ 也是方程（10.7）的解；如果 $g(u)-u\equiv 0$，则方程（10.8）变成 $\frac{dy}{dx}=\frac{y}{x}$，这是一个

可分离变量方程.

例 10.8　求微分方程 $\dfrac{dy}{dx}=\dfrac{x+y}{x-y}$ 的通解.

解　原方程可化成

$$\frac{dy}{dx}=\frac{1+\frac{y}{x}}{1-\frac{y}{x}},$$

作变换 $u=\dfrac{y}{x}$，有

$$\frac{dy}{dx}=x\frac{du}{dx}+u,$$

代入题设微分方程，可得

$$x\frac{du}{dx}+u=\frac{1+u}{1-u},$$

分离变量，可得

$$\frac{1-u}{1+u^2}du=\frac{1}{x}dx,$$

两边同时积分得

$$\arctan u-\frac{1}{2}\ln(1+u^2)=\ln|x|+C\text{（其中 }C\text{ 为任意常数）},$$

将 $u=\dfrac{y}{x}$ 代回，则得到题设微分方程的通解为

$$\arctan\frac{y}{x}-\frac{1}{2}\ln\frac{x^2+y^2}{x^2}=\ln|x|+C\text{（其中 }C\text{ 为任意常数）}.$$

例 10.9　求微分方程 $xy\dfrac{dy}{dx}=x^2+y^2$ 的通解.

解　将题设微分方程化为齐次方程的形式，即

$$\frac{dy}{dx}=\frac{x}{y}+\frac{y}{x},\tag{10.9}$$

作变换 $u=\dfrac{y}{x}$，有

$$\frac{dy}{dx}=x\frac{du}{dx}+u,$$

代入方程（10.9），则有

$$x\frac{du}{dx}=\frac{1}{u},$$

分离变量，并积分可得

$$u^2=2\ln|x|+2C\text{（其中 }C\text{ 为任意常数）},$$

将 $u=\dfrac{y}{x}$ 代回，便得题设微分方程的通解为

$$y^2=2x^2\ln|x|+2Cx^2\text{（其中 }C\text{ 为任意常数）}.$$

根据所给微分方程的特点，有时需要做合适的变量替换将微分方程化为齐次方程或可分离变量方程.

例 10.10 利用变量代换法求方程 $\dfrac{dy}{dx}=(y+x)^2$ 的通解.

解 令 $y+x=u$，则 $\dfrac{dy}{dx}=\dfrac{du}{dx}-1$，代入题设方程，可得

$$\frac{du}{dx}=1+u^2,$$

这是一个可分离的变量微分方程，分离变量可得

$$\frac{du}{1+u^2}=dx,$$

两边同时积分，可得

$$\arctan u=x+C,$$

即

$$u=\tan(x+C),$$

将 $y+x=u$ 代回，便得题设微分方程的通解为

$$y=\tan(x+C)-x.$$

10.2.4 一阶线性微分方程

定义 10.5 形如

$$\frac{dy}{dx}+P(x)y=Q(x) \tag{10.10}$$

的一阶微分方程称为**一阶线性微分方程**，其中 $P(x),Q(x)$ 是已知连续函数.

当 $Q(x)\equiv 0$ 时，方程（10.10）变为

$$\frac{dy}{dx}+P(x)y=0 \tag{10.11}$$

方程（10.11）称为**一阶齐次线性微分方程**. 相应地，方程（10.10）称为**一阶非齐次线性微分方程**.

一阶齐次线性微分方程（10.11）是可分离变量的微分方程，分离变量可得

$$\frac{dy}{y}=-P(x)dx,$$

两边同时积分，可得

$$\ln|y|=-\int P(x)dx+C_1,$$

由此得到微分方程（10.11）的通解

$$y=Ce^{-\int P(x)dx}\ （其中\ C=\pm e^{C_1}\ ）. \tag{10.12}$$

现在来讨论一阶非齐次线性方程（10.10）的通解.

由于微分方程（10.11）是（10.10）的特殊情况，那么方程（10.10）的通解中必包含方程（10.11）的通解. 它们的解之间必有某种内在联系. 下面我们分析一下方程（10.10）的解的形式.

把方程（10.10）改写为

$$\frac{\mathrm{d}y}{y}=\left(-P(x)+\frac{Q(x)}{y}\right)\mathrm{d}x,$$

上式两边同时积分，可得

$$\ln|y|=-\int P(x)\mathrm{d}x+\int\frac{Q(x)}{y}\mathrm{d}x+C_1,$$

化简得

$$y=C\mathrm{e}^{\int\frac{Q(x)}{y}\mathrm{d}x}\cdot\mathrm{e}^{-\int P(x)\mathrm{d}x}\quad（其中 C=\pm\mathrm{e}^{C_1}）.$$

因为积分 $\int\frac{Q(x)}{y}\mathrm{d}x$ 中的被积函数含有未知函数 y，因此还不能说得到了方程（10.10）的解.
但由于 y 是 x 的函数，则积分 $\int\frac{Q(x)}{y}\mathrm{d}x$ 的结果是关于 x 的函数．故可设

$$C\mathrm{e}^{\int\frac{Q(x)}{y}\mathrm{d}x}=C(x),$$

从而有

$$y=C(x)\mathrm{e}^{-\int P(x)\mathrm{d}x},\tag{10.13}$$

下面再求未知函数 $C(x)$.

因为式（10.13）是方程（10.10）的解，所以它应满足方程（10.10），将 y 及其导数

$$y'=C'(x)\mathrm{e}^{-\int P(x)\mathrm{d}x}-C(x)P(x)\mathrm{e}^{-\int P(x)\mathrm{d}x},$$

代入方程（10.10），可得

$$C'(x)\mathrm{e}^{-\int P(x)\mathrm{d}x}-C(x)P(x)\mathrm{e}^{-\int P(x)\mathrm{d}x}+P(x)C(x)\mathrm{e}^{-\int P(x)\mathrm{d}x}=Q(x),$$

化简得

$$C'(x)=Q(x)\mathrm{e}^{\int P(x)\mathrm{d}x},$$

上式两边同时积分，可得

$$C(x)=\int Q(x)\mathrm{e}^{\int P(x)\mathrm{d}x}\mathrm{d}x+C.$$

再把上式代入式（10.13），便得方程（10.13）的通解为

$$y=\mathrm{e}^{-\int P(x)\mathrm{d}x}\left(\int Q(x)\mathrm{e}^{\int P(x)\mathrm{d}x}\mathrm{d}x+C\right).\tag{10.14}$$

这种将一阶齐次线性微分方程（10.12）的通解中的任意常数换成待定函数 $C(x)$，然后求得一阶非齐次线性微分方程（10.10）的通解的方法，称为**常数变易法**.

将式（10.14）写成两项之和，即

$$y=C\mathrm{e}^{-\int P(x)\mathrm{d}x}+\mathrm{e}^{-\int P(x)\mathrm{d}x}\int Q(x)\mathrm{e}^{\int P(x)\mathrm{d}x}\mathrm{d}x,$$

上式右端第一项是对应的齐次线性方程（10.11）的通解，第二项是非齐次线性方程（10.10）的一个特解（即在通解（10.14）中令 $C=0$，便得此特解）．因此，一阶非齐次线性方程的通解等于对应的齐次线性方程的通解与非齐次线性方程的一个特解之和．后面可以看到，这个结论对高阶非齐次线性方程也成立.

注：（1）在求解非齐次线性微分方程时，可以直接用公式（10.14）求解，但是要化为（10.10）的标准形式.

（2）在求解具体方程时，有时直接用常数变易法往往更方便，且不容易出错.

例 10.11 求微分方程 $y'+y\tan x=\sec x$ 的通解.

解 用常数变易法，先求对应的齐次方程 $y'+y\tan x=0$ 的通解.

分离变量，可得

$$\frac{\mathrm{d}y}{y}=-\tan x\mathrm{d}x,$$

两边同时积分，可得

$$\ln|y|=\ln|\cos x|+C_1,$$

化简得

$$y=C_2\cos x \quad （其中 C_2=\pm \mathrm{e}^{C_1}），$$

变换常数 C_2，令 $y=C(x)\cos x$ 是题设方程的解，则有

$$y'=C'(x)\cos x-C(x)\sin x,$$

把 y,y' 代入题设方程，可得

$$C'(x)\cos x-C(x)\sin x+C(x)\cos x\tan x=\sec x,$$

整理得

$$C'(x)=\sec^2 x,$$

于是

$$C(x)=\tan x+C,$$

将 $C(x)=\tan x+C$ 代入 $y=C(x)\cos x$ 中，可得到题设非齐次方程的通解为

$$y=(\tan x+C)\cos x.$$

例 10.12 求微分方程 $\dfrac{\mathrm{d}y}{\mathrm{d}x}=\dfrac{2y}{x+1}+(x+1)^{\frac{5}{2}}$ 的通解.

解 题设方程是一阶非齐次线性微分方程，可用公式（10.14）来求解.

把方程变形为

$$\frac{\mathrm{d}y}{\mathrm{d}x}-\frac{2}{x+1}y=(x+1)^{\frac{5}{2}},$$

于是

$$P(x)=-\frac{2}{x+1},\quad Q(x)=(x+1)^{\frac{5}{2}}$$

则题设方程的通解为

$$\begin{aligned}
y&=\mathrm{e}^{-\int P(x)\mathrm{d}x}\left[\int Q(x)\mathrm{e}^{\int P(x)\mathrm{d}x}\mathrm{d}x+C\right]\\
&=\mathrm{e}^{-\int -\frac{2}{x+1}\mathrm{d}x}\left[\int (x+1)^{\frac{5}{2}}\mathrm{e}^{\int -\frac{2}{x+1}\mathrm{d}x}\mathrm{d}x+C\right]\\
&=\mathrm{e}^{\ln(x+1)^2}\left[\int (x+1)^{\frac{5}{2}}\mathrm{e}^{-\ln(x+1)^2}\mathrm{d}x+C\right]\\
&=(x+1)^2\left[\frac{2}{3}(x+1)^{\frac{3}{2}}+C\right].
\end{aligned}$$

习题 10.2

1．求下列微分方程的通解：

（1）$y\mathrm{d}x - x\mathrm{d}y = 0$；（2）$(y-1)\mathrm{d}x - (xy - y)\mathrm{d}y = 0$；

（3）$\dfrac{\mathrm{d}y}{\mathrm{d}x} = \dfrac{x-1}{y+1}$；（4）$y' = \mathrm{e}^{x+y}$．

2．求下列齐次方程的通解：

（1）$x\dfrac{\mathrm{d}y}{\mathrm{d}x} = y\ln\dfrac{y}{x}$；（2）$(y + \sqrt{x^2 + y^2})\mathrm{d}x - x\mathrm{d}y = 0(x > 0)$；

（3）$y^2 + x^2\dfrac{\mathrm{d}y}{\mathrm{d}x} = xy\dfrac{\mathrm{d}y}{\mathrm{d}x}$；（4）$(x^2 + y^2)\mathrm{d}x - xy\mathrm{d}y = 0$．

3．求微分方程 $(1+y^2)\mathrm{d}x - xy(1+x^2)\mathrm{d}y = 0$ 满足初始条件 $y(1) = 2$ 的特解．

4．设降落伞从跳伞塔下落后，所受空气阻力与速度成正比，并设降落伞离开跳伞塔时的速度为零，求降落伞下落速度与时间的函数关系．

5．求下列微分方程的解：

（1）$y' - y\cot x = 2x\sin x$；（2）$\dfrac{\mathrm{d}y}{\mathrm{d}x} + \dfrac{y}{x} = \dfrac{\sin x}{x}$；

（3）$\dfrac{\mathrm{d}y}{\mathrm{d}x} = \dfrac{y}{x + y^3}$；（4）$y' = \dfrac{y + x\ln x}{x}$．

6．求下列微分方程满足初始条件的特解：

（1）$\dfrac{\mathrm{d}y}{\mathrm{d}x} + 3y = 8, y\big|_{x=0} = 2$；（2）$\dfrac{\mathrm{d}y}{\mathrm{d}x} - y\tan x = \sec x, y\big|_{x=0} = 0$．

7．求某曲线的方程，使得该曲线通过原点，并且它在点 (x, y) 处的切线斜率等于 $2x + y$．

10.3　高阶微分方程

二阶及二阶以上的微分方程称为高阶微分方程．本节只介绍几种特殊形式的高阶微分方程的求解问题．

10.3.1　几类可降阶的高阶微分方程

一般来说，低阶微分方程的求解会比高阶微分方程的求解要容易些，因此对于一个高阶微分方程自然会想到能否把它的阶数降低，直至降到一阶微分方程来求解．这种求解方法称为**降阶法**．下面介绍几种容易降阶的高阶微分方程的解法．

1．$y^{(n)} = f(x)$ 型的微分方程

对方程

$$y^{(n)} = f(x) \tag{10.15}$$

积分一次，可得到一个 $n-1$ 阶方程

$$y^{(n-1)} = \int f(x)\mathrm{d}x + C_1,$$

再积分一次，可得到一个 $n-2$ 阶方程

$$y^{(n-2)}=\int\left(\int f(x)\mathrm{d}x+C_1\right)\mathrm{d}x+C_2,$$

依次连续积分 n 次，便可得到方程（10.15）的通解.

例 10.13 求微分方程 $y'''=\mathrm{e}^{2x}-\cos x$ 的通解.

解 对题设方程连续积分三次，可得

$$y''=\frac{1}{2}\mathrm{e}^{2x}-\sin x+C_1,$$

$$y'=\frac{1}{4}\mathrm{e}^{2x}+\cos x+C_1x+C_2,$$

$$y=\frac{1}{8}\mathrm{e}^{2x}+\sin x+\frac{1}{2}C_1x^2+C_2x+C_3.$$

2．$y''=f(x,y')$ 型的微分方程

由于方程 $y''=f(x,y')$ 的右端不显含未知函数 y，因此设 $y'=p$，有

$$p'=f(x,p)$$

设其通解为 $p=\varphi(x,C_1)$，因 $p=y'=\dfrac{\mathrm{d}y}{\mathrm{d}x}$，即

$$\frac{\mathrm{d}y}{\mathrm{d}x}=\varphi(x,C_1),$$

对它两边同时积分，即可得原方程的通解为

$$y=\int\varphi(x,C_1)\mathrm{d}x+C_2.$$

例 10.14 求方程 $y''=\dfrac{x}{y'}$ 满足初始条件 $y(1)=-1,\ y'(1)=1$ 的特解.

解 设 $y'=p$，则题设方程降阶为

$$\frac{\mathrm{d}p}{\mathrm{d}x}=\frac{x}{p},$$

分离变量求得

$$p^2=x^2+C_1,$$

由 $y'(1)=1$，可得 $C_1=0$，代入上式，有

$$\frac{\mathrm{d}y}{\mathrm{d}x}=x,$$

解得

$$y=\frac{1}{2}x^2+C_2,$$

再由 $y(1)=-1$，可得 $C_2=-\dfrac{3}{2}$，因此，所求微分方程的特解为

$$y=\frac{1}{2}(x^2-3).$$

3．$y''=f(y,y')$ 型的微分方程

由于方程 $y''=f(y,y')$ 的右端不显含自变量 x，解决的方法是：把 y 暂时看成自变量，并作变换 $y'=p(y)$，于是由复合函数的求导法则，有

$$y''=\frac{\mathrm{d}p}{\mathrm{d}x}=\frac{\mathrm{d}p}{\mathrm{d}y}\cdot\frac{\mathrm{d}y}{\mathrm{d}x}=p\frac{\mathrm{d}p}{\mathrm{d}y},$$

这样就将原方程化为

$$p\frac{\mathrm{d}p}{\mathrm{d}y}=f(y,p).$$

这是一个关于变量 y 和 p 的一阶微分方程，设其通解为

$$\frac{\mathrm{d}y}{\mathrm{d}x}=p=\varphi(y,C_1),$$

分离变量并对方程两边同时积分，可得所求的微分方程的通解为

$$\int\frac{\mathrm{d}y}{\varphi(y,C_1)}=x+C_2.$$

例 10.15　求方程 $y''=\dfrac{2y}{y^2+1}y'^2$ 的通解.

解　设 $y'=p$，有

$$p\frac{\mathrm{d}p}{\mathrm{d}y}=\frac{2y}{y^2+1}p^2,$$

分离变量，可得

$$\frac{\mathrm{d}p}{p}=\frac{2y}{y^2+1}\mathrm{d}y,$$

上式两边同时积分，可得

$$\ln|p|=\ln\left|y^2+1\right|+C_1,$$

即

$$\frac{\mathrm{d}y}{\mathrm{d}x}=p=C_2(y^2+1)\ (\text{其中 } C_2=\pm e^{C_1}),$$

分离变量，可得

$$\frac{\mathrm{d}y}{y^2+1}=C_2\mathrm{d}x,$$

两边同时积分并化简，可得题设方程的通解为

$$y=\tan(C_2x+C_3).$$

10.3.2　二阶线性微分方程解的性质与结构

二阶线性微分方程的一般形式是

$$y''+P(x)y'+Q(x)y=f(x) \tag{10.16}$$

其中 $P(x)$, $Q(x)$, $f(x)$ 均是已知连续函数，函数 $f(x)$ 称为方程（10.16）的自由项. 当 $f(x)\equiv 0$ 时，方程（10.16）变为

$$y''+P(x)y'+Q(x)y=0 \tag{10.17}$$

称方程（10.17）为二阶齐次线性微分方程；相应地，称方程（10.16）为二阶非齐次线性微分方程，并称方程（10.17）为对应于非齐次线性方程（10.16）的齐次线性方程.

如果系数 $P(x)$, $Q(x)$ 都是常数，则称方程（10.16）和（10.17）为二阶常系数线性微分方程.

1．二阶齐次线性微分方程解的结构

定理 10.1　若 $y_1(x)$ 是二阶齐次线性微分方程（10.17）的一个解，则 $y=Cy_1(x)$ 也是该方程的解，其中 C 为任意常数.

定理 10.2　若 $y_1(x)$ 与 $y_2(x)$ 是二阶齐次线性微分方程（10.17）的两个解，则

$$y=C_1y_1(x)+C_2y_2(x)$$

仍是该方程的解，其中 C_1, C_2 均为任意常数.

以上两个定理都可以通过代入法进行验证，证明过程留给读者自己练习.

定理 10.2 表明**二阶齐次线性方程的解符合叠加原理**.

定理 10.2 中 $y=C_1y_1(x)+C_2y_2(x)$ 是方程（10.17）的解，又由于含有两个任意常数 C_1, C_2，它是不是方程（10.17）的通解呢？答案是不一定，因为根据通解的定义，只有当 C_1, C_2 这两个常数是相互独立时才是（10.17）的通解.

例如，方程 $\dfrac{\mathrm{d}^2y}{\mathrm{d}x^2}+2\dfrac{\mathrm{d}y}{\mathrm{d}x}-1=0$ 有两个解 $y_1=\mathrm{e}^x$ 与 $y_2=2\mathrm{e}^x$，但 $y=C_1\mathrm{e}^x+2C_2\mathrm{e}^x$ 是它的解而不是它的通解.

$y_1(x)$ 与 $y_2(x)$ 满足什么样的条件才能使得 C_1, C_2 相互独立呢？也即是说使得 $y=C_1y_1(x)+C_2y_2(x)$ 是方程（10.17）的通解呢？为此引入两个函数的线性相关与线性无关的概念.

定义 10.6　设函数 $y_1(x)$ 和 $y_2(x)$ 都是定义在区间 (a,b) 内的函数，如果存在两个不全为零的常数 k_1, k_2，使得在区间 (a,b) 内恒有

$$k_1y_1(x)+k_2y_2(x)\equiv 0,$$

则称函数 $y_1(x)$ 与 $y_2(x)$ 在区间 (a,b) 内**线性相关**，否则称为**线性无关**.

由定义 10.6 易知，若 $\dfrac{y_1(x)}{y_2(x)}\neq C$（$C$ 为常数），则 $y_1(x)$ 与 $y_2(x)$ 线性无关，否则两者线性相关. 这就为我们提供了判断两个函数在区间内是否线性相关的一种简便方法.

例如，函数 $y_1(x)=\mathrm{e}^{-x}$ 与 $y_2(x)=2x\mathrm{e}^x$，因为 $\dfrac{y_1(x)}{y_2(x)}=\dfrac{\mathrm{e}^{-x}}{2x\mathrm{e}^x}=\dfrac{1}{2x}\mathrm{e}^{-2x}$，不恒为常数，所以 $y_1(x)$ 与 $y_2(x)$ 线性无关；而函数 $y_1(x)=6-2x$ 与 $y_2(x)=x-3$，因为 $\dfrac{y_1(x)}{y_2(x)}=\dfrac{6-2x}{x-3}=-2$，所以 $y_1(x)$ 与 $y_2(x)$ 线性相关.

定理 10.3　若 $y_1(x)$ 与 $y_2(x)$ 是二阶齐次线性微分方程（10.17）的两个线性无关的特解，则 $y=C_1y_1(x)+C_2y_2(x)$ 是该方程的通解，其中 C_1, C_2 为任意常数.

证　由定理 10.2 可知，$y=C_1y_1(x)+C_2y_2(x)$ 是方程（10.17）的解，因为 $y_1(x)$ 和 $y_2(x)$ 线性无关，所以其中两个任意常数 C_1 与 C_2 不能合并，即它们是独立的，所以 $y=C_1y_1(x)+C_2y_2(x)$ 是方程（10.17）的通解.

由定理 10.3 可以看出，对于二阶齐次线性微分方程，只要求得它的两个线性无关的特解，就可得到它的通解.

例如，方程 $y''-y=0$ 是一个二阶齐次线性微分方程，容易验证 $y_1=\mathrm{e}^x$ 与 $y_2=\mathrm{e}^{-x}$ 都是它的解，且 $\dfrac{y_1}{y_2}=\mathrm{e}^{2x}\neq$ 常数，即 y_1 与 y_2 是线性无关的，因此 $y=C_1\mathrm{e}^x+C_2\mathrm{e}^{-x}$ 就是方程 $y''-y=0$ 的通解.

2．二阶非齐次线性微分方程解的结构

在 10.2 节一阶线性微分方程的讨论中，我们已经看到，一阶线性非齐次微分方程的通解是对应的齐次方程的通解和它本身一个特解的和．实际上二阶及二阶以上的非齐次线性微分方程的通解也有这样的结构．

定理 10.4　若 y^* 是方程（10.16）的一个特解，而 Y 是其对应的齐次方程（10.17）的通解，则

$$y = Y + y^* \tag{10.18}$$

就是二阶非齐次线性微分方程（10.16）的通解．

证　因为 y^* 与 Y 分别是方程（10.16）和（10.17）的解，所以有

$$y^{*\prime\prime} + P(x)y^{*\prime} + Q(x)y^* = f(x),$$
$$Y'' + P(x)Y' + Q(x)Y = 0,$$

又因为 $y' = Y' + y^{*\prime}$，$y'' = Y'' + y^{*\prime\prime}$，所以有

$$\begin{aligned} y'' + P(x)y' + Q(x)y &= (Y'' + y^{*\prime\prime}) + P(x)(Y' + y^{*\prime}) + Q(x)(Y + y^*) \\ &= [Y'' + P(x)Y' + Q(x)Y] + [y^{*\prime\prime} + P(x)y^{*\prime} + Q(x)y^*] \\ &= f(x), \end{aligned}$$

这说明 $y = Y + y^*$ 是方程（10.16）的解．

由于 Y 是（10.17）的通解，Y 中含有两个独立的任意常数，所以 $y = Y + y^*$ 中也含有两个独立的任意常数，从而它是方程（10.16）的通解．

类似地，还可以证明下面两个定理．

定理 10.5　设 y_1^*，y_2^* 分别是方程

$$y'' + P(x)y' + Q(x)y = f_1(x)$$

与

$$y'' + P(x)y' + Q(x)y = f_2(x)$$

的特解，则 $y_1^* + y_2^*$ 是方程

$$y'' + P(x)y' + Q(x)y = f_1(x) + f_2(x) \tag{10.19}$$

的特解．

这个定理通常称为**非齐次线性微分方程的解的叠加原理**．

定理 10.6　设 $y = y_1 + \mathrm{i}y_2$ 是方程

$$y'' + P(x)y' + Q(x)y = f_1(x) + \mathrm{i}f_2(x)$$

的解，其中 $P(x), Q(x), f_1(x), f_2(x)$ 为实值函数，i 为纯虚数，则 y_1 与 y_2 分别是方程

$$y'' + P(x)y' + Q(x)y = f_1(x)$$

与

$$y'' + P(x)y' + Q(x)y = f_2(x)$$

的解．

10.3.3 二阶常系数线性微分方程的解法

1．二阶常系数齐次线性微分方程的解法

形如

$$y''+py'+qy=0 \tag{10.20}$$

的方程称为二阶常系数齐次线性微分方程，其中 p,q 均为常数.

根据定理 10.3，只要找出方程（10.20）的两个线性无关的特解 $y_1(x)$ 与 $y_2(x)$，即可得它的通解为 $y=C_1y_1(x)+C_2y_2(x)$．下面讨论这两个特解的求法.

先来分析方程（10.20）可能具有什么形式的特解．注意到该方程的左边是 y'',y' 与 y 的线性式，右边为 0，那么这个方程的解 y，其导数 y' 和 y'' 必须具有相同类型，且相互之间只相差常数，容易发现指数函数 $\mathrm{e}^{\lambda x}$ 符合这个要求，于是，令

$$y=\mathrm{e}^{\lambda x}$$

来尝试求解，其中 λ 是待定常数．将 $y=\mathrm{e}^{\lambda x},y'=\lambda\mathrm{e}^{\lambda x},y''=\lambda^2\mathrm{e}^{\lambda x}$ 代入方程（10.20），可得

$$\mathrm{e}^{\lambda x}(\lambda^2+p\lambda+q)=0,$$

因为 $\mathrm{e}^{\lambda x}\neq 0$，故有

$$\lambda^2+p\lambda+q=0 \tag{10.21}$$

也就是说，只要 λ 是代数方程（10.21）的根，那么 $y=\mathrm{e}^{\lambda x}$ 就是微分方程（10.20）的解.于是对微分方程（10.20）的求解问题，就转化为求代数方程（10.21）根的问题，代数方程（10.21）称为微分方程（10.20）的**特征方程**，并把方程（10.21）的根称为方程的**特征根**．因为特征方程（10.21）是一个关于 λ 的二次方程，所以特征根有三种情况，下面我们分别来讨论：

（1）特征方程（10.21）有两个不相等的实根 λ_1,λ_2

此时 $p^2-4q>0$，$y_1=\mathrm{e}^{\lambda_1 x}$ 与 $y_2=\mathrm{e}^{\lambda_2 x}$ 是方程（10.20）的两个特解，又因为

$$\frac{y_1}{y_2}=\frac{\mathrm{e}^{\lambda_1 x}}{\mathrm{e}^{\lambda_2 x}}=\mathrm{e}^{(\lambda_1-\lambda_2)x}\neq\text{常数},$$

即 y_1 与 y_2 线性无关，由解的结构定理，方程（10.20）的通解为

$$y=C_1\mathrm{e}^{\lambda_1 x}+C_2\mathrm{e}^{\lambda_2 x}\ （C_1,C_2\text{ 为任意的常数}）$$

（2）特征方程（10.21）有两个相等的实根 $\lambda_1=\lambda_2$

此时 $p^2-4q=0$，特征方程（10.21）有两个相等的实根 $\lambda_1=\lambda_2=-\dfrac{p}{2}$，这时只得到方程（10.20）的一个特解 $y_1=\mathrm{e}^{\lambda_1 x}$，还需要找另一个特解 y_2，并使得 y_1 与 y_2 线性无关（即它们相除不是常数）．为此，可设 $\dfrac{y_2}{y_1}=u(x)$，其中 $u(x)$ 为待定函数，于是

$$y_2=u(x)y_1=u(x)\mathrm{e}^{\lambda_1 x},$$

将 y_2,y_2',y_2'' 代入方程（10.20）并化简得

$$\mathrm{e}^{\lambda_1 x}[u''+(2\lambda_1+p)u'+(\lambda_1^2+p\lambda_1+q)u]=0,$$

注意到 $\mathrm{e}^{\lambda_1 x}\neq 0$，则

$$u''+(2\lambda_1+p)u'+(\lambda_1^2+p\lambda_1+q)u=0, \tag{10.22}$$

因为 λ_1 是特征方程的重根，故

$$\lambda_1^2 + p\lambda_1 + q = 0 \text{ 及 } 2\lambda_1 + p = 0,$$

于是式（10.22）成为 $u''=0$，取满足该方程的最简单的不为常数的函数 $u=x$，从而得到方程（10.20）的另外一个与 $y_1 = \mathrm{e}^{\lambda_1 x}$ 线性无关的特解 $y_2 = x\mathrm{e}^{\lambda_1 x}$．则方程（10.20）的通解为

$$y = (C_1 + C_2 x)\mathrm{e}^{\lambda_1 x} \quad (C_1, C_2 \text{ 为任意的常数}).$$

（3）特征方程（10.21）有一对共轭复根 $\lambda_1 = \alpha + \mathrm{i}\beta, \lambda_2 = \alpha - \mathrm{i}\beta$

此时 $p^2 - 4q < 0$，特征方程（10.21）有一对共轭复根 $\lambda_1 = \alpha + \mathrm{i}\beta, \lambda_2 = \alpha - \mathrm{i}\beta$，其中 $\alpha = -\dfrac{p}{2}, \beta = \dfrac{\sqrt{4q - p^2}}{2}$，这时方程（10.20）有两个复数形式的特解

$$y_1 = \mathrm{e}^{(\alpha + \mathrm{i}\beta)x}, \quad y_2 = \mathrm{e}^{(\alpha - \mathrm{i}\beta)x},$$

在实际问题中，常用的是实数形式的解，为此可借助欧拉公式

$$\mathrm{e}^{\mathrm{i}x} = \cos x + \mathrm{i}\sin x,$$

对上述两个特解重新组合得到方程（10.20）的另外两个实数形式的特解 $\overline{y}_1$ 和 $\overline{y}_2$．

由欧拉公式可得

$$y_1 = \mathrm{e}^{\alpha x} \cdot \mathrm{e}^{\mathrm{i}\beta x} = \mathrm{e}^{\alpha x}(\cos\beta x + \mathrm{i}\sin\beta x),$$

$$y_2 = \mathrm{e}^{\alpha x} \cdot \mathrm{e}^{-\mathrm{i}\beta x} = \mathrm{e}^{\alpha x}(\cos\beta x - \mathrm{i}\sin\beta x),$$

令

$$\overline{y}_1 = \frac{1}{2}(y_1 + y_2) = \mathrm{e}^{\alpha x}\cos\beta x, \quad \overline{y}_1 = \frac{1}{2\mathrm{i}}(y_1 - y_2) = \mathrm{e}^{\alpha x}\sin\beta x,$$

由定理 10.2 可知，$\overline{y}_1$ 和 $\overline{y}_2$ 均为方程（10.20）的解，且它们线性无关，从而方程（10.20）的通解为

$$y = \mathrm{e}^{\alpha x}(C_1\cos\beta x + C_2\sin\beta x) \quad (C_{1,}, C_2 \text{ 为任意的常数}).$$

综上所述，求二阶常系数齐次线性微分方程的通解步骤如下：

（1）写出微分方程的特征方程 $\lambda^2 + p\lambda + q = 0$；

（2）求出特征方程的两个特征根 λ_1, λ_2；

（3）根据两个根的不同情况，分别写出微分方程（10.20）的通解，如表 10.1 所示.

表 10.1

特征方程 $\lambda^2 + p\lambda + q = 0$ 的根 λ_1, λ_2	微分方程 $y'' + py' + qy = 0$ 的通解
两个不相等的实根 $\lambda_1 \neq \lambda_2$	$y = C_1\mathrm{e}^{\lambda_1 x} + C_2\mathrm{e}^{\lambda_2 x}$
两个相等的实根 $\lambda_1 = \lambda_2$	$y = (C_1 + C_2 x)\mathrm{e}^{\lambda_1 x}$
一对共轭复根 $\lambda_1 = \alpha + \mathrm{i}\beta, \lambda_2 = \alpha - \mathrm{i}\beta$	$y = \mathrm{e}^{\alpha x}(C_1\cos\beta x + C_2\sin\beta x)$

这种根据二阶常系数齐次线性方程的特征方程的根直接确定其通解的方法称为**特征方程法**.

上面讨论的关于二阶常系数齐次线性微分方程所用的方法及通解的形式，可推广到 n 阶常系数齐次线性微分方程的情形．这里，我们不做详细讨论，只简单叙述如下：

n 阶常系数齐次线性方程的一般形式为

$$y^{(n)}+p_1y^{(n-1)}+p_2y^{(n-2)}+\cdots+p_{n-1}y'+p_ny=0,$$

其特征方程为

$$\lambda^n+p_1\lambda^{n-1}+p_2\lambda^{n-2}+\cdots+p_{n-1}\lambda+p_n=0.$$

根据特征方程的根，可按表 10.2 的方式直接写出其相应的微分方程的解.

表 10.2

特征方程的根	通解中的对应项
是 k 重实根 r	$(C_0+C_1x+\cdots+C_{k-1}x^{k-1})e^{rx}$
是 k 重共轭复根 $\alpha\pm i\beta$	$[(C_0+C_1x+\cdots+C_{k-1}x^{k-1})\cos\beta x+(D_0+D_1x+\cdots+D_{k-1}x^{k-1})\sin\beta x]e^{\alpha x}$

注： n 次代数方程有 n 个根，而特征方程的每个根都对应着通解中的一项，且每一项各含一个任意常数，这样就得到 n 阶常系数齐次线性方程的通解为

$$y=C_1y_1+C_2y_2+\cdots+C_ny_n.$$

例 10.16 求微分方程 $y''+2y'-3y=0$ 的通解.

解 特征方程为

$$\lambda^2+2\lambda-3=0,$$

即

$$(\lambda-1)(\lambda+3)=0,$$

得两个不相等的特征根

$$\lambda_1=1,\lambda_2=-3,$$

故所求方程的通解为

$$y=C_1e^x+C_2e^{-3x}\text{（}C_1,C_2\text{ 为任意的常数）.}$$

例 10.17 求微分方程 $\frac{d^2s}{dt^2}+2\frac{ds}{dt}+s=0$ 满足初始条件 $s|_{t=0}=4$，$s'|_{t=0}=-2$ 的特解.

解 先求通解，再求它满足初始条件的特解.

特征方程为

$$\lambda^2+2\lambda+1=0,$$

解得两个相等的特征根为

$$\lambda_1=\lambda_2=-1,$$

故所求方程的通解为

$$s=(C_1+C_2t)e^{-t},$$

代入初始条件，$s|_{t=0}=4$，$s'|_{t=0}=-2$，求得

$$C_1=4,\quad C_2=2,$$

所以所求方程满足初始条件的特解为

$$s=(4+2t)e^{-t}.$$

例 10.18 求微分方程 $\frac{d^2y}{dx^2}-4\frac{dy}{dx}+8y=0$ 的通解.

解 特征方程为

$$\lambda^2-4\lambda+8=0,$$

于是，特征根为

$$\lambda_1 = 2+2\mathrm{i}, \lambda_2 = 2-2\mathrm{i},$$

因此所求方程的通解为

$$y = \mathrm{e}^{2x}(C_1\cos 2x + C_2\sin 2x)\text{（}C_1, C_2\text{ 为任意的常数）}.$$

例 10.19　求解以下方程：

（1） $y^{(4)} + 3y'' - 4y = 0$；　　（2） $y''' - 3y'' + 3y' - y = 0$.

解　（1）特征方程为

$$\lambda^4 + 3\lambda^2 - 4 = 0,$$

即

$$(\lambda^2 - 1)(\lambda^2 + 4) = 0,$$

求得特征根

$$\lambda_1 = 1, \lambda_2 = -1, \lambda_3 = 2\mathrm{i}, \lambda_4 = -2\mathrm{i},$$

因此所求方程的通解为

$$y = C_1\mathrm{e}^x + C_2\mathrm{e}^{-x} + C_3\cos 2x + C_4\sin 2x.$$

（2）特征方程为

$$\lambda^3 - 3\lambda^2 + 3\lambda - 1 = 0\text{，即 }(\lambda-1)^3 = 0,$$

求得特征根

$$\lambda_1 = \lambda_2 = \lambda_3 = 1,$$

因此所求方程的通解为

$$y = (C_1 + C_2x + C_3x^2)\mathrm{e}^x\text{（}C_1, C_2, C_3\text{ 为任意的常数）}.$$

2．二阶常系数非齐次线性微分方程的解法

二阶常系数非齐次线性微分方程的一般形式为

$$y'' + py' + qy = f(x) \tag{10.23}$$

其中 p,q 为常数，$f(x)$ 称为**自由项或非齐次项**.

根据二阶非齐次线性方程解的结构定理可知，要求方程（10.23）的通解，只要求出它的一个特解和对应的齐次方程的通解．前面已经介绍了求齐次方程通解的方法，接下来就是如何求非齐次方程（10.23）的一个特解 y^* 的问题了.

方程（10.23）的特解形式与它的自由项 $f(x)$ 有关，在一般情形下，要求出方程（10.23）的特解是非常困难的，所以，下面仅仅就 $f(x)$ 的两种常见的情形进行讨论.

（1） $f(x) = P_m(x)\mathrm{e}^{\lambda x}$ 的情形

方程（10.23）的自由项是 $f(x) = P_m(x)\mathrm{e}^{\lambda x}$，其中 $P_m(x)$ 是 x 的 m 次多项式，常数 λ 是实常数.

由于多项式函数与指数函数乘积的导数仍为同类型的函数，我们可以推测方程（10.23）具有如下形式的特解

$$y^* = Q(x)\mathrm{e}^{\lambda x},$$

其中 $Q(x)$ 是待定的多项式．再进一步考虑如何选取多项式 $Q(x)$，使得 $y^* = Q(x)\mathrm{e}^{\lambda x}$ 满足方程（10.23）.

对 y^* 求导，有

$$y^{*\prime} = e^{\lambda x}[Q'(x) + \lambda Q(x)],$$

$$y^{*\prime\prime} = e^{\lambda x}[Q''(x) + 2\lambda Q'(x) + \lambda^2 Q(x)],$$

把 $y^*, y^{*\prime}, y^{*\prime\prime}$ 代入方程（10.23），并约去 $e^{\lambda x}$，可得

$$Q''(x) + (2\lambda + p)Q'(x) + (\lambda^2 + p\lambda + q)Q(x) = P_m(x) \tag{10.24}$$

于是，根据 λ 是否为方程（10.23）的特征方程

$$r^2 + pr + q = 0 \tag{10.25}$$

的特征根，有下列三种情况：

① 如果 λ 不是特征方程（10.25）的根，即 $\lambda^2 + p\lambda + q \neq 0$，由于方程（10.24）的右端是 m 次多项式，要使方程两端恒等，就应该设 $Q(x)$ 为另外一个 m 次多项式，即

$$Q_m(x) = b_0 x^m + b_1 x^{m-1} + \cdots + b_{m-1}x + b_m,$$

其中 $b_i (i = 0,1,2\cdots,m)$ 是待定系数，再将特解 $y^* = Q_m(x)e^{\lambda x}$ 代入方程（10.23），并通过比较两端 x 的同次幂系数就可求出 $b_i (i = 0,1,2\cdots,m)$，并得到所求的特解

$$y^* = Q_m(x)e^{\lambda x}.$$

② 如果 λ 是特征方程（10.25）的单根，则 $\lambda^2 + p\lambda + q = 0$，而 $2\lambda + p \neq 0$．由式（10.24）可见，$Q'(x)$ 必须是 m 次多项式，即 $Q(x)$ 是 $m+1$ 次多项式，故可设 $Q(x) = xQ_m(x)$，即设特解为

$$y^* = xQ_m(x)e^{\lambda x},$$

并用与①同样的方法确定 $Q_m(x)$ 的系数 $b_i (i = 0,1,2\cdots,m)$．

③ 如果 λ 是特征方程（10.25）的二重根，则 $\lambda^2 + p\lambda + q = 0$ 且 $2\lambda + p = 0$．由（10.24）式可见 $Q''(x)$ 必须是 m 次多项式，故可设 $Q(x) = x^2 Q_m(x)$，即设特解为

$$y^* = x^2 Q_m(x)e^{\lambda x},$$

并用与①同样的方法确定 $Q_m(x)$ 的系数.

综上所述，当 $f(x) = P_m(x)e^{\lambda x}$ 时，则可设方程（10.23）有如下形式的特解

$$y^* = x^k Q_m(x)e^{\lambda x},$$

其中 $Q_m(x)$ 是与 $P_m(x)$ 同次的多项式，按 λ 不是特征方程的根，是特征方程的单根或是特征方程的重根，k 依次取 0，1 或 2.

例 10.20 求微分方程 $y'' + 2y' - 3y = 2x - 1$ 的通解.

解 第一步，先求对应齐次方程的通解.

因为特征方程 $\lambda^2 + 2\lambda - 3 = 0$ 的两个特征根是 $\lambda_1 = 1, \lambda_2 = -3$，所以对应齐次方程的通解为

$$Y = C_1 e^x + C_2 e^{-3x} \text{（} C_1, C_2 \text{ 为任意的常数），}$$

第二步，求非齐次方程的一个特解.

因为题设方程右端的自由项为 $f(x) = 2x - 1 = (2x-1)e^{0 \cdot x}$，属 $P_1(x)e^{\lambda x}$ 型，其中 $P_1(x) = 2x - 1$，且 $\lambda = 0$ 不是特征方程的根，故设特解为

$$y^* = b_0 x + b_1,$$

因 $y^{*\prime} = b_0$，$y^{*\prime\prime} = 0$，将 $y^*, y^{*\prime}, y^{*\prime\prime}$ 代入题设方程并化简，可得

$$-3b_0 x + 2b_0 - 3b_1 = 2x - 1,$$

比较两端 x 同次幂的系数得

$$\begin{cases}-3b_0=2,\\ 2b_0-3b_1=-1,\end{cases}$$

故

$$b_0=-\frac{2}{3},b_1=-\frac{1}{9},$$

于是

$$y^*=-\frac{2}{3}x-\frac{1}{9},$$

第三步，写出题设方程的通解

$$y=Y+y^*=C_1\mathrm{e}^x+C_2\mathrm{e}^{-3x}-\frac{2}{3}x-\frac{1}{9}\text{（}C_1,C_2\text{ 为任意的常数）}.$$

例 10.21　求微分方程 $y''+6y'+9y=5x\mathrm{e}^{-3x}$ 的通解.

解　第一步，先求对应齐次方程的通解.

因为特征方程为 $\lambda^2+6\lambda+9=0$，特征根为 $\lambda_1=\lambda_2=-3$，所以对应齐次方程的通解为

$$Y=(C_1+C_2x)\mathrm{e}^{-3x}$$

第二步，求非齐次方程的一个特解.

因为题设方程右端的自由项为 $f(x)=5x\mathrm{e}^{-3x}$，属 $P_1(x)\mathrm{e}^{\lambda x}$ 型，其中 $P_1(x)=5x$，且 $\lambda=-3$ 是特征方程的重根，故设特解为

$$y^*=x^2(b_0x+b_1)\mathrm{e}^{-3x},$$

因为

$$y^{*\prime}=\mathrm{e}^{-3x}[-3b_0x^3+(3b_1-3b_1)x^2+2b_1x],$$

$$y^{*\prime\prime}=\mathrm{e}^{-3x}[9b_0x^3+(-18b_0+9b_1)x^2+(6b_0-12b_1)x+2b_1],$$

故将 $y^*,y^{*\prime},y^{*\prime\prime}$ 代入原方程并整理得

$$6b_0x+2b_1=5x,$$

比较两端 x 同次幂的系数得

$$b_0=\frac{5}{6},\quad b_1=0,$$

于是

$$y^*=\frac{5}{6}x^3\mathrm{e}^{-3x},$$

第三步，写出题设方程的通解

$$y=(C_1+C_2x)\mathrm{e}^{-3x}+\frac{5}{6}x^3\mathrm{e}^{-3x}=\left(C_1+C_2x+\frac{5}{6}x^3\right)\mathrm{e}^{-3x}\text{（}C_1,C_2\text{ 为任意的常数）}.$$

（2）$f(x)=P_m(x)\mathrm{e}^{\alpha x}\cos\beta x$ 或 $P_m(x)\mathrm{e}^{\alpha x}\sin\beta x$ 类型

本部分介绍如何求形如

$$y''+py'+qy=P_m(x)\mathrm{e}^{\alpha x}\cos\beta x \tag{10.26}$$

或

$$y''+py'+qy=P_m(x)\mathrm{e}^{\alpha x}\sin\beta x \tag{10.27}$$

的二阶常系数非齐次线性方程的特解，其中 $P_m(x)$ 是 x 的 m 次多项式，α,β 是实常数.

由于 $P_m(x)e^{\alpha x}\cos\beta x$ 与 $P_m(x)e^{\alpha x}\sin\beta x$ 分别是 $P_m(x)e^{(\alpha+i\beta)x}$ 的实部与虚部. 我们先考虑方程

$$y''+py'+qy=P_m(x)e^{(\alpha+i\beta)x} \tag{10.28}$$

因为前面情形（1）的结论对当 λ 取复数时也成立，所以假定已求出方程（10.28）的一个特解，则根据定理 10.6 知道，方程（10.28）的特解的实部就是方程（10.26）的特解，而方程（10.28）的特解的虚部就是方程（10.27）的特解.

方程（10.28）的指数函数 $e^{(\alpha+i\beta)x}$ 中的 $\alpha+i\beta$（$\beta\neq 0$）是复数，特征方程是实系数的二次方程，所以 $\alpha+i\beta$ 只有两种可能的情形：或者不是特征根，或者是特征方程的单根. 因此方程（10.28）具有形如

$$y^*=x^kQ_m(x)e^{(\alpha+i\beta)x}$$

的特解，其中 $Q_m(x)$ 是与 $P_m(x)$ 同次的多项式，按 $\alpha+i\beta$ 不是特征方程的根或是特征方程的单根，k 依次取 0 或 1.

例 10.22 求微分方程 $y''-y=e^{-x}\cos x$ 的一个特解.

解 因为题设方程右端的自由项为 $f(x)=P_m(x)e^{\alpha x}\cos\beta x$ 型，其中

$$P_m(x)=1,\alpha=-1,\beta=1$$

与题设方程对应齐次方程的特征方程为

$$\lambda^2-1=0,$$

特征根

$$\lambda_1=1,\lambda_2=-1,$$

所以对应齐次方程的通解为

$$Y=C_1e^x+C_2e^{-x}\text{（}C_1,C_2\text{ 为任意的常数）.}$$

为求题设方程的一个特解，先求方程

$$y''-y=e^{(-1+i)x}, \tag{10.29}$$

的一个特解，因为 $-1+i$ 不是方程的特征根，所以设（10.29）的一个特解为

$$y^*=b_0e^{(-1+i)x}$$

代入式（10.29）得

$$-2b_0ie^{(-1+i)x}-b_0e^{(-1+i)x}=e^{(-1+i)x},$$

求得

$$b_0=\frac{2i-1}{5},$$

所以

$$\begin{aligned}y^*=\frac{2i-1}{5}e^{(-1+i)x}&=-\frac{1}{5}e^{-x}(\cos x+i\sin x)+\frac{2i}{5}e^{-x}(\cos x+i\sin x)\\&=-\frac{1}{5}e^{-x}(\cos x+2\sin x)+\frac{1}{5}e^{-x}(2\cos x-\sin x)i,\end{aligned}$$

取其实部就得到题设方程的一个特解为

$$\tilde{y}=-\frac{1}{5}e^{-x}(\cos x+2\sin x),$$

于是，题设方程的通解为

$$y = C_1 e^{x} + C_2 e^{-x} - \frac{1}{5} e^{-x}(\cos x + 2\sin x)\text{（}C_1, C_2\text{ 为任意的常数）}.$$

例 10.23　求方程 $y'' + 4y = 3x + 2 + \sin x$ 的通解．

解　因为 $f(x) = 3x + 2 + \sin x$ 可以看成是 $f_1(x) = 3x + 2$ 与 $f_2(x) = \sin x$ 之和．所以需要分别考察方程 $y'' + 4y = 3x + 2$ 与方程 $y'' + 4y = \sin x$ 的特解．

容易求得方程 $y'' + 4y = 3x + 2$ 的一个特解为

$$y_1^* = \frac{3}{4}x + \frac{1}{2}.$$

按例 10.22 的方法可求得方程 $y'' + 4y = \sin x$ 的一个特解为

$$y_2^* = \frac{1}{3}\sin x.$$

于是题设方程的一个特解为

$$y^* = y_1^* + y_2^* = \frac{3}{4}x + \frac{1}{2} + \frac{1}{3}\sin x.$$

又因题设所对应的齐次方程 $y'' + 4y = 0$ 的通解为

$$Y = C_1 \cos 2x + C_2 \sin 2x,$$

故题设方程的通解为

$$y = Y + y^* = C_1 \cos 2x + C_2 \sin 2x + \frac{3}{4}x + \frac{1}{2} + \frac{1}{3}\sin x\text{（}C_1, C_2\text{ 为任意的常数）}.$$

习题 10.3

1．求下列微分方程的通解：

（1）$y'' = e^{3x} + \sin x$；　（2）$y'' = y' + x$；

（3）$y'' + \dfrac{y'^2}{1-y} = 0$；　（4）$yy'' - y'^2 = 0$．

2．求方程 $(1+x^2)y'' = 2xy'$ 满足初始条件 $y(0) = 1, y'(0) = 3$ 的特解．

3．验证 $y_1 = \cos\omega x$ 及 $y_2 = \sin\omega x$ 都是方程 $y'' + \omega^2 y = 0$ 的解，并写出该方程的通解．

4．已知 $y_1 = 3$, $y_2 = 3 + x^2$, $y_3 = 3 + x^2 + e^x$ 都是微分方程

$$(x^2 - 2x)y'' - (x^2 - 2)y' + (2x - 2)y = 6x - 6$$

的解，求此方程的通解．

5．求下列微分方程的通解：

（1）$y'' - 4y' + 3y = 0$；　（2）$y'' + 5y' + 6y = 0$；

（3）$y'' + 2\sqrt{2}y' + 2y = 0$；　（4）$16y'' - 24y' + 9y = 0$；

（5）$y'' + y = 0$；　（6）$y'' + 2y' + 3y = 0$．

6．求下列微分方程满足所给初始条件的特解．

（1）$4y'' + 4y' + y = 0, y\big|_{x=0} = 2, y'\big|_{x=0} = 0$；

（2）$y'' + 4y' + 29y = 0, y\big|_{x=0} = 0, y'\big|_{x=0} = 15$．

7．求微分方程 $y^{(4)}+4y''+4y=0$ 的通解.

8．求下列各题所给微分方程的通解：

（1） $y''+y'+2y=x^2-3$；（2） $y''+a^2y=e^x(a>0)$；

（3） $y''+y=(x-2)e^{3x}$；（4） $y''-6y'+9y=e^x\cos x$.

10.4 差分方程的基本概念

在经济与管理及其他实际问题中，许多数据都是以等间隔时间周期统计的. 例如，银行中的定期存款是按所设定的时间等间隔计息，外贸出口额按月统计，国民收入按年统计，产品的产量按月统计等等. 这些量都是变量，通常称这类变量为离散型变量. 描述离散型变量之间的关系的数学模型成为离散型模型. 对于取值是离散化的经济变量，差分方程是研究这些变量之间变化规律的有效方法.

本节介绍差分方程的基本概念、解的基本定理及其解法，这些内容与微分方程的基本概念、解的基本定理及其解法非常类似，可对照微分方程的知识学习本章内容.

10.4.1 差分的概念与性质

一般地，在连续变化的时间范围内，变量 y 关于时间 t 的变化率是用 $\frac{dy}{dt}$ 来刻画的；但在某些场合，时间 t 是离散型变量，从而 y 也只能按规定的时间而相应地进行离散变化，这时常取在规定的时间区间上的差商 $\frac{\Delta y}{\Delta t}$ 来刻画变量 y 的变化率. 若取 $\Delta t=1$，则

$$\Delta y=y(t+1)-y(t)$$

可以近似表示变量 y 的变化率.

定义 10.7 设函数 $y_t=y(t)$，当自变量 t 依次取遍非负整数时，相应的函数值可以排成一个数列

$$y(0),y(1),\cdots,y(t),y(t+1),\cdots,$$

即

$$y_0,y_1,\cdots,y_t,y_{t+1},\cdots.$$

当自变量从 t 变到 $t+1$ 时，函数的改变量 $y_{t+1}-y_t$ 称为函数 y_t 在点 t 的**差分**，也称为函数 y_t 的**一阶差分**，记为 Δy_t，即

$$\Delta y_t=y(t+1)-y(t)\ (t=0,1,2,\cdots).$$

符号 Δ 称为**差分符号**，也称为**差分算子**.

例 10.24 设 $y_t=C$（C 为常数），求 Δy_t.

解 $\Delta y_t=y(t+1)-y(t)=C-C=0$.

例 10.25 设 $y_t=t^2$，求 Δy_t.

解 $\Delta y_t=y(t+1)-y(t)=(t+1)^2-t^2=2t+1$.

例 10.26 已知阶乘函数 $t^{(n)}=t(t-1)(t-2)\cdots(t-n+1)$，$t^{(0)}=1$，求 Δy_t.

解 设 $y_t=t^{(n)}=t(t-1)(t-2)\cdots(t-n+1)$，则

$$\begin{aligned}\Delta y_t &= (t+1)^{(n)} - t^{(n)} \\ &= (t+1)t(t-1)\cdots(t+1-n+1) - t(t-1)(t-2)\cdots(t-n+1) \\ &= [(t+1)-(t-n+1)]t(t-1)\cdots(t-n+2) = nt^{(n-1)}.\end{aligned}$$

例 10.27　设 $y_t = a^t$（其中 $a>0$ 且 $a\neq 1$），求 Δy_t.

解　$\Delta y_t = y(t+1) - y(t) = a^{t+1} - a^t = a^t(a-1)$.

例 10.28　设 $y_t = \sin t$，求 Δy_t.

解　$\Delta y_t = \sin(t+1) - \sin t = 2\cos\left(t+\dfrac{1}{2}\right)\sin\dfrac{1}{2}$.

由一阶差分的定义，容易验证差分具有以下运算性质：

（1）$\Delta(Cy_t) = C\Delta y_t$（$C$ 为常数）；

（2）$\Delta(y_t \pm z_t) = \Delta y_t \pm \Delta z_t$；

（3）$\Delta(y_t \cdot z_t) = z_t\Delta y_t + y_{t+1}\Delta z_t$；

（4）$\Delta\left(\dfrac{y_t}{z_t}\right) = \dfrac{z_t\Delta y_t - y_t\Delta z_t}{z_{t+1}\cdot z_t}$（$z_t \neq 0$）.

由一阶差分可推广到二阶及以上的差分.

定义 10.8　当自变量从 t 变为 $t+1$ 时，一阶差分的差分称为**二阶差分**，记为 $\Delta^2 y_t$，即

$$\begin{aligned}\Delta^2 y_t &= \Delta(\Delta y_t) = \Delta y_{t+1} - \Delta y_t \\ &= (y_{t+2} - y_{t+1}) - (y_{t+1} - y_t) = y_{t+2} - 2y_{t+1} + y_t.\end{aligned}$$

类似可定义三阶差分、四阶差分，依此类推

$$\Delta^3 y_t = \Delta(\Delta^2 y_t),\quad \Delta^4 y_t = \Delta(\Delta^3 y_t),\quad \cdots.$$

一般地，函数 y_t 的 $n-1$ 阶差分的差分称为 n **阶差分**，记为 $\Delta^n y_t$，即

$$\Delta^n y_t = \Delta^{n-1} y_{t+1} - \Delta^{n-1} y_t = \sum_{i=0}^{n} (-1)^i C_n^i y_{t+n-i}.$$

二阶及二阶以上的差分统称为**高阶差分**.

例 10.29　设 $y_t = t^2$，求 $\Delta^2 y_t, \Delta^3 y_t$.

解　从例 10.25 已经得到 $\Delta y_t = 2t+1$. 于是

$$\Delta^2 y_t = \Delta(2t+1) = [2(t+1)+1] - (2t+1) = 2.$$

$$\Delta^3 y_t = \Delta(\Delta^2 y_t) = 2 - 2 = 0.$$

例 10.30　设 $y_t = a^t$（其中 $a>0$ 且 $a\neq 1$），求 $\Delta^2 y_t, \Delta^3 y_t$.

解　从例 10.27 已经得到 $\Delta y_t = a^t(a-1)$，于是

$$\Delta^2 y_t = \Delta[a^t(a-1)] = [a^{t+1}(a-1)] - [a^t(a-1)] = a^t(a-1)^2;$$

$$\Delta^3 y_t = [a^{t+1}(a-1)^2] - [a^t(a-1)^2] = a^t(a-1)^3.$$

由此可见 $\Delta^n a^t = a^t(a-1)^n$（$n$ 是正整数）.

10.4.2　差分方程的概念

定义 10.9　含有未知函数 y_t 的差分的方程称为**差分方程**.

差分方程的一般形式为

$$F(t, y_t, \Delta y_t, \Delta^2 y_t, \cdots, \Delta^n y_t) = 0.$$

其中，F 是 $t, y_t, \Delta y_t, \Delta^2 y_t, \cdots, \Delta^n y_t$ 的已知函数，且 $\Delta^n y_t$ 一定要在方程中出现.

由差分的定义及性质可知，任何阶的差分都可以表示为函数在不同时刻函数值的代数和. 因此，差分方程也可如下定义.

定义 10.9′ 含有两个或两个以上函数值 $y_t, y_{t+1}, \cdots$ 的函数方程，称为**差分方程**. 其一般形式为

$$G(t, y_t, y_{t+1}, y_{t+2}, \cdots, y_{t+n}) = 0,$$

其中，G 是 $t, y_t, y_{t+1}, y_{t+2}, \cdots, y_{t+n}$ 的已知函数，且 $y_t, y_{t+1}, y_{t+2}, \cdots, y_{t+n}$ 中至少有两个一定要在方程中出现. 未知函数的最大下标与最小下标的差称为**差分方程的阶**.

注：（1）不能以方程中差分的最高阶数作为方程的阶；

（2）在经济模型等实际问题中，后一种定义的差分方程使用更为普通.

例 10.31 将差分方程 $\Delta^3 y_t + \Delta^2 y_t = 0$ 表示成不含差分的形式.

解 因 $\Delta^2 y_t = y_{t+2} - 2y_{t+1} + y_t$，$\Delta^3 y_t = y_{t+3} - 3y_{t+2} + 3y_{t+1} - y_t$，代入原方程得

$$(y_{t+3} - 3y_{t+2} + 3y_{t+1} - y_t) + (y_{t+2} - 2y_{t+1} + y_t) = 0,$$

化简得

$$y_{t+3} - 2y_{t+2} + y_{t+1} = 0.$$

例 10.32 指出下列等式哪些是差分方程，若是，确定这些差分方程的阶.

（1）$y_{t+3} - 2y_{t-2} + 3y_{t-4} = 0$；（2）$\Delta^3 y_t + \Delta^2 y_t = 0$；（3）$-3\Delta y_t = 3y_t + a^t$.

解 （1）是差分方程. 由于方程中未知函数下标的最大差为 7，因此方程的阶为 7；（2）由例 10.31 可知，方程是差分方程. 由于未知函数下标的最大差为 2，因此方程的阶为 2；（3）将原方程变形为 $-3(y_{t+1} - y_t) = 3y_t + a^t$，即 $-3y_{t+1} = a^t$，不符合定义 10.9′，因此，该等式不是差分方程.

定义 10.10 满足差分方程的函数称为**差分方程的解**. 差分方程的解中含有相互独立的任意常数且其个数恰好等于方程的阶数，则称这个解为该差分方程的**通解**.

我们往往要根据系统在初始时刻所处的状态，对差分方程附加一定条件，这种附加条件称为**初始条件**，满足初始条件的解称为**特解**.

例 10.33 验证 $y_t = 2t + C$ 是差分方程 $y_{t+1} - y_t = 2$ 的通解.

证 将 $y_t = 2t + C$ 代入差分方程的左边得

$$y_{t+1} - y_t = [2(t+1) + C] - (2t + C) = 2.$$

因此 $y_t = 2t + C$ 是差分方程 $y_{t+1} - y_t = 2$ 的解，且该解含有一个任意常数，而差分方程的阶为 1，故 $y_t = 2t + C$ 是差分方程 $y_{t+1} - y_t = 2$ 的通解.

习题 10.4

1. 求下列函数的一阶与二阶差分：

（1）$y_t = 3t^2 - t^3$；　　（2）$y_t = \mathrm{e}^{2t}$；

（3）$y_t = \ln t$；　　（4）$y_t = t^2 \cdot 3^t$.

2. 将差分方程 $\Delta^2 y_t + 2\Delta y_t = 0$ 表示成不含差分的形式.

3. 指出下列等式哪一个是差分方程，若是，确定差分方程的阶.

（1）$y_{t+5} - 2y_{t+2} + y_{t-1} = 1$；

（2）$\Delta^2 y_t - 2y_t = 3t$；

（3）$2\Delta y_t = t - 2y_t$；

（4）$\Delta^2 y_t = y_{t+2} - 2y_{t+1} + y_t$.

4．验证 $y_t = C(-2)^t$ 是差分方程 $y_{t+1} + 2y_t = 0$ 的通解.

10.5　一阶和二阶常系数线性差分方程

10.5.1　一阶常系数线性差分方程

一阶常系数线性差分方程的一般形式为

$$y_{t+1} - ay_t = f(t). \tag{10.30}$$

其中 a 为非零常数，$f(t)$ 为已知函数. 若 $f(t) \equiv 0$ 时，则方程（10.30）变为

$$y_{t+1} - ay_t = 0. \tag{10.31}$$

方程（10.31）称为**一阶常系数齐次线性差分方程**. 相应地，当 $f(t)$ 不恒为零时，方程（10.30）称为**一阶常系数非齐次线性差分方程**.

1．一阶常系数齐次线性差分方程的求解

对于一阶常系数齐次线性差分方程（10.31），通常有以下两种求解方法.

（1）迭代法

将齐次方程（10.31）改写为

$$y_{t+1} = ay_t.$$

若 y_0 已知，则依次得出

$$y_1 = ay_0,$$
$$y_2 = ay_1 = a^2 y_0,$$
$$y_3 = ay_2 = a^3 y_0,$$
$$\cdots$$
$$y_t = a^t y_0.$$

令 $y_0 = C$ 为任意常数，则齐次方程的通解为 $y_t = Ca^t$.

（2）特征根法

由于齐次方程 $y_{t+1} - ay_t = 0$ 等价于 $\Delta y_t + (1-a)y_t = 0$，可以看出 y_t 的形式一定为指数函数. 于是，将 $y_t = \lambda^t (\lambda \neq 0)$ 代入方程，可得

$$\lambda^{t+1} - a\lambda^t = 0,$$

即

$$\lambda - a = 0. \tag{10.32}$$

即 $\lambda = a$. 因此 $y_t = a^t$ 是齐次方程的一个解，从而

$$y_t = Ca^t \text{（} C \text{ 为任意常数）}.$$

是齐次方程的通解. 称方程（10.32）为齐次方程（10.31）的**特征方程**，而 $\lambda = a$ 为**特征根**（特征方程的根）.

例 10.34　求差分方程 $y_{t+1} - 2y_t = 0$ 满足初始条件 $y_0 = 3$ 的解.

解 因为特征方程为 $\lambda-2=0$，即特征根为 $\lambda=2$，所以原方程的通解为

$$y_t=C2^t\ （C\text{为任意常数}）.$$

将初始条件 $y_0=3$ 代入，可得出 $C=3$，故所求解为 $y_t=3\cdot 2^t$.

2．一阶常系数非齐次线性差分方程的求解

在 10.2 节中，我们知道一阶非齐次线性微分方程 $y'+P(x)y=Q(x)$ 的通解结构为该方程的一个特解加上该方程对应齐次方程的通解.

类似地，可得下列一阶常系数非齐次线性差分方程的结构定理.

定理 10.7 若一阶常系数非齐次线性差分方程（10.30）的一个特解为 y_t^*，Y_t 为其所对应的齐次方程（10.31）的通解，则非齐次方程（10.30）的通解为

$$y_t=Y_t+y_t^*.$$

该定理也称为**一阶非齐次线性差分方程解的结构定理**.

定理 10.7 表明，若要求非齐次差分方程的通解，则只要求出其对应齐次方程的通解，再找出非齐次方程的一个特解，然后相加即可．而对应齐次方程的通解前面已经求出，因此非齐次差分方程（10.30）的通解为

$$y_t=Ca^t+y_t^*.$$

现讨论非齐次方程（10.30）的一个特解 y_t^* 的求法．当非齐次方程 $y_{t+1}-ay_t=f(t)$ 的右端是下列特殊形式的函数时，可采用待定系数法求出 y_t^*.

（1） $f(t)=k$ 型 （k 为非零常数）

此时，方程变为 $y_{t+1}-ay_t=k$.

① 当 $a\neq1$ 时，设 $y_t^*=A$（A 为待定系数），代入方程得 $A-aA=k$，从而 $A=\dfrac{k}{1-a}$，即

$$y_t^*=\frac{k}{1-a}.$$

② 当 $a=1$ 时，设 $y_t^*=At$（A 为待定系数），代入方程得 $A(t+1)-At=k$，从而 $A=k$，即

$$y_t^*=kt.$$

例 10.35 求差分方程 $y_{t+1}-2y_t=1$ 的通解.

解 因为 $a=2,k=1$，令 $y_t^*=A$（A 为待定常数），代入方程得 $A-2A=1$，从而 $A=-1$，即 $y_t^*=-1$.

而对应齐次方程的通解为 $y_t=C2^t$（C 为任意常数），所以题设方程的通解为

$$y_t=C2^t-1\ （C\text{为任意常数}）.$$

（2） $f(t)=P_n(t)$ 型（$P_n(t)$ 为 t 的 n 次多项式）

此时，方程变为 $y_{t+1}-ay_t=P_n(t)$.

由 $\Delta y_t=y_{t+1}-y_t$，上式可改写为

$$\Delta y_t+(1-a)y_t=P_n(t).$$

设 y_t^* 为其特解，代入上式，可得

$$\Delta y_t^*+(1-a)y_t^*=P_n(t).$$

因为 $P_n(t)$ 为多项式，因此 y_t^* 也应为多项式．显然，当 y_t^* 为 t 次多项式时，Δy_t^* 为 $t-1$

次多项式．下面分以下两种情况讨论：

① 当 $a \neq 1$ 时，则 y_t^* 必为 n 次多项式，于是可设

$$y_t^* = A_0 + A_1 t + A_2 t^2 + \cdots + A_n t^n,$$

其中待定系数 $A_i (i = 0,1,2,\cdots,n)$，可以将其代入方程（10.30）来确定．

② 当 $a = 1$ 时，有 $\Delta y_t^* = P_n(t)$，则 y_t^* 必为 $n+1$ 次多项式，于是可设

$$y_t^* = t(A_0 + A_1 t + A_2 t^2 + \cdots + A_n t^n),$$

其中待定系数 $A_i (i = 0,1,2,\cdots,n)$，可以将其代入方程（10.30）来确定．

例 10.36　求差分方程 $y_{t+1} - 2y_t = t^2$ 的通解．

解　设 $y_t^* = A_0 + A_1 t + A_2 t^2$ 为题设方程的解，于是将 y_t^* 代入题设方程并整理，可得

$$(-A_0 + A_1 + A_2) + (-A_1 + 2A_2)t - A_2 t^2 = t^2.$$

比较同次幂系数得

$$A_0 = -3, A_1 = -2, A_2 = -1,$$

从而

$$y_t^* = -(3 + 2t + t^2).$$

而对应齐次方程的通解为 $y_t = C2^t$（C 为任意常数）．故题设方程的通解为

$$y_t = -(3 + 2t + t^2) + C2^t \text{（}C\text{ 为任意常数）}.$$

（3） $f(t) = k \cdot b^t$ 型（k,b 为非零常数且 $b \neq 1$）

试设 $y_t^* = Ab^t$ 代入方程（10.30）得

$$Ab^{t+1} - aAb^t = kb^t,$$

约去 b^t 得到 $A(b-a) = k$．

①当 $a \neq b$ 时，解得 $A = \dfrac{k}{b-a}$，从而 $y_t^* = \dfrac{k}{b-a} b^t$；

②当 $a = b$ 时，改设 $y_t^* = Atb^t$，代入方程（10.30）解得 $A = \dfrac{k}{b}$，从而 $y_t^* = ktb^{t-1}$．

例 10.37　求差分方程 $y_{t+1} - 2y_t = 3 \cdot 2^t$ 在初始条件 $y_0 = 5$ 下的特解．

解　因为 $a = 2, k = 3, b = 2$，所以可设题设方程有一个特解为 $y_t^* = At \cdot 2^t$，代入题设方程可解得 $A = \dfrac{3}{2}$．

而对应齐次方程的通解为 $y_t = C2^t$（C 为任意常数），于是题设方程的通解为

$$y_t = 3t \cdot 2^{t-1} + C2^t \text{（}C\text{ 为任意常数）}.$$

将 $y_0 = 5$ 代入上式，解得 $C = 5$．故所求方程的特解为

$$y_t = 3t \cdot 2^{t-1} + 5 \cdot 2^t.$$

（4） $f(t) = t^n \cdot b^t$ 型（n 为正整数，b 为非零常数且 $b \neq 1$）

从以上讨论易知：

①当 $a \neq b$ 时，可设 $y_t^* = b^t(A_0 + A_1 t + A_2 t^2 + \cdots + A_n t^n)$；

②当 $a = b$ 时，可设 $y_t^* = tb^t(A_0 + A_1 t + A_2 t^2 + \cdots + A_n t^n)$．

其中待定系数 $A_i (i = 0,1,2,\cdots,n)$，可以将其代入方程（10.30）来确定．

例 10.38　求差分方程 $y_{t+1} - 2y_t = t \cdot 3^t$ 的通解．

解 显然题设方程对应的齐次方程的通解为 $y_t = C2^t$（C 为任意常数）.

因为 $a=2,b=3$，可设题设方程有一个特解为 $y_t^* = (A_0 + A_1 t)3^t$，代入题设方程，可得

$$[A_0 + A_1(t+1)]3^{t+1} - 2(A_0 + A_1 t)3^t = t \cdot 3^t,$$

化简得

$$A_0 + 3A_1 + A_1 t = t,$$

解得

$$A_0 = -3, A_1 = 1.$$

故所求方程的通解为

$$y_t = (-3+t)3^t + C2^t \text{（}C\text{ 为任意常数）}.$$

10.5.2 二阶常系数线性差分方程

二阶常系数线性差分方程的一般形式为

$$y_{t+2} + ay_{t+1} + by_t = f(t). \tag{10.33}$$

其中，a,b 均为常数且 $b \neq 0$，$f(t)$ 为已知函数．若 $f(t) \equiv 0$ 时，则方程（10.33）变为

$$y_{t+2} + ay_{t+1} + by_t = 0. \tag{10.34}$$

方程（10.34）称为二阶常系数齐次线性差分方程．相应地，当 $f(t)$ 不恒为零时，方程（10.33）称为二阶常系数非齐次线性差分方程．

1．对二阶常系数齐次线性差分方程的求解

为了求出二阶常系数齐次线性差分方程（10.34）的通解，首先要求出两个线性无关的特解．与分析一阶常系数齐次线性差分方程解的形式类似，设方程（10.34）有特解 $y_t = \lambda^t$（λ 为非零待定常数）．将 $y_t = \lambda^t$ 代入方程（10.34）有

$$\lambda^t(\lambda^2 + a\lambda + b) = 0.$$

因为 $\lambda^t \neq 0$，所以 $y_t = \lambda^t$ 是方程（10.34）的解的充要条件为

$$\lambda^2 + a\lambda + b = 0. \tag{10.35}$$

称方程（10.35）为方程（10.34）的**特征方程**，其解 λ 称为**特征根**．

下面针对特征方程解的三种情况分开讨论．

（1）特征方程有相异实根 λ_1 与 λ_2

当特征方程有相异实根时，方程（10.34）有两个线性无关的特解

$$y_1 = \lambda_1^t, y_2 = \lambda_2^t.$$

则方程（10.34）的通解为

$$y_t = C_1\lambda_1^t + C_2\lambda_2^t \text{（}C_1, C_2\text{ 为任意常数）}.$$

（2）特征方程有相等实根 $\lambda_1 = \lambda_2$

当特征方程有相等实根时，$\lambda_1 = \lambda_2 = -\frac{a}{2}$，方程（10.34）有两个线性无关的特解

$$y_1 = \left(-\frac{a}{2}\right)^t, y_2 = t\left(-\frac{a}{2}\right)^t.$$

则方程（10.34）的通解为

$$y_t=(C_1+C_2t)\left(-\frac{a}{2}\right)^t \text{（}C_1,C_2\text{ 为任意常数）}.$$

（3）特征方程有共轭复根 $\lambda_1=\alpha+\mathrm{i}\beta,\lambda_2=\alpha-\mathrm{i}\beta$

当特征方程有共轭复根时，可以验证，方程（10.34）有两个线性无关的特解

$$y_1=r^t\cos\omega t,\ y_2=r^t\sin\omega t\ .$$

其中 $r=\sqrt{\alpha^2+\beta^2},\omega=\arctan\dfrac{\beta}{\alpha}$．则方程（10.34）的通解为

$$y_t=r^t(C_1\cos\omega t+C_2\sin\omega t) \text{（}C_1,C_2\text{ 为任意常数）}.$$

例 10.39　求差分方程 $y_{t+2}-2y_{t+1}-3y_t=0$ 的通解．

解　因为特征方程为 $\lambda^2-2\lambda-3=0$，特征根为 $\lambda_1=-1,\lambda_2=3$．故所求方程的通解为

$$y_t=C_1(-1)^t+C_2 3^t \text{（}C_1,C_2\text{ 为任意常数）}.$$

例 10.40　求差分方程 $y_{t+2}+4y_{t+1}+4y_t=0$ 的通解．

解　因为特征方程为 $\lambda^2+4\lambda+4=0$，特征根为 $\lambda_1=\lambda_2=-2$．故所求方程通解为

$$y_t=(C_1+C_2t)(-2)^t \text{（}C_1,C_2\text{ 为任意常数）}.$$

例 10.41　求差分方程 $y_{t+2}-y_{t+1}+y_t=0$ 的通解．

解　因为特征方程为 $\lambda^2-\lambda+1=0$，特征根为 $\lambda_1=\dfrac{1}{2}+\dfrac{\sqrt{3}}{2}\mathrm{i},\lambda_2=\dfrac{1}{2}-\dfrac{\sqrt{3}}{2}\mathrm{i}$．由此可知

$$r=1,\tan\omega=\sqrt{3},\omega=\frac{\pi}{3}\ .$$

于是，所求方程有两个线性无关的特解

$$y_1=\cos\frac{\pi}{3}t,\ y_2=\sin\frac{\pi}{3}t\ .$$

故原方程通解为

$$y_t=C_1\cos\frac{\pi}{3}t+C_2\sin\frac{\pi}{3}t \text{（}C_1,C_2\text{ 为任意常数）}.$$

2．对二阶常系数非齐次线性差分方程的求解

为了求出二阶常系数非齐次线性差分方程（10.33）的特解，根据 $f(t)$ 的形式，将其设为相应的试解函数，方法与一阶方程的情形类似．

（1）$y_{t+2}+ay_{t+1}+by_t=k$（k 为常数）

① 当 $1+a+b\neq 0$ 时，设特解为 $y_t^*=A$（A 为常数）．

② 当 $1+a+b=0$ 且 $a\neq -2$ 时，设特解为 $y_t^*=At$（A 为常数）．

③ 当 $1+a+b=0$ 且 $a=-2$ 时，设特解为 $y_t^*=At^2$（A 为常数）．

（2）$y_{t+2}+ay_{t+1}+by_t=Q_m(t)$（$Q_m(t)$ 为 t 的 m 次多项式）

① 当 $1+a+b\neq 0$ 时，设特解为 $y_t^*=A_0+A_1t+\cdots+A_mt^m$（$A_0,A_1,\cdots,A_m$ 均为常数）．

② 当 $1+a+b=0$ 且 $a\neq -2$ 时，设特解为 $y_t^*=t(A_0+A_1t+\cdots+A_mt^m)$（$A_0,A_1,\cdots,A_m$ 均为常数）．

③ 当 $1+a+b=0$ 且 $a=-2$ 时，设特解为 $y_t^*=t^2(A_0+A_1t+\cdots+A_mt^m)$（$A_0,A_1,\cdots,A_m$ 均为常数）．

（3）$y_{t+2}+ay_{t+1}+by_t=k\cdot d^t$（$k,d$ 均为常数且 $d\neq 1$）

① 当$d^2+ad+b\neq 0$时，设特解为$y_t^*=Ad^t$（A为常数）.

② 当$d^2+ad+b=0$且$a+2d\neq 0$时，设特解为$y_t^*=Atd^t$（A为常数）.

③ 当$d^2+ad+b=0$且$a+2d=0$时，设特解为$y_t^*=At^2d^t$（A为常数）.

例 10.42 求差分方程$y_{t+2}-5y_{t+1}+6y_t=10$的通解.

解 由特征方程为$\lambda^2-5\lambda+6=0$解得特征根为$\lambda_1=2,\lambda_2=3$．故对应的齐次方程的通解为

$$y_t=C_1 2^t+C_2 3^t \text{（}C_1,C_2\text{为任意常数）}.$$

设题设方程的特解为$y_t^*=A$，代入题设方程，求得$A=5$，故所求方程的通解为

$$y_t=C_1 2^t+C_2 3^t+5 \text{（}C_1,C_2\text{为任意常数）}.$$

例 10.43 求差分方程$y_{t+2}+y_t=t+1$的通解.

解 由特征方程为$\lambda^2+1=0$解得特征根为$\lambda_1=\mathrm{i},\lambda_2=-\mathrm{i}$．则$r=1,\omega=\dfrac{\pi}{2}$，故对应的齐次方程的通解为

$$y_t=C_1\cos\frac{\pi}{2}t+C_2\sin\frac{\pi}{2}t \text{（}C_1,C_2\text{为任意常数）}.$$

再设题设方程的特解为$y_t^*=A_0+A_1t$，代入题设方程，可得

$$2A_1t+2A_0+2A_1=t+1,$$

解得

$$A_0=0,A_1=\frac{1}{2},$$

故所求方程的通解为

$$y_t=C_1\cos\frac{\pi}{2}t+C_2\sin\frac{\pi}{2}t+\frac{1}{2}t \text{（}C_1,C_2\text{为任意常数）}.$$

例 10.44 求差分方程$y_{t+2}-4y_{t+1}+4y_t=3^t$的通解.

解 由特征方程$\lambda^2-4\lambda+4=0$解得特征根为$\lambda_1=\lambda_2=2$．故对应的齐次方程的通解为

$$y_t=(C_1+C_2t)2^t \text{（}C_1,C_2\text{为任意常数）}.$$

再设题设方程的特解为$y_t^*=A\cdot 3^t$，代入题设方程，解得$A=1$，故所求方程的通解为

$$y_t=(C_1+C_2t)2^t+3^t \text{（}C_1,C_2\text{为任意常数）}.$$

10.5.3 差分方程在经济中的应用

下面从几个常见经济问题的例子来介绍差分方程的应用.

1．分期付款模型

例 10.45 某人购买一套新房，向银行申请 10 年期的贷款 20 万元，现约定贷款的月利率为 0.4%，试问此人需要每月还银行多少钱？

解 先对这类问题的一般情况进行分析，设此人需要每月还银行x元，贷款总额为y_0，月利率为r，则

第 1 个月后还需偿还的贷款为

$$y_1=y_0-x+ry_0=(1+r)y_0-x;$$

第 2 个月后还需偿还的贷款为

$$y_2=y_1-x+ry_1=(1+r)y_1-x;$$

…

第$t+1$个月后还需偿还的贷款为

$$y_{t+1}=(1+r)y_t-x,$$

即

$$y_{t+1}-(1+r)y_t=-x. \tag{10.36}$$

这是一个一阶常系数非齐次线性差分方程，其对应的齐次方程的特征根为$\lambda=1+r\neq 1$，设差分方程有特解$y_t^*=A$，代入方程（10.36），解得$A=\dfrac{x}{r}$，于是方程（10.36）的通解为

$$y_t=C(1+r)^t+\frac{x}{r}.$$

将初始条件y_0代入方程（10.36），解得$C=y_0-\dfrac{x}{r}$，于是方程（10.36）的通解为

$$y_t=\left(y_0-\frac{x}{r}\right)(1+r)^t+\frac{x}{r}.$$

现计划n年还清贷款，故$y_{12n}=0$，代入上式的通解，可得

$$0=\left(y_0-\frac{x}{r}\right)(1+r)^{12n}+\frac{x}{r},$$

从而解得

$$x=y_0r\cdot\frac{(1+r)^{12n}}{(1+r)^{12n}-1}.$$

代入数据$y_0=200000, r=0.004, n=10$，求得$x\approx 2101.81$元，即此人需要每月还银行2101.81元.

2．价格变化模型

例 10.46　设某种商品在t时期的供给量S_t和需求量Q_t都是这一时期该产品的价格P_t的函数，即

$$S_t=-a+bP_t,\quad Q_t=m-nP_t,$$

其中，a,b,m,n均为正常数，根据实际情况知道，t时期的价格P_t由$t-1$时期的价格P_{t-1}与供给量及需求量之差$S_{t-1}-Q_{t-1}$按关系

$$P_t=P_{t-1}-k(S_{t-1}-Q_{t-1}),$$

确定，其中k为常数.

（1）求在供需相等时的价格P_e（即均衡价格）；

（2）求商品的价格P_t随时间t的变化规律.

解　（1）由$S_t=Q_t$，即可求得均衡价格为$P_e=\dfrac{a+m}{b+n}$；

（2）由已知关系式，可得到

$$\begin{aligned}P_t&=P_{t-1}-k(S_{t-1}-Q_{t-1})\\&=P_{t-1}-k[(-a+bP_{t-1})-(m-nP_{t-1})],\end{aligned}$$

化简得

$$P_t-(1-bk-nk)P_{t-1}=k(a+m). \tag{10.37}$$

这是一个一阶常系数非齐次线性差分方程，其对应的齐次方程的通解为

$$P_t = C(1-bk-nk)^t .$$

设方程（10.37）有特解 $P_t^* = A$，将其代入该方程，解得

$$A = \frac{k(a+m)}{1-(1-bk-nk)} = \frac{a+m}{b+n},$$

即方程（10.37）的特解为

$$P_t^* = \frac{a+m}{b+n} = P_e ,$$

故原方程的通解为

$$P_t = C(1-bk-nk)^t + \frac{a+m}{b+n} = C(1-bk-nk)^t + P_e ,$$

这就是商品的价格随时间的变化规律.

一般情况下，初始价格 P_0 为已知，则由

$$P_0 = C + P_e ,$$

可得

$$C = P_0 - P_e ,$$

从而得到当初始价格为 P_0 时，商品的价格随时间的变化规律为

$$P_t = (P_0 - P_e)(1-bk-nk)^t + P_e .$$

3．价格与库存模型

价格与库存模型主要表现库存与价格之间的关系.

设 P_t 为第 t 个时段某类产品的价格，L_t 为第 t 个时产品的库存量，$\overline{L}$ 为该产品的合理库存量．一般情况下，如果库存量超过合理库存，则该产品的价格下降；如果库存量低于合理库存，则该产品的价格上涨，于是有方程

$$P_{t+1} - P_t = k(\overline{L} - L_t) \tag{10.38}$$

其中 k 为比例常数．由上式可得

$$P_{t+2} - P_{t+1} = k(\overline{L} - L_t) \tag{10.39}$$

上面两个式子相减可得

$$P_{t+2} - 2P_{t+1} + P_t = -k(L_{t+1} - L_t) . \tag{10.40}$$

又设库存量 L_t 的改变与产品销售状态有关，且在第 $t+1$ 时段库存增加量等于该时段的供求之差，即

$$L_{t+1} - L_t = S_{t+1} - D_{t+1} \tag{10.41}$$

若设供给函数和需求函数分别为

$$S_t = a(P_t - \alpha), D_t = -b(P_t - \alpha) + \beta ,$$

代入（10.41）可得

$$L_{t+1} - L_t = (a+b)P_{t+1} - a\alpha - b\alpha .$$

从而得到

$$P_{t+2} + [k(a+b)-2]P_{t+1} + P_t = k(a+b)\alpha \tag{10.42}$$

方程（10.42）是一个二阶常系数非齐次线性差分方程，设此方程的特解为 $P_t^* = A$，代入此方程，求得

$$A=\alpha ,$$

而方程（10.42）对应的齐次方程的特征方程为

$$\lambda^2+[k(a+b)-2]\lambda+1=0 ,$$

解得

$$\lambda_1=-r+\sqrt{r^2-1},\lambda_2=-r-\sqrt{r^2-1} ,$$

其中 $r=\dfrac{1}{2}[k(a+b)-2]$.

下面考虑两种情况：

（1）若 $|r|<1$，则特征根 λ_1,λ_2 为两个共轭的复根，此时方程（10.41）的通解为

$$P_t=B_1\cos t\theta+B_2\sin t\theta+\alpha \quad （\theta=\arccos r），$$

即第 t 个时段价格将围绕稳定值 α 循环变化.

（2）若 $|r|>1$，则特征根 λ_1,λ_2 为两个实根，此时方程（10.41）的通解为

$$P_t=A_1\lambda_1^n+A_2\lambda_2^n+\alpha ,$$

由于 $\lambda_2=-r-\sqrt{r^2-1}<-r<-1$，则当 $t\to+\infty$ 时，λ_2^n 将迅速变化，方程无稳定解.

因此，当 $-1<r<1$ 时，即 $0<r+1<2$，也即当 $0<k<\dfrac{4}{a+b}$ 时，价格相对稳定．其中 a,b,k 为正常数.

习题 10.5

1．求下列一阶常系数齐次线性差分方程的通解：

（1）$y_{t+1}-2y_t=0$；　　（2）$y_{t+1}+3y_t=0$.

2．求下列一阶常系数非齐次线性差分方程的通解：

（1）$y_{t+1}+2y_t=3$；　　（2）$y_{t+1}-y_t=t+1$；

（3）$y_{t+1}-2y_t=3t^2$；　　（4）$y_{t+1}-\dfrac{1}{2}y_t=\left(\dfrac{5}{2}\right)^t$.

3．求下列二阶差分方程的通解：

（1）$y_{t+2}-5y_{t+1}+6y_t=0$；　　（2）$y_{t+2}-6y_{t+1}+9y_t=0$；

（3）$y_{t+2}-2y_{t+1}+4y_t=0$；　　（4）$y_{t+2}+y_{t+1}-2y_t=12$；

（5）$y_{t+2}+5y_{t+1}+4y_t=t$；　　（6）$y_{t+2}+2y_{t+1}+y_t=3\cdot 2^t$.

4．某人向银行申请一年期的贷款 25000 万元，约定月利率为 1%，计划用 12 个月采用每月等额的方式还清债务，试问此人每月需还银行多少钱？若记 y_t 为第 t 个月后还需偿还的债务，a 为每月的还款额，写出 y_t 所满足的差分方程及每月还款额的计算公式.

5．设 C_t 为 t 时期的消费，y_t 为 t 时期的国民收入，$I=1$ 为投资（各期相同），设有关系式

$$C_t=ay_{t-1}+b,y_t=C_t+1 ,$$

其中 a,b 为正常数，且 $a<1$，若基期（即初始时期）的国民收入 y_0 为已知，试求 C_t 与 y_t，并将两者表示为 t 的函数关系式.

6．某银行账户，以复利方式计息，年利率为 5%，希望连续 20 年以每年 12000 元人民币用这一账户支付职工工资．若 t 以年为单位，写出账户上余额 x_t 所满足的方程，当初始存入的数额 x_0 为多少时，才能使 20 年后账户中的余额精确地减至 0.

习题 10

（A）

一、单项选择题

1．下列方程不是常微分方程的是（　　）．

（A）$y'+3y=0$　（B）$\dfrac{d^2y}{dx^2}=3x+\sin x$

（C）$3y^2-2x+y=0$　（D）$(x^2+y^2)dx+(x^2-y^2)dy=0$

2．微分方程 $(y')^2+3xy=4\sin x$ 的阶数为（　　）．

（A）2　（B）3　（C）1　（D）0

3．$y=c_1e^x+c_2e^{-x}$ 是微分方程（　　）的通解．

（A）$y''+y=0$　（B）$y''-y=0$　（C）$y''+y'=0$　（D）$y''-y'=0$

4．微分方程 $y''-2y'=xe^{2x}$ 的特解 y^* 形式为（　　）．

（A）$(ax+b)e^{2x}$　（B）$x(ax+b)e^{2x}$　（C）$(ax^2+bx+c)e^{2x}$　（D）xe^{2x}

5．微分方程 $y''+4y'=\sin 2x$ 的一个特解形式是（　　）．

（A）$C_1\cos 2x+C_2\sin 2x$　（B）$C\sin 2x$

（C）$x(C_1\cos 2x+C_2\sin 2x)$　（D）$Cx\sin 2x$

6．设非齐次线性微分方程 $y'+P(x)y=Q(x)$ 有两个不同的解 $y_1(x)$ 与 $y_2(x)$，C 是任意常数，则该方程的通解是（　　）．

（A）$C[y_1(x)+y_2(x)]$　（B）$C[y_1(x)-y_2(x)]$

（C）$y_1(x)+C[y_1(x)-y_2(x)]$　（D）$y_1(x)+C[y_1(x)+y_2(x)]$

7．设三个线性无关函数 y_1,y_2,y_3 都是二阶非齐次线性微分方程 $y''+py'+qy=f(x)$ 的解，C_1,C_2 是独立的任意常数，则该方程的通解是（　　）．

（A）$C_1y_1+C_2y_2+y_3$　（B）$C_1y_1+C_2y_2-(C_1+C_2)y_3$

（C）$C_1y_1+C_2y_2+(1-C_1+C_2)y_3$　（D）$C_1y_1+C_2y_2+(1-C_1-C_2)y_3$

二、解答题

8．求解下列微分方程：

（1）$y'=e^{2x-y}$；　（2）$y(1-x^2)dy+x(1+y^2)dx=0$；

（3）$(x+y)y'+(x-y)=0$；　（4）$y'=\dfrac{y}{x}+\tan\dfrac{y}{x}$；

（5）$y'+y=e^{-x}$；　（6）$y'\cos x+y\sin x=1$；

（7）$y''=1+y'^2$；　（8）$y''=y$；

（9）$y''=\dfrac{1+y'^2}{2y}$；　（10）$x^2y''=(y')^2+2xy'$；

（11）$2y''+5y'=5x^2-2x-1$；　（12）$y''+3y'+2y=3xe^{-x}$；

（13）$y''-2y'+5y=e^x\sin 2x$；　（14）$y''-y'=\sin^2 x$．

9．求微分方程 $y''-2y'+y=xe^x-e^x$ 满足初始条件 $y(1)=y'(1)=1$ 的特解．

10．求解下列差分方程．

（1）$y_{t+1}+4y_t=2t^2+t-1$；（2）$y_{t+1}-y_t=t\cdot 2^t+3$；

（3）$y_{t+2}-7y_{t+1}+12y_t=0$；（4）$y_{t+2}-2y_{t+1}+2y_t=0$；

（5）$y_{t+2}+3y_{t+1}+2y_t=6t^2+4t+20$；（6）$y_{t+2}-3y_{t+1}+2y_t=3\cdot 5^t$．

（B）

一、单项选择题

1．（2008 年考研数学二）函数 $y=C_1\mathrm{e}^x+C_2\mathrm{e}^{-2x}+x\mathrm{e}^x$ 满足一个微分方程是（　　）．

（A）$y''-y'-2y=3x\mathrm{e}^x$　（B）$y''-y'-2y=3\mathrm{e}^x$

（C）$y''+y'-2y=3x\mathrm{e}^x$　（D）$y''+y'-2y=3\mathrm{e}^x$

2．（2004 年考研数学二）微分方程 $y''+y=x^2+1+\sin x$ 的特解形式可设为（　　）．

（A）$y^*=ax^2+bx+c+x(A\sin x+B\cos x)$　（B）$y^*=x(ax^2+bx+c+A\sin x+B\cos x)$

（C）$y^*=ax^2+bx+c+A\sin x$　（D）$y^*=ax^2+bx+c+A\cos x$

3．（2011 年考研数学二）微分方程 $y''-\lambda^2 y=\mathrm{e}^{\lambda x}+\mathrm{e}^{-\lambda x}(\lambda>0)$ 的特解形式为（　　）．

（A）$y^*=a(\mathrm{e}^{\lambda x}+\mathrm{e}^{-\lambda x})$　（B）$y^*=ax(\mathrm{e}^{\lambda x}+\mathrm{e}^{-\lambda x})$

（C）$y^*=x(a\mathrm{e}^{\lambda x}+b\mathrm{e}^{-\lambda x})$　（D）$y^*=x^2(a\mathrm{e}^{\lambda x}+b\mathrm{e}^{-\lambda x})$

4．（2010 年考研数学二）设 y_1,y_2 是一阶非齐次线性微分方程 $y'+P(x)y=Q(x)$ 的两个特解，若常数 λ,μ 使 $\lambda y_1+\mu y_2$ 是该方程的解，$\lambda y_1-\mu y_2$ 是该方程对应的齐次方程的解，则（　　）．

（A）$\lambda=\dfrac{1}{2},\mu=\dfrac{1}{2}$　（B）$\lambda=-\dfrac{1}{2},\mu=-\dfrac{1}{2}$

（C）$\lambda=\dfrac{2}{3},\mu=\dfrac{1}{3}$　（D）$\lambda=\dfrac{2}{3},\mu=\dfrac{2}{3}$

二、填空题

5．微分方程 $xy''+3y'=0$ 的通解为________．

6．（2010 年考研数学一）微分方程 $y''-3y'+2y=2x\mathrm{e}^x$ 的通解为________．

7．差分方程 $2y_{t+1}+10y_t=5t$ 的通解是________．

三、解答题

8．设连续函数 $f(x)$ 满足 $f(x)=2x\int_0^1 f(tx)\mathrm{d}t+\mathrm{e}^{x^2}(1-x)$，且 $f(0)=1$，求 $f(x)$．

9．（2002 年考研数学一）（1）验证函数

$$y=1+\frac{x^3}{3!}+\frac{x^6}{6!}+\frac{x^9}{9!}+\cdots+\frac{x^{3n}}{(3n)!}+\cdots(-\infty<x<+\infty)$$

满足微分方程 $y''+y'+y=\mathrm{e}^x$；

（2）利用（1）的结果求幂级数 $\sum\limits_{n=0}^{\infty}\dfrac{x^{3n}}{(3n)!}$ 的和函数．

附录　微积分运算命令与例题

极限、导数和积分是微积分中的主要概念和运算，MATLAB 提供了方便的命令使这些运算能在计算机上实现，使一些难题迎刃而解.

1. 极限运算

1.1　一元函数的极限

具体命令形式如下：

limit(f,x,a)：　　求函数 f 在 x 趋于常数 a 时的极限；

limit(f)：　　求函数 f 在 x 趋于 0 时的极限；

L=limit(f,x,inf)　　求函数f在x趋于无穷大时的极限；

limit(f,x,a,'right')：　　求函数 f 在 x 趋于常数 a 时的右极限；

limit(f,x,a,'left')：　　求函数 f 在 x 趋于常数 a 时的左极限；

例 1　求极限 $\lim\limits_{x\to\infty} x\left(1+\dfrac{a}{x}\right)^x \sin\dfrac{b}{x}(a\neq 0)$.

```
>> syms x a b;
>> f=x*(1+a/x)^x*sin(b/x);
>> L=limit(f,x,inf)
```

运算结果为 L= exp(a)*b.

例2　求极限 $\lim\limits_{x\to 0^+}\left(\dfrac{a^x+b^x}{2}\right)^{\frac{3}{x}}$.

```
>> syms x a b;
>> y=((a^x+b^x)/2)^(3/x);
>> L=limit(y,x,0,'right')
```

运算结果为 L= a^(3/2)*b^(3/2).

1.2　多元函数的极限

已知二元函数 $z=f(x,y)$，求 $\lim\limits_{(x,y)\to(x_0,y_0)} f(x,y)$.

具体命令格式为：L=limit(limit(f,x,x0),y,y0).

例3　求极限 $\lim\limits_{(x,y)\to(0,1)} \dfrac{2-\sqrt{xy+4}}{\sin(xy)}$.

```
>> syms x y;
>> f=(2-sqrt(x*y+4))/sin(x*y);
>> L=limit(limit(f,x,0),y,1)
```

运算结果为 L=-1/4.

2．导数运算

2.1　一元函数的导数运算

具体命令形式如下：

diff(f,x,n)：求函数f关于x的n阶导数，默认n=1.

例4　求 $y=\mathrm{e}^{\sin(x^2-2)}$ 的一阶导数.

```
>> syms x;
>> y=exp(sin(x^2-2));
>> y1=diff(y,x,1);
```

运算结果为 y=2*x*exp(sin(x^2-2))*cos(x^2-2).

2.2　多元函数的导数运算

已知二元函数 $z=f(x,y)$，求 $\dfrac{\partial^{m+n}z}{\partial x^m \partial y^n}$.

格式：f=diff(diff(f,x,m),y,n).

例 5　设 $z=x^3+2xy^2+y^3$，求 $\dfrac{\partial z}{\partial x},\dfrac{\partial z}{\partial y},\dfrac{\partial^2 z}{\partial x\partial y}$.

```
>>syms x y;
>>z=x^3+2*x*y^2+y^3;
>>zx=diff(z,x)
>>zy=diff(z,y)
>>zxy=diff(zx,y)  % 也等于diff(zy,x)
```

运算结果为：zx=3*x^2+2y^2;zy=4*x*y+3*y^2;zxy=4*y.

3．积分运算

3.1　不定积分

int(f,x)：f是被积函数，表示对变量x求不定积分.

int(f)：　f是被积函数，表示对默认的变量求不定积分.

例6　求不定积分 $\int \dfrac{\ln x-a}{x^2}\mathrm{d}x$.

```
>>syms x a;
>>L=int((log(x)-a)/x^2,x)
```

运算结果为：L= -(log(x) - a + 1)/x.

3.2　定积分或反常积分

int(f,x,a,b)：f 是被积函数，表示对变量 x 求定积分.

int(f,a,b)：　f 是被积函数，表示对默认的变量求定积分.

例 7　求反常积分 $\int_1^{+\infty}\dfrac{\ln x-a}{x^2}\mathrm{d}x$.

```
>>syms x a;
```

```
>>L=int((log(x)-a)/x^2,x, 1,inf)
```

运算结果为：L=1-a.

3.3　二重积分

可以化为累次积分，再用两次 int 函数实现.

例8　求二重积分 $\iint\limits_{D}(x+y^2)\mathrm{d}x\mathrm{d}y$，其中积分区域 D 是由曲线 $x^2+y^2=1$ 围成的区域.

先将其化为累次积分：原式=$\int_{-1}^{1}\mathrm{d}x\int_{-\sqrt{1-x^2}}^{\sqrt{1-x^2}}(x+y^2)\mathrm{d}y$

```
>>syms x y;
>>L=int(int(x+y^2,y,-sqrt(1-x^2),sqrt(1-x^2)),x,-1,1)
```

运算结果为：L=pi/4.